23

数之简史：

跨越4000年的旅程

— Leo Corry 著

— 赵继伟 刘建新 译

中国教育出版传媒集团
高等教育出版社 · 北京

图字：01-2021-1889 号

图书在版编目（CIP）数据

数之简史：跨越 4000 年的旅程 /（以）利奥·科里（Leo Corry）著；赵继伟，刘建新译 . -- 北京：高等教育出版社，2023.5
（数学概览 / 严加安，季理真主编）
书名原文：A Brief History of Numbers
ISBN 978-7-04-060024-7

Ⅰ. ①数… Ⅱ. ①利… ②赵… ③刘… Ⅲ. ①数字 - 普及读物 Ⅳ. ① O1-49

中国国家版本馆 CIP 数据核字（2023）第 037015 号

SHU ZHI JIANSHI: KUAYUE SIQIANNIAN DE LÜCHENG

策划编辑 和 静　　责任编辑 和 静　　封面设计 姜 磊　　版式设计 王艳红
责任校对 刘娟娟　　责任印制 刘思涵

出版发行	高等教育出版社	网　址	http://www.hep.edu.cn
社　址	北京市西城区德外大街4号		http://www.hep.com.cn
邮政编码	100120	网上订购	http://www.hepmall.com.cn
印　刷	高教社（天津）印务有限公司		http://www.hepmall.com
开　本	787mm× 1092mm 1/16		http://www.hepmall.cn
印　张	20.5		
字　数	370 千字	版　次	2023 年 5 月第 1 版
购书热线	010-58581118	印　次	2023 年 5 月第 1 次印刷
咨询电话	400-810-0598	定　价	79.00 元

物 料 号 60024-00

《数学概览》编委会

《数学概览》序言

当你使用全球定位系统 (GPS) 引导汽车在城市中行驶, 或对医院的计算机层析成像深信不疑时, 你是否意识到其中用到什么数学知识? 当你兴致勃勃地在网上购物时, 你是否意识到是数学保证了网上交易的安全性? 数学从来没有像现在这样与我们日常生活有如此密切的联系。的确, 数学无处不在, 但什么是数学, 一个貌似简单的问题, 却不易回答。伽利略说: “数学是上帝用来描述宇宙的语言。” 伽利略的话并没有解释什么是数学, 但他告诉我们, 解释自然界纷繁复杂的现象就要依赖数学。因此, 数学是人类文化的重要组成部分, 对数学本身以及对数学在人类文明发展中的角色的理解, 是我们每一个人应该接受的基本教育。

到 19 世纪中叶, 数学已经发展成为一门高深的理论。如今数学更是一门大学科, 每门子学科又包括很多分支。例如, 现代几何学就包括解析几何、微分几何、代数几何、射影几何、仿射几何、算术几何、谱几何、非交换几何、双曲几何、辛几何、复几何等众多分支。老的学科融入新学科, 新理论用来解决老问题。例如, 经典的费马大定理就是利用现代伽罗瓦表示论和自守形式得以攻破; 拓扑学领域中著名的庞加莱猜想就是用微分几何和硬分析得以证明。不同学科越来越相互交融, 2010 年国际数学家大会 4 个菲尔兹奖获得者的工作就是明证。

现代数学及其未来是那么神秘, 吸引我们不断地探索。借用希尔伯特的话: “有谁不想揭开数学未来的面纱, 探索新世纪里这门科学发展的前景和奥秘呢? 我们下一代的主要数学思潮将追求什么样的特殊目标? 在广阔而丰富的数学思想领域, 新世纪将会带来什么样的新方法和新成就?” 中国有句古话: 老马识途。为了探索这个复杂而又迷人的神秘数学世界, 我们需要数学大师们的经典论著来指点迷津。想象一下, 如果有机会倾听像希尔伯特或克莱因这样的大师们的报告是多么激动人心的事情。这样的机会当然不多, 但是我们可以通过阅读数学大师们的高端科普读物来提升自己的数学素养。

作为本丛书的前几卷, 我们精心挑选了一些数学大师写的经典著作。例如, 希尔伯特的《直观几何》成书于他正给数学建立现代公理化系统的时期; 克莱因的《数学讲座》是他在 19 世纪末访问美国芝加哥世界博览会时在西北大学所做的系列通俗报告基础上整理而成的, 他的报告与当时的数学前沿密切相关, 对美国数学的发展起了巨大的作用; 李特尔伍德的《数学随笔集》收集了他对数学的精辟见解; 拉普拉斯不仅对天体力学有很大的贡献, 而且还是分析概率论的奠基人, 他的《关于概率的哲学随笔》讲述了他对概率论的哲学思考。这些著作历久弥新, 写作风格堪称一流。我们希望这些著作能够传递这样一个重要观点: 良好的表述和沟通在数学中如同在人文学科中一样重要。

数学是一个整体, 数学的各个领域从来就是不可分割的, 我们要以整体的眼光看待数学的各个分支, 这样我们才能更好地理解数学的起源、发展和未来。除了大师们的经典的数学著作之外, 我们还将有计划地选择在数学重要领域有影响的现代数学专著翻译出版, 希望本译丛能够尽可能覆盖数学的各个领域。我们选书的唯一标准就是: 该书必须对一些重要的理论或问题进行深入浅出的讨论, 具有历史价值, 有趣且易懂, 它们应当能够激发读者学习更多的数学知识。

作为人类文化一部分的数学, 它不仅具有科学性, 并且也具有艺术性。罗素说: “数学, 如果正确地看, 不但拥有真理, 而且也具有至高无上的美。” 数学家维纳认为 “数学是一门精美的艺术”。数学的美主要在于它的抽象性、简洁性、对称性和雅致性, 数学的美还表现在它内部的和谐和统一。最基本的数学美是和谐美、对称美和简洁美, 它应该可以而且能够被我们理解和欣赏。怎么来培养数学的美感? 阅读数学大师们的经典论著和现代数学精品是一个有效途径。希望这套数学概览译丛能够成为在我们学习和欣赏数学的旅途中的良师益友。

严加安　季理真
2012 年秋于北京

序　言

本书讲述从毕达哥拉斯学派时代到 20 世纪初的数的思想发展史。就其复杂性而言 (或者应该说, 就其简单性而言), 20 世纪初基本上是数的主流观念达到其现代状态的时刻。这并不是第一本讲述类似故事的书, 或者更确切地说, 关于基本相同的主题这不是第一本。不过我认为, 本书的内容和风格与现存的书都有本质不同。无论是视野, 还是所使用的历史材料的种类, 本书都与前人显著不同。

出于简洁性的原因, 也考虑到本书略微非正式的风格, 这里的历史论述必然是有选择的。在讲述这些历史时, 我既不试图做到详尽, 也不试图达到完全的平衡。需要做出选择, 我相信, 从本书的写作范围和追求的目标来看, 我的选择是恰当的。我认为, 本书的论述足够全面并具有足够的代表性, 足以给读者提供关于数的概念发展史一个公允的看法。我希望, 读者也将发现我的选择合理、严谨并具有启发性。

本书主要关注与欧洲数学 (包括古希腊) 有关的历史。也有相对较长的一章, 介绍关于中世纪伊斯兰地区的贡献。出于篇幅的考虑, 我完全没有叙述诸如远东 (中国、印度、日本、朝鲜) 和拉丁美洲在内的一些数学文化, 其中每个文化都有他们自己重要的贡献和独特的构想。

本书关注重要科学思想的历史发展。当然, 这些思想由现实中的人创造和传播, 而现实中的人生活与工作在特定的历史情境中。我对这些人物和情境给予了一定的关注, 但仅限于它们能够为理解科学思想提供背景参考的时候。于是, 本书既不会叙述黎明时的英勇决斗, 也不会叙述由于解决某个问题失败而导致的悲剧式自杀。那些奇闻轶事并非没有趣味, 但我认为, 思想的内在发展过程也同样扣人心弦, 足以吸引读者继续读下去。

在写作本书的不同章节时, 我试图反映最新的历史研究成果, 同时也体现一些最优秀的经典历史研究。本书并非那一类做出原创性的历史研究而打算被后世的历史学家们引用的专题著作。确切地说, 本书试图给出历史学家们工作的概览和综合, 进而引导读者理解他们的工作。不过, 我并不会宣称本书体现了所有主题的所有现存观点, 也不会宣称全面反映了历史学家们关于我所讨论的不同时期提出的所有有分歧的观点或者甚至相反的解读。同时, 由于本书的风格, 我不想给出书中每一个观点的全面学术注释, 那样会使读者疲于阅读。只有当整段地引用原文, 或者引用的文献详细阐述了本书简略提到的问题时, 本书才进行直接引用。对于后一种情况, 出于版面的考虑, 我们仅仅留下简短的评论。不过, 本书末尾提供了进一步阅读所需的较详细的文献列表, 它们基本按照本书的章节顺序排列。这是我向本书所借鉴的学术作品致谢的方式; 这也是我向这些作品的作者们表达谢意的方式。想在本书基础上进一步扩大阅读视野的读者们, 将会在本书末尾的阅读推荐中发现大量具有启发性的材料。阅读推荐中也包含一些原始文献, 这些原始文献用以支撑本书中的一些历史观点。实际上, 考虑到版面的限制, 非直接引用的原始文献将不被收录到参考文献目录中, 因为我假设感兴趣的读者可以在本书推荐的研究文献中或者在网络搜索中找到详尽的信息。

在我心目中, 本书的典型读者是一名数学专业的大学生。当她通过学习数学课程努力提升数学技巧时, 本书或者类似的书从与数学课程以及教科书不同的视角, 帮助她更深层地理解她所逐渐熟悉的思想世界。我想, 通过阅读本书, 她的数学学习变得更加丰富而且更有深度。我预想, 本书的第二类典型读者是一名数学教师。我相信, 在本书的帮助下, 他可以通过着眼于数学史把数学学科的开阔视野带给课堂, 实际上数学史已经开始对塑造数学课堂发挥作用。

我的写作也试图兼顾更宽广的读者群体, 包括爱好数学并有好奇心的高中生, 职业数学家, 科学家和工程师, 以及其他受过教育的读者群体。因此, 我尝试在技术细节与开阔的历史视野之间达成一定的平衡。就此而言, 不同章节的侧重点有小的不同。一些章节依赖于更多的技术细节, 一些依赖较少。不过, 无论哪种情况, 我都尽最大努力进行清晰的表述, 试图让不同背景的读者都能够读懂本书并对本书感兴趣。

不过, 我当然不会尝试满足所有可能的读者群体。在写作本书时, 我经常想到斯蒂芬·霍金 (Stephen Hawking) 在《时间简史》前言里的一个陈述 (我大胆地从他那里获取了关于本书名字的灵感)。他声称, 出版商建议说, 不要在书中加入太多的公式, 因为每加入一个公式潜在的读者就会减少一半。霍金明智地接受了这个建议, 他的书中只有唯一一个无法避免的公式, 即 $e = mc^2$。仔细想想, 这确实是个好建议, 霍金的书成了史无前例的畅销书, 而且被翻译成大量不同的语言。

我也希望本书能获得这样的成功, 但是我不得不承认本书加入了不止一个公式。实际上, 读者将会在本书中看到很多公式和图表, 尽管它们都不太复杂。我认为, 任何一位对本书主题感兴趣的读者, 都不会被本书的公式和图表吓倒。而且, 只要我想严肃认真地讨论数的历史, 我就不能回避这些公式和图表。在一些章节中, 我认为, 部分读者希望看到深入的技术细节, 然而这些技术细节可能妨碍另一部分读者的阅读理解。此时, 我将这些技术细节降级为每一章中单独的附录。虽然跳过这些附录不会影响主体部分的阅读, 但我强烈建议, 读者应当付出一定的努力来阅读这些附录。我认为这样的努力是值得的。因为, 有些附录提供了主体内容的详细证明或者技术细节, 为了获得本书试图展现的整体图景, 有必要阅读它们, 而且我认为大多数读者都会对它们感兴趣。

有几位朋友和同事阅读了本书的一些部分, 并提供了有用的建议。他们在很大程度上帮我改进了内容、结构以及叙述风格。我真诚地感谢他们: Alain Bernard, Sonja Brentjes, Jean Christianidis, Michael Fried, Veronica Gavagna, Jeremy Gray, Niccolò Guicciardini, Albrecht Heeffer, Victor Katz, Jeffrey Oaks 以及 Roy Wagner。我也感谢三位匿名审稿人的宝贵建议。

我非常愉快地感谢 Keith Mansfield 以及他在 OUP 的团队 (Clare Charles 和 Daniel Taber), 他们为本书提供了帮助与编辑上的支持。我衷心地感谢 Mac Clarke, 他是本书优秀的文字编辑。同时, 感谢 Kaarkuzhali Gunasekaran 和她的软件综合服务 (Integra Software Services) 团队, 他们非常专业地完成了本书的录入。

特别感谢我亲爱的朋友 Lior Segev, 他引导我学习了 LaTeX 基础。以前我可以设法回避它, 但是回想起来, 我很高兴在他的帮助下现在学会了这个技能。

作为特拉维夫大学精密科学史与哲学研究所的现任主任, 我永远感谢 Barbara 以及 Bertram Cohn 长期而友好的支持, 研究所因他们而命名。

最后, 感谢我亲爱的家人。他们无条件地为我提供支持, 他们给予了我全部的信任, 这些是重要而可贵的。和往常一样, 我尽自己最大的努力来达到他们的高度期望。

特拉维夫大学, 2015 年 3 月
利奥 · 科里 (Leo Corry)

目　录

第 1 章　数的系统: 概览 · **1**

1.1　从自然数到实数 · 3

1.2　虚数 · 8

1.3　多项式与超越数 · 10

1.4　基数与序数 · 13

第 2 章　数的书写: 现在和以前 · · · · · · · · · · · · · · · · · **15**

2.1　数的现代书写: 位值制和十进制 · · · · · · · · · · · · · · · 15

2.2　数的过去书写: 埃及、巴比伦和希腊 · · · · · · · · · · · · · 21

第 3 章　希腊数学传统中的数和量 · · · · · · · · · · · · · · · **29**

3.1　毕达哥拉斯的数 · 30

3.2　比率和比例 · 33

3.3　不可公度性 · 37

3.4　欧多克索斯的比例理论 · · · · · · · · · · · · · · · · · · 40

3.5　希腊的分数 · 43

3.6　比较而不是度量 · 45

3.7　单位长度 · 47

附录 3.1　$\sqrt{2}$ 的不可公度性: 古代与现代的证明 · · · · · · · · · · · 49

附录 3.2 欧多克索斯比例理论的应用 · · · · · · · · · · · · · · · · 52
附录 3.3 欧几里得与圆的面积 · · · · · · · · · · · · · · · · · · · 56

第 4 章 希腊数学传统中的构造问题和数值问题 · · · · · · · · 60

4.1 《几何原本》的算术章节 · 61
4.2 几何代数? · 63
4.3 尺规 · 64
4.4 丢番图的数值问题 · 68
4.5 丢番图的倒数和分数 · 75
4.6 超越三维 · 77
附录 4.1 丢番图对《算术》中问题 5.9 的解法 · · · · · · · · · · · 80

第 5 章 中世纪伊斯兰传统中的数 · · · · · · · · · · · · · · · 84

5.1 从历史的视角看伊斯兰科学 · · · · · · · · · · · · · · · · · · · 84
5.2 花拉子米与涉及平方的数值问题 · · · · · · · · · · · · · · · · · 87
5.3 几何与确定性 · 91
5.4 还原与对消 · 94
5.5 阿尔–花拉子米, 数和分数 · 98
5.6 在两种传统的交叉口的阿布 · 卡米尔的数 · · · · · · · · · · · · 100
5.7 数、分数和符号方法 · 104
5.8 阿尔–海亚姆与涉及立方的数值问题 · · · · · · · · · · · · · · · 108
5.9 热尔松尼德斯与数的问题 · 114
附录 5.1 对二次方程代数公式的推导 · · · · · · · · · · · · · · · · 117
附录 5.2 海亚姆对三次方程的几何解法 · · · · · · · · · · · · · · · 118

第 6 章 12—16 世纪欧洲的数 · · · · · · · · · · · · · · · · · 122

6.1 斐波那契与欧洲对印度–阿拉伯数字的引入 · · · · · · · · · · · 124
6.2 欧洲的明算传统和算学传统 · · · · · · · · · · · · · · · · · · · 126
6.3 卡尔达诺的《大术》 · 136
6.4 邦贝利与负数的平方根 · 144
6.5 文艺复兴时期欧几里得的《几何原本》 · · · · · · · · · · · · · 146
附录 6.1 去 9 法 · 148

第 7 章　科学革命初期的数与方程 · 152

7.1　韦达与新的分析术 · 154

7.2　斯蒂文与小数 · 160

7.3　对数与十进制记数体系 · 164

附录 7.1　纳皮尔对对数表的构造 · 168

第 8 章　笛卡儿、牛顿及该时代的数学著作中的数与方程 · · · 171

8.1　笛卡儿关于数与方程的新观点 · 171

8.2　沃利斯与代数的优先地位 · 178

8.3　巴罗及其对代数学的优先地位的反对 · · · · · · · · · · · · · · · · · 184

8.4　牛顿的《广义算术》 · 186

附录 8.1　笛卡儿对二次方程的几何构造 · · · · · · · · · · · · · · · · · · 191

附录 8.2　在 17 世纪的几何与代数之间: 以欧几里得的《几何原本》为案例 · 193

第 9 章　19 世纪初复数的新定义 · 203

9.1　数与比值: 放弃形而上学 · 203

9.2　欧拉、高斯与复数的存在性 · 205

9.3　复数的几何学解释 · 207

9.4　哈密顿关于复数的形式定义 · 210

9.5　超越复数 · 212

9.6　哈密顿四元数的发现 · 215

第 10 章　"数是什么, 数应该是什么?" 19 世纪晚期对数的理解 · 218

10.1　数是什么? · 218

10.2　库默尔的理想数 · 220

10.3　代数数域 · 223

10.4　数应该是什么? · 225

10.5　数与微积分基础 · 228

10.6　连续性与无理数 · 231

附录 10.1　戴德金的分割理论与欧多克索斯的比例理论 · · · · · · · · 237

附录 10.2　中值定理 (IVT) 与微积分基本定理 · · · · · · · · · · · · · · 239

第 11 章 自然数的精确定义: 戴德金、皮亚诺和弗雷格 241
11.1 数学归纳原理 242
11.2 皮亚诺公设 243
11.3 戴德金的自然数链 249
11.4 弗雷格对基数的定义 251
附录 11.1 归纳原理和皮亚诺公设 254

第 12 章 数、集合与无穷: 20 世纪初的概念突破 256
12.1 戴德金、康托尔和无穷 257
12.2 具有各种大小的无穷 261
12.3 康托尔超限序数 269
12.4 伊甸园中的麻烦 272
附录 12.1 证明代数数集是可数的 279

第 13 章 后记: 历史视角下的数 282

参考文献和进一步阅读建议 285
数学史: 一般文献 285
各章的进一步阅读建议 288

人名索引 295

主题索引 301

译后记 309

第 1 章　数的系统: 概览

数学与历史学, 历史学与数学。人们几乎无法想到哪两个领域的知识会比这两个领域更加不同——甚至有人会说它们完全相反——不论是在学科性质, 还是在研究实践上。

就其核心而言, 数学知识处理的是确定的、必然的、普遍的真理。正确的数学命题不依赖于背景因素, 不论是时间, 还是地理位置。一般而言, 已被证明的数学命题被认为没有争议, 也不会有不同的理解。

历史学恰恰相反, 它处理特殊的、偶然的以及奇怪的情形。历史学处理在特定时刻、特定地点发生的事件, 其处理的事件虽然以某种方式发生了, 但也可能以其他方式发生。历史学的陈述永远是主观的、有争议的而且有不同的解读。历史学家们的观点随时间而发生改变。"以历史学方式思考" 与 "以数学方式思考" 显然是两件不同的事情。

但是, 如果关于某个主题 "以历史学方式思考" 指的不仅是给出事件年表的流水账, 那么一个有趣的问题是: 我们能否对历史上的 "数学思考" 方式, 以及对影响数学思考方式的转变过程进行历史学思考呢? 如果数学处理的是普遍的真理, 我们如何从历史学的视角来谈论数学 (而不是给出数学发现的年表)? 在数学学科随时间转变的过程中, 什么是永恒的呢?

这正是本书的主题: 对人们在不同历史条件下如何看待数, 给出一个简明的历史论述 (而非仅仅是年表)。不仅仅是他们知道关于数的什么知识, 更主要的是, 他们怎样知道了那些知识, 以及他们如何认识这些知识。下面列举一些我们将会探讨的问题:

1

• 在不同的历史背景中, 人们建立数以及数的性质时, 核心概念是什么?

• 这些概念如何随时间改变?

• 在特定的历史情境中, 使用不同种类的数, 主要是为了解决什么问题?

• 不同的文化中, 数是如何被书写的? 不同的数学符号如何帮助或者阻碍了数的观念以及计算技巧的发展?

• 不同的数学文化中, 算术与其他临近学科 (主要是几何学) 的关系是怎样的? 数学家们在算术活动中的哲学构想是什么?

• 应用的考量如何激励 (或者有时抑制) 了某些关于数的思想?

• 不同文化中的知识制度, 对于特定的数的概念的发展, 发挥了何种促进或阻碍的作用?

数在我们的世界中非常重要。我们周围的世界充满了数。数在生活中一再地出现, 而且越来越频繁。它不仅出现在科学与技术中, 而且出现在新闻和商业中, 并出现在我们私人生活的方方面面。科学的语言 (尤其是物理学的语言) 正是数学, 而数是数学的心脏。在社会科学中 (尤其是在经济学与政治学中) 数的语言是许多理论与实证研究的核心。在公共生活中, 数也无处不在, 它不仅是解释说明的工具, 也是行政管理与控制的必要手段。这个时代, 全世界行政系统的主要手段都依赖于数据处理与 (有时是操纵性的) 数据分析。数字计算机在生活各方面的中心位置, 更加强化和展露了前述事实中的真理, 即数的重要性。

数出现在我们日常生活的各个方面, 以至于我们认为它们的存在是理所当然的。然而, 这种状况的出现并非必然。相反, 这经历了一个特殊、长期、复杂而且涉及多个层面的历史过程。在通常称为 "科学革命" 的理解框架下, 该历史过程的重要转折点出现在 17 世纪。这一时期, 力学等学科的发展使这些学科彻底成为数学的分支, 这与 14 世纪经院哲学时期之后主导欧洲知识界的亚里士多德传统恰恰相反。17 世纪前, 主流思想在解释自然现象方面并不鼓励 (甚至有时反对) 使用数学公式来描述自然定律。18、19 世纪, 数不仅在自然科学中发挥着越来越核心的作用, 而且在其他知识领域以及生活方面也是如此。

数的社会角色在历史上多次发生了显著转变, 这些转变不仅引起了历史学家的关注, 而且许多有学问的读者也能在不同程度上认识到这些转变。但是, 还有一类不易察觉的变化, 它们往往没有被一般读者注意到: 关于 "什么是数" 以及 "数在数学中如何被使用" 的思想本身也经历了一个局限于数学内部但更加历史悠久的复杂争论、演变以及长期改进的过程。本书关注的这一过程, 尽管在历史上非常重要, 然而它很微妙, 而且在通常对科学发展史的一般认知中

2

不太引人注目。

当然, 任何对它有过思考的人都会认识到, 我们现在关于数以及数的性质的知识是一代又一代数学家积累的结果, 为此他们付出了大量的心血。但是, 人们通常倾向于把这一历史过程看成一个线性的简单过程, 这一倾向相比其他任何知识领域尤甚。历史学家在重构这一历史过程时, 仅仅进行编年式的叙述, 主要考虑谁最早做出了什么以及在何时做出的, 该倾向也比任何其他知识领域更严重。

人们通常认为, 导向我们现在关于数以及数的性质的认识的过程是清晰的、没有历史疑问的、平淡的过程, 只需给每一步加上日期与名字即可。真正的 "历史过程" 的概念是指: 个体或群体遇上两难困境, 他们需要做出选择; 有时, 人们选择了错误的道路、兜圈子或者进入了死胡同; 同样知识水平的两派人对某一主题持相反的意见。但是, 多数人似乎觉得, 这一概念与数学的发展史或者与数的思想发展史无关。

我试图表明数的历史是一个引人入胜的故事, 它有不同的层面, 是复杂的非线性过程, 涉及意想不到的进展或者进入死胡同, 当然也涉及才华横溢的思想与影响深远的成就。该故事的结局是, 人们创造了一个美丽的数的理念世界, 这一创造在 20 世纪初成熟。之前数个世纪, 数学家们在犹豫、争论与不确定中做出很多重要的突破。在那之后, 尽管仍有对已有认识的改善和新的思想产生, 但我们关于数系以及如何建立数系的基本观念在那时已经定型。

为使本书的论述清晰明了, 我在导论一章中先讨论数学知识而非历史知识。本章将提供现代数系知识的一个概览, 包括对不同类型的数的描述和它们之间的关系, 现在公认的数的记号, 以及关于数的基本假设, 也包括关于数的一些非常基本的结论。本书的一些读者可能已经对这些材料非常熟悉, 但为了进行后面的历史论述, 这里需要提供常用的基本语言。

1.1 从自然数到实数

现在公认的关于数的系统认识, 将数的世界描述成从自然数开始的多个层级, 逐层增加数的新类型并变得复杂: 负数、有理数、无理数, 直至实数。这是直到 20 世纪初人们才获得的观点。在稍早的 17 至 19 世纪, 欧洲人在数学、数学物理等方面做出了许多重要的科学突破, 但令人吃惊的是, 当时对数的认识中仍有很多困惑, 数的概念也缺乏合理的基础。值得注意的是, 这并未给当时使用数学作为主要工具的学科带来实质性的阻碍。 3

这本身就是一个不平凡的历史现象, 值得细致关注。实际上, 真实的数学思想发展史是奇怪的; 而教科书中, 知识有着完美的结构, 其中数学思想的表述也非常清晰。两者之间的差距非常有趣, 但未被充分地重视。数学专业的学生, 在他们的大学课程中学到了清晰、系统、井井有条的学科图景, 例如微积分, 其中从结论到结论的过渡显得平滑而又自然。与此相反, 从历史角度来看, 这些数学思想的发展过程是混沌、无序而出人意料的。事实上, 数学思想的发展顺序有时与教科书中的陈述顺序截然相反。

在微积分中, 例如, 分析学的早期课程学习的极限概念, 该概念在 19 世纪初才出现, 其出现晚于导数、积分以及求解微分方程的基本计算技巧。此外, 为了给极限提供清晰的、正式的定义, 需要先给出实数系的基本结构, 而后者却出现于 19 世纪末。实数系的基础依赖于对几何概念的更清晰的知识, 而集合论在 19 世纪末刚刚开始发展, 到 20 世纪的第一个十年才被较好地理解。

与数的概念相关的最基本思想是数数。可以将数数与自然数 (即数的序列 $1, 2, 3, 4, 5, \cdots$) 联系在一起, 无论在认知的意义上 (幼儿通过数数来学习数), 还是在历史的意义上 (无论何种文化, 算术知识都从自然数开始), 这都是算术的起点。这看起来很显然, 但事实并非如此。如前所述, 认知与历史这两条线索显著不同, 对于数学的一些高等方面尤其如此。后面还会看到该现象的许多重要例子。但在算术的最基础的地方, 这两条线索重合了。

通常将自然数集合记为 $\mathbb{N}$, 也就是

$$\mathbb{N} = \{1, 2, 3, 4, \cdots\}\text{。}$$

关于自然数集的一个重要问题是该集合中素数的重要角色。素数是指只有 1 和它本身作为自身因子的自然数 (因此, 1 通常被认为不是素数, 这是惯例)。很早以前, 这些数就获得了人们的注意, 至今素数仍是数学前沿研究关注的主题。

4

素数以精确而可以清晰界定的方式, 为整个自然数系提供了基本构件: 每个自然数都可以写成素数的乘积, 在不计次序的意义上分解方式是唯一的。例如, $15 = 3 \times 5$, 而且这是唯一的分解方式。再如, $13500 = 3^3 \times 2^2 \times 5^3$, 这同样也是唯一的分解方式。自然数系的这条性质, 为数论中许多其他定理的证明提供了强有力的工具。由于该性质的重要性, 数学家们通常称之为 "算术基本定理"。

与素数有关的另一个结果, 是素数个数的无限性。古希腊的数学家早已知道该结论 (后面我们还会说到), 而你应当注意该结论不是一个显然的命题。实际上, 由于自然数可以分解为素数及其方幂的乘积, 人们可能会设想一个有限的素数集合 (或许很大的一个集合), 通过素数方幂的不同组合, 它可能足以产生全体自然数。但是, 后面我们会看到, 事实并非如此。

从自然数的思想开始, 我们可以系统地扩展数的概念, 并引入更多的数的类型, 每种类型的数可以解不同的代数方程。第一次扩张是加入负数, 如果我们希望解类似于 $x+8=4$ 的方程, 负数是必要的。这里我们需要找一个数使之加 8 等于 4。假设我们是刚降落到地球且没有算术知识的人, 我们仅仅学过数自然数, 那么我们对这个方程的第一反应是该方程无解。经验上, 我们知道幼儿在小学低年级学到的也是这个结论。如果要运算 "4 减去 8", 则预期的答案是 "不可能" 或者 "无解"。

同样地, 历史上, 经过非常长的时间, 人们才认为将负数作为方程的解是可以接受的或者合理的。后面将详细讨论该历史。不过这里, 我想从逻辑的方向开始陈述, 将 -4 简单地设为 "满足方程 $x+8=4$ 的数"。这里甚至不质疑这个数存在的合理性。因此, 负数是满足如下性质的数: 任意给定的数加上一个负数, 获得的数小于给定的数。这不是一个足够好的数学定义, 后面我们会给出一个更好的定义, 不过现在它已经帮助我们扩展了数的宝藏。正自然数、负自然数以及 0, 放在一起组成的集合, 称为整数集。整数集记为 $\mathbb{Z}$, 也就是:

$$\mathbb{Z}=\{\cdots,-4,-3,-2,-1,0,1,2,3,4,\cdots\}。$$

5

请注意, 这里突然出现了 0。数字 0 的历史也非常有趣, 本书后面将会讲到。此处, 我们可以类似于负数, 定义 0 为满足方程 $x+4=4$ 的数, 或者定义为加上任意给定数都等于给定数本身的数。

在整数集内没有解的方程的帮助下, 我们可以继续扩展所需要的数的宝库。例如, 考虑方程 $3x+2=4$。这里需要寻找一个数, 使之乘以 3 等于 2。显然, 至今为止的整数都不满足, 因为 $1\times 3=3$ 已经超过了 2。我们也可以放弃求解这个方程, 并回答说 "无解"。或者, 我们可以说这一类方程一定有解, 在这个例子中解是分数 $\frac{2}{3}$, 因为 $\frac{2}{3}\times 3+2=4$。

因此, 这里我们可以将分数定义为两个整数的除法, 并在后面给出严格的数学定义。若做除法的两个整数同号 (同时为正, 或同时为负), 则分数为正; 若异号, 则分数为负。当然, 任意整数都可以被看成分数, 可以认为是该整数除以 1。而一个数除以 0 的分数则不被接受。全体分数的集合称为有理数系, 记为 $\mathbb{Q}$, 也就是:

$$\mathbb{Q}=\left\{\text{所有 } \frac{p}{q} \text{ 形式的数, 其中 } p \text{ 与 } q \text{ 都是整数, 且 } q\neq 0\right\}。$$

刚才引入的分数是 "一般分数" $\frac{p}{q}$, 同时也可以表示为 "小数", 例如 $0.5=\frac{1}{2}$。这里有另一个有趣的历史故事, 将在下一章讨论: 人们怎样认识到一般分数与小数的密切联系?

让我们进入另一类数, 即解方程 $x^2 = 2$ 所需要的数。在这个例子中, 我们需要寻找某个乘以自身的结果是 2 的数。注意, 表面上没有显然的原因假定该方程在有理数集中没有解。首先, 观察 $1^1 = 1$, $2^2 = 4$。假设有理数的算术运算与有理数的大小有较好的对应关系 (这是一个合理的假设, 但这里不给出证明), 于是可以得到结论: 我们寻找的满足方程 $x^2 = 2$ 的数应当介于 1 和 2 之间。至此, 我们并没有得到否定该数存在的理由。如果用 1.5 自乘, 得到 2.25, 大于 2。反复试验进行逼近过程, 我们可以尝试用 1.4 自乘, 得到 1.96, 恰好小于 2。接着, 尝试一个稍大的数 1.41 ($1.41 \times 1.41 = 1.9881$), 继续该过程逐渐逼近所需要的数 (有时偏大,有时偏小): 1, 2, 1.5, 1.4, 1.42, 1.414, 等等。当然, 我们也可以写出一般分数形式的逼近序列:

6

$$1, 2, \frac{3}{2}, \frac{7}{5}, \frac{141}{100}, \frac{71}{50}, \frac{707}{500}, \cdots。$$

寻找所求数的这种方法似乎很无聊, 但是此时我们没有理由说明不存在一个有理数乘以自身等于 2。我们可以称这个数为 “2 的平方根”, 记为 $\sqrt{2}$。但是, 在历史上的某个时刻, 人们意识到, 不存在某个有理数乘以自身的结果为 2。该观点是如何获得的, 以及它最早以何种形式表达, 将是第 3 章讨论的内容。这里, 可以毫不夸张地强调, 该发现代表着数的历史上最有创造力的时刻, 后面我们将看到为什么这样说。

于是, 我们认识到, 为了求解方程 $x^2 = 2$, 需要考虑可能存在的不能表达为分数的数。同样, 我们假设这个数存在, 并记为 $\sqrt{2}$, 定义它为乘以自身等于 2 的数。进而, 定义无理数为不能表示为分数的数。无理数包括诸如 97 的平方根 $\sqrt{97}$ 在内的一些数的平方根, 以及诸如 $\sqrt[5]{2\sqrt{97}} - \frac{5}{3} + \sqrt[3]{2 + \sqrt{52}}$ 的复合结果。当然, 可以注意到, 这些数的无理性不能简单地由根号表达得到, 因为 $\sqrt{4}$ 的结果是 2, 而 $\sqrt{\frac{9}{25}}$ 的结果是 $\frac{3}{5}$。每个例子中, 需要检查根式能否被写成有理数。

另一方面, 更有趣的是, 并非所有无理数都可以由有理数的根式或者复合得到。而且, 存在一类特殊的无理数, 包括一些著名的常数, 例如 π。无理数的集合没有单独的标准记号, 但是有理数与无理数放在一起所组成的数的系统被称为实数系, 通常记为 $\mathbb{R}$。

注意到, 自然数是整数, 整数是有理数, 有理数是实数。这种层级关系可以表达为图 1.1 的形式。

至此, 通过不加证明地假设方程的解存在, 我们引入了不同的数系, 该假设承认这些数是合理的数学实体。自从 20 世纪初以来, 数学家就对数持此态度, 唯一的约束是以此方式定义的数学实体与作为研究基础的现有数学框架之间不存在逻辑矛盾。前面在未检验是否存在矛盾的情况下, 我们引入了各个层级

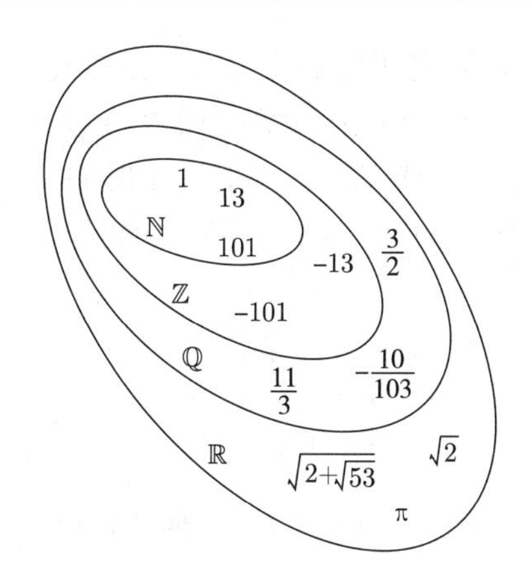

图 1.1　从自然数到实数, 不同种类到数系

的数系, 而在后面的章节里, 我们将对此进行检验。

然而, 值得注意的是, 这种仅仅要求与现有数学主体不矛盾, 便可以赋予我们心中任何数学思想以合法性的自由方式, 其本身就来自一个复杂、有趣的历史过程, 该历史过程值得关注。在早期的历史阶段, 数学家们曾尖锐地辩论, 负数与无理数的使用是否有数学意义, 以及这些使用是否带来便利、是否具有哲学上的合理性。

关于数的本质的思考, 与数的表示方式也密切相关。首先, 是符号方面。在我们的文化中, 数的常用符号表示是十进制记号, 后面还会讲到很多与此相关的历史发展。另外, 用图形和图像表示数是同样重要的表示方式。常用的表示方式是借助直线, 如图 1.2 所示, 数字分布于直线上, 正数向右边无限延伸, 负数则向左边无限延伸。不仅这条直线上有整数, 而且所有的实数也在这条直线上 (如图 1.3)。

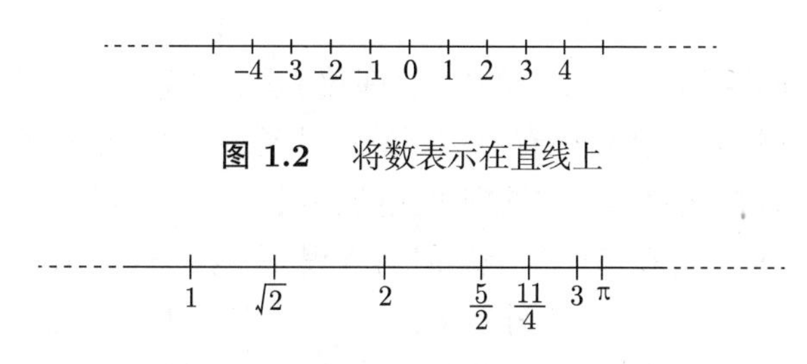

图 1.2　将数表示在直线上

图 1.3　将有理数和实数表示在直线上

用直线表示数背后的基本思想是, 实数与直线上的点一一对应。显然, 这个重要的思想也蕴含着有趣的历史。直线表示数的方式蕴含着有理数的一个

8 重要性质, 任意两个有理数之间总有其他有理数存在。例如考虑分数 $\frac{137}{101}$ 和 $\frac{138}{101}$, 两者已经非常接近, 而两者的算术平均数 $\frac{1375}{1010}$ 介于两者之间。通过小数的形式也可以明显看出三者的大小顺序: $1.35643564\cdots$, $1.361386138\cdots$, $1.366336633\cdots$。从图形上看, 三者的位置关系如图 1.4 所示。

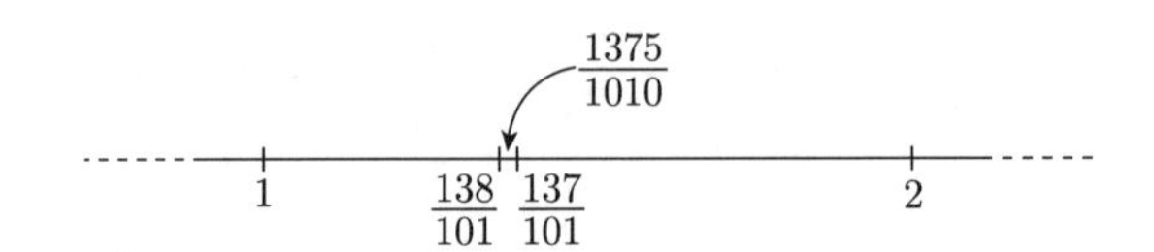

图 1.4　直线上有理数稠密地分布

我们可以更一般地表达这种现象, 任取有理数 a 与 b, 两者之间一定有其他有理数。显然 $\frac{a+b}{2}$ 位于两者之间, 其实两者之间有无穷多个有理数。因为, 可以在 a 与 $\frac{a+b}{2}$, 以及 $\frac{a+b}{2}$ 与 b 之间分别找到有理数, 以此类推。这似乎意味着, 有理数在直线上对应的点是稠密的, 可以将整个直线填满。可是, 假若如此, 剩下的无理数如何放入直线呢?

在 19 世纪后三分之一阶段, 人们认识到 "稠密性" (即任意两个有理数之间存在无穷多个有理数) 与更强的概念 "连续性" 不同, 于是提出了这个非平凡而且非常有趣的问题。德国数学家理查德 · 戴德金 (Richard Dedekind, 1831—1916) 最早清晰地区分了这两个概念, 并证明实数系是连续的, 而有理数系稠密不连续。该工作出现在他 1872 年的著名小册子《连续性与无理数》(*Stetigkeit und irrationale Zahlen*) 中, 其中还最早严格地定义了实数。请注意, 数的根本思想竟然界定得如此之晚! 后面会详细论及于此。

1.2　虚数

上一节分别介绍了自然数、整数、有理数、实数的系统, 它们是数的世界的 9 基本组成部分, 但并非全部。还有更深刻的数的类型的概念, 或者含有这四类数作为子类型, 或者将这四类数扩展到更大的领域。解方程 $x^2 = 2$ 或 $x^2 - 2 = 0$, 要求无理数的存在。现在考虑一个类似的方程 $x^2 + 1 = 0$。求解这个方程要求有一个数的平方等于 -1。对于外行来说, 乍看起来这是不可能的, 因为同号的两个实数的乘积为正, 任意数的平方恒为非负的, 所以永远不可能等于 -1。但我们知道, 数学家有一种简单的方式克服该困难, 即假设这个数存在。

该方程所要求的数学实体通常被记为字母 i, 它具有性质 $\mathrm{i}^2 = -1$。问题便解决了。简单地假设这个数存在, 并记为 i, 使得 $\mathrm{i} = \sqrt{-1}$, 令 $x = \mathrm{i}$, 则方

程 $x^2+1=0$ 自动获得解决。严格来说, 假设该数的存在并不充分。还需要定义含有该数的算术, 于是实数的算术就可以被充分地扩展, 而不会造成任何矛盾。这个操作虽然简单, 但从历史的视角来看 (我们已经可以猜到), 经历了一个长久而复杂的过程, 人们才完成了完整的整合 (我们在第 9 章将详细论述该历史)。

历史上始终有数学家 (往往是各个时代最优秀的数学家) 认为数的概念应当排除 “小于 0” 的数, 排除不能表示为分数的数, 以及乘以自身等于负数的数。本书将讲述的历史的一个重要部分, 就是关于这些思想怎样产生和发展, 在何种数学情境下以何种方式逐渐改进直到成为现在的形态。$\mathrm{i}=\sqrt{-1}$ 是一个非常著名的例子, 后面将关注该主题, 以及更多其他主题。之所以选择字母 i 表示这个神秘的数学实体, 是因为 $\sqrt{-1}$ 早期被称为 “虚的” (imaginary)。

在虚数的帮助下, 可以构建 “复数”, 每个复数由 “实” 部和 “虚” 部组成。复数常被记为 $a+b\mathrm{i}$, 其中 a 和 b 都是实数。可以将复数 $\sqrt{-1}$ 写成 $0+1\mathrm{i}$, 这意味着实部是 0, 虚部是 1。另一方面, 任意一个实数也是一个复数, 其虚部是 0: 例如 35 可以表示为 $35+0\mathrm{i}$。复数的算术包括实数的算术, 以及 i 的基本性质 $\mathrm{i}^2=-1$。由此可以得到很多结论, 包括 $\mathrm{i}^3=-\mathrm{i}$ 以及 $\mathrm{i}^4=1$。复数集通常记为 $\mathbb{C}$, 可以将该集合简单地表示到图 1.5 中的坐标平面上。

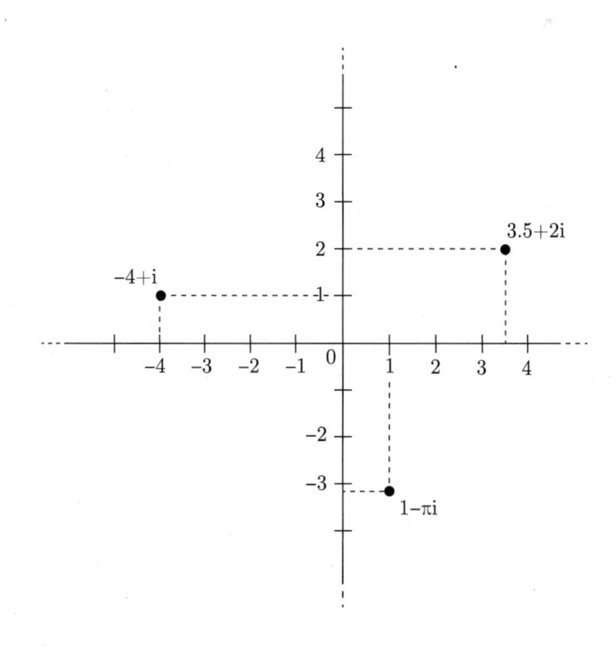

图 1.5 复数在平面上的表示

请注意图中表示出来一些数: $3.5+2\mathrm{i}$, $-4+\mathrm{i}$, $1-\pi\mathrm{i}$。另外, 请注意水平
[10] 轴代表实数, 与前一小节实数的直线表示等同。解决负数根存在性问题的需要, 是通往数的现代观念的一个创造性的和决定性的思想来源。确切地说, 直到 19 世纪中叶数学家们才完全理解复数。尽管复数来源于人的头脑, 令人惊喜的是, 复数进入数学之后很快就在物理学和电子工程学中展现出重要用途。实际上, 包括电动力学在内的重要科学领域之所以发展成熟, 正是因为可以用复数作为表达方式从而获得严格的数学表达。

1.3 多项式与超越数

至此我们已经陈述了数的最基本概念, 希望读者在继续阅读时记住这些概念。本章后两小节将会介绍一些更深层的数学思想, 该主题将会吸引有更全面兴趣的读者 (不必担心这里的数学过于深奥, 如果你感到太难, 跳过这一部分也没关系)。

在前面的讨论中, 只要已有的数系中某些方程无解, 我们就系统地引入新
[11] 的数系。但有人会问,根据解方程的需要, 这是否是唯一的引入新数的方式。为了回答这个问题, 需要考察现在所讨论的这一类方程。它们都是多项式方程的特例, 例如 $x^2+2=0$, $5x^4+x^{10}=-8$ 以及 $5x^3+8x^{21}=x^{10}+7$。这些方程中总是有一个未知量 x, 它的不同方幂 $x, x^2, x^3, \cdots, x^n$ 前面还带有系数。所有这些方程都可以统一地表达为以下形式:

$$a_nx^n+a_{n-1}x^{n-1}+a_{n-2}x^{n-2}+\cdots+a_2x^2+a_1x^1+a_0=0。$$

未知量的最大次数 n, 称为多项式 (方程) 的次数。假设未知量方幂的每一个系数 a_k 都是有理数, 其中 a_0 是常数项。其中一些系数可以为 0。以下这些方程都是二次方程:

$$x^2+1=0, \quad x^2+3x-10=0, \quad x^2+8=4, \quad x^2-2=0。$$

高次多项式方程的解可能是无理数。例如, 我们经过计算可以知道

$$1+\sqrt[5]{2}+\sqrt[5]{4}+\sqrt[5]{8}-\sqrt[5]{16}$$

是以下 5 次方程的根:

$$x^5-5x^4+30x^3-50x^2+55x-21=0。$$

前面指出 π 看起来不是任何一个有理数的方根, 也不是有理数方根的组合, 它是无理数, 它不能被表示为分数。而 π 与其他无理数之间不仅是表面的区别

(是否可以表达为有理数方根的表达式), π 有更深刻、更重要的性质, 任意有理数系数的多项式方程的解都无法取到 π。

π 的这个有趣性质是由德国数学家斐迪南 · 冯 · 林德曼 (Ferdinand von Lindemann, 1852—1939) 在 1882 年发现的, 该发现很快为他赢得了数学荣誉。其证明非常困难, 理解该证明需要深刻而广博的数学知识。这里需要强调的是, 该问题非常棘手, 在某种意义上是一个不寻常的数学性质。这个性质涉及 “不存在性” 与 “不可能性”, 多数情况下, 证明这样的性质都是困难的。在这个问题中, 林德曼需要证明对于任意次数、任意有理系数的任意多项式, 用 π 代替 x 代入多项式中, 结果都不为 0。

显然, 林德曼无法通过检验全部的有理多项式来证明这个不存在性, 因为有无穷多个多项式。证明需要推导一些对于所有有理多项式都成立的原理, 进而解释前述的不可能性。需要再次指出, 这涉及非常困难的数学知识。从不同数系的角度, 林德曼的结果意味着实数可以被分为两类: 诸如 2, $\frac{3}{5}$ 或 $\sqrt{2}$ 等可以成为有理多项式方程解的数, 以及像 π 一样不能成为有理多项式解的数。前一类数通常被称为代数数, 其中既有有理数, 也有无理数, 该集合记为 $\mathbb{A}$。第二类数被称为 “超越数”, 当然它们都是无理数。超越数的另一个例子是自然对数的底 e。e 是超越数的证明也是困难的, 最早由法国数学家查尔斯 · 埃尔米特 (Charles Hermite, 1822—1901) 于 1873 年给出。

12

关于超越数及其性质的研究, 是当今数学一个活跃而又困难的领域。数学家会问的一类问题是: 给定任意代数数 a, 它可以是有理数或无理数, b 是代数数且是无理数, a^b 是否可能是超越数? 该问题就是一个特别困难的问题, 数学家们还在努力解决许多与之类似的问题。

超越数有另一个重要而有趣的性质: 在实数中, 超越数比代数数要 “多得多”。这听起来有点奇怪, 因为两个集合都是无穷集合。在何种意义上, 一个无穷集可以比另一个无穷集大得多呢? 第 12 章将会讨论, 该陈述具有精确的数学意义, 而且, 这个令人惊奇的数学事实证明起来并不是很难。附录 12.1 将给出该命题的证明。

在定义了复数与超越数之后, 我们可以将数系的层级变得更细致, 如图 1.6 所示。

进一步的问题是, 我们是否还能找到某个多项式方程在复数集中无解。如果可以找到, 那么就像前面的逐层建构一样, 还需要引入另一类尚未定义的数。但是, 人们已经可以用严格的数学证明: 复数集无法再进行这种扩张。也就是说, 可以证明以复数为系数的多项式方程

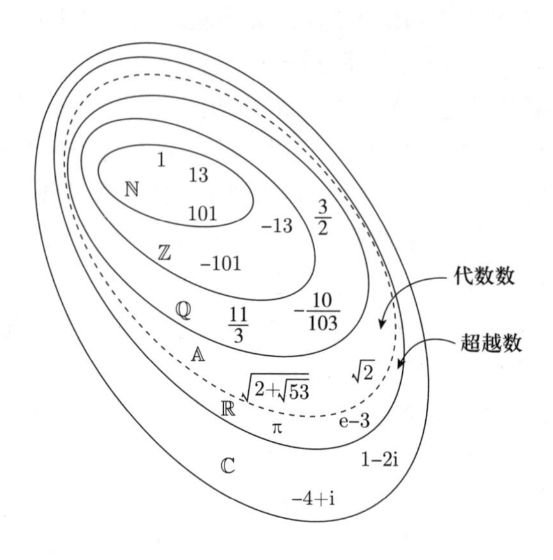

图 1.6 不同的数系, 从自然数到复数 (包括代数数与超越数)

$$a_nx^n + a_{n-1}x^{n-1} + a_{n-2}x^{n-2} + \cdots + a_2x^2 + a_1x^1 + a_0 = 0$$

一定至少有一个复数解。换句话说, 以复数定义的多项式方程, 它的解一定在复数域中。这里所说的 "复系数" "复数解" 包括自然数、整数、有理数以及实数, 如图 1.6 所示, 这几类数都是复数。因此, 方程 $2x^2 - 5x + 1 = 0$ 是一个复系数二次方程, 它的系数 2, −5 和 1 都是复数 (当然, 它们同时也都是整数)。

即使不尝试解这个方程, 由刚才的定理就能确定, 该方程至少有一个复数解 (它有可能是自然数、整数或实数)。这个结论使得, 我们称复数集为 "代数封闭的", 而前面讨论的其他更小的数系都不满足该性质: 自然数、整数等。数学家们为了显示该结论的重要性, 称之为 "代数基本定理"。借助于高中学习的一些代数知识, 就足以将该定理转化为以下等价形式: 任何复系数 n 次多项式都恰好有 n 个复数解。

包括代数基本定理所蕴含的重要而深刻的洞见在内, 一些长期而又复杂的历史过程导致了现代对于数的观点获得巩固。其他重要的进展包括勒内 · 笛卡儿 (René Descartes, 1596 — 1650) 的工作, 我们将在第 8 章详细讨论。然而, 代数基本定理的第一个证明由卡尔 · 弗里德里希 · 高斯 (Carl Friedrich Gauss, 1777 — 1855) 给出, 高斯是所有时代最伟大的数学家之一。通过该定理我们可以理解图 1.6 清晰展现的事实, 从自然数出发, 经过数系的逐渐扩张, 复数成为最终的扩张结果。再次强调, 历史上相关概念得以阐明的过程, 远远不是本章中有条理而又成系统的描述。本书接下来的章节致力于提供该历史过程的整体图景。

1.4 基数与序数

作为本章结尾, 本小节讨论与自然数有关的两个基本概念, 即“基数”与“序数”, 它们对于理解接下来章节中的历史非常有帮助。这两个术语蕴含我们通常赋予自然数的两个意义: (1) 一个集合包含多个元素的思想; (2) 在给定序列中的位置的思想。以数字 4 为例。一方面它体现了某些类别共有的性质, 例如以下三个类别:

{Allegro, Adagio, Rondo, Presto},

{Lennon, McCartney, Harrison, Starr},

{Soprano, Alto, Tenor, Bass}。

另一方面, 它还体现了我们如何自然而明显地对下面三个类别进行排序的思想:

{Lennon, McCartney, Harrison},

{Lennon, McCartney, Harrison, Starr},

{Lennon, McCartney, Harrison, Starr, Epstein}。

当我们认为数字 4 蕴含某种数量的思想, 则它是基数 4。同时, 序数 4 蕴含了排序的思想, 它永远在序数 3 之后, 且在序数 5 之前。看出这两个概念有所不同并不困难。更困难的问题是, 给出一个实际情形, 使得基数和序数对应不同的数学实质。实际上, 考虑类别 {Lennon, McCartney, Harrison, Starr}, 对于由这些元素排成的不同序列, 我们获得的基数总是 4。我们可以排序为 Lennon, McCartney, Harrison, Starr, 或者排序为 Starr, Lennon, McCartney, Harrison, 或者这些姓名的任意其他顺序。这些排序总是有第一个元素 (后面有三个元素), 第二个元素 (前面有一个元素, 后面有两个元素), 第三个元素 (前面有两个元素, 后面有一个元素), 以及第四个元素 (前面有三个元素)。排序的思想总是一样的。那么, 如果基数与序数代表相同的数学情形, 为何要对两者分开讨论? 能否以某种方式对两者进行区分? 答案是, 确实存在某些情形, 使得同一个基数对应不同的序数, 但这只在无穷大的时候发生。

处理无穷大的基数是件棘手的事, 需要非常仔细。这里指出涉及的一些问题, 使得读者可以感受到基数与序数的区别。自然数的任意一部分都可以被

15

排序, 本质上顺序只有一种 (在不考虑数的名称的情况下), 然而为无穷集合排序却有不同的可能性。例如, 考虑自然数, 标准的排序方式是 $1, 2, 3, 4, 5, \cdots$, 但是也存在替代性的排序方式 $1, 3, 5, 7, \cdots, 2, 4, 6, 8, \cdots$, 在这种排序方式中, 我们假设任意偶数 “大于” 任意奇数 (例如, 80 “大于” 8000003)。请注意, 这是一种真正不同的排序方式, 而不是对数的序列重新命名。怎样看出两种排序的不同? 在自然数的标准排序方式中, 只有 1 这个数使得不存在前面紧邻的元素; 而在第二种排序方式中, 1 和 2 这两个元素都具备该性质。实际上, 在第二种排序方式中, 2 大于任意奇数, 但又不存在一个具体的奇数恰好出现在 2 前面且与 2 相邻。同样地, 我们还可以给出另一个替代性排序 $1, 4, 7, 10, \cdots, 2, 5, 8, 11, \cdots, 3, 6, 9, 12, \cdots$, 其中 3 的任意倍数都大于不是 3 的倍数的数 (例如, 81 大于 8000003)。于是, 1, 2, 3 都没有前面紧邻的元素。因此, 对于所有自然数的给定基数 (它是一个无穷大的基数), 我们可以使它对应于不同的序数, 也就是三种本质上不同的排序方式。

通过数 “自然数” 我们永远无法 “数到无穷”。与自然数的简单想法相比, 当我们考虑无穷集合时, 我们进入到一个复杂的领域。在阐释与数相关的一些看似简单的概念时, 只要我们提出一些创造性的问题, 就需要锐利而深刻的思考, 前述例子在此阶段是重要的。在有限以及无穷的情况下, 序数与基数的精确区别最早在 19 世纪末由乔治 · 康托尔 (Georg Cantor, 1845—1918) 给出, 本书将在第 11、12 章给予论述。

16

第 2 章　数的书写: 现在和以前

在整个历史进程中, 对数的本质的思考和对数的数学方式的思考一直紧密地联系在一起, 我在整本书中都会强调这个重要观点。为了能够恰当地谈论数的书写方法和书写技巧的历史发展, 我将在本章的第一部分致力于解释这一点在今天是如何理解的。在本章的第二部分, 我将简要介绍古代埃及、巴比伦和希腊的数学文化中对于数的一些书写方法。

2.1　数的现代书写: 位值制和十进制

我们今天使用的数制是十进制和位值制。它之所以是十进制, 是因为所有的数都能借助 10 个符号 (即数字) 书写出来, 这些数字是 $0, 1, 2, 3, \cdots, 9$。它之所以是位值制, 是因为这些数字所关联的值不仅取决于该符号本身, 还取决于它在这个数中所处的位置。例如, 在书写 222 这个数时, 我们使用了三次相同的数字, 但同一个数字每次出现时表示的却是不同的值: 最右边的 2 表示的值是 2, 中间的 2 表示的值是 20, 最左边的 2 表示的值是 200。

我们已经习惯于通过一种非常独特的记数体系和书写方式来考虑数。用同一个符号来表示 2, 20 与 200 这三个不同的量是非同寻常的做法, 我们只是出于习惯才理所当然地接受了这个事实。实际上, 我们很难注意到, 我们之所以能够区分它们, 正是因为它们的对应符号在这个数中处于不同的位置。例如, 如果我们把这三个量想成一堆鹅卵石, 那么我们可以根据它们的表示方式来把它们区分开 (如图 2.1 所示): 20 个鹅卵石可以排成两行,每行 10 个 $(2 \cdot 10)$; 或者它们可以排成 5 行, 每行 4 个鹅卵石; 它们也可以排成许多其他的方式。

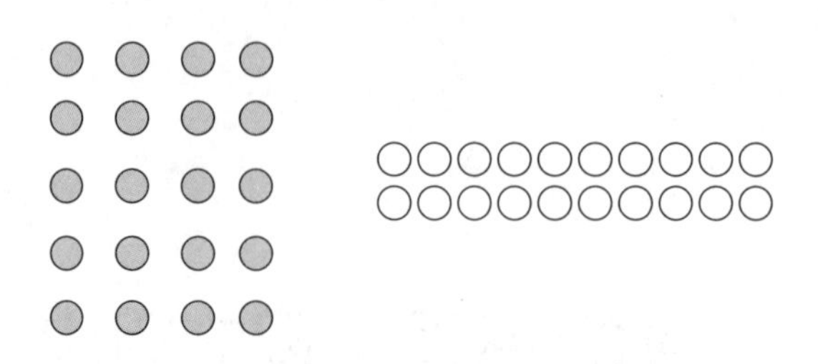

图 2.1　用鹅卵石表示 20 这个数的两种方式

每当我们用十进位值制书写一个数时, 我们总是在对 10 的幂之和进行速记, 其中每个幂都要乘以相应位置上的数字的值。在我们的例子中, 符号 222 是以下的幂之和的速记:

$$222 = 2 \cdot 10^2 + 2 \cdot 10^1 + 2 \cdot 10^0。$$

如果我们取另一个例子, 比如 7014, 那么它是以下的幂之和的速记:

$$7014 = 7 \cdot 10^3 + 0 \cdot 10^2 + 1 \cdot 10^1 + 4 \cdot 10^0。$$

当然, 第二个例子强调了在这个数制中使用 0 的重要性。它表明在一个特定的和中缺少一个幂 (在此例中是 10^2)。如果没有这种思想, 那么我们在位值制中将难以区分像 7014, 71400, 7104 或者 714 这样的数。在我们的故事中, 0 的思想的产生与发展, 0 与十进位值制的融合, 以及意识到 0 本身是一个数, 这些都是重要而有趣的历史发展。数学史家已经注意到这些发展, 我们在整本书的各个地方也会讨论它们。

我们要着重强调, 使用位值制时需要选择基底。这种选择是任意的, 或者至少是偶然的, 因为没有明确的数学理由表明, 我们一定要倾向于某个基底而不是另一个。这种选择可能是基于各种文化上或者实践上的考量, 对此历史学家可能会努力探讨。一般而言, 人们并没有理由不使用基底不同于 10 的位值制。选择 10 作为优先的基底,这件事本身仍然是某个特定历史进程的产物, 而该进程也曾经可能会有不同的走向。另外, 我们尤其要着重强调, 有很多记数体系既不是位值制的, 也不是十进制的。一些数学文化在过去确实采用了这些体系。

18

在这个历史进程中, 非十进制的记数体系出现在各种文化中。例如, 巴比伦数学用 60 作为其数制的基底。在西班牙征服者到来之前, 墨西哥的玛雅数学文化用 20 作为他们的基底。但我们没必要追溯那么久远的历史来找到一个非十进制的数制。现在我们在数字计算机的领域就能找到这样一种数制, 其中数的内部存储和处理都是用二进制来表示的, 也就是说, 只借助两个符号: 0 和 1。更准确地说, 在电子计算机中, 数被展示或者加工成某种介质上的微小电荷串, 而一个电荷的存在与否分别代表 1 和 0。这和我们在十进制中使用的位值制原理是一样的, 只是以 2 为基底, 而且任何由 0 和 1 组成的这种字符串都可以很容易地转换成十进制的表示。例如, 二进制字符串 1001011 表示以下的二进制幂之和:

$$1 \cdot 2^6 + 0 \cdot 2^5 + 0 \cdot 2^4 + 1 \cdot 2^3 + 0 \cdot 2^2 + 1 \cdot 2^1 + 1 \cdot 2^0。$$

这等价于

$$1 \cdot 64 + 0 \cdot 32 + 0 \cdot 16 + 1 \cdot 8 + 0 \cdot 4 + 1 \cdot 2 + 1 \cdot 1 = 64 + 8 + 2 + 1。$$

因此, 二进制字符串 1001011 等价于十进制中的数值 75。

为了与操作员建立接口, 计算机处理的二进制的值可以方便地转换成十进制的形式。但是与此同时, 把二进制的值转换成以 8 (八进制) 或 16 (十六进制) 为基底的表示也经常会很方便。当然, 十六进制表示需要使用 16 个符号, 这些符号通常取为 10 个标准数字 $0, 1, 2, 3, \cdots, 9$ 再加上 6 个字母 A, B, C, D, E, F, 它们分别表示 10, 11, 12, 13, 14, 15。例如, 十六进制的值 D1A 表示以下的幂之和:

$$\mathrm{D} \cdot 16^2 + 1 \cdot 16^1 + \mathrm{A} \cdot 16^0。$$

如果我们把 A(即 10) 和 D(即 13) 换成十进制的值, 我们就得到了这个字符串的十进制的等价表示, 即

$$13 \cdot 256 + 1 \cdot 16 + 10 \cdot 1 = 3354。$$

在计算机中采用 2 作为基底来表示数是切合实际的, 其原因非常清楚: 一个电荷的存在与否很容易转化成二进制的语言。因此, 我们在这里是出于文化和历史的原因而采用了某种记数体系。可以这样说, 如果我们不考虑历史上实际发生过的事情, 而是基于某种合理的标准而尽量选择最方便的记数体系, 那么二进制将是自然的选择, 甚至在计算机领域之外它也比十进制更优先。其原因在于, 二进制需要更少的符号: 两个而不是 10 个, 从而使人类的算术活动更加便利。但也有人可能会说, 一种位值制记数体系使用的符号越少, 它的字符串就会变得越长、越混乱, 从而会使人类的算术活动更加困难。按照这种思路, 人们可能会说, 在十六进制中使用 16 个符号和更短的字符串将会更方便。嗯, 面对这种二难推理, 我们可能会满足于我们实际上使用的基底 10, 因为它在这

19

两种数制之间取得了很好的平衡。在人工涉及的电子计算机的领域中, 人们可以提出各种技术上的考虑来影响这种选择。然而, 在历史上, 这个过程往往更加复杂, 更加难以控制。

那么, 选择 10 作为记数体系的基底的历史原因是什么呢? 这里涉及两个问题。首先, 在特定的时间和地点选择 10 作为方便而好用的基底, 这是基于什么理由呢? 其次, 十进制一旦在某些特定的数学文化中被采用并付诸实践, 它又是如何被普遍接受并占据了主导地位, 从而成为首选的数制呢? 关于第二个问题, 有一个漫长而复杂的故事要讲。我们将看到它的一些关键阶段。至于第一个问题, 它更多的还只是一种推测, 因为没有证据可以帮助我们来阐明它。尽管如此, 一些文化史家仍然试图提出可能的解释。有一种普遍接受的说法 (我只是顺便提一下, 不做详细讨论) 把基底 10 与我们的手指数联系起来, 并且假定原始文化借助手指来计数。

无论十进制的选择是来自我们的手指数还是具有其他来源, 这都不能同时解释采用位值制的原因。事实上, 在某些文化中以前使用过一些非位值制的十进制。这方面的一个例子出现在古代希伯来记数体系中, 其中字母表中的每个字母都表示不同的值。这种思想也出现在其他的古代文化中。这种数制的主要特征是, 一个符号表示的值并不依赖于它的位置。我们仍然以 222 这个数为例, 在希伯来的字母数值制中, 它用三个不同的符号 “רכ"ב” 来书写, 在这里 “ב” 表示 2, “כ” 表示 20, “ר” 表示 200。要注意的是, 虽然这个体系不是位值制, 但是其中却包含了十进制的有趣构件。前 10 个字母是从 “א” 到 “י”, 它们用来分别表示从 1 到 10; 随后的 8 个字母是从 “כ” 到 “צ”, 它们用来分别表示从 20 到 90 这 8 个整十。然后在希伯来字母表中还剩下 4 个字母, 它们用来分别表示 100, 200, 300 与 400。其他的数可以写成上述字母的组合。令人惊讶的是, 为了表示较大的值, 这里也包含了一点儿位值制的元素。例如, 虽然 758 写成 “תשסח”, 也就是说, 这些字母从右到左分别为:

ת = 400, ש = 300, ס = 50, ח = 8;

但是 5758 却写成了 “התשסח”, 也就是说, 在 “תשסח” 前面加上表示 5 的符号 “ה”。因此我们在这种数制中能看到这两种思想的有趣的结合, 但是它与我们公认的十进位值制仍然有所不同。而且我们可以看到, 在这个数制中并没有使用零, 事实上其中并没有这种思想。

20

另一个熟知的非位值制是罗马数制。在这里也是用字母来表示值, 而不是根据它们的位置: I 表示 1, V 表示 5, X 表示 10, L 表示 50, C 表示 100, D

表示 500, M 表示 1000。按照规则对它们进行组合就可以得到其他的数, 例如 VIII 表示 8。有一些规则隐含的是减法而不是加法: 例如, XL 表示 40, 因为要用 X 后面的较大的值 L 减去它。再如, 222 这个值在这个数制中需要写成较长的字符串: CCXXII。我们在这里也能看出, 这种记法是十进制, 但不是位值制。

十进位值制的一个有趣特点是, 它对于整数值和分数值都同样有效: 例如, 我们可以把 1/2 这个分数写成 0.5。我们按照对整数所用的同样原则来添加小数值。例如, 小数 0.531 事实上表示以下的 10 的幂之和:

$$0.531 = 5 \cdot 10^{-1} + 3 \cdot 10^{-2} + 1 \cdot 10^{-3},$$

或者换句话说,

$$0.531 = 5 \cdot \frac{1}{10} + 3 \cdot \frac{1}{100} + 1 \cdot \frac{1}{1000}。$$

我们再举一个不同的例子:

$$725.531 = 7 \cdot 100 + 2 \cdot 10 + 5 \cdot 1 + 5 \cdot \frac{1}{10} + 3 \cdot \frac{1}{100} + 1 \cdot \frac{1}{1000}。$$

在这里, 我们看到了十进位值制的另一个基本性质, 而我们通常认为它是理所当然的, 也就是说, 我们仅仅根据它的表示就能辨别所处理的是哪一种数。例如, 在整数的十进制表示中, 小数点后没有数字。又如, 在有理数的十进制表示中, 小数点后的一些数字最终会按某种顺序不断重复 (例如 $\frac{138}{101} = 1.366336633\cdots$, 或者 $\frac{1}{5} = 0.2$)。反之, 在无理数的十进制表示中并没有这种重复 (例如 $\pi = 3.14159\cdots$)。

整数和分数都可以按照相同的原则进行书写, 这个见解对于更宽泛、更统一的数的认识发挥了重要的历史作用。另外, 对于我们想要在本书中考虑的一些发展来说, 这种见解也给我们上了重要一课, 因为数的逻辑和历史的逻辑在这里并不是并行的。实际上, 人们并不是首先发展了一种清楚的思想, 即分数与整数这两种对象都属于同一种数, 然后又发展了一个符号体系来方便地表达这种思想。事实恰恰相反, 因为人们意识到分数与整数可以按照同一种方法来书写, 所以才逐渐发展出了这样一种思想 (这并非易事), 即有理由认为分数与整数实质上都是在表示一种共同的一般思想。我们将在第 7 章来讨论这个重要进程中的一些细节。

21

但是, 数的符号和数的思想的历史进程也是沿着相反的方向发展的。考虑到十进制记数法中所体现出的强大的思想威力, 我们在使用它时必须要当心, 因为我们持续不断地使用这个灵活的记数法会带来一些根深蒂固的习惯, 而它们有时可能会误导我们。这不仅仅是个人所犯错误的问题, 还是一个更广泛、更重要的历史过程。在一些引人关注的历史情景中, 数学家不断地被名称、记号或者符号所误导, 只有当他们能够清楚地区分哪些东西属于符号, 哪些东西属于用符号表示的但又不依赖于符号的数学思想的时候, 数学突破才能产生。例如, 复数概念的合法化过程就是这种情况, 它非常缓慢, 也非常缠绕, 我们将有机会在第 9 章中看到其中的一些细节。

例如, 在更直接的记数体系中, 我们要着重注意, 一个给定的数可以有多种表示方式。就此而言, 1 也可以写成 $0.9999\cdots$ (根据惯例, "$\cdots$" 在这里意指, 数字 9 在这个小数表示中不断出现, 直到无穷)。我们可以通过各种方法看出来这两种表示代表的是同一个数。例如, 由减法 $1-0.9999\cdots$ 可以得出 $0.0000\cdots$, 也就是说, 这是 0。因此这两种表示是同一个数。十进位值制计数法背后的一些思想有着复杂的相互影响, 从而可能会产生陷阱, 我们必须要意识到这一点。

十进制不仅是记数法的核心, 而且是计量体系和金融体系的核心。例如, 公认的长度单位米通常是按照十进倍数进行细分或扩展的, 而我们也会为米加上方便的前缀。这样, 一厘米是一米的一百分之一 (10^{-2}), 而一毫米是一米的一千分之一 (10^{-3})。另一方面, 一公里表示一千 (10^3) 米。我们在一些书和百科全书中 (或者在互联网上) 可以找到其他前缀, 然而它们在日常生活中并不常见: 例如一分米是一米的十分之一, 而三丈表示十米。

对像 "千" 或者 "千分之一" 这样的前缀的连续使用是一些常见错误的有趣来源。例如, 一平方公里的面积并不是一千平方米, 而是边长为一公里的正方形的面积 ($10^3 \times 10^3$), 因此它是一百万 (10^6) 平方米构成的正方形。更有趣的是目前在电子数据的存储与通信领域中常见的一种相关的困难。数据的 "一千字节" (kilobyte) 本应表示一千个字节, 但是由于历史原因这个术语却被用来表示不同的值。实际上, 在电子计算机的早期阶段, 当数据在电子存储器中以二进制表示而不是十进制表示进行组织的时候, 人们发现用一千字节这个术语来表示 2^{10} (即 1024) 个字节更好用。毕竟, 这个数足够接近 1000, 对吧? 随着时间的推移, 这种歧义性在这个领域已经变得根深蒂固了, 而另一方面, 所处理的数据量也开始呈现出指数增长。长此以往, 这些术语直接表示的数值和它们实际所表示的数值之间的差距也就越来越大了。例如, 一兆字节 (MB) 的字面意思是 "一百万字节", 但是它用来表示的或者是 10^6 个字节, 或者是 2^{20} (即 1048576) 个字节, 有时它也表示 $2^{10} \times 10^3$ (即 1024000) 个字节。一千兆字节 (GB) 的字面意思是 "十亿字节", 它经常用来表示 10^9 个字节, 但有时它也用来表示 2^{30} (即 1703741824) 个字节。这种歧义性的确会引起一些问题和误解, 有

22

人甚至会为了营销的目的而故意误用它。因此, 假如有个商贩出售 100 GB 的硬盘驱动器, 它的容量实际上是 100×10^9 个字节, 而一个特定的销售员可能会向粗心的顾客这样来解释: 您正在购买的容量是 100×2^{30} 个字节。这里的差别是很大的。随着时间的推移与工业的发展, 这两种可能的解释之间的差距也在不断扩大, 而这也向设立通用工业标准的工程主管机构提出了有趣的挑战。

这些例子以及可以在这里提到的许多其他例子, 都有助于强调人们在各种情况下使用十进制的偶然性。从表面上看, 我们似乎很自然地认为, 已经采用十进制来书写数的数学文化也将不加考虑地使用十进制进行计量和细分货币。在这种情况下, 历史要比我们的常识复杂得多。例如, 法国大革命对公共生活的许多方面都进行了影响深远的改革, 作为改革的一部分, 人们投入了大量的精力和专业的思考, 而在 1795 年做出了一项决定: 在大多数计量领域全面采用十进制度量, 包括长度、重量和体积 (但时间和角度的度量例外, 而这也是出于有趣的历史原因!)。当然, 其中的一些度量在当时已经在使用了, 但是引人注目的、完全的政府决定以及伴随的宣告说明, 这项改革遵循了大革命的普遍原则。

公认的前缀也是在这个时期被引入的: 千, 百, 十, 百分之一, 千分之一, 等等。虽然法国实行了这项改革, 但是旁边的英国人仍然保持着他们相当烦琐的度量方式, 其中每个不同的单位都按不同的方式分为次一级的单位。例如, 一码等于 3 英尺, 而一英尺等于 12 英寸。另一方面, 一磅分为 16 盎司, 而一英石等于 14 磅。英国的货币直到 1971 年前也是如此。在此之前, 一英镑分为 20 先令, 其中每先令又分为 12 便士。在另一边的美国, 虽然人们很早就用十进制来划分货币, 但是在生活的许多其他方面他们继续使用非十进制的方法, 这种情况甚至持续到英国人放弃了这种做法之后。同样, 所有这些差异都是由历史和文化决定的。例如, 有大量证据表明, 英国之所以决定不走法国的道路, 在很大程度上是因为受到了民族主义的影响。对于不同国家和文化中的度量制度, 在这个看似简单的问题背后隐含着非常有趣的历史过程, 遗憾的是, 所有这些都超出了本书的范围。不过, 在后面的章节中, 我们将会看到十进制思想的发展、采用和传播过程中的一些重要阶段。

23

2.2　数的过去书写: 埃及、巴比伦和希腊

在稍微系统地给出了我们在以后章节的历史叙事中将要使用的基本概念之后, 现在我要转向更具体的历史话题。我想专注于详细描述在埃及、巴比伦和希腊这三个古代数学文化中使用的记数体系。当然, 还有很多其他的古代数

学文化, 如中国、印度、日本、朝鲜、南美洲和中美洲的本土文化, 以及希伯来文化。在所有这些文化中我们都能发现许多关于记数法的有趣思想, 但我之所以选择这三个文化, 是因为它们与我们现在的西方数学传统联系得更为直接。

那么我就从埃及开始。象形文字书写在公元前 3000 年左右开始发展起来, 它包含了数的书写记号。这些记号体现了非位值制的十进制记数体系, 它们这样来表示 10 的幂:

1　10　100　1000　10000　100000　1000000

现在, 任何给定的数都可以写成这些符号的组合, 如下例所示, 它复制于卡纳克神庙的一块石头上雕刻的记号, 而这块石头现在陈列于巴黎的卢浮宫。这些记号大约是在公元前 1500 年书写的:

276:　　　　4622:

我们要重点记住, 我们这里讨论的埃及文化跨越了 2000 多年, 因此象形文字记号显然经历过很多次转变。这里展示的记号只是一个代表。然而, 这个数制的基本思想却一直保持不变。象形文字比较容易在石头上雕刻, 因此我们经常在石庙与坟墓的墙上以及像花瓶那样的装饰物上看到它们。然而, 它们并不适合抄写员, 他们是借助秸秆而在各种纸莎草上书写文件。因此, 为了这种目的, 各种类似草书的书写发展起来, 比如僧侣文和通俗文字, 它们都有自己的书写记号。例如, 僧侣文的数字书写体系并不是象形文字体系的转写, 它接近于希伯来的方法,即用字母来表示数值: 人们各用一个符号来表示 1 到 9, 另一些符号分别表示 $10, 20, \cdots, 90$, 还有一些符号分别表示 $100, 200, \cdots, 900$。直到 9999 的每个数都可以写成相关符号的串联。举个具体的例子, 5234 这个数写成“ ”, 这是一些记号的组合, 即

24

$$= 4, \quad = 30, \quad = 200, \quad = 5000。$$

由于这个体系不是位值制, 这些符号的某种书写顺序其实无关紧要。另外, 在这个非位值制的体系中并没有 0 的思想 (或者说没有符号来表示 0)。然而,

虽然 0 的记号没有出现在埃及的算术文本中, 但是它的确出现在森鲁塞特一世 (Senruset I, 公元前 1956—前 1911) 执政以来的行政文书中。[1]

在纸草书上书写僧侣文的确比书写象形文字更容易, 但是这并不意味着用它们进行算术运算也更容易。首先, 在僧侣文体系中要知道的符号是象形文字体系的 10 倍。比较这两个记号体系的运算会更有意思。例如, 如果我们要在象形文字体系中用 253 加上 746, 我们只需要把这两个数的对应符号相加即可, 如下所示:

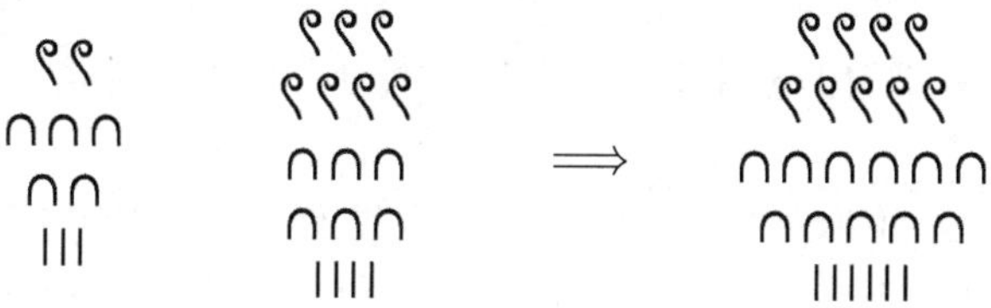

$\Longrightarrow$

但是接下来, 因为我们得到了表示 10 的 11 个记号和表示 100 的 9 个记号, 所以我们可以把它们替换为一个表示 10 的记号和一个表示 1000 的记号, 从而可得以下的结果:

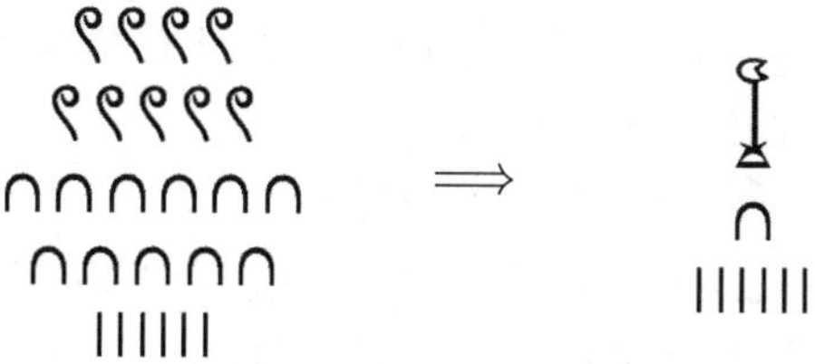

$\Longrightarrow$

而非位值制的僧侣文体系显然没有这么容易的加法和减法。

我们在这里还必须提到有关埃及记数体系的另一种值得注意的思想, 作为一个富有启发性的例子, 它可以说明数学思想的发展和处理这种思想的适当的符号语言之间的相互关系。事后来看, 我们可以把这种思想描述为引入了所谓的单位分数, 即分子为 1 的分数。在象形文字体系中, 这很容易做到, 只需要对任意的数添加一个特殊记号 “  ” 即可 (而在僧侣文体系中, 我们通过在数上面添加一个点号来得到同样的分数)。象形文字表示单位分数的两个记法如下所示:

25

[1]关于古代与中世纪个人的日期经常是近似的, 除了注明公元前的日期, 所有的日期都是指公元后。

今天我们会把这两个数分别读作 $\frac{1}{232}$ 与 $\frac{1}{5}$。仍然是事后来看, 我们今天知道, 任意普通分数都可以写成单位分数之和, 这种书写方式甚至不止一种。例如,

$$\frac{1}{5}+\frac{1}{5}=\frac{2}{5} \text{ 或 } \frac{1}{3}+\frac{1}{15}=\frac{2}{5}。$$

现在, "单位分数" 这个名字在这种语境中可能会带来误解。单位分数的想法和表示它们的方便记号可以独立地产生关于分数的复杂思想, 其中单位分数只是特殊情形。实际上, 当我们检查现存的证据时 (它们出现在很多幸存下来的纸莎草中), 我们会看到: 古埃及的数学文化并没有分数的一般思想。与此同时, 取整体的 "一部分" 这种想法是在他们所处理的特殊问题的解法中自然出现的。

例如, 假如我们要把 5 个面包分给 8 个奴隶。用今天的术语, 我们会说每个奴隶必须分到一个面包的 5/8。我们可能会把每个面包分成 8 份, 然后再分给每个奴隶其中的 5 份。每个奴隶确实分到了所规定的一个面包的 5/8。然而, 在单位分数体系中, 我们发现了一个更自然的方法来解决这个实际问题: 我们可以简单地把 4 个面包分成两半儿, 并把剩下的那个面包分成 8 份。按照这种方式, 每个奴隶将会得到半个面包以及 1/8 个面包, 即 $\frac{1}{2}+\frac{1}{8}$。当然, 用纯算术术语来讲即 $\frac{1}{2}+\frac{1}{8}=\frac{5}{8}$。但在实际情况中, 我们却有两种不同的方法来处理它, 其中一种方法比另一种更自然、更直接。

这里是另一个例子: 假设我们要比较两个分数, 比如 3/4 与 4/5, 并确定哪个更大。根据我们的观点和习惯的表示法, 我们会发现把两个数都写成十进制的表达式更加自然, 即 0.75 和 0.8, 这样更容易比较。我们也可以把它们写成相同的分母, 比如 $\frac{15}{20}$ 与 $\frac{16}{20}$, 然后再轻松地比较它们。但是在单位分数的情形, 这个比较却很直接, 并且不言自明: $\frac{1}{2}+\frac{1}{4}+\frac{1}{20}$ 显然大于 $\frac{1}{2}+\frac{1}{4}$。因此, 我们看成单位分数的埃及书写体系并不是我们所知的更宽泛的分数体系的一部分, 也不是后者的有缺陷的版本, 而是一种自主发展并且非常连贯的思想, 它的发展与其数学–历史背景自然地联系在一起。我还要补充一点, 我们在某些埃及文本中能看到表示 2/3 的记号, 也能看到表示 3/4 的记号, 尽管后者更不常见。我们在第 3 章将会看到, 在希腊数学的背景中也产生了这种思想。

我在这里要提到一个很好的历史转变: "埃及分数" 这个术语今天在现代数论中表示不同的单位分数之和。对于如何用埃及分数表示普通分数, 有很多有趣的问题和公开的猜想。例如, 1806 这个数具有一个有趣的性质, 即它是素数 2, 3, 7, 43 的乘积, 同时它也满足下述的与埃及分数有关的性质:

26

$$1=\frac{1}{2}+\frac{1}{3}+\frac{1}{7}+\frac{1}{43}+\frac{1}{1806}。$$

具有这种性质的数称为 “初级伪完全数” (primary pseudo-perfect number), 它们在 2000 年才开始被系统研究, 而这距离埃及人引入他们自己的 “单位分数” 已经大约四千年了。

我们现在转向巴比伦的数的书写体系。公元前 1600 年左右, 巴比伦人发展了相当可观的算术知识, 它们通过保存了很多世纪的许多楔形文字泥版而流传下来。讨论算术的楔形文字泥版包含了很多问题和计算, 其中数是通过六十进制 (即基底是 60) 来表示的。然而, 这个数制并没有使用 60 个符号, 而是只用了两个符号, 所有其他的数都可以通过它们的组合得到。这样, 尽管这个数制的基底是 60, 但它清楚地表现出了背后的十进制方法。通过把十 (表示为 𒌋) 和单位 (表示为 𒁹) 聚在一起, 这两个基本符号的确可以用来表示 1 到 59 之间的所有的数。这里是一些例子:

大于 59 的数表示成这种组合的字符串, 并且用 60 的幂来表示位值。例如, 字符串

表示的数是

$$1 \cdot 60^3 + 30 \cdot 60^2 + 51 \cdot 60 + 23,$$

也就是说, 用十进制表示是 327083。人们马上就能意识到这个数制最重要的缺陷, 即没有 0 的思想, 当然也没有表示它的符号。如前所述, 如果没有 0, 那么没有任何位值制可以顺利地运作。事实上, 如果在基底的序列中不能表示出空位, 那么我们就不能没有歧义地解释每一个字符串。例如, 以下的由两个符号组成的字符串

它可以表示

$$30 \cdot 60 + 23, \quad 30 \cdot 60^2 + 0 \cdot 60 + 23, \quad 30 \cdot 60^2 + 23 \cdot 60,$$

或者其他许多值中的任何一个值。我们从现存的泥版文本中得知, 巴比伦人通常会为问题设置一个清楚的背景, 由此可以容易地理解所用自然数的真实值而

不会产生歧义。然而, 巴比伦人同时也扩展了他们的数制以便来书写分数, 此时由于缺少 0 而引起的歧义性变得更加明显了。其分数的书写与十进制分数相似, 不过是以 60 为基底。例如, 在这个数制中, 字符串

27

既能表示

$$30 \cdot 60^2 + 23 \cdot 60 + 56 \text{ 或 } 30 \cdot 60^3 + 0 \cdot 60^2 + 23 \cdot 60 + 56,$$

也能表示

$$30 \cdot 60^2 + 0 \cdot 60 + 23 + 56 \cdot \frac{1}{60} \text{ 或 } 30 \cdot 60 + 0 + 23 \cdot \frac{1}{60} + 56 \cdot \frac{1}{60^2},$$

等等。

我们已经提到过十进制中的基底 10 的起源问题。对巴比伦的数制中的基底 60 有着类似的问题以及类似的推测性的答案。历史学家有时会指出, 像苏美尔人和阿卡德人这样早期的文化也使用同样的基底 60, 尽管他们是在很不成熟的算术知识体系中来使用它的。古希腊数学家士麦那的席恩 (Theon of Smyrna) 大约生活于公元 70 年到 135 年, 对于巴比伦数制, 他强调 60 可以被很多因子整除 (1, 2, 3, 4, 5, 6, 10, 12, 15, 20, 30), 因此选择它作为基底在很多方面都会很方便。从数学上讲, 席恩强调这一点当然是正确的, 事实上, 在几何学和天文学中, 60 直到今天一直都是优先考虑的基底。

诚然, 人们也做出过各种不同的努力来在天文学中使用十进制。当我们讨论弗兰德数学家西蒙 · 斯蒂文的贡献时, 我们会在第 7 章看到一个非常引人注目的例子。斯蒂文最终非常成功地整合了十进制, 并成功地把它应用于各种知识领域, 并且他也努力将十进制用到了天文学中。但是他无法说服天文学家接受他的思想, 因此在这个学科中 60 仍然是标准基底。不过, 虽然席恩对以 60 为基底的事后解释貌似很合理, 并且内在逻辑性也很强, 但是我们很难相信在古代数学文化中设计并采用的任何数制只是基于精心制作的理性观念, 就像是由专业委员会规划的那样。就像本书中所讨论的许多其他问题那样, 在采用某种数学思想或符号的背后, 各种各样的历史因素都发挥了作用。无论如何, 我们当然也没有直接证据来证实或者否定席恩关于历史的主张。

最后, 我们来简要地谈一下希腊数学文化中的记数体系。希腊的数的概念直到 17 世纪都一直居于主导地位, 我们将在第 3 章与第 4 章讨论它们。我在

接下来的章节中要强调的主要观点是, 古希腊数学并不是一个统一的、同质的整体, 它包含着不同的观点, 有时它们还是对立的。对于计数法这个话题来说更是如此。这个古老的文化在各方面都获得了发展, 它的各个岛屿和地区在生活的所有方面都以其独立性和自主性而自豪。这当然可能会影响到当地的记数、硬币、测量和称重体系的发展。因此, 在这一章的最后一部分, 我只能简单地描述一些在古希腊数学文化中更常用的记数体系。

28

我们首先要着重提到一个与上述的古希伯来体系很相似的数制。它是非位值制的十进制, 其中字母表中前 9 个字母分别用来表示 1 到 9 这些值, 接下来的 9 个字母分别用来表示 10 到 90 这些值, 而另外 9 个字母分别表示 100 到 900 这些值。它使用的符号包含了一些在现代希腊语中不再使用的字母。如我们所知, 各种数是通过适当的符号组合得出来的。例如, 345 写成 "$\tau\mu\varepsilon$", 其中

$$\tau = 300, \mu = 40, \varepsilon = 5;$$

而 534 写成 "$\phi\lambda\delta$", 其中

$$\phi = 500, \lambda = 30, \delta = 4。$$

在一些文本中, 当这些字母表示数的时候, 它们上面会加上像横杠或点号这样的标记 (例如 "$\overline{\phi\lambda\delta}$"), 以便将其与表征图形的词语或字母区分开来。此外, 大于 1000 的数添加字母 "ι" 作为标记来改变每个字母所表示的标准值。例如, "α" 表示 1, 而组合 $^{\iota}\alpha$ 或者 $_{\iota}\alpha$ 则表示 1000。随着时间的推移, 人们还引入了其他想法来表示更大的数。他们用希腊词语 "$\mu\nu\rho\iota\acute{\alpha}\zeta$" 表示一万 (myrias), 而字母 M 也被用来表示与这个数量相乘所得的数。例如, 40000 这个数可以写成 $\overset{\delta}{M}$。字母 M 上面的数实际上可能很大, 包括几百或几千。例如, 5340000 可以写成 $\overset{\phi\lambda\delta}{M}$。然而, 这个笨重的体系后来发生了改变, 人们不再把乘数写在 M 上面, 而是写在了它的前面。我们在天文学著作中发现了大数的有趣使用, 比如萨摩斯的阿利斯塔库斯 (Aristarchus of Samos, 公元前约 310— 前约 230) 的著作, 他以倡导日心体系而闻名。在其著作中, 他利用一些简单的值书写了一个和 71755875 一样大的数。在其符号中,

$$\mathrm{E} = 5, \mathrm{O} = 70, \mathrm{P} = 100, \Omega = 800, \mathrm{Z} = 700,$$

并且他把这些值排列成这样的方式:

$$_{\iota}\mathrm{ZPOEM}_{\iota}\mathrm{E\Omega OE}。$$

当然, 天文学中出现这么大的数并非偶然。伟大的数学家, 佩尔贾的阿波罗尼乌斯 (Apollonius of Perga, 公元前约 262—前约 190) 在天文学中也做出了重要贡献, 他进一步建议在 M 上面另写一个符号, 以便表示 10000 的乘积。例如, 他把 587571750269 写成

$$\overset{\beta}{M}_{\iota}\mathrm{E}\Omega\mathrm{OE}_{\chi\alpha\iota}\overset{\alpha}{M}_{\iota}\mathrm{ZPOE}_{\chi\alpha\iota}\Sigma\Xi\Theta。$$

在这里, 希腊单词 "$\chi\alpha\iota$" 表示加法, 他使用的其他符号分别是

$$\Sigma = 200, \Xi = 60, \Theta = 9。$$

叙拉古的阿基米德 (Archimedes of Syracuse, 公元前 287—前 212) 也为大数的书写提供了一些思想方法。他有一部不同寻常的著作《沙粒的计算》(*Sand Reckoner*), 我们通过它知道了他在这方面的贡献。阿基米德的出发点不是一万 (10^4), 而是它的平方 (10^8), 他以此为基础引入了类似十进制的方法。他通过一个思想实验来检验这种方法的有效性。在这个实验中, 他计算了填满宇宙所需的谷物的数量 (当然, "宇宙" 这个词是指当时所认识的宇宙)。他暗示道, 这个数是 "可以想象的最大的数"。他的计算得出了一个介于 10^{51} 与 10^{64} 之间的数, 而这个数在他的体系中很容易写出来。关于这个体系, 除了它能成功地实现其目的之外, 我们还可以提到一个与之相关的并且有趣的奇特之处: 根据现在的知识, 如果我们要类似地计算填满太阳系所需的沙粒数量, 并以冥王星轨道的平均半径入算, 那么我们得到的数将非常接近 10^{51}。 [29]

这里要提到的最后一个重要文献是天文学名著《至大论》(*Almagest*), 它由克劳迪斯 · 托勒密 (Claudius Ptolemy, 85—165) 于 130 年左右写成。这本书直到 17 世纪都是这门学科的圣典。自从托勒密采用巴比伦的六十进制作为表示天文数据和天文计算的主要方法以来, 这种做法直到今天都在该学科中被普遍接受。虽然他在一个至关重要的方面改进了巴比伦的记数法, 即在数的幂表示中引入了符号 O 来表示空位, 但是值得注意的是, 即使他的书产生了巨大的影响, 随后也只有少数天文学家采用了他这个特殊做法, 而他同时代或随后的其他数学家也没有特别强调这种做法。我们以后将会看到, 零的彻底采用还得一直等到它从另一个源头出现的时候。 [30]

第 3 章　希腊数学传统中的数和量

我们准备开始探索数的概念的发展历史。为此, 希腊的科学文化是一个理想的出发点。这既不是因为这个古代文化最早或者唯一发展了名副其实的算术知识——我已经提到巴比伦和埃及的数学文化发展得更早, 也不是因为只有这个古代文化发展的数的概念才有重要的数学意义和历史意义, 而是因为希腊数学传统毕竟是欧洲数学贯穿中世纪后期、文艺复兴时期以及 17 世纪的发展的真正源头 (我们会看到, 还有来自伊斯兰世界的重要补充)。理解希腊人思考和处理数的方式是我们故事的一个基本部分, 这也是本章和下一章的重点。接下来我们会看到, 后世数学家以及其他文化中的数学家如何开发希腊的数的思想所蕴含的全部潜力。与此同时, 我们将看到, 这些数学家如何努力地解除了一些限制, 而这些限制从一开始就影响了希腊的概念。

"希腊数学" 这个术语涵盖范围很广, 用来泛指各种不同的传统, 我们不应该把它看作具有严格定义的方法论并且受特定规范所约束的单一的知识体系。事实上, 这个术语所指的时期跨越了 800 多年, 从公元前 6 世纪的米利都的泰勒斯 (Thales of Miletus, 第一个知道名字的数学家), 直到公元 3 世纪或 4 世纪 (这取决于我们如何来定义什么是 "希腊数学家")。我们习惯把亚历山大的希帕蒂亚 (Hypatia of Alexandria, 约 370—415) 作为最后一位希腊数学家 (顺便说一句, 希帕蒂亚也是历史上第一个知道名字的女数学家; 在 2009 年好莱坞电影《城市广场》(*Agola*) 中, 由蕾切尔 · 薇姿 (Rachel Weisz) 饰演的希帕蒂亚的角色引起了公众的注意)。从地域上看, 希腊数学家的活动范围东到小亚细亚, 西到西西里的叙拉古, 南到埃及的亚历山大。

这种历史和地理的异质性给历史学家带来了许多问题, 尤其是当他们试图在希腊数学中重建像“数的概念”这样既脆弱又难懂的事物时。但除此之外, 对于现有证据的性质还存在着方法论方面的挑战。这个多侧面的数学文化流传给我们的证据还相当零碎。首先, 一些重要的文本只是通过阿拉伯语的翻译而保存下来。但是, 即使是保存下来的希腊语材料, 其中的大部分也是在很晚之后通过 9 世纪以来的抄写而传给我们的, 它们用经过修订的拜占庭字母书写。这些抄写经常遵循符号规范, 体现了符号方面的新思想和新体系, 因此在一些重要的方面不同于原始文本的书写。甚至在技术方面, 这些后期手稿的准备方式, 命题和证明在文本中的组织方式, 以及图表的设计方式也与原来有很大的不同。这样的革新绝非与数学内容无关。历史学家力图理解这些比原始文本晚数百年的重写的数学文本, 因为它们使用不同的符号和不同的记数习惯, 所以历史学家要通过非常艰难的工作才能澄清原始文本的真实面貌, 才能分辨后来的重写者、评论者或者解释者到底添加了什么思想。

需要着重强调的是, 我们通过现有文献获得的希腊数学知识大部分属于所谓的“学院数学”或“学术数学”的传统。我们将在这里讨论的大部分算术知识都是这个传统的一部分。然而, 还有另一种与之并行的传统, 它经常被称作“物流学”, 主要出现在商业和日常生活的范围中。顺便说一句, 现存的书面文本形式的直接证据大多属于后一种数学传统。它出现在虽然相对广泛但又总是很零碎的纸莎草文本中。这些文本是公元前 4 世纪以来由希腊–罗马行政机构在埃及撰写的。因此, 在拜占庭手稿中很少出现这种实用数学, 而与此同时, 在原始的纸莎草文本中也很少有学术数学。

尽管有这些方法论上的困难, 我在这里仍然是从一般意义上谈论“希腊数学”, 同时关注这种数学文化的主要代表性特征, 尤其是关注数的概念的各种表现形式。在讨论希腊数学中数的概念时, 我主要是指我们通过现有文献获知的学术传统, 这些文献与欧几里得、阿基米德、阿波罗尼乌斯和丢番图这些大名鼎鼎的人物有关, 也与托勒密的天文学传统有关, 尽管其关联程度较低。

3.1 毕达哥拉斯的数

我首先要谈到萨摩斯的毕达哥拉斯 (Pythagoras of Samos, 公元前约 570—前约 490) 与毕达哥拉斯学派的工作。这个学派的成员活跃于克罗托纳 (Crotona) 城, 它位于今天的意大利南部。有很多传奇和神话与他们的名字有关, 有时候我们很难把这些传奇和真实的历史区分开。然而, 他们开创性的重要数学成就是毋庸置疑的。其中最广为人知的是以毕达哥拉斯的名字命名的

32

关于直角三角形的著名定理: 在直角三角形的斜边上画的正方形的面积等于在另外两边上画的正方形的面积之和。尽管它的名字如此, 这个定理也为其他的古代数学文化所知。不管怎样, 我们对毕达哥拉斯学派的兴趣在于他们工作的一个不同侧面, 即他们对自然数及其性质的密切关注和大量研究。

毕达哥拉斯学派对数的兴趣超出了纯粹的算术。对他们来说, 数是宇宙背后的普遍原则, 它使我们能够理解宇宙。毕达哥拉斯学派将理性方法独特地融入对自然的数字命理学理解以及其他的神秘实践中, 他们认为自然数是一种清晰可辨的稳定元素, 它隐藏在日常经验的混沌背后, 并有助于理解它们。在他们看来, 数之间的关系可以解释不相干的现象, 如几何体的性质, 天体的相对运动与它们在天空中可能的结构, 以及音乐和声的生成。

例如, 毕达哥拉斯学派的音乐理论似乎是源自这样一种见解: 当相邻弦的长度之间的关系可以表示成自然数的精确比率时, 震动的弦就会创造出和声。例如, 一个纯八度音, 即音阶上比如说 C 与下一个 C 之间的音程, 是当两根弦的长度具有 1 比 2 (即其中一根弦的长度是第二根弦的二倍) 的关系时得到的; 纯四度音 (比如 C 与 F 之间的音程) 是当两根弦的长度具有 3 比 4 的关系时得到的; 而纯五度音 (比如 C 与 G 之间的音程) 是当两根弦的长度具有 2 比 3 的关系时得到的。在西方音乐世界中, 至少直到 17 世纪都一直有效并且未发生重大改变的和声理论与毕达哥拉斯学派的理论其实相去不远。

对数及其意义的这种观点的其他表现方式 (尽管更多的是沿着神秘的方向) 对每个数都赋予某种个人的品性: 阳性或阴性, 完美或不完美, 美丽或丑陋。其中有一些特性可以用纯粹的算术术语来表达。例如, 一个 "完全" 数是指与它的真因子之和相等的数, 如 6 (因为 $3+2+1=6$) 或 28 (因为 $14+7+4+2+1=28$)。还有 "亲和" 数, 如 220 与 284, 其中第一个数的真因子之和等于第二个数, 反之亦然:

$$284 = 1+2+4+5+10+11+20+22+44+55+110;$$

$$220 = 1+2+4+71+142。$$

毕达哥拉斯学派对数及其性质的全神贯注使他们对算术的掌握达到了非常高的水平, 并且还导致了非常有用的技术与概念工具的发展。首先, 他们习惯于借助排成各种结构的卵石来表示数。仅仅是基于这些结构的性质, 他们就推导出关于各种数的性质的一般定理。例如, 偶数的一个基本性质是它们可以用两行相同的卵石来表示。如果把奇数也依次排成相同的两行, 那么总是会剩下一个单独的卵石。根据这些简单的性质, 毕达哥拉斯学派推导出 (如图 3.1

33

所示): 偶数的和总是偶数, 当我们把偶数个奇数相加时我们会得到偶数。

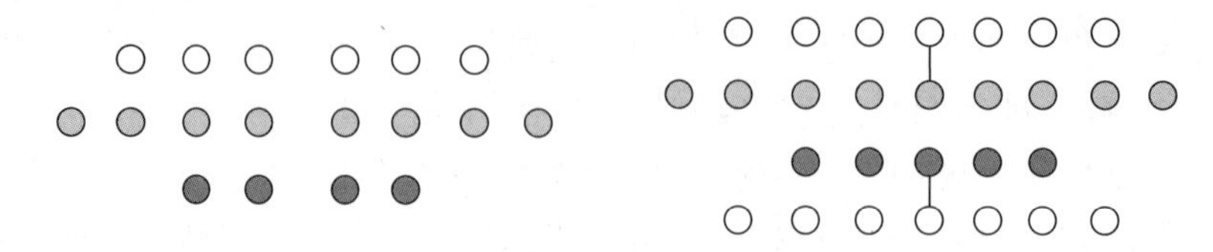

图 3.1　偶数之和总是偶数 (因为它能表示成两组相同的卵石); 偶数个奇数之和总是偶数 (因为把这些奇数分别排列成相同的两行之后, 还剩下偶数个卵石, 所以把它们加到一起即得一个偶数)

卵石的结构也可以对应于几何形状, 即 "形" 数, 如图 3.2 所示的三角形数、正方形数与长方形数 (即 $n(n+1)$ 这种形式的数)。

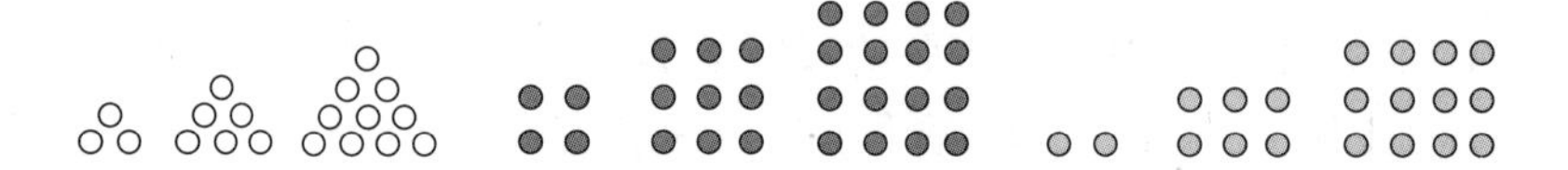

图 3.2　三角形数、正方形数与长方形数

仍然是仅仅基于这些结构的性质, 毕达哥拉斯学派就推导出关于这些类型的数的一般结果。例如, 一个正方形数等于两个相继的三角形数之和。另一个例子: 一个长方形数等于一个三角形数加上它自身, 如图 3.3 所示。在毕达哥拉斯学派的算术中, 形数的中心地位也与他们对基本概念的定义有关, 即数是一些单位, 组成数的每一个单位本身是不可分割的实体。当然, 当毕达哥拉斯学派谈论数时, 对我们来说, 他们指的只是自然数。

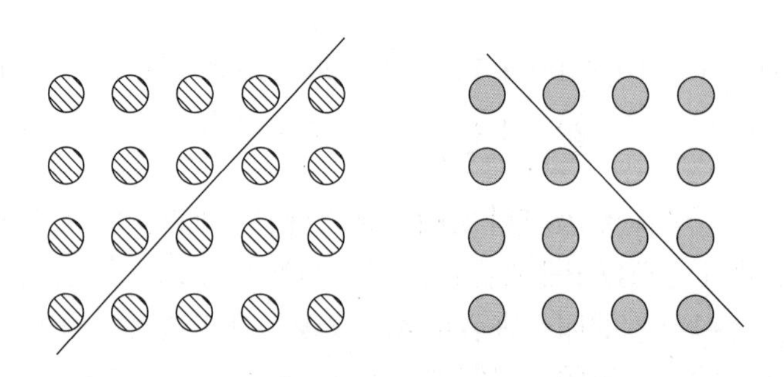

34

图 3.3　三角形数、正方形数与长方形数之间的关系

3.2 比率和比例

毕达哥拉斯学派的算术的另一个关键概念是"比例", 也就是说, 当四个数排成两对时, 它们确定的比率相同。例如, 2 与 3 这一对数与 4 与 6 这一对数被说成是成比例的。从我们现在的算术概念来看, 我们把它只是理解成两个分数的相等: $\frac{2}{3}=\frac{4}{6}$。但毕达哥拉斯学派的看法却很不相同。对他们来说, 它的意义与下述内容更接近:

当单位取了两次时, 它度量了 2 这个数; 当它取了三次时, 它度量了 3 这个数, 因此当 2 这个数取了两次时, 它度量了 4 这个数; 当它取了三次时, 它度量了 6 这个数。

更一般地, 在毕达哥拉斯学派的传统中,

四个数成比例: 如果第一个数与第二个数被某个量度量, 那么第三个数与第四个数就会被另一个量度量。

为了简便, 我将按照惯例把四个量的比例表示成 $a:b::c:d$。这种记法是在文艺复兴时期引进的, 在古希腊并不存在。在希腊古典数学文本中, 比例总是以彻底的文字方式被提出, 它大致如下所示:

a 与 b 的比率如同 c 与 d 的比率。

毕达哥拉斯学派的比例概念与我们现在的分数相等的概念之间的不同并不仅仅在于后者用符号书写, 而前者用文字表达。准确地说, 它涉及数是如何被看待和使用的。这一点很重要, 我们需要详细说明一下。我们现在说, 我们把 $2:3::4:6$ 这个比例简单地看成两个分数的相等, 此时我们心中可能有两种不同的但是等价的想法: (a) 等式两边表示相同的值, 即小数 $0.666\cdots$, 尽管它以两种不同的方式写成了普通分数; (b) 我们可以化简等式右边的分数, 即用分子与分母都除以 2, 这样就得到了左边的分数。对于毕达哥拉斯学派来说, (a) 与 (b) 都缺乏明确的意义。

两个数 (如 2 与 3) 之间的比率本身并不表示一个数或一个"数值", 就像是 2 或 3 所表示的意义那样, 或者对我们来说, 像 2/3 所表示的意义那样。对毕达哥拉斯学派以及其后一般的希腊数学家来说, 比率是完全不同的对象。比率是比较数的方式, 并且比率之间可以互相比较, 但是它们并不能像数那样进行运算。毕达哥拉斯学派对数进行加法、减法与乘法运算。另一方面, 他们只是比较比率, 就像把 2 与 3 的比率和 4 与 6 的比率进行比较。他们并没有像操作数那样来操作这些比率。我们将会看到, 对数与比率的这种不同态度对希腊人的数的思想产生了深远的影响。

对比率与比例概念的一个早期的重要应用出现于对各种数值平均的定义以及对其性质的研究中。数值平均在更早的文化中已经出现了, 如巴比伦和埃及。毕达哥拉斯学派可能在他们的旅行中学到了这些。给定两个数, 一个 “平均” 是指中间的第三个数, 它满足某些明确定义的附加条件。当然, 最直接的情形是 “算术平均”, 其中定义中间的数的条件是: 它距离两个给定的数一样远。用现代术语来说, 给定两个数 a 与 b, 这个算术平均是一个数 c, 使得 $c-a=b-c$, 即 $c=\frac{a+b}{2}$。

35

“几何平均” 则更自然地适用于毕达哥拉斯学派的比例概念。在这里, 定义的条件是: 第一个数与中间的数的比率如同中间的数与第二个数的比率。如果我们用 d 来表示几何平均, 那么这个条件可以用符号表达为 $a:d::d:b$。使用现在的分数语言, 我们可以说 d 满足等式 $\frac{a}{d}=\frac{d}{b}$, 因此, 给定两个数 a 与 b, d 的值由 $d=\sqrt{a\cdot b}$ 给出。我也要强调的是, 这并不是毕达哥拉斯学派看待几何平均的方式。

在毕达哥拉斯学派的音乐和声理论中, 算术与几何平均经常与第三个所谓的 “次倒数平均” (即 “调和平均”) 一起出现。在这种情形, 中间的数是由以下条件定义的:

不论较大的数比中间的数的超量占较大的数自身的多大部分, 中间的数比较小的数的超量都占较小的数的相同部分。

用符号表示: 这是一个数 h, 它具有性质 $(b-h):b::(h-a):a$。简单的代数操作 (毕达哥拉斯学派并不能进行这种操作, 因为他们缺少这种代数语言) 可以把这条性质转化成以下的 $h=\frac{2ab}{a+b}$。这三种平均 (即算术平均、几何平均与调和平均) 表现了基本音程的特征。例如, 一个纯八度音 $(1:2)$ 的算术平均表达了纯五度音 (即 $\frac{1+2}{2}=\frac{3}{2}$), 而它的调和平均表达了纯四度音 (即 $\frac{2\cdot1\cdot2}{2+1}=\frac{4}{3}$)。

我之所以强调这些定义的文字表述形式, 是为了说明, 虽然我们可以借助现代代数的灵活的符号语言来理解它们 (甚至可以说将其形象化), 但是这与毕达哥拉斯学派看待这些思想的方式是不同的。这种不同确实是有历史意义的。一方面, 当我们像毕达哥拉斯学派那样用文字表述进行考虑时, 即使是提出关于各种中项及其之间的关系的思想也是极度困难的; 另一方面, 就算毕达哥拉斯学派的比例概念允许他们定义几何平均, 这也无助于对它的计算。

如果我们用代数的形式把几何平均看作一个分数的等式, 即 $\frac{a}{d}=\frac{d}{b}$, 那么我们很容易操作它并且得到 $d=\sqrt{a\cdot b}$。但在调和平均的情形, 希腊人却不能做到这一点。同样, 对于上面讨论的这三个中项之间的有趣关系 $c:d::d:h$ (用现代术语表示即 $d=\sqrt{c\cdot h}$), 这一点也成立。从毕达哥拉斯学派的纯文字定义的视角来看, 这绝不只是一种形式的推导, 真正引人注目的是他们意识到了这些关系。更值得注意的是, 利用同样的纯文字表述的方法, 他们研究了 10 种不同类型的数值平均。这些类型的平均如以下的列表所示 (它们都用 c 来表示), 其中对于每一对数 a 与 b 都有 $b > a$。即使是用符号书写, 就像我在这里所写的这样, 这个总结也表现了毕达哥拉斯学派对于数值平均的非凡的洞察力:

36

(1) $a:a::(c-a):(b-c)$, (2) $a:c::(c-a):(b-c)$,

(3) $a:b::(c-a):(b-c)$, (4) $b:a::(c-a):(b-c)$,

(5) $c:a::(c-a):(b-c)$, (6) $b:c::(c-a):(b-c)$,

(7) $b:a::(b-a):(c-a)$, (8) $b:a::(b-a):(b-c)$,

(9) $c:a::(b-a):(c-a)$, (10) $c:a::(b-a):(b-c)$。

通过简单的操作, 你可以验证关系 (1)(2)(3) 分别表示算术平均、几何平均与调和平均。但是要记住, 毕达哥拉斯学派要想验证这一点会更加困难。为了表达比如比例 (3) 所体现的算术内容, 他们不得不进行和以下差不多的陈述:

给定两个数, 求第三个数, 使得第三个数与第一个数之差比上第三个数与第二个数之差如同第一个数比上第二个数。

你立刻就能意识到, 在缺少我们现在的代数工具的情况下, 表示出这些比例并且研究它们之间的关系其实是一项相当复杂的任务。我们将会看到, 随着古希腊人所发展的数学思想愈加错综复杂, 这一点会变得更加困难。在数学史中, 不断增加的复杂思想和用来表达它们的足够灵活的符号语言并不总是同步发展的, 我们在整本书中都会看到这一点。

基于比例的思想, 毕达哥拉斯学派还得到了另一个重要概念, 它在数学的早期阶段就一直伴随着它, 我们在这里也要关注一下这个概念。这个概念就是 "黄金分割比" (顺便说一句, 希腊人称之为 "中末比", 我在这里为了简便而使用 "黄金分割比", 这个术语出现得很晚, 直到 19 世纪的某个时候才被广泛使用)。纵观历史, 黄金分割比一直让艺术家和神秘主义者着迷。各种各样的流行作家都一再地把它与著名建筑 (如大金字塔、帕台农神庙或巴黎圣母院) 的美学魅力, 或者斯特拉迪瓦里 (Stradivarius) 小提琴的声学秘密, 或者上帝为诺亚方舟和约柜所规定的尺寸联系起来 (他们通常更多的是出于热情, 而不是为了解释真正的原因)。黄金分割比也经常出现在生物学语境中。

黄金分割比的这些真实的或者想象的数学之外的表现都不是我们在这里提到它的理由。相反, 我们在故事中感兴趣的是, 毕达哥拉斯学派只是用比例就把它精确地表示出来, 而且使用的是纯文字表述。他们把它定义如下:

两个量确定了一个黄金分割比, 如果较大的量比上较小的量如同它们的和比上其中较大的量。

用后来的符号表示它, 如图 3.4 所示: 如果线段 AB 在 P 点被分割, 那么当比例 $AB:AP::AP:PB$ 成立时,所得的两条线段成黄金分割比。此时 P 称为 AB 的黄金分割点。我们马上就能注意到黄金分割比的一个很好的性质: 如果 AP 在 P' 被分割, 使得 AP' 等于 PB (如图 3.5 所示), 那么 P' 是 AP 的黄金分割点。显然, 这种递归性质可以无限地应用, 并且可以产生有趣的数学结果。

37

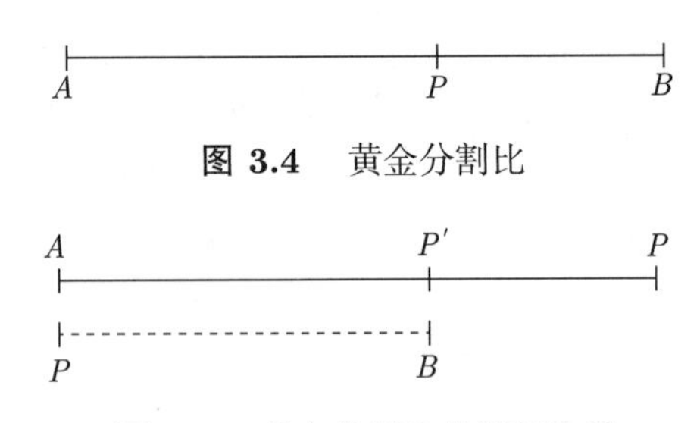

图 3.4 黄金分割比

图 3.5 黄金分割比的递归性质

在这里提出黄金分割比的主要原因是它与毕达哥拉斯学派的另一个基本的数学对象之间的联系, 这个对象就是五点星, 他们称之为 "五角星"。一些古代文献把五角星作为毕达哥拉斯学派成员的识别记号。毕达哥拉斯学派对黄金分割比感兴趣, 这一点进一步强化了某些作者所强调的神秘色彩。但是也有很多纯数学的原因来解释为什么毕达哥拉斯学派致力于研究这个图形, 而不必考虑他们的神秘倾向在其中是否起了什么作用。和其他事情一起, 毕达哥拉斯学派解决了只用 "直尺和圆规" 构造五角星的任务。这种作图在希腊的一般数学中发挥了真正的核心作用, 它们假定了两个基本的可能性, 即: (1) 以任一点为中心, 可以作一个给定半径的圆; (2) 可以在任意两点之间作一条线段, 并且可以把它无限延长。换句话说, 这种直尺并不是上面标有间距的 "刻度尺", 而只是能够把两个给定点连成一条线段的尺子。

毕达哥拉斯学派一开始就意识到, 构造一个五角星需要构造一个等腰三角形, 使其底边上的两个角都是另一个角的二倍。我们可以用现代的几何术语把这项任务表示如下 (如图 3.6):

作一个三角形 QCP, 使其两个底角 β 都是 $72°$, 并且第三个角是 $36°$。

事实表明, 为了完成这个构造, 我们必须能把一条给定线段按照黄金分割比分开。这样, 给定一条线段 AB,构造五角星就需要找到 AB 的黄金分割点 P。[1]

38

[1]这种构造的细节出现在欧几里得《几何原本》经典的英译本中, 它于 1908 年由著名学者托马斯 · L. 希思 (Thomas L. Heath, 1861—1940) 爵士首次出版。参见那里的命题 4.10。

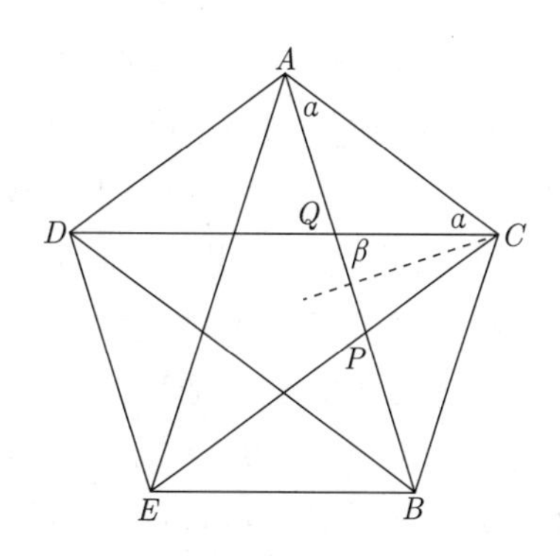

图 3.6 以一条给定线段 AB 为边的正五角星。点 P 把 AB 分成两部分, 即 AP 与 PB, 它们成黄金分割比

在研究这个图形以及其他相关几何图形的性质时, 毕达哥拉斯学派有了一个惊人的发现, 而它对数的概念的进一步发展产生了深远的影响。这个发现就是 "不可公度的" 量, 即其间没有公共度量的一些量。我们现在需要关注这些量以及它们是如何被发现的。

3.3 不可公度性

这些 "不可公度的" 量是什么, 为什么它们在我们的故事中如此重要? 首先, 为了解释毕达哥拉斯学派研究长度及其关系的关键之处是什么, 我将从以下简单的、看似微不足道的观察开始: 任意给定的长度都可以被另一个小于它的长度所度量。如图 3.7 中的例子所示, 给定一条线段 AB, 总是可以找到一个较短的长度 r, 使得它可以度量 AB 确定的次数。同样, 如果我们有第二条给定的线段 AC, 我们也能很容易找到另外的长度, 比如 s, 使得它度量 AC 确定的次数。

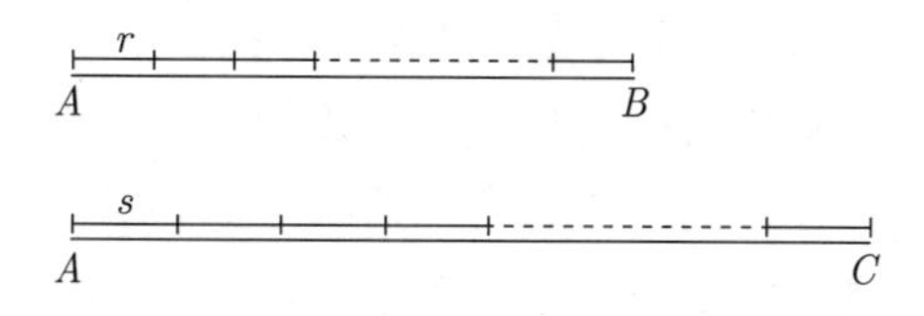

图 3.7 长度 r 度量线段 AB, 长度 s 度量线段 AC

39

要注意, 单位 r 与 s 是独立地被选取的, 我们并不知道它们是否相等或不同, 或者其中的哪一个大于另一个。然而, 我们现在可以努力找到一个公共的度量单位 t, 使得它可以度量它们两个。从表面上看, 似乎没有直接的理由来假

定这样的单位 t 并不存在。另外, 对于毕达哥拉斯学派而言, 由于他们把数看作宇宙 (当然也包括一切属于数学的事物) 的基本组织原则, 他们会理所当然地假定存在这样的公共度量单位, 尽管它可能很小。事实上, 这种假设是如此根深蒂固, 以至于他们甚至没有明确地阐明它。但是, 就像数学史上的许多其他情形一样, 当根深蒂固的、暗中假定的原则突然与新的结果和完全意想不到的数学情境发生冲突时, 就需要对它们提出质疑, 有时还需要进行深入的修改。这正是在这种情形所发生的事情: 与毕达哥拉斯学派的预期相反, 他们开始意识到, 在某些情况下并不存在这种公共的度量单位, 而且他们还证明了这一点。

这些没有公共度量的量对 (即 "不可公度量") 的存在对毕达哥拉斯学派来说真是个坏消息。更糟糕的是, 不可公度性的一个最突出的例子出现在一个非常简单和明显易懂的几何情境中, 即出现在正方形的边与对角线的比率中 (如图 3.8)。

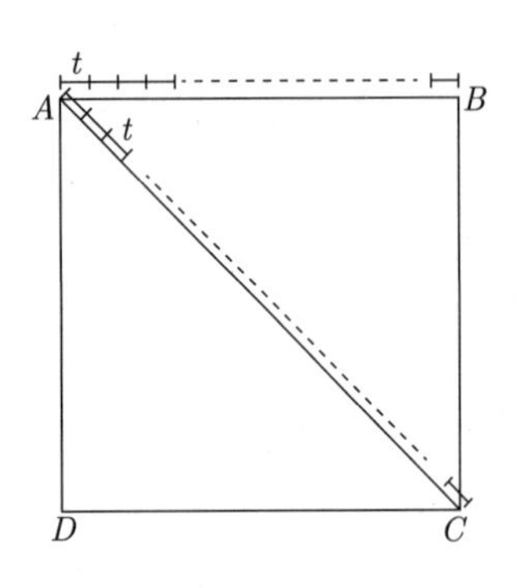

图 3.8 图示一个正方形的对角线与边的比率。毕达哥拉斯学派曾经理所当然地假定, 存在一条小线段 t, 使它能够确切地度量任意两条线段

我们可以用现代数学术语来这样理解这个简单的情境: 如果我们令 AB 边的值为 1, 那么利用直角三角形的毕达哥拉斯定理可知, 对角线 AC 的长度是 $\sqrt{2}$。毕达哥拉斯学派的惊人发现是,一些量 (如在一个正方形中分别表示边与对角线的长度的量) 并不能表示成两个自然数的比率。换句话说, 他们发现我们今天所称的无理数是存在的。毕达哥拉斯学派大致会这样描述这种情境:

40

如果 AB 是正方形的边, AC 是它的对角线, 我们不能找到两个整数 n 与 m, 使得 AB 比上 AC 如同 n 比上 m。

现在, 如果连最简单的可以想象的几何情境都不能用自然数之间的简单关系来描述, 那么毕达哥拉斯学派又怎么能宣称数 (即自然数) 是整个宇宙终极的、普遍的解释与组织的原则呢?

围绕着这个发现产生了各种各样的传说。新柏拉图主义哲学家杨布里科

斯 (Iamblichus, 245—325) 报道称, 学派的一个成员因为首次把这个可怕的秘密泄露给"那些不配知道它的人"而被淹死在大海里。泄密的主要嫌疑人是梅塔蓬图姆的希帕索斯 (Hippasus of Metapontum), 他生活在公元前 5 世纪。然而, 我们并不能确定当时众神自身是否认为泄露这个秘密就是亵渎神灵, 并且要对罪犯处以极刑。

从我们故事的角度来看, 利害攸关的不仅仅是形而上学的信仰问题。相反, 对于毕达哥拉斯学派的数学来说, 这是一个极其重要的技术性和基础性的问题。我们将会看到, 对他们来说, 比例是发展和表达重要结果的主要工具, 而他们对比例的定义暗中假定了每一对量都是可公度的。不可公度量的存在意味着, 如果他们想要保留并进一步发展已经努力创造出的算术知识, 就必须找到一个新的一致的比率定义。

就确凿的历史证据而言, 对于毕达哥拉斯学派是在什么情况下认识到不可公度量实际上是存在的, 我们几乎一无所知。然而, 间接证据表明, 这可能是在公元前 430 年左右发生的, 而且它的发生可能与毕达哥拉斯学派对五角星的研究有关。然而, 我们的确知道, 对于一个正方形的边与对角线的不可公度性, 他们已经有了成熟的证明, 尽管历史学家对这个证明的细节一直存在争论 (这个争论的细节出现在附录 3.1 中)。我们也知道, 不可公度量的发现对数的思想的发展产生了重要影响。

第一个影响是他们从根本上彻底并系统地接受了 (离散的) 数 (即 arithmos) 和 (连续的) 量 (即 megethos) 之间的根本区别。后者包括长度、面积和体积, 它们可以无限细分。相反, 数总是一些单位, 而单位本身是不可分割的实体。此外, 这些数可以被理解为总是在计数某种具体的实体。杰出的学者雅各布・克莱茵 (Jacob Klein, 1899—1978) 是柏拉图哲学遗产的著名诠释者, 他明智地指出, 在希腊早期的数的概念中, 用数来计数的实体

41

"…… 不论它们有多么不同, 在计数时都被当作是一致的; 例如, 有一些苹果, 或者都被当作水果的苹果和梨, 或者都被当作物体的苹果、梨和盘子 …… 因此在每一种情况下, 数都表示确定数量的确定事物"。[2]

(离散的) 数和 (连续的) 量之间的这种基本区别在整个希腊数学传统以及所有受其影响的传统中都产生了很大的影响。它被传到了伊斯兰世界, 后来又传到了欧洲, 直到 17 世纪甚至更久, 它一直是关于数的本质的所有讨论的背景。我们将会看到, 只要这种区别继续占主导地位, 数的现代思想就永远不会像它最终那样巩固。首先, 根据希腊的区分可知, 无理数将是连续的量, 它不能

[2]参见 (Klein 1968, p. 46)。

被看成离散的自然数概念背后的一般思想的实例。

不可公度量的发现的第二个影响涉及前述的技术挑战, 即重新定义比例和比率。人们需要一个新的定义, 它也可以解释不可公度的一对量。一个新的理论成功地解决了这个挑战, 人们通常把这个理论归功于克尼得斯的欧多克索斯 (Eudoxus of Cnidus, 公元前 408— 前 355), 这个理论通过亚历山大的欧几里得 (Euclid of Alexandria, 活跃于公元前 300) 的名著《几何原本》的第 5 卷而广为人知。《几何原本》大约写于公元前 300 年, 共 13 卷, 它系统而详尽地介绍了初等希腊数学的基本工具 (以及一些更高级的主题)。在接下来的章节中, 我们将广泛地谈论欧几里得的著作, 直到 17 世纪, 它一直为数学思想的发展和问题解决的技术提供基本支撑。特别是, 欧多克索斯的新的比例理论在《几何原本》所包含的知识体系中占据了中心地位。

3.4 欧多克索斯的比例理论

在《几何原本》第 5 卷中, 一个比率被定义为 “两个相同类型的量之间的一种大小关系”。老实说, 这听起来并不是很有用, 也不是很精确。然而, 就像欧几里得的许多其他定义一样, 我们在这里不要指望总是能看到那种正式的定义, 即我们通常能在现代数学的教科书中找到的定义。例如, 如果我们把一条线段定义为 “两点之间的最短距离”, 那么这对我们来说就像契科夫的猎枪, 它在戏剧的第一幕时挂在墙上, 在第三幕肯定会向某个人开火。在我们数学课本中的某个地方, 我们肯定会使用一开始给出的直线定义, 并利用它的精确表述来证明一个关键结果。但是欧几里得的定义并非如此。例如, 欧几里得在《几何原本》第 1 卷说道, “一个点没有部分”, 但是这本书中并没有再次提到这个定义的性质, 也没有在他的任何证明中把它作为一个关键步骤。圆的情形与之不同, 他这样来定义圆: “圆是由一条线段生成的平面图形, 使得这个图形里面的所有与这条线段交于同一点的线段都彼此相等。” 这个点当然是指圆心, 而定义这个点的性质确实在一些证明的关键之处被用到了。但是像比率那样的其他定义只是对所涉及概念的很普通的评论, 它们并不总是为了用来直接证明一些结果。事实上, 这样的定义更适合作为对数学的论述, 而不是作为发展理论和证明所需的技术性的数学内容。

42

无论如何, 欧几里得的比率定义中的关键术语是, 所比较的两个量是 “相同类型的”。在他对比率的处理中, 这一点才是真正重要的。欧几里得解释道, 只有当两个量 “在乘法中可以彼此超越” 时, 它们的比率才存在。这意味着, 比如两个长度是相同类型的量, 我们可以根据需要不断地用较短的长度加上它自身, 直到它超过较长的长度。这一点也适用于两个面积、两个体积或者两个角度 (此时有一些差别)。这样我们就能定义两个长度的比率, 两个面积的比率或者两个体积的比率。反之, 无论我们用一条线段加上它自身多少次, 它都不会“超过”任何给定的面积, 因此在一个长度和一个面积之间不能定义比率。

一旦我们知道了我们能形成相同类型的两个量的比率, 下一步就是解释如何比较任意两个给定比率的大小。如果我们给定了两个相同类型的量 A 与 B (例如两个面积), 那么它们定义了第一个比率, 为了方便, 我们在这里用后来的符号 $A:B$ 表示它。然而要记住, 欧多克索斯和欧几里得 (以及所有其他的希腊数学家) 都没有这种符号的便利, 他们对比率的所有推理都是以彻底的文字叙述的方式进行的。类似地, 如果我们给定另外两个量 C 与 D (例如两个长度), 那么它们定义了第二个比率, 我们用 $C:D$ 来表示它。要注意, C 与 D 类型相同, 但是它们没必要和 A 或 B 的类型也相同。欧多克索斯的理论定义了比率 $A:B$ 如同比率 $C:D$ 的条件。现在, 如果任意两个量都是可公度的 (就像在不可公度量发现之前所假设的那样), 那么这个比较就很容易。事实上, 如果 $A:B::m:n$, 而 $C:D::j:k$, 那么当定义这两个比率的整数成比例时 (即 $m:n::j:k$), 这 4 个量成比例, 即 $A:B::C:D$。

但是欧多克索斯必须解决的挑战恰恰是: 我们不能总是依靠这样的整数比率来得出结论。他提出了一种非常巧妙的方法来克服这里所涉及的困难。他的见解和某些重要的思想很接近, 正是借助于这些思想, 理查德 · 戴德金才在 19 世纪后期第一次令人满意地定义了实数。一些数学家和历史学家甚至声称欧多克索斯和戴德金的思想是等价的。不过, 当我们在附录 10.1 中详细讨论这个问题时, 我们将尽量从长远来看它们的差别。无论以什么标准来衡量, 欧多克索斯的成就都是非常令人钦佩的, 而且它在以后的几个世纪中确实具有很大的影响。我在这里解释一下它。

欧多克索斯的方法用现代符号表示更容易理解, 如下所示: 给定两个可以两两比较的量 A,B 与 C,D 的比率, 这些量被说成建立了比例 $A:B::C:D$, 当且仅当对于任意给定的两个整数 n 与 m, 以下的一个条件成立: 43

(1) 如果 $mA>nB$, 那么 $mC>nD$;

(2) 如果 $mA=nB$, 那么 $mC=nD$;

(3) 如果 $mA<nB$, 那么 $mC<nD$。

在《几何原本》中出现的最初的、纯文字的定义阅读起来要困难得多, 在希腊人的时代要想用精确的术语来构思、表述和使用它, 当然也会困难得多。与此同时, 和欧几里得对比率或点的定义不同, 这个定义实际上是为了用于证

明。重要的是, 我们要在这里给出 (哪怕就这一次)《几何原本》第 5 卷中出现的原始定义:[3]

一些量被说成具有相同的比率, 即第一个量比上第二个量以及第三个量比上第四个量, 如果取第一个量与第三个量的任意等倍的量以及第二个量与第四个量的任意等倍的量, 那么前一个等倍的量按照对应顺序同样地大于、等于或小于后一个等倍的量。

要注意, 和毕达哥拉斯学派一样, 欧几里得也把问题中的比率写成 "相同", 而不是写成一个比率 "等于" 另一个比率。我想再次强调, 这种措辞上的差别绝不仅仅是表面上的。对于欧几里得来说, 两个数可以 "相等" (如果它们都是同样多个任意的单位), 而且在不同的意义下, 两个三角形也可以 "相等" (如果它们有相同的面积)。但是比率既不是数也不是量。比较它们并不是要检查它们是否在某个认可的意义上相等, 而是要检查它们是否 "相同"。

为了将欧多克索斯关于比例的相当烦琐的定义转化成一种具有 "实用" 价值的数学工具,《几何原本》第 5 卷为比例及其应用清晰地提供了相当多的重要结果。直到 17 世纪, 后世的数学家继续非常有效地使用所有这些结果, 即用它们作为工具来证明新的和更复杂的数学结果, 并且解决公开的几何问题。与此同时, 这个精心设计并且很有用的比例理论也有助于在数和比率之间保持概念上的分离。

为了更清楚地了解希腊人及其追随者如何在具体情况下真实地使用比例概念, 我现在要举两个例子, 它们是《几何原本》第 5 卷中的命题。我首先讨论命题 5.16, 在希思的版本中它是这样叙述的:

命题 5.16: 如果四个量成比例, 那么它们也交替地成比例。

用符号 (我再次强调, 这是后来的符号) 表示即:

44

给定相同类型的 4 个量 a, b, c, d, 如果 $a:b::c:d$, 那么 $a:c::b:d$。

从现在观点来看, 这看起来是一个很简单的结果: 这个比例可以看成分数的等式, 即 $\frac{a}{b}=\frac{c}{d}$, 通过简单的移项, 我们由此即得第二个等式 $\frac{a}{c}=\frac{b}{d}$。但是我们已经知道, 欧几里得并不能依靠任意一种符号操作, 并且他的比率并不是分数。相反, 他必须将比例的冗长而笨重的定义应用于 a, b 与 c, d 这两对量, 然后证明 a, c 与 b, d 这两对量也满足定义中规定的性质。这项任务并不困难, 但它确实需要一些冗长而啰嗦的论证, 人们每次遇到这种情况时更愿意避免重复它。因此, 欧几里得希望把它作为其著作中的基本工具箱的一部分。命题 5.18 的情形与之相似:

[3]欧几里得《几何原本》的所有引文都引自希思的版本。

命题 5.18: 如果一些量成比例, 那么它们合成之后也成比例。
用符号表示即:

如果 $a:b::c:d$, 那么 $(a+b):b::(c+d):d$。

我们可能又一次忍不住会为这种一致性想到一个非常简单的代数证明, 如下所示:

因为 $\frac{a}{b}=\frac{c}{d}$, 所以 $\frac{a}{b}+1=\frac{c}{d}+1$, 因此 $\frac{a+b}{b}=\frac{c+d}{d}$。

欧几里得并不是这样做的, 对他来说, 比率并不是可以运算的分数。欧几里得对命题 5.16 和 5.18 的全部证明出现在附录 3.2 中。在那里你可以详细地看到, 不借助符号操作, 怎样用欧多克索斯的定义来证明这些命题以及类似的结果。

3.5 希腊的分数

比率和比例是古希腊经典数学的核心思想。虽然我尽力说明比率不是分数, 但我并不是要说 "部分量" 并未以任何方式出现在希腊数学文化中。它们的确出现了, 而且主要是在商业或天文学文本的计算中出现的。它们既不同于刚才讨论的比率和比例, 也不同于我们关于普通分数 $\frac{p}{q}$ 的思想。这些希腊的部分量背后的基本概念与把数作为 "一些单位" 的思想是并行的。这些单位构成了一对、3 个、4 个, 等等, 因此, 按照同样的方式, 我们可以设想与之并行的倒数, 即 "一个单位的部分": 一半, 1/3, 1/4, 等等。与此同时, 也很容易把任何现有的数的记法自然地扩展到类似的部分的记法, 并且无须因此而预先假定普通分数的概念。因此, 比如 γ 表示 "3 个", 那么它的倒数 "1/3" 可以借助一个比如像 " ´ " 这样的符号而被表示为 "$\acute{\gamma}$" (或者同样地, 借助任何其他类似的指标, 例如叠加的点号)。

就像在埃及数学的情形中那样, 这些倒数并不是真正的 "单位分数"。它们不是普通分数的更一般思想的特殊情形, 其中由于某种原因我们只允许一种分子, 即 1。在希腊商业文书中这些倒数出现的地方,它们通常以有序序列的方式出现。这个序列通常以两个特殊术语开始 (显然是出于某些历史原因), 即 "$\acute{\beta}$" 与 "$\angle$", 它们分别表示 2/3 与 1/2。接着来它会列出如下所示的所有倒数:

45

$$“\acute{\beta}, \angle, \acute{\gamma}, \acute{\delta}, \acute{\epsilon}, \cdots”。$$

在出现它们的文本中, 这些希腊的 "部分" 在涉及 "不精确" 除法的结果中找到了一个自然的位置。在出现它们的地方, 典型的表达方式如下所示:

$\cdots\cdots$ 12 个 "$\iota\acute{\zeta}$" 是 "$\angle\iota\acute{\beta}\iota\acute{\zeta}\acute{\lambda}\delta\acute{\upsilon}\acute{\alpha}\xi\acute{\eta}$"。

利用普通分数的想法, 它可以直接转化成现在的记号, 即:

$$\frac{12}{17}=\frac{1}{2}+\frac{1}{12}+\frac{1}{17}+\frac{1}{34}+\frac{1}{51}+\frac{1}{68}。$$

但是原文既不是在暗示一个单独给出的分数 $\frac{12}{17}$, 也不是要求我们通过对以 1 为分子的其他分数进行算术的加法来表示或计算这个给定分数的值。这里涉及的数学情境有些不同。对我们来说, $\frac{12}{17}$ 表示 12 与 $\frac{1}{17}$ 的乘积, 而表达式 "12 个 ιζ́" 则表示我们要汇集 12 个对象, 它们是特殊类型的部分, 即 17 的倒数 ιζ́。这个差别很微妙, 但是很重要。我要补充一些可能有助于澄清这一点的评论。

形如 "m 个 n 分之一" 的短语在现存的纸莎草文本中反复出现, 它们经常以叠加的形式缩写为 "$\overset{n}{m}$"。但是即使希腊数学家掌握了这种缩写, 他们也没有在一个成熟的分数算术体系中使用它。在当前的记数法中, 分数算术具有一个重要性质 (在我们看来这是显而易见的), 即

$$\frac{m}{n}+\frac{p}{q}=\frac{m\cdot q+p\cdot n}{n\cdot q}。$$

如果希腊人曾经使用 "$\overset{n}{m}$" 这种记号对形如 "m 个 n 分之一" 的数进行过某种运算, 就像我们的分数运算那样, 那么我们将会找到一些与下面相似的恒等式 (我在这里使用加号只是为了说明起见, 但他们当然也可能使用任何其他符号): "$\overset{n}{m}+\overset{q}{p}$" 的结果是 "$m\cdot q\overset{n\cdot q}{+}p\cdot n$"。但我们在现存的证据中并未发现与之相似的东西。

因此, 要想理解希腊人如何看待这些部分量以及它们的缩写方式, 一种更具启发性的方法是将其与当时常见的相似的对象进行比较。我已经提到过希腊人书写大数的方法,其中某些万是通过符号的叠加来书写的, 如 "$\overset{\phi\lambda\delta}{M}$"。在商业文书中还有一些例子, 其中数的上面叠加了一个表示重量单位或货币单位的公认的符号。想想这些例子以及用 "$\overset{n}{m}$" 表示 "m 个 n 分之一", 并且回想一下在第 3.3 节提到的雅各布・克莱茵对数的描述。在每一种情形, 我们都是汇集或者数出确定的数的单位, 或者货币单位, 或者一些万, 或者一些重量, 或者一些一半 (或 1/3, 或 1/4, 等等)。例如, "12 个 ιζ́" 意味着我们数出或者汇集 12 个 17 的倒数。因此, 它总是某种汇集, 而不是一个整数乘以一个整数的倒数, 或者乘以一万, 或者乘以一个重量单位。从这个角度来看, 在普通分数最终被有机地纳入完整的数系的过程中, 希腊人对分数的早期使用 (主要是在商业和天文学文本中) 只是代表了一个早期阶段。然而, 为了完成一般图景的这个部分, 还需要在发展这些分数的完整算术方面取得重大的进展。

46

3.6 比较而不是度量

于是, 数字的比较、图形的比较和比率的比较从一开始就成为构建大部分希腊数学理论知识的主要工具。因此, 长度、面积或体积的比较而不是度量就成为主要平台, 在这上面希腊古典数学大师们创作出了令人印象深刻的作品。这种比较总是针对相同类型的量。这一点对数的概念的持续发展产生了深远的影响, 而理解其中的原因是很重要的。

我们举一个简单的例子, 求一个圆的面积 X。对我们来说, 用一个公式来表示这个面积是表达我们对其理解的最适当的方式, 这个公式表明它是半径 r 的平方与一个常数 (我们现在称为 π) 的乘积, 即 $X=\pi r^2$。然而对于希腊人来说, 利用熟知的比率和比例的语言, 通过面积的比较来表达他们的想法才是典型而中肯的方式。在圆的面积的情形, 我们发现它在《几何原本》命题 12.2 中是这样表达的:

命题 12.2: 圆所成的比率如同其直径上的正方形所成的比率。

用现代术语表示, 它的意思是指, 如果我们有两个圆, 它们的面积分别是 X 与 x, 直径分别是 Z 与 z (如图 3.9), 那么我们有比例式 $X:x::Z^2:z^2$。这个命题的证明不但非常有趣, 而且在历史上也很重要, 因为它涉及用有限多边形逼近圆, 然后 “直到无限”。这些细节在某种程度上超出了本书的范围, 但我在附录 3.3 中呈现了它们, 因为那些对希腊人如何在这种情况下处理无限逼近感到好奇的人可能会感兴趣。正如我已经强调过的, 我们此处的讨论直接感兴趣的是, 并没有像公式一样的东西, 只有通过比率和比例来比较的面积。在欧几里得的证明中, 并没有度量或者指定圆的直径或多边形边长的长度。 47

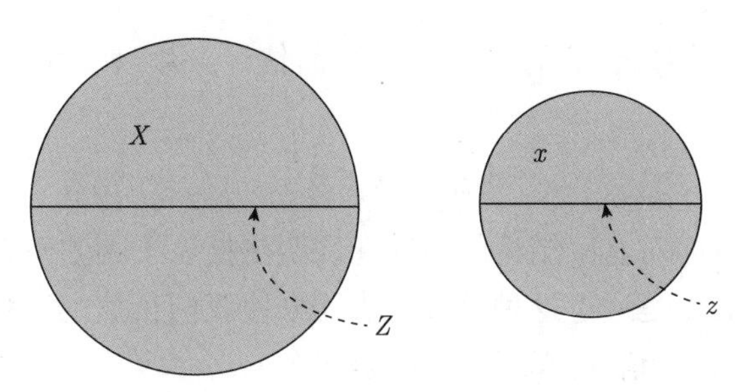

图 3.9 《几何原本》, 命题 12.2: 圆所成的比率如同其直径上的正方形所成的比率

这部经典著作的另一个例子是关于更简单的三角形面积的问题。在欧几里得的文本中, 我们找不到这样的表述: 这个面积是底与高的乘积的一半, 即我们现在用公式表示的 $T=\frac{b\cdot h}{2}$。我们能找到的是这样的叙述: 如果以相同的底

边在两条平行线之间建立了一个平行四边形和一个三角形, 那么平行四边形的面积是三角形面积的二倍 (如图 3.10)。这样, 面积在这里再一次被比较, 而不是被度量。

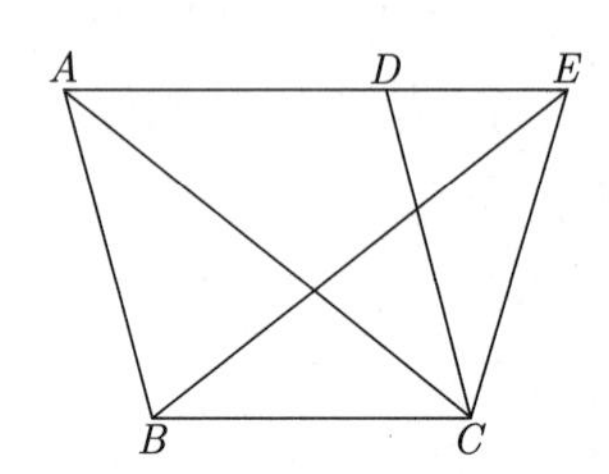

图 3.10 《几何原本》, 命题 1.41: 平行四边形 $ABCD$ 的面积是三角形 BCE 的面积的二倍

更复杂的例子出现在总是令人着迷的阿基米德的作品中, 但在那里使用的仍然是同样的表述。我们今天会说, 半径为 r 的球的表面积是 $4\pi r^2$, 而阿基米德叙述道: "球的表面积是这个球的一个大圆的面积的 4 倍。" 类似地, 阿基米德也没有告诉我们, 圆锥的体积由公式 $V = \frac{1}{3}\pi hr^2$ 给出。准确地说, 他说它是 "等底等高的圆柱体积的 1/3"。

如果我们想要看到更广阔的图景, 重要的是要强调, 像阿基米德这样的数学家处理面积和体积问题的方式有时候并不是我刚才提到的比较。例如, 在阿

48

基米德的名著《论圆的度量》(*On the Measurement of the Circle*) 中, 他为我们所说的 π 值提供了一个有趣的近似。他自己的表述如下:[4]

MC.3: 任何圆的周长都比直径的三倍多一个量, 它小于直径的 1/7 并且大于直径的 $\frac{10}{71}$。

通常认为这是对 π 值的第一次认真的估计。用现代术语可以这样来理解它:

$$3\frac{10}{71} < \pi < 3\frac{1}{7}。$$

然而, 阿基米德自己对这个结论的表述和证明更接近于刚才解释的比率的使用与面积的比较, 而不是通过这种符号的表述来使我们相信它。我将给出这个结果的一些细节, 以说明这里真正涉及的是什么。

阿基米德的这篇短文以一个命题开头, 乍一看, 这个命题似乎是要解决化圆为方这个难题, 也就是说, 求一个正方形, 使其面积等于给定圆的面积。顺便说一句, 这个让希腊数学的精英冥思苦想的经典问题, 在前面解释的意义下, 恰好是一个面积比较的问题 (在这种情形, 我们的任务是要说明: 两个图形, 一个

[4]引自 (Dijksterhuis 1987, p. 223)。

是给定的, 另一个是需要构造的, 它们相等 [当然是面积相等])。如图 3.11 所示, 开头的这个命题指出:

MC.1: 一个圆等于一个直角三角形, 它的一条直角边等于半径, 另一条直角边等于圆的周长。

这看起来是要解决化圆为方的问题, 因为对于给定的圆, 我们提出了一个面积与之相等的三角形 (当然, 如果我们得到了这个三角形, 那么我们就可以很容易地构造一个面积相等的正方形, 这样显然就解决了这个问题)。然而, 它并未真正地解决这个问题。阿基米德并没有说, 我们如何才能构造 (用直尺和圆规) 等于周长的三角形的边。好吧, 他实际上不可能说过这样的话, 因为正如我们现在所知, 这一点不可能做到 (这在 19 世纪得到了证明)。然而, 阿基米德确实展示了能够促进这个问题的方法, 因为此时焦点已经转移到了这个问题上, 即如何构造长度为 c 的这条边。

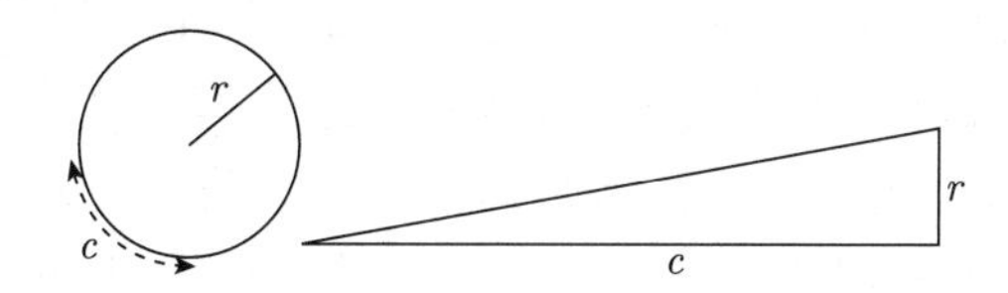

图 3.11 圆的度量: 半径为 r, 周长为 c 的圆等于具有相应直角边的直角三角形

49

从表面上看, 构造一条具有某种性质的线段似乎要比构造一个图形容易得多, 但事实最终证明并非如此。阿基米德并没有用他的几何命题解决这个问题, 然而在陈述完这个问题之后, 他继续用非常复杂的方法计算了一个圆的直径与周长的比率的值。他分别用内接的和外切的正 96 边形来逼近这个圆。由于篇幅的限制, 我在这里不打算介绍阿基米德的计算程序的细节。[5] 我只想强调, 在希腊古典几何中, 这个程序是一个重要的而且相当独特的例子, 它真的算出了一个量的度量值, 而不是仅仅比较两个相同类型的量。与这个例子不同, 希腊古典几何的典型态度是比较, 而不是度量 (即把一个数值与一个量联系起来)。

3.7 单位长度

思考量及其大小的这种方式还涉及另一个重要方面。在古希腊学术数学的文化中, 没有对不同种类的量的比较, 更没有对它们的运算。希腊人只对相同类型的量进行加、减和比较。他们没有用抽象而一般的数的概念来考虑这些情况, 也没有为这些量指定数并对其进行运算。事实证明, 这种思想非常难以捉

[5]参见 (Berggren et al (eds.) 2004, pp. 7 – 14; Dijksterhuis 1987, pp. 222 – 229)。

摸, 经过几何与算术几百年的发展与进步, 它才出现并巩固, 甚至可以说它几乎违背了相关数学家的意愿而强加于人。这个演变的一个重要转折点出现在 17 世纪笛卡儿的著作中, 我们将在第 8 章中看到它。但是, 由于欧几里得和笛卡儿之间的连接线以及笛卡儿著作中所隐含的变化对我们的故事都非常重要, 我想通过讨论《几何原本》中出现的一个重要结果来结束本章, 这就是命题 1.44, 我会对它说几句话, 并为以后的讨论做准备。

50

《几何原本》的命题 1.44 提出了几何构造的任务, 其叙述如下 (如图 3.12):

命题 1.44: 在给定线段上沿着给定的直线角贴合一个平行四边形, 使其与给定的三角形相等。

其构造与证明的细节并不复杂, 但它们在这里对我们并不重要。重要的是我们要引用希思在他的《几何原本》版本中对这个命题添加的注释。他写道, 它代表了 "所有几何学中最令人印象深刻的命题之一", 这是因为它允许 "把一个任意形状的平行四边形变换成另一个具有相同的角与相等面积的平行四边形, 并且它的一边具有给定的长度, 如单位长度"。基于这个结果, 希思得出结论, 在欧几里得看来, 给定任意的多边形, 人们都可以构造一个大小相同的矩形, 并且它一条边的长度是 "1"。图 3.13 描述了希思心目中的几何情景。

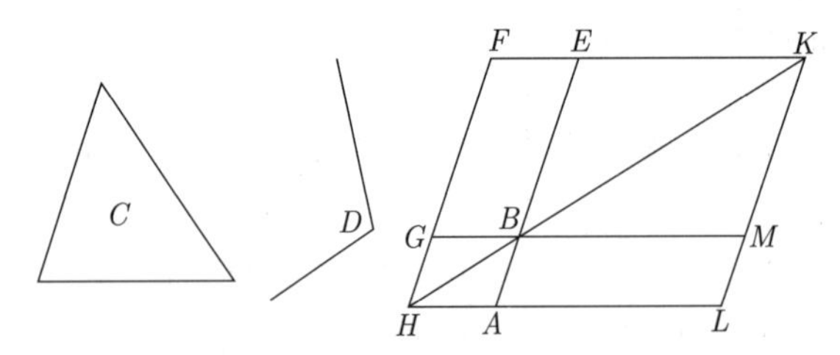

图 3.12 《几何原本》, 命题 1.44: 给定三角形 C, 角 D 与线段 AB。右边构造的图形表示与 C 面积相等的平行四边形 $BMLA$, 它的一条边是 AB, 并且角 ABM 等于 D

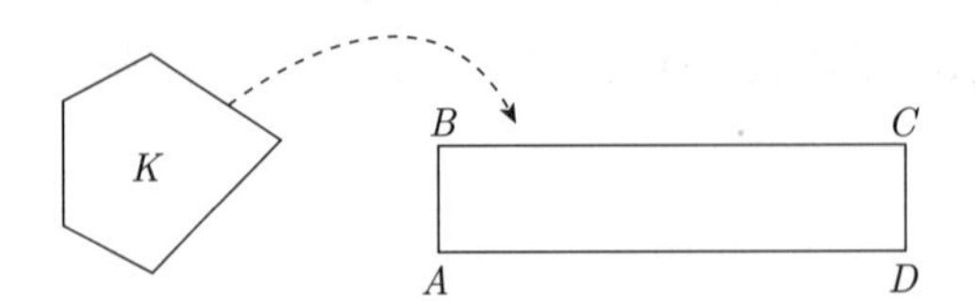

图 3.13 多边形 K 的面积面换成了矩形 $ABCD$ 的面积, 它的边 AB 具有单位长度

为什么这种情况在希思眼中如此重要? 他肯定是在考虑在几何语境中使用数的方式, 它 (如果确实能在那里找到它的话) 将把一种方法归功于希腊人, 而这种方法与我迄今为止一直尽力解释的方法完全不同。事实上, 让我们假设

多边形 K 的面积是 10。如果 AB 的长度确实是单位长度, 并且矩形 $ABCD$ 的面积是 10, 就像这个解释所暗示的那样, 那么 AD 的长度将是 10。换句话说, 借助于希思所解释的这个命题, 我们可以找到一个等于任意给定的面积的长度。这个面积等于 10 (面积单位?), 这个长度也等于 10(长度单位?)。如果真是这种情况, 那么我们在这里将对数有一个一般的和抽象的理解, 而它同样也适用于度量各种类型的量。但是, 在我上面的解释中, 这正是我们在希腊古典几何中发现的不典型的东西。

那么, 希思基于什么理由能够这样解释《几何原本》的一个命题, 即使其最终体现了一种我一直声称并没有出现在那里的方法? 或者说, 它究竟出现了没有? 我的观点是, 希思是借助于希腊数学文化中所没有的概念来解释这个命题的。其中有些概念是在很晚之后才发展的, 还有一些概念虽然当时存在, 但是并未被希腊人用作他们学术数学的核心方法。当然, 从纯数学的观点来看, 这种翻译似乎是合理的。但我们在这里寻找的是历史的准确性, 而不是数学的合理性。我们想知道欧几里得的数的概念是什么, 以及他在这个特定的语境中如何使用 (或不使用) 它。在欧几里得、阿基米德、阿波罗尼乌斯及其同时代人所涉及的这种几何学中, 传统的观念是, 人们不会把数值附加到长度或面积上以便可以用它们进行计算。希思在这里希望把矩形看作两个数相乘的算术运算的几何转换, 并且在他对《几何原本》的编辑注释的其他部分中, 他也建议把两个长度的比率解释为两个量的除法。但是对原始希腊数学文本的仔细检查表明, 这种解释与他们的精神, 尤其是与他们所理解和使用的数的概念形同陌路。随着我们的故事的展开, 尤其是当我们到达 17 世纪并仔细查看笛卡儿的作品时, 这些相互矛盾的解释的含义将变得越来越清晰。

51

附录 3.1 $\sqrt{2}$ 的不可公度性: 古代与现代的证明

毕达哥拉斯学派是如何洞察到存在不可公度量的? 我们对这个问题的线索还知之甚少, 尚不能得出严谨的历史答案。然而, 历史学家提出了具有不同程度的合理性的有趣猜想。能找到的唯一可靠的证据涉及更特殊的问题, 即毕达哥拉斯学派可能用什么方法证明了正方形的对角线与它的边不可公度。但是我们应该记住, 发现不可公度量的存在性和对这个问题的特殊证明是两个完全不同 (尽管它们相关) 的事件, 尤其是因为这个证明是反证法。显然, 数学家不会通过反证法来发现新的数学结果。此类证明要求我们预先知道或者假定要被证明的陈述, 以便我们可以通过假设它的对立面来开始证明。

在尝试构建毕达哥拉斯学派可能知道的证明 (我们对此有一些证据) 之前,

让我首先在此展示 $\sqrt{2}$ 的无理性的标准证明，该证明目前已被接受并通常被讲授。这是一个简短并且非常漂亮的证明，它可以如下表述。

设 $\sqrt{2}$ 是一个有理数，或者换句话说，假设 $\sqrt{2}=p/q$，其中 p,q 是没有公因子的整数 (如果它们有公因子，那么直接用这两个数除以这个公因子，直到你得到了一个最简分数，即其分子和分母没有公因子)。尤其是，我们可以假设 p 与 q 不都是偶数。现在把这个等式两边平方，并把分母移到左边，你会得到 $p^2=2q^2$。因此 p^2 是一个偶数，于是可知 p 也是一个偶数 (因为如果 p 是一个奇数，即 $p=2k+1$，那么 $p^2=(2k+1)^2=4k^2+4k+1$，这显然是个奇数)。因此我们可以把 p 写成 $p=2k$。但是由于 $p^2=2q^2$，我们会得到 $4k^2=2q^2$，即 $2k^2=q^2$，这意味着 q^2 是一个偶数。于是我们再次知道，q 自身是一个偶数。但是这样我们就得到了矛盾，因为我们已经假设 p 与 q 不都是偶数，因此我们最初的假设是错的。最终即得，$\sqrt{2}$ 是一个无理数。

52

现在回到毕达哥拉斯学派。我们关于他们的证明的历史证据出现在亚里士多德的一个文本中 (《前分析篇》, 1.23)，其内容如下：

“人们对原来的结论进行了不可能的假设，然后由此出发利用三段论展开论证，当他们由原来结论的矛盾假设得到不可能的结果时，他们就推断出这种假设是错误的，从而就证明了原来的结论。例如，正方形的对角线与它的边不可公度，因为如果假设它可公度，那么奇数就会等于偶数。如果一个人由三段论推断出奇数等于偶数，那么他就证明了对角线的不可公度性，因为通过与此矛盾的假设导致了错误。”

当亚里士多德对证明与逻辑推理的合法方式进行一般性讨论时，他提到了毕达哥拉斯不可公度性证明，并将其作为反证法的一个典型例子。根据他的说法，在这种情形所假设的是，对角线和边是可公度的，而由此得出的矛盾是“奇数是偶数”。我们应该如何理解亚里士多德的这个叙述？希思在他的《几何原本》版本中给出了以下相当直接的解释:[6]

假设正方形的对角线 AC 与它的边 AB 可公度。

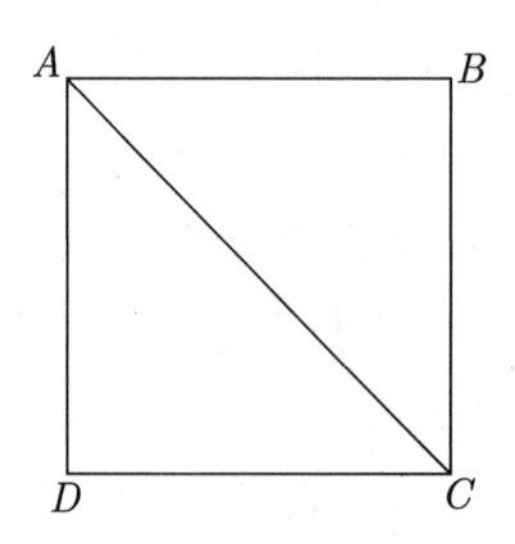

[6]引自 (Heath 1956, Vol. 3, p. 2)。

设用最小的数表示的它们的比率是 $\alpha : \beta$, 则有 $\alpha > \beta$, 因此一定有 $\alpha/\beta > 1$。现在 $AC^2 : AB^2 = \alpha^2 : \beta^2$, 并且因为 $AC^2 = 2AB^2$ (根据毕达哥拉斯定理), 所以 $\alpha^2 = 2\beta^2$。因此 α^2 是偶数, 从而 α 是偶数。

因为 $\alpha : \beta$ 是用最小的数表示的比率, 所以 β 是奇数。设 $\alpha = 2\gamma$, 则有 $4\gamma^2 = 2\beta^2$, 即 $\beta^2 = 2\gamma^2$, 因此 β^2 是偶数, 从而 β 一定是偶数。但是 β 也是奇数, 因此这是不可能的。

53

这个证明只能让我们证明一个正方形的对角线与它的边 (即 $\sqrt{2}$ 与 1) 的不可公度性。

根据亚里士多德的叙述, 希思的解释在数学上是合理的。他在各处都假设存在一个公共的度量, 并且由此得到了矛盾, 即偶数也被证明是奇数。希思的解释也很容易看出与目前公认的 $\sqrt{2}$ 的无理性证明相对应。但是在历史学家看来, 数学上的合理性固然很重要, 但它不一定能成为有效的历史证据。现存的希腊文献并未显示出希思所假设的那种符号操作的证据。例如, 对于由 $\alpha = 2\gamma$ 可以推导出 $4\gamma^2 = 2\beta^2$ 的这种纯代数的叙述, 我们在文本中并不能找到。事实上, 欧几里得没有任何允许抽象操作符号的符号语言。而且, 声称对角线与边不可公度和声称 $\sqrt{2}$ 是无理数存在着明显的历史差异 (就所涉及的概念而言)。正如我已经多次强调的那样, 在希腊数学文化中, 对角线和边之间的比率绝不是一个数, 而仅仅是一个比率。

希思的历史论证路线属于更广泛的编史学传统, 通常称为 "几何代数"。这个传统假定希腊人确实发展了某种代数的思想和技术, 但他们没有用我们所知的那种代数符号来支撑它。它声称, 他们有基本的想法, 但没有正确的符号。我在第 4.2 节和附录 8.2 中详细讨论了这种解释传统和与之相关的问题。在这里, 我只想通过提出希思对亚里士多德这段话的解释的替代方案, 以此来暗示这种方法所涉及的困难。这种替代方案不仅在数学上符合现存亚里士多德文本的内容, 而且在历史上似乎也比希思的更合理, 其原因很简单, 与希思不同, 它只依赖于已知的毕达哥拉斯学派在其工作中所发展并使用的思想。因此, 这种解释保留了毕达哥拉斯学派的精神, 同时它没有假定任何与我们已知的希腊文本所明确显示的内容不同的数学能力或想法。为此, 让我们考虑出现在柏拉图的对话《美诺篇》(*Menon*, 它与另一个问题有关) 中的图形 (如图 3.14), 它与希腊数学的精神当然并不陌生。现在让我们假设线段 DH 和 DB 是可公度的。这意味着有一条小线段以确定的次数度量其中的每一条线段。让我们假设在 DB 中恰好有 n 条所述线段, 在 DH 中恰好有 m 条所述线段。我们当然可以假设 n 和 m 没有公因数, 否则我们可以取一个更大的公共度量。

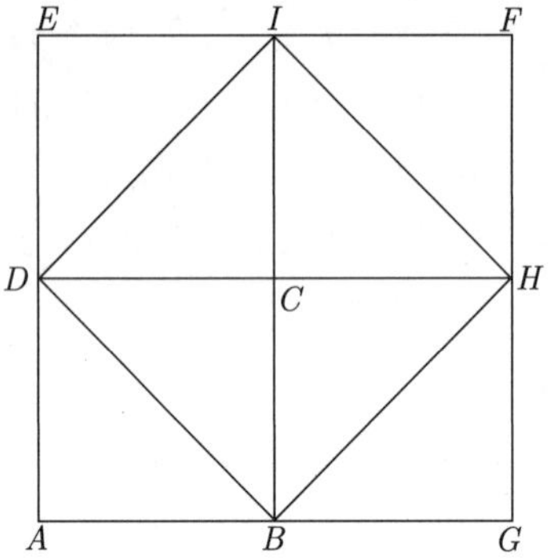

图 3.14　柏拉图《美诺篇》中的一幅图

通过观察图形, 我们注意到正方形 $DBHI$ 与 $AGFE$ 表示平方数 (在上述毕达哥拉斯学派的形数的意义上)。而且, $AGFE$ 表示的平方数是 $DBHI$ 表示的平方数的二倍。因此 $AGFE$ 表示偶数, 从而 AG (即 $AGFE$ 的一边) 本身是偶数。要注意, 最后这个推断也是基于毕达哥拉斯学派所喜欢的典型的论证类型, 它只使用形数, 并根据定义它们的结构 (就像我们上面所见的卵石一样) 进行推理: 如果一个正方形数是偶数,那么它的边也是偶数。但随后我们推导出边为偶数的正方形 $AGFE$ 可以等分成四份。因此正方形 $ABCD$ (如图所示) 是 $AGFE$ 的 1/4, 并且它本身表示一个数。但是通过再一次纯粹地考虑这个图形的形状 (即数出每个正方形中相等三角形的数量), 可得 $DBHI$ 是一个平方数, 并且它是正方形 $ABCD$ 的二倍, 因此 $DBHI$ 表示一个偶数平方数。因此它的边 DB 自身表示一个偶数。但这与之前的结论 (即 DH 是偶数) 相矛盾, 因为 DH 与 DB 是由不都是偶数的数字 n 和 m 来度量的。

54

这样, 我们就看到了解释古代数学文本的两种不同的方式: 希思的解释基于使用未在文本中明确出现的代数符号操作, 而替代的解释也依赖于所引用文本中未明确出现的数学工具, 但是我们知道它们是当时所使用的方法。

附录 3.2　欧多克索斯比例理论的应用

为了让读者更直接地了解欧几里得–欧多克索斯比例理论到底是什么内容, 它是如何使用的, 以及它的局限性是什么, 我在此给出了《几何原本》命题 5.16 与命题 5.18 的一些证明细节。

如上所述, 欧几里得最初是这样把比例定义为比率的相同的:

“一些量被说成具有相同的比率, 即第一个量比上第二个量以及第三个量比上第四个量, 如果取第一个量与第三个量的任意等倍的量以及第二个量与第四个量的任意等倍的量, 那么前一个等倍的量按照对应顺序同样地大于、等于或小于后一个等倍的量。”

55

为了简便, 我已经用代数术语来表达它, 即给定两个可以两两比较的量 A, B 与 C, D 的比率, 这些量被说成建立了比例 $A:B::C:D$, 当且仅当对于任意给定的两个整数 n 与 m, 以下的一个条件成立:

(1) 如果 $mA > nB$, 那么 $mC > nD$;

(2) 如果 $mA = nB$, 那么 $mC = nD$;

(3) 如果 $mA < nB$, 那么 $mC < nD$。

仍然用相同的现代术语来表示, 命题 5.16 是说:

$$\text{如果 } a:b:c:d\text{, 那么 } a:c::b:d\text{。}$$

当然, 如果用现代符号代数及其简单的操作法则来思考, 这个陈述并不需要进行单独表述, 更不用说单独的证明了。然而, 在它自己的历史语境中, 它确实涉及一种有意义的数学思想, 而它需要稍微复杂的证明。在希思的版本中, 这个命题的表述如下:

命题 5.16: 如果四个量成比例, 那么它们也交替地成比例。

设 A, B, C, D 为成比例的 4 个量, 使得 A 比 B 如同 C 比 D。我说: 它们也交替地相同, 即 A 比 C 如同 B 比 D。

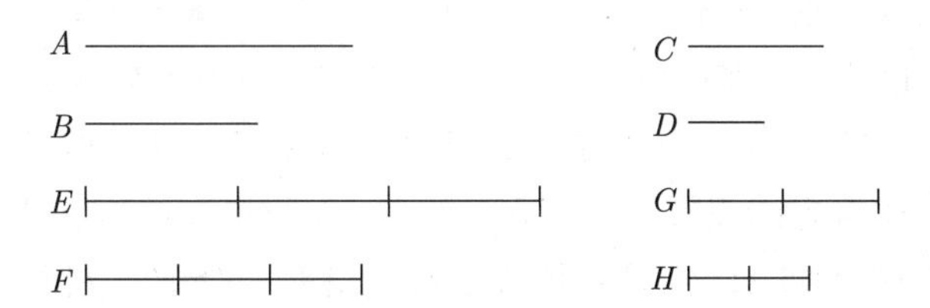

分别取 A 与 B 的相等的倍数, 得 E 与 F; 分别取 C 与 D 的另一个相等的倍数, 得 G 与 H。然后, 因为 E 是 A 的倍数与 F 是 B 的倍数相同, 并且其部分所成的比率与它们所成的比率相同, 所以 A 比 B 如同 E 比 F。但是 A 比 B 如同 C 比 D, 因此 C 比 D 也如同 E 比 F。再者, 因为 G 与 H 分别是 C 与 D 的相等的倍数, 所以 C 比 D 如同 G 比 H。但是 C 比 D 如同 E 比 F, 因此 E 比 F 如同 G 比 H。但如果 4 个量成比例, 并且第一个量大于第三个量, 那么第二个量也大于第四个量; 如果前者等于, 那么后者也等于; 如果前者小于, 那么后者也小于。因此, 如果 E 大于 G, 那么 F 也大于 H; 如果前者等于, 那么后者也等于; 如果前者小于, 那么后者也小于。现在 E 与 F 分别是

A 与 B 的相等的倍数, G 与 H 分别是 C 与 D 的另一个相等的倍数, 因此 A 比 C 如同 B 比 D。

如果我们把这个证明的基本思想转化成现代的符号术语, 那么我们会得到以下的表述。为了证明 $a:c=b:d$, 我们需要证明: 对于给定的任意一对整数 n 与 m, 如果 $ma >=< nc$, 那么 $mb >=< nd$。因此我们先写下 ma, mb, nc, nd 这几个量, 然后按照以下三个步骤进行:

56

(1) $a:b=ma:mb$, $c:d=nc:nd$;

(2) 由 $a:b=c:d$ 得 $ma:mb=nc:nd$;

(3) 由 $ma:mb=nc:nd$ 得, 如果 $ma >=< nc$, 那么 $mb >=< nd$。

要注意, 这些步骤中的每一步都与单独的命题 (它们分别是命题 5.15、命题 5.11 和命题 5.14) 相关, 而在《几何原本》这本书中, 它们之前已经以文字的方式被证明了 (以刚刚引用的证明的风格, 而且并非不费吹灰之力)。

现在让我们来看命题 5.18。这个命题必须与命题 5.17 结合起来看, 因为它们都处理以下类似的数学情境: 如果给定一个比例 $a:b=c:d$, 并且如果我们以相同的方式修改这两个比率, 那么这个比例还成立吗? 在这种情形, "修改" 意味着我们不再比较原来的比率 $a:b$ 与 $c:d$, 而是比较比率 $(a+b):b$ 与 $(c+d):d$, 或者比较比率 $(a-b):b$ 与 $(c-d):d$。而命题 5.17 与命题 5.18 声明, 修改后的这对比率的确也继续形成了一个比例。

在希腊数学文化中, 这些方法以及其他一些形成给定比例的方法在处理几何问题时反复出现, 直到后来的 17 世纪, 它还出现在像牛顿的《自然哲学之数学原理》这样有影响力的书中。命题 5.17 或命题 5.18 的历史重要性是不言而喻的。这两个命题中所处理的修改的拉丁名称 (分别为 separando 和 componendo) 在希思的英文本中被保留下来, 而我也在这里使用它们。我只详细介绍命题 5.18 的证明, 但是它依赖于命题 5.17 的证明 (感兴趣的读者很容易在《几何原本》中找到它), 因此我首先表述一下这两个命题:

命题 5.17: 如果 4 个量在合成之后成比例, 那么它们单独也成比例。

用现代符号来表示, 命题 5.17 是说, 如果 $a:b=c:d$, 那么 $(a-b):b=(c-d):d$。另一方面, 命题 5.18 是说, 如果 $a:b=c:d$, 那么 $(a+b):b=(c+d):d$。命题 5.18 的表述与证明 (包括图形) 在希思的版本中是这样写的:

命题 5.18: 如果 4 个量单独成比例, 那么它们合成之后也成比例。

设 AE, EB, CF, FD 这些量单独成比例, 这样 AE 比 EB 如同 CF 比 FD; 我说: 它们合成之后也成比例, 即 AB 比 BE 如同 CD 比 FD。

因为如果 CD 比 DF 不同于 AB 比 BE, 那么 AB 比 BE 将如同 CD 比

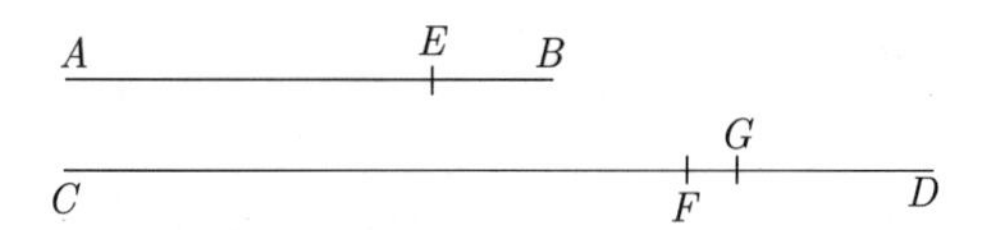

上某个小于或者大于 DF 的量。首先设这个比率如同 CD 比上较小的量 DG。然后, 因为 AB 比 BE 如同 CD 比 DG, 所以它们合成之后成比例, 因此它们单独也成比例。因此 AE 比 BE 如同 CG 比 GD。但是根据假设可知, 同样也有 AE 比 BE 如同 CF 比 FD, 因此 CG 比 GD 如同 CF 比 FD。但是第一项 CG 大于第三项 CF, 因此第二项 GD 也大于第四项 FD。但前者也小于后者, 这是不可能的。因此 AB 比 BE 不同于 CD 比上小于 FD 的量。类似地, 我们可以证明这个比率也不同于 CD 比上大于 FD 的量; 因此这个比率如同 CD 比上 FD 自身。

57

这个证明引入了 "双归谬法" 这种论证形式, 它在希腊数学文化中很重要。为了证明两个量相等, 我们先假设 (1) 第一个量大于第二个量, 再假设 (2) 它小于第二个量; 然后我们分别得到了两个矛盾。这种论证同样适用于比率的相同性, 它也是欧多克索斯理论中的一个重要工具。事实上, 为了证明四个量成比例, 即 $a:b=c:d$, 希腊人会按照 "双归谬" 的方式进行推导。例如, 他们假设不是这 4 个量成比例, 而是有比例 $a:b=c:e$, 其中 (1) $e<d$, (2) $e>d$。在处理弯曲形状的面积和体积时, 也就是说, 在我们现在所称的 "通向无限" 的情况下 (附录 3.3 中有一个这样的例子), 这种策略被证明特别重要。

这样, 如果我们用现代术语来表达命题 5.18, 那么我们会得到以下的表述:

(1) 假设所论的比例不成立 (即假设 $(a+b):b\neq(c+d):d$), 这蕴含着当第四项大于或者小于 d 时这个比例会成立 (即 $(a+b):b=(c+d):(d\pm x)$)。

(2) 例如, 如果 $(a+b):b=(c+d):(d-x)$, 那么根据命题 5.17 可知, $a:b=(c+x):(d-x)$ (回想一下, 命题 5.17 讲的是: 如果 $p:q=r:s$, 那么 $(p-q):q=(r-s):s$)。

(3) 但是 $a:b=c:d$, 因此 $c:d=(c+x):(d-x)$。

(4) 但是 $c<c+x$, $d>d-x$, 因此 (3) 中的比例是不可能的。

(5) 因此 (1) 中的假设是错误的, 从而 $(a+b):b=(c+d):d$ 的确成立 (欧几里得在这里也说明, 如果我们在步骤 (2) 中取的是 $(a+b):b=(c+d):(d+x)$, 那么可以重复这个论证)。

即使理解了基本的论证, 读者可能仍然会觉得, 把这个论证转化成代数术语并没有使它显得更加直接易懂。为什么欧几里得没有仅仅使用这样的证明:

$$\frac{a}{b}=\frac{c}{d}\Rightarrow\frac{a}{b}+1=\frac{c}{d}+1\Rightarrow\frac{a+b}{b}=\frac{c+d}{d}?$$

嗯, 关键就在于, 他的论证并不是先用代数的或拟代数的术语来思考, 再用非代数的、纯粹的文字方式表达这个想法 (姑且说是由于缺乏适当的符号)。相反, 这个证明是在强调, 欧几里得式的或者欧多克索斯式的处理比例的方法确实涉及一种特殊的并且肯定是非代数的观点。

这里要注意的另一个重要观点如下: 在步骤 (1) 中, 欧几里得隐含地假设了一个并非微不足道的事实, 即对于任何给定的三个量 a, b, c, 与它们成比例的第四个量必然存在。事实上, 他假设: 如果 d 与其他三个量没有形成比例, 那么一定有某个 $d \pm x$ 与之形成比例。现在, 当我们查看《几何原本》第 9 卷时 (它讨论的都是算术命题), 我们意识到欧几里得知道有必要更明确地讨论第四个比例的存在性, 并且他在数的情形这样做了。例如, 给定三个数 4, 5 和 2, 很明显不存在整数 n 使得 $4:5::2:n$。但是在第 5 卷, 特别是在命题 5.18 中, 欧几里得处理的是连续的量, 他在证明中只是提出了假设, 而并未对其做出任何限制或者进一步的评论。

58

这个假设在 16 世纪开始受到《几何原本》的评注者和编辑的批评。举一个重要的例子, 著名的耶稣会数学家克里斯托弗 · 克拉维乌斯 (我们将在第 6.5 节中详细介绍他) 把假设第四个比例项的存在性纳入《几何原本》的一般公理中。另一位耶稣会牧师乔瓦尼 · 吉罗拉莫 · 萨凯里 (Giovanni Gerolamo Saccheri, 1667—1733) 提出了一个更有趣的批评, 在他对《几何原本》非常原创性的评论中, 他提出了一些思想, 它们最终被证明对于非欧几何在 19 世纪的创立很重要。萨凯里质疑欧几里得假设存在第四个比例项的合法性, 并要求它必须单独被证明。而且更重要的是, 他还展示了在比例中的所有量都是直线段的特殊情况下如何证明这一点。他的证明只依赖于出现在命题 5:18 之前的《几何原本》中的命题。稍后, 萨凯里还能证明更复杂的情形, 其中的量是多边形。

附录 3.3 欧几里得与圆的面积

欧几里得《几何原本》的命题 12.2 描述了两个圆的面积与其直径上的正方形面积之间的关系。他不是用公式表示, 就像我们现在所做的那样, 而是按照希腊古典几何的风格对比率进行比较。如图 3.9 所示, 如果我们用 X 与 x 分别表示两个圆的面积, 用 Z 与 z 分别表示它们的直径, 那么这个命题表明下面的比例成立: $X:x=Z^2:z^2$。

该证明基于应用希腊人为进行复杂证明而发展的两种巧妙的方法。第一种方法通常称为“穷竭法”，借助于它人们可以通过直线图形来近似地处理曲线图形的面积。第二种方法是“双归谬法”，我在附录 3.2 中已经提到过它。但是，这个证明所依据的最基本的原理是所谓的“阿基米德原理”，之前欧几里得在其著作中的命题 10.1 证明了它。在欧几里得的表述中，它是指将量的连续性这种多少具有一般性的概念转化为用于证明的实用工具的标准。它的表述如下:

命题 10.1: 给定两个不相等的量，如果从较大的量中减去一个大于其一半的量，再从剩下的量中减去一个大于其一半的量，不断重复这个过程，那么就会得到某个量，使得它小于给定的较小的量。

我们将清楚地看到这个想法是如何在证明中使用的。但是这个证明还需要另一个结果，即命题 12.1。它的内容如下:

命题 12.1: 圆的内接相似多边形之比如同其直径的平方之比。

59

要注意，命题 12.2 是完全相同的结果，但是表述的是“圆”而不是“相似多边形”:

命题 12.2: 圆的比如同其直径上的正方形之比。

多边形的证明很简单 (我跳过它的细节)。真正的挑战是如何从多边形过渡到“边数无穷大的多边形”，即圆。欧几里得没有在 17 世纪才开始发展的无穷小微积分的工具。这些工具专门用于处理这种涉及“直到无限”的情况。然后，让我们看看欧几里得借助他所能使用的工具来进行论证的概要 (为了使读者更容易理解，我引入了一些原文中未出现的符号)。

希思版本中的命题所带的图形如图 3.15 所示。需要证明的是比例 $X:x = Z^2:z^2$ 是否成立。这个证明是在以下意义上使用双归谬法: 我们假设所述比例不成立，而是有 $X:S = Z^2:z^2$; 然后我们假设 (1) $S < x$ 并得出一个矛盾; 我们再假设 (2) $S > x$ 并得出一个矛盾; 因此唯一的选择是这两个比率相同。

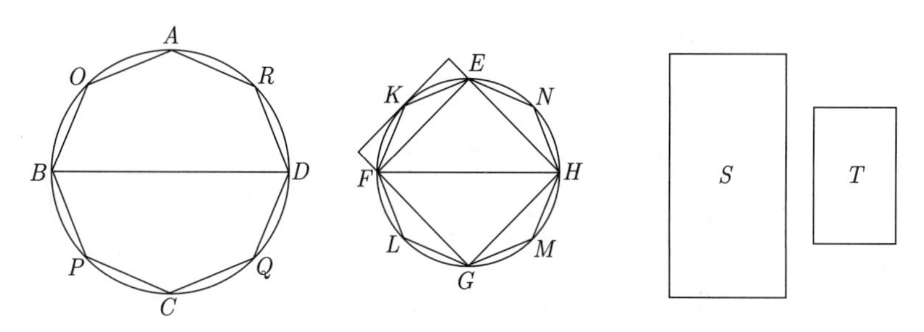

图 3.15 圆的比如同其直径上的正方形之比

“穷竭”的过程包括在圆内连续内接 $2k$ 边的正多边形: 正方形，然后是正八边形, 等等。我们用 Y_n 表示内接于 X 的正多边形, 其中 Y_{n+1} 的边数是 Y_n 的二倍 (例如, 在欧几里得的图中, Y_2 是正八边形 $ARDQCPBO$)。我们用 y_n 表示内接于 x 的正多边形 (例如, y_2 在欧几里得的图中是八边形 $ENHMGLFK$)。而且我们稍微混用一下这些符号, 即字母 X, x, Y_n, y_n 既表示图形也表示它们的面积。现在的问题是, 在用正多边形逼近的每个步骤中, 我们在多大程度上更接近于这个圆? 如果我们放大欧几里得的图 3.15 中较小的圆的左上角, 我们就可以比较精确地看到这一点。我们所看到的如图 3.16 所示。这个图上部的阴影区域是圆的那一部分留在正多边形 y_n (它的边是 FE) 之外的部分。它显然占据了矩形的一半以上。这个图下部的线段 FK 和 KE 是下一个正多边形 y_{n+1} 的边。这个图形说明, 从 y_n 到 y_{n+1}, 我们加上了一个三角形, 它是矩形的一半, 因此大于阴影面积的一半。因此, 整个过程是这样的: 我们从一个圆开始, 用它减去一个正方形, 它显然大于圆的一半; 然后用剩下面积减去一个大于其一半的面积, 我们不断重复这个从 y_n 到 y_{n+1} 的过程。命题 10.1 保证, 重复这个过程足够多的次数之后 (用我们的话来说, 即对于足够大的 n), 我们将得到多边形 y_n, 使得这个圆的面积与这个正多边形的面积之差 $x - y_n$ 小于预先选取的任意面积。

60

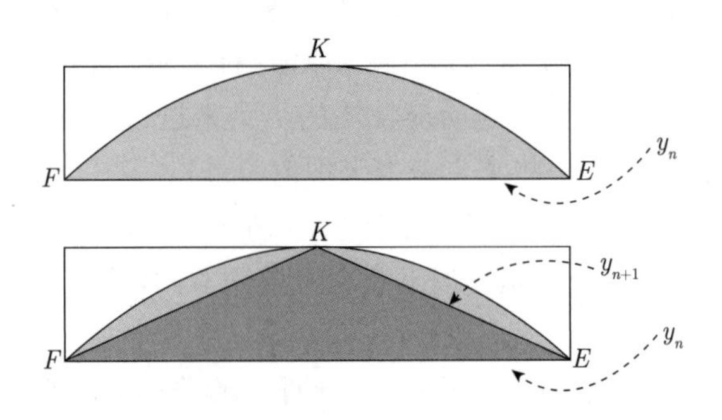

图 3.16　《几何原本》, 命题 12.2: 放大穷竭过程

现在剩下的就是把面积 $x - S$ 作为预先选取的边界面积。如果是这样, 在把 n 取得足够大之后, 我们将得到 $x - y_n < x - S$, 因此 $S < y_n$。此时虽然证明尚未完成, 但是诀窍我们已经知道了。我们选取的 S 是某个小于 x 的面积; 我们现在知道, 无论我们在假设的比例 $X : S = Z^2 : z^2$ 中选取什么作为 S, 如果我们不断地用内接正多边形来穷竭圆 (或者用我们的话说, 如果我们选取足够大的 n), 那么我们总是能够得到一个介于 x 与假定的 S 之间的正多边形。

为了完成这个证明, 我们现在调用命题 12.1, 将其应用于多边形 Y_n 与 y_n,

可得 $Y_n : y_n = Z^2 : z^2$。因为我们已经假设 $X : S = Z^2 : z^2$, 所以

$$Y_n : y_n = X : S。$$

因为我们已经说明 $S < y_n$, 所以刚得到的比例蕴含着 $X < Y_n$。但是我们所构造的 Y_n 内接于 X, 于是我们就得到了第一个矛盾。另一个假设, 即 $S > x$, 会通过类似的方式得出你希望的第二个矛盾。

应该注意的是, 在无穷小微积分出现之前, 这里举例说明的 "穷竭程序" 直到 17 世纪都是计算面积和体积的主要工具。还要注意的是, "阿基米德原理" 这个名称与《几何原本》一起使用是一个有趣的时代错误, 因为阿基米德在欧几里得之后几十年才活跃起来。然而, 在阿基米德自己的著作中, 他确实依靠类似的想法来解决难题, 并且取得了惊人的成功。

61

第 4 章　希腊数学传统中的构造问题和数值问题

虽然欧几里得《几何原本》的大部分内容讨论的是几何话题, 但第 7—9 卷处理的是纯粹的算术问题。这并不是说这些章节是讲授数的写法或者数的运算的教科书。《几何原本》中根本没有讨论那些话题。欧几里得的算术章节讨论的是这样一些一般的命题, 它们或者是关于自然数的性质, 或者是关于一个给定的数与其因子之间的关系, 尤其是关于素数与合数的性质。这样,《几何原本》的算术章节包含的内容基本上是我们今天所称的 "初等数论"。这些命题总是伴随着严格的证明, 它们在很多方面都与几何章节中的命题相似 (包括图形), 但是这里存在着一个重要的区别, 我们需要强调一下: 与在几何章节中不同, 欧几里得在讨论算术之前并没有引入一组公设作为算术知识的基础。这个值得注意的现象总是吸引着历史学家的注意力, 我们也将对此进行一些思考。

众所周知, 把数学转换成一门严格的演绎科学, 借助一开始清楚规定的定义和公设来推导命题, 这既是一般希腊数学的一个重要贡献, 也是欧几里得的特殊著作的一个重要贡献。虽然对欧几里得的几何学而言这一点当然成立, 但是对于他的算术来说却远非如此。这并不是因为这些结果不是以严格的演绎形式提出来的, 而是因为它们并不是由那些被认为是自明的公设所推导出来的。

63

实际上,算术的这样一组确定的公设直到 19 世纪后三分之一才出现。在检查数的概念的历史发展的时候, 我们要一直把这个基本观点记在心里。

4.1 《几何原本》的算术章节

《几何原本》第 7 卷只是由定义开始, 而没有由公设开始。像毕达哥拉斯学派那样, 欧几里得把数定义为“一些单位”。一个数的因子是可以“量尽”它的另一个数; 一个素数被定义为只能由单位量尽的数, 等等。欧几里得对数的性质的探究就是从这些定义出发的。除了其他事情之外, 欧几里得直接借鉴了毕达哥拉斯学派的传统而发展了数的比例理论, 这种理论的基础是对数的比率的简单定义, 我在第 3 章已经提到过。这一点可以用符号表示如下: 对于四个数 a, b, c, d, 如果 a 度量 b 的方式与 c 度量 d 的方式相同, 那么这四个数成比例。这样, 比如 $4:6::6:9$, 因为某个数 (此时为 2) 用两次量尽 4, 用三次量尽 6, 而另一个数 (此时为 3) 用两次量尽 6, 用三次量尽 9。

我们已经看到, 不可公度量的发现意味着这个定义并不能适用于一般的量, 这也是导致更复杂的比例定义的原因, 如欧多克索斯的理论所提供的比例定义。但是在数的情形, 毕达哥拉斯学派的定义确实是充分的, 而欧几里得在他的算术章节中也更喜欢用这个更简单的定义。即使在这种情形, 两个自然数的“比率”本身也不是数, 而仍然是一个不同的数学实体。欧几里得从未对比率做过加法、减法或者乘法, 哪怕它们是数的比率。有趣的是, 像毕达哥拉斯学派那样, 单位的地位对欧几里得来说仍然有点儿自相矛盾。“1”是单位, 从而不是一些单位的集合, 因此根据定义可知它不是数。然而在某些场合, 当“1”有助于陈述一般的命题或者有助于证明它们的时候, 它又被当作一个数来处理。概览一下欧几里得算术命题将对我们理解古典希腊数学文化中的数的概念提供很大的帮助。

在欧几里得的这几卷所证明的算术命题中, 最著名的命题之一是命题 9.20, 它声称素数有无穷多个。因为在希腊数学文化中, “无穷”概念不属于合法的数学实践, 欧几里得这样来叙述这个结果: “素数比任意指定的数目的素数都要多。”欧几里得对这个重要结果的证明不但有名, 而且简单, 很值得在这里展示一下, 因为它指向了他对数的处理的另一个有趣的方面。这个证明如下:

设 a, b, c 是指定的素数。把数 d 取成这三个指定素数的乘积; 考虑另一个数 e, 使它等于 d 加上单位 (这里请注意, 这是把单位用作数的一个例子)。现在, 当用指定的素数 a, b 或 c 中的任意一个数来度量 e 时, 我们总是得到余数 1。因此这三个指定的素数 a, b, c 都不能量尽 e。又因为每个给定的自然数或者本身是素数, 或者可以被一个素数量尽 (这是欧几里得之前证明的一个结果), 所以 e 一定是素数 (因为它不能被任何素数量尽), 于是这三个素数 a, b, c 并没

64

有像开始假设的那样穷尽全部的素数。因此素数比我们预先假定的这些素数还要多，于是我们可以得到结论，即素数比任意指定的数目的素数都要多。

欧几里得的证明在数学史上一直被 (恰当地) 推崇为典范，即使以今天的标准来看，它也可以完全被接受，它的表述风格除外，因为今天我们可能会用不同的方式来书写它。我指的是，用素数 a, b, c 来合法地表示 "任意指定的一些素数" 的思想。今天，我们更喜欢把 "任意指定的一些素数" 表示成 $a_1, a_2, a_3, \cdots, a_n$。利用这种方式，同时通过使用指标 n 以及三个点号，我们能够用符号来普遍地表示自然数，其中三个点号清楚地表明其中有任意多个数。欧几里得所指的是 "任意多个自然数"，但他实际上取的是特殊的个数，即三个数。

从逻辑上来讲，有人可能会质疑欧几里得的论证的一般的有效性。也许有人会坚持认为，这个证明并不适用于任意多个数，因为欧几里得证明步骤的内在逻辑可能依赖于这样的事实，即刚好有三个数而不能比三更多。当然，对欧几里得的证明来说事实并非如此；我之所以提出这个看似微不足道的观点，是为了再次强调，要想正确地理解和表达特殊问题中的数学情境，适当的记法和符号是至关重要的。欧几里得证明中的数具有适当的名称 a, b, c，这有助于我们指示它们；虽然我们能够对表示数的现代代数记号 $a_1, a_2, a_3, \cdots, a_n$ 进行运算，但是要注意，欧几里得并没有对这些字母像我们那样进行运算 (即像加法、乘法或除法那样的运算)。另外，在欧几里得的文本中，数 d 并非定义成这三个数的 "乘积"，而是定义成 "能同时被这三个数量尽的最小的数" (我们称之为 "最小公倍数")。于是，欧几里得的字母只是标签，而不是刻意进行正式操作的代数符号。这是一个至关重要的区别，只有经过本书各章中所描述的漫长而复杂的过程，这个问题才能被解决。

欧几里得的算术章节中出现的另一个有趣的命题是命题 7.30。它声称：如果一个素数 p 整除两个数的乘积 $a \cdot b$，那么或者 p 整除 a，或者 p 整除 b。例如，素数 7 整除 42，它是一个乘积，即 $42 = 2 \cdot 21$，因此 7 整除 2 或者 21 (确实如此：$21 = 3 \cdot 7$)。但是 42 也可以写成 $42 = 14 \cdot 3$，因此 7 再次会整除其中的一个因子，此时为 14。随着时间的推移，这个一般性质与素数本身的概念紧密地联系在一起，有时人们认为可以用它来作为素数的替代定义。然而，随着数的概念继续演化，人们在 19 世纪定义了抽象且更一般的新数系，素数的这两种含义 (也就是说，一方面是它只能被其自身整除，另一方面是命题 7.30 所体现的性质) 在其中就不再相同了。我们将会看到，直到那时，这两个性质才被清楚地区分开 (参见第 10.2 节)。

65

4.2 几何代数?

记数法的问题及其与数的概念的紧密联系在本书中始终都是至关重要的。它们也与代数方程一般思想的兴起与发展密切相关。在希腊数学文化中并不存在方程的完整概念, 但即使在这种文化的最初阶段, 我们也可以发现一些进程的重要萌芽, 通过这些进程, 方程的概念将在 17 世纪左右固定下来。这些萌芽并不是在欧几里得的算术章节中发现的, 而是出现在求解几何问题的重要传统中。在这个传统中, 求一个量 (即长度、面积或体积, 它们满足预先定义的某些性质) 的构造方法发展起来。我们对方程的理解意味着求满足给定条件的特定的数, 由方程得出它的解的方法是根据代数法则对符号与数字进行形式化的处理。而希腊构造问题涉及的是量, 而不是数; 所使用的工具不是符号操作, 而是希腊几何 (欧几里得式的或者更高级的) 与欧多克索斯的比例理论。让我们来检查一个与 "黄金分割" 有关的具体例子。

我们在图 3.4 那里已经解释过, 如果线段 AB 在 P 点被黄金分割, 那么就定义了比例 $AB:AP = AP:PB$。P 点可以通过以下的构造问题给出, 这是在《几何原本》第 2 卷中解决的 (如图 4.1):

给定线段 AB, 在 P 点分割它, 使得在 AP 上构造的正方形的面积等于一个矩形的面积, 该矩形的两条邻边是给定的线段 AB 与去掉那条线段之后剩下的 PB。

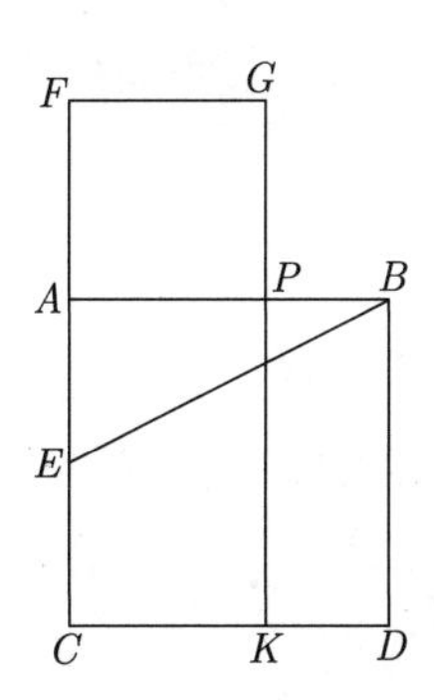

图 4.1 欧几里得《几何原本》, 命题 2.11: 给定线段 AB, 构造正方形 $ABDC$。平分 AC 于 E, 延长 CA 到 F, 使得 EF 等于 EB。完成正方形 $AFGP$, 延长 GP 到 K。之前的结果, 即第 2 卷的命题 2.6 意味着矩形 $CFGK$ 等于正方形 $ABDC$, 由此易知, 正方形 $AFGP$ 等于矩形 $PBDK$。当然, P 是 AB 的黄金分割点

66

面对这类问题, 人们可能会把几何情境翻译成代数符号。事实上, 如果我们把图中的线段写成 $AB = a$, $AP = x$, 那么我们可以轻易地把要求的条

件 “$AFGP$ 的面积等于 $PBDK$ 的面积” (或者等价地, $AB:AP = AP:PB$) 翻译成:

$$\frac{a}{x} = \frac{x}{a-x} \text{ 或 } a \cdot (a-x) = x^2。$$

如果我们继续用同样的翻译方法, 就很容易得出结论: 我们求出的线段 AP 的长度实际上是一个二次方程的解。此外, 由于这种构造对于构造毕达哥拉斯五角星是必需的, 我们可能会根据数学的等价性而认可历史的合理性; 我们可能会根据上面的代数翻译提出, 毕达哥拉斯得到了一个二次方程的解。

在附录 3.1 中, 在讨论希腊人对 $\sqrt{2}$ 的不可公度性的可能的证明时, 我已经简要地评论过这种史学方法, 我在附录 8.2 中会更详细地讨论它。这种方法通常被历史学家称为 “几何代数”, 其目的是帮助我们理解希腊人试图做什么; 它假设希腊人具有恰当的代数思想, 但是缺少符号语言, 因此才把他们的结果披上几何学的外衣。这种方法的第一个严重问题是, 它将 “思想” 与书写思想的方式割裂开了。第二个问题是, 它不可避免地陷入了时代错误: 为了把几何翻译成代数, 并声称这真的是希腊数学家心中所想的, 我们需要假设他们拥有与数、方程、符号操作等相关的所有概念。但是这些概念正是我们在这里尽力地详述其历史发展的概念与思想, 我们认为它们的发展是一个漫长、缓慢、复杂和非线性的过程。相反, 如果我们继续把黄金比率的构造看成一个纯几何的问题, 而不是以代数为基础, 那么我们就可能更好地理解希腊人的观点, 考虑他们所有的可能性与局限性, 就像他们自己理解的那样。

4.3 尺规

黄金分割的构造是 “尺规” 构造的一个最重要的例子。希腊人竭尽全力寻找这类几何构造问题的任何可能的解法。然而, 与此同时, 他们并没有吝惜精力与智慧去寻找其他的解法, 其中似乎并不能使用尺规构造。这个例子还说明了希腊人使用数的其他有趣的方面。

在希腊人关注的所有几何构造问题中, 有三个问题特别显眼: (1) 把一个给定的角三等分, (2) 构造一个正方体, 使其体积是给定立方体的体积的二倍, (3) 构造一个正方形, 使其面积等于给定圆的面积。这三个问题之所以变得非常有名, 首先是一个简单的原因, 即希腊人用尺规来解决它们时并没有取得成功。这的确是个好的理由! 直到 19 世纪, 人们才用精确的数学术语证明, 用尺规的方法事实上不可能解决这些问题。我在第 3.6 节讨论阿基米德的《论圆的度量》时已经提到过这一点。前两个问题可以用更有力的方法来解决, 比

67

如使用圆锥曲线，这一点我们现在就会看到。第三个问题是著名的"化圆为方"问题，甚至我们使用上述方法也无法解决它。经过两千多年的数学研究，人们发现这种不可能性的原因是 π 是一个超越数。这又是一个非常有趣的数学话题，但我无法在这里详细解释它；在说明数学思想的历史是多么令人费解和惊讶时，这也是一个极为有力的例子。[1]

在倍立方体的情形，通向解法的第一个步骤出现得很早，它是希俄斯的希波克拉底 (Hippocrates of Khios, 公元前约 470—前约 410) 的手笔，大家不要把他与科斯的希波克拉底 (Hippocrates of Kos) 混淆了，后者的名字与医生的誓言有关。希波克拉底发现，这个问题等价于另一个看似更简单的构造两个"几何平均"的问题。回想一下，如果给定两个长度 a 与 b，那么它们的几何平均是一个中间长度 x，它使得 $a:x::x:b$。在希波克拉底的问题中，对于同样的两个长度 a 与 b，我们要求找出两个中间长度 x 与 y，使其满足以下比例：

$$a:x::x:y::y:b。\tag{4.1}$$

用现代代数术语来考虑一下这个情境：如果我们有一个体积为 1 的立方体 (即其每一边的长度都是 1)，并且我们希望构造一个体积等于 2 的立方体，那么我们需要构造一条长度为 $\sqrt[3]{2}$ 的边。实际上，如果我们在比例 (4.1) 中设 $a=1$, $b=2$，那么我们就得到所要求的 $x=\sqrt[3]{2}$。

希波克拉底没有这些代数工具，因此他的解法要复杂得多。但事实证明他的见解具有开创性的重要意义，因为他把根据给定条件 (即一个正方体是给定立方体的二倍) 求解立体的问题转换成根据另一个给定条件 (即两个几何平均) 求解两条线段的问题。后一个问题的解法似乎更容易得到，并且有几位希腊数学家通过寻找上述的两个几何平均 x 与 y 来着手解决这个经典的倍立方体问题。

梅内克莫斯 (Menaechmus, 公元前约 380—前约 320) 是欧多克索斯的学生，他给出了一个特别有趣的建议。梅内克莫斯提出，x 与 y 这两个值可以借助圆锥曲线求出，即把抛物线与双曲线相交。现代解析几何的观点再一次帮助我们理解，为什么他给出的解能够得出所要求的两个长度。事实上，如果我们考虑 (4.1) 中的比例式并把它们写成现代方程，那么我们会得到以下的方程组： 68

$$\frac{a}{x}=\frac{x}{y} \text{ 或 } x^2=ay;$$
$$\frac{x}{y}=\frac{y}{2a} \text{ 或 } y^2=2ax;$$
$$\frac{a}{x}=\frac{y}{2a} \text{ 或 } 2a^2=xy。$$

[1] 参见 (Berggren et al (eds.) 2004, pp. 194–206, 226–230)。

从解析几何的角度考虑, 解这些方程相当于求这些方程所表示的几何图形的交点, 即两条抛物线与一条双曲线的交点。为了使问题更简单, 我们可以假设处理的是 $a=1$ 的情形。我们需要解的这三个方程如下:

$$x^2=y,\quad y^2=2x,\quad 2=xy。$$

例如, 根据前两个方程, 我们会得到一个解, 即两条抛物线的交点, 如图 4.2 所示。当用代数方法求解这个方程组时, 我们会得到交点 $x=\sqrt[3]{2}$, $y=\sqrt[3]{4}$。实际上, 边长为 $\sqrt[3]{2}$ 的正方体的体积是 2, 这正是原来的倍立方体问题所要求的。

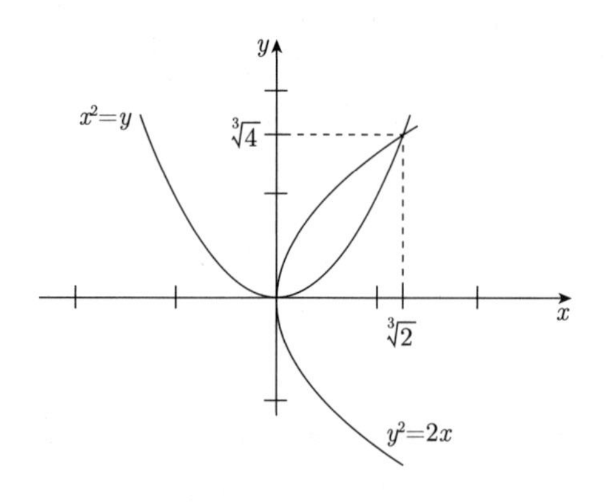

图 4.2　通过圆锥曲线相交求解倍立方体问题

当然, 梅内克莫斯与其希腊数学家同行不会使用这些解析几何的工具。所有的构造以及支持其证明的论证都是纯几何的, 他们并未像我在这里所做的那样使用符号代数。当然, 即使是抛物线与双曲线的定义, 也是根据几何性质给出的, 而这些性质是借助比例来定义的。同样, 这些圆锥曲线的性质的证明也是几何的而不是代数的。

然而, 由于篇幅的考虑, 我在这里不能详细说明梅内克莫斯的纯几何的证明。[2] 对于我们的目的来说,我们只需要强调, 他令人惊奇的漂亮解法显然并不需要尺规构造。实际上, "圆锥曲线" (如其名字所示) 是由不同角度的平面截圆锥所得到的 (如图 4.3), 它不能由尺规在平面上生成。因此, 重要的是要记住, 尽管希腊人在解决他们的几何问题时总是积极地寻求尺规构造, 但它们绝不是唯一的标准解法。

69

在历史上, 只是在相对较晚的时候, 这些尺规方法才获得了一种独有的权威地位, 但它们最初被引入时并没有这种意图。在我们的故事中, 这种地位的

[2]参见 (Fauvel and Gray (eds.) 1988, pp. 82–85)。

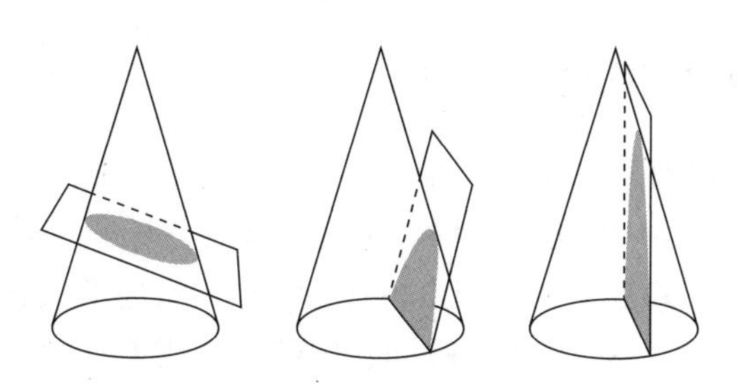

图 4.3 圆锥截面: 椭圆、抛物线和双曲线

变化非常有趣。为了理解它是如何发生的, 我们需要认识到, 早期希腊数学传统流传到后世不但是通过希波克拉底、欧几里得、阿基米德等人的原始著作, 而且还是通过古代晚期的重写、总结和评论。换句话说, 向后人传达古典希腊数学基本思想的一些最重要的文献, 是在包含这些思想的原始著作之后的三百年到六百年间写成的。活跃在古代晚期的作家们自己做出了许多有趣的新贡献, 与此同时, 他们重新解释前人的著作, 并且用他们当时的知识来看待这些著作。在尺规构造的情形, 生活在公元前 4 世纪的亚历山大的帕普斯 (Pappus of Alexandria) 在重新解释方面起到了重要的作用。

帕普斯最有名的著作是《数学汇编》(*Synagogue*), 它包含 8 卷, 对希腊数学的许多主题提供了广泛的总结。值得注意的是, 它的大部分保存了下来, 现存最早的抄本可追溯到 10 世纪, 保存在梵蒂冈图书馆。这本书在文艺复兴时期以及之后的一段时间都有很大的影响, 关于什么是好的数学以及如何进一步实践的许多标准观点都从这本书中获得了灵感。帕普斯的著作中有一段话经常被引用, 它讨论了 "古人" (他称其为 "古人") 解决构造问题的各种方式, 尺规方法正是在这里被强制性地提升到首选地位。

帕普斯区分了三种不同的解法。第一种解法是基于使用尺规的 "平面法", 第二种解法是使用圆锥曲线的 "立体法" (用 "立体" 这个词是因为它们源自圆锥这个立体), 最后一种解法是 "曲线法", 它涉及像螺线这样的其他类型的曲线。帕普斯接着断言, "古人" 严格禁止用立体法求解平面的问题。这个断言自文艺复兴时期以来一直被引用, 并助长了这样一种观点: 希腊人并没有很认真地考虑尺规构造之外的其他构造。但这种观点在历史上是不正确的。帕普斯提到的这三种几何构造问题的解法不但在他之前都被积极探求, 而且在他之后也继续出现和发展着。这些构造对于代数方程思想的全面发展, 因而对于数的现代概念的发展都起到了重要作用。

70

4.4 丢番图的数值问题

在数学史上, 没有一个名字比亚历山大的丢番图 (Diophantus of Alexandria, 约 201—约 285) 更能与方程思想的兴起与发展紧密地联系在一起。他生活在公元 3 世纪, 并且毫无疑问是古代数学中最有趣的人物之一。在其名著《算术》(*Arithmetica*) 中, 为了求解问题中的一个或多个满足一定关系的未知量的值, 他提出了大量的原创技巧。这些技巧是用一种独创而巧妙的 "缩写命名" 的符号语言来表达的。对于他所设计的解法, 丢番图充分调动了符号语言的力量, 通过如下的 "类似方程" 的表达式来表述它们:

$$\Delta^{Y}\bar{\delta}\,\mathring{M}\,\overline{\iota\varsigma}\pitchfork\zeta\overline{\iota\varsigma}\quad \iota\sigma\quad \mathring{M}\,\overline{\iota\varsigma}\pitchfork\Delta^{Y}\bar{\alpha}。$$

如果我们用更方便的现代代数语言来释读它, 那么这个类似方程的表达式可以翻译成以下的术语:

$$4x^2-16x+16=16-x^2。$$

正因为如此, 丢番图经常被称为 "代数学之父", 从历史上来看, 给他冠以这个令人尊敬的头衔确实是合适的。我们在下面将会看到, 他与其他人分享了荣誉, 但是这种原创性的分享在数学史上并不少见, 尤其是当涉及像 "代数" 这样模糊不清的术语时。此外, 就历史声望而言, 读者肯定知道, 今天当我们得到一个方程并且要求只是求满足它的有理数时, 我们就说这是一个 "丢番图方程"。从历史上看, 这样说也是合适的, 因为丢番图的解实际上都是有理数 (我们将会看到, 它们实际上只是正有理数)。当然, 这并不是因为丢番图不能求出其问题的所有类型的解, 也不是因为他出于某种原因而决定只求正有理数解。事实上, 情况正好相反: 丢番图的数的概念是这样的, 他想到的只有正有理数。在本节和下一节中, 我将讨论丢番图关于数的想法以及他在问题中使用它们的方式。这些细节对于一些读者来说可能显得很复杂, 他们可能想要跳过本节。但我认为, 这些细节值得我们深入地研究。丢番图的工作富有内在的数学兴趣与独创性。此外, 他的思想在 15 世纪的欧洲被重新发现并且产生了巨大的影响。

71

《算术》开篇的问题是这本书中的一个典型例子: "把一个数写成两个数之和, 使得它们的差已知。" 正如我们所见, 这个问题是用很一般的术语表述的, 但丢番图在求解这个问题时 (实际上他对任何问题都是这样) 通常采取的第一步是关注一个特定的例子。在这种情形, 他选择 100 作为要写成另外两个数之和的数; 此外, 他也选择了一个特定的差, 即 40; 然后他才着手求解。如果用当前的代数思想来考虑这个问题, 那么其解法将是设这两个数中的较小数为 x,

较大数为 $x+40$。然后我们将条件翻译成一个用符号写成的方程

$$x+x+40=100,$$

由此我们通过形式操作将会推导出 $x=30$。这种方法的一些要素也体现在 (至少是初步地) 丢番图自己的解法中。然而, 与此同时, 它们也具有显著的区别。为了理解这些区别, 让我们多看一些细节。

对丢番图作品的理解不仅存在数学上的技术困难, 也存在方法论上的编史学困难。我们通过流传下来的手稿知道《算术》, 但它写得比丢番图的原始文本要晚得多。这自然会导致在手稿准备中的语言与风格的困难 (这种一般的方法论上的困难在第 3 章中已经提到了)。此外, 在组成《算术》的 13 卷中, 现存只有 6 卷是用希腊语写的, 人们直到最近才相信其余的希腊语文本都已经丢失了。然而, 1968 年在伊朗的麦什德发现的一份手稿包含了第 4—7 卷的阿拉伯语翻译, 我们通常把它归功于库斯塔・伊本・卢卡 (Qusta ibn Luqa, 820—912)。这些文献的姗姗来迟使得历史学家要重新考虑关于丢番图及其著作的许多长期持有的信念。《算术》的这部分内容是在很久之后, 并且是在完全不同的数学文化中翻译的, 历史学家在研究这一部分时不得不面对这个事实带来的局限性。因此, 当我们谈到丢番图的思想时, 我们必须一直把这些困难铭记于心, 不过对于它们我们仍然可以说出一些具有历史价值的东西。

让我们关注丢番图所处理的一类问题中的一个众所周知的例子, 即第 2 卷的问题 8: "把给定的平方数分成两个平方数。" 在评论丢番图的解法之前, 我们应该提一下, 这个问题可能很多读者听上去会很熟悉。的确, 在 1630 年左右, 皮埃尔・德・费马 (Pierre de Fermat, 1601—1665) 醉心于研究丢番图的《算术》, 当他遇到这个问题时, 他在这本书的自己的抄本的页边写下了几行著名的话:

"不可能把一个立方数写成两个立方数之和, 也不可能把一个四次方数写成两个四次方数之和, 或者一般地, 对于高于二次的数幂, 不可能把它写成两个类似的数幂之和。我对这个命题的确已经有了一个极好的证明, 但是这个页边太窄了, 写不下。"

72

费马几乎不会想到, 这几行字在后来的几个世纪里会引起如此巨大的关注。1670 年, 他的儿子塞缪尔 (Samuel) 出版了丢番图《算术》的注释版, 其中包含了许多评论、猜想和公开的问题, 与我们刚才引用的那本书相似。费马是在阅读希腊大师时加上的这些内容。在接下来的几十年里, 他的评论受到了强烈的关注, 并且很快就产生了重要的结果和推广。费马在问题 2.8 的页边评论中宣布了假定的证明, 人们在之后 350 多年的时间里一直在尝试寻找这个证

明, 但是这些尝试都没有成功。这个不可能性的陈述因而被称为 “费马大定理”, 直到 1994 年它才被安德鲁 · 怀尔斯 (Andrew Wiles) 完全证明。

丢番图是如何解决这个问题的? 为了尝试并理解他的方法, 我们最好先用现代代数术语来给出他的解法。其内容大致如下:[3]

第一个平方数是 x^2, 第二个平方数是 $16-x^2$, 并且 $16-x^2$ 必须是一个平方数。

我由任意一个差来构造一个平方数, 使得其中所包含的单位个数等于平方数 16 中的单位个数。这个差是 $2x-4$, 它的平方是 $4x^2-16x+16$, 并且这个平方等于 $16-x^2$。把被减的项分别加到另一边, 并且消去相等的项。我们会得到 $5x^2=16x$, 由此 $x=\frac{16}{5}$。因此, 一个数是 $\frac{256}{25}$, 另一个数是 $\frac{144}{25}$, 它们的和是 $\frac{400}{25}$, 即 16, 并且这些数都是平方数。

这种表述使得这个解法看起来多少有些直接。然而要注意, 最初表述中的一般问题在这里转换成一个特殊例子: (1) 把所考虑的平方数说成 16; (2) 指明 16 所分成的一个平方数的平方根形如 $2x-4$。

现在, 为了更深入地了解丢番图自己对这个问题的想法, 我们首先需要了解他的一些基本术语以及他所引入的特殊符号。让我们首先从一般问题所化成的特殊例子开始。下面的句子更接近于丢番图的原来的表述, 它不是用 x^2 的符号进行表达:

要求把平方数 16 分成两个平方数。

在这里, 丢番图心目中的 “平方数” 并不仅仅是某些数的平方, 而是 “正方形数”。我们已经知道, 这并不完全是一回事儿。在第 3 章讨论的毕达哥拉斯学派的形数传统中 (如图 3.2 所示), 我们发现 “正方形数” 伴随着 “三角形数” 与 “长方形数”。回想一下, 毕达哥拉斯学派研究了这些形数的性质, 他们也研究了其他类型的数的性质, 如素数、偶数或者完全数。在《算术》中, 丢番图并不是在证明一般的论断, 而是在解决问题。但是他考虑数的分类并且依赖于它们的一般性质, 这种基本思想与毕达哥拉斯学派差别不大。除了 “平方数” (他称之为 “ tetragônoi ”), 他也考虑更多种类的数, 如立方数 (kyboi)。他的另一本书《论多边形数》(*On Polygonal Numbers*) 现存只有一些片段, 他在这里遵循着毕达哥拉斯学派的传统而讨论了更一般的形数类型。因此, 在理解丢番图时, 一个基本观点是, 对于由一个性质所描述的特殊类型的数 (如 “平方数”), 他在问题中并不是在求一般的未知量, 而是处理关于这些数的算术运算。

73

[3]在书末的参考文献中, 我们列出了丢番图著作的两个经典版本以供读者进一步阅读, (Tannery 1893–95) 包含了这个文本的希腊语本和拉丁语本, (Ver Eecke 1959) 包含了法语本。这个引文引自 (Tannery 1893–95, pp. 91–93)。

丢番图在解决他的问题时通常采取以下步骤:

(1) 指出问题所关注的整类数 (在本例中这个类别是 “平方数”)。

(2) 指出要对该类的任意数所执行的任务 (在本例中任务是把这个数分成另外两个平方数)。

(3) 选择一个 “平方数” 的特殊例子, 进入更具体的特定数的领域 (在本例中这个特殊的数是 16)。

(4) 通过添加在问题的一般表述中没有指定的附加条件, 使问题更加具体 (在本例中 16 被分成的一个平方数的平方根形如 $2x-4$)。

(5) 在 “缩写命名” 的帮助下, 可以说是给出了所选定的数以及在解决问题中出现的其他特定的数的 “专有名称”。

(6) 最后, 给出这些名称之后, 建立一个类似方程的表达式来得出答案。

从类似方程的表达式得到最终答案的过程也很有趣, 但在详细讨论它之前, 我们需要对刚才描述的步骤进行一些解释。特别有趣的是 “缩写命名”, 它们构成了丢番图倍受称颂的符号语言的内核。

最重要的 “缩写命名” 当然是未知量的缩写 “$\acute{\alpha}\rho\iota\theta\mu o\varsigma$” (即 arithmos)。丢番图用特殊记号 ς 来表示它。一般来说, 出现在缩写表达式中的未知量并不是问题的一般表述中所提到的未知量, 而是我们今天会称为 “辅助变量” 的某种东西。其他缩写符号是 “Δ^Y” 与 “$\overset{\circ}{M}$”, 前者用来表示未知量的平方 “$\delta\acute{\upsilon}\nu\alpha\mu\iota\varsigma$” (即 dynamis), 后者用来表示单位 “$\mu o\nu\acute{\alpha}\varsigma$” (即 monades)。如果对问题 2.18 这个例子应用这些符号, 那么丢番图将会写成:

让我们设未知量的平方为 “$\Delta^Y\bar{\alpha}$”。

在现代记法中, 我们会把 “Δ^Y” 看成所求的平方数 x^2, 它前面的系数是 1, 即 “$\bar{\alpha}$”。相应地, 问题要求的第二个平方数用现代术语表示将是 $16-x^2$。丢番图也为第二个平方数起了一个专有名称, 他用精巧的符号 “⋔” 来表示它。他写道:

另一个平方数将是 “$\overset{\circ}{M}\,\overline{\iota\varsigma}$ ⋔ $\Delta^Y\bar{\alpha}$”。

74

丢番图用标准的希腊数值记号来表示单位 “$\overset{\circ}{M}$”, 我们有 16 个 (即 “$\overline{\iota\varsigma}$”) 单位 “$\overset{\circ}{M}$”, 有一个 (即 “$\bar{\alpha}$”) 未知量的平方 “$\Delta^Y$”。有趣的是, “1” 在这里一直都明确地作为一个数。我在上面提到过, 在欧几里得的算术章节中存在这种模糊性, 在那里, 单位有时候并没有被包含在正在讨论的数中。但是在专门求解算术问题的书中, 这种模糊性就不会再出现了, 因为 1 这个数可能就是我们所求的一个数值。

但我现在要转向一个不易察觉的观点, 它对于理解丢番图的数的概念是至关重要的。对于“平方”这个术语，我在上面使用了两种不同的含义。在问题的一般阐述中出现的“平方数”称为“tetragônon”；我在前面已经解释过，它是指一类满足某种性质的数。另一方面，表达式“$\Delta^Y \bar{\alpha}$”是指另一种平方；它是一个“dynamis”，并且指的是一个特定值的平方（即“未知量的平方”）。这样我们既有“tetragônon”也有“dynamis”，我们把它们俩都称为“平方”，但是它们的用法并不相同。

除了上述的三种基本量级，丢番图还引入了更高次的幂及其倒数，他的表达也变得愈加复杂。他用“$\kappa\acute{\upsilon}\beta o\varsigma$”（即“kybos”）这个术语来表示问题中的“立方”，其符号为“K^Y”。其他量级及其相应的符号如下：

四次方 dynamodynamis $\Delta^Y\Delta$,

五次方 dynamocubos ΔK^Y,

六次方 cubocubos $K^Y K$。

在《算术》第 4 卷中，丢番图也使用了等价于 x^8 与 x^9 的幂（出于某种原因，他没有使用 x^7）。虽然这本书的这部分内容只存在于库斯塔·伊本·卢卡的阿拉伯语译本中，但是我们可以推测丢番图在原文中使用的记号。从希腊原文中我们的确知道，丢番图在引言中还定义了各种幂的倒数（然后他在书中使用它们）。他通过对每个符号添加上标“χ”来表示这些倒数。这样，未知量“arithmos”的倒数是“$\alpha\rho\iota\theta\mu o\sigma\tau\acute{o}\nu$”（即 arithmoston），表示为“$\varsigma^{\chi}$”；未知量的平方（即 dynamis）是“$\delta\upsilon\nu\alpha\mu o\sigma\tau\acute{o}\nu$”，即“dynamoston”，表示为“$\Delta^{Y\chi}$”。对于更高次的幂同样如此。

丢番图还非常详细地解释了如何用每个幂乘以其他的幂。“dynamis”乘以“kybos”等于“dynamokybos”，即“ΔK^Y”（用现代术语表示即 $x^2 \cdot x^3 = x^5$）。反过来，“arithmoston”乘以“kybos”等于“dynamis”，即“Δ^Y”（用现代术语表示即 $\frac{1}{x} \cdot x^3 = x^2$）。这一点虽然在现代符号术语中看起来如此明显，但是在丢番图的缩写命名中却并非如此。尽管丢番图对于特定的幂及其符号得出了成熟的运算法则，但他并没有提出抽象的、一般的幂的算术，而是必须分别说明每种情况。当然，其原因是他的符号还不够明晰，尚无法清楚地展示出如此基础的算术。

75

幂的符号表示与幂算术的详细阐述这样的问题一直盛行到 17 世纪。各种数学文化，尤其是在文艺复兴时期，都发展了许多幂的符号体系，它们都具有相同的局限性。只有当人们最终明白，表示数或未知量的幂的最好方法是借助这些数的序列本身（即 $1, 2, 3, \cdots$）时，一个更加普遍而灵活的数的概念才能得以出现。值得注意的是，事后来看，要想达到这种认识其实是很困难的。在以后的章节中，我们会看到更多有关的论述。在这里我只想指出，丢番图在处理符号表达式及其乘积时能够很明确地陈述负的表达式的“符号乘积”的法则：“缺少的乘以缺少的等于现有的。”

但是我们应该如何理解他对未知幂及其倒数的表达式的处理呢？像 $4x^2 - 16x + 16$ 这样的代数表达式对我们来说是一个多项式，它的各个要素通过加法和减法运算连接在一起。我们用这个符号来表示一个数“$4x^2 - 16x + 16$”。相反，丢番图使用的这种符号表达式最好是看作各种不同的幂的列表或者清单，可以这么说，这些幂汇聚到一起并且形成了一个实体。表达式“$\Delta^{Y}\bar{\delta}\,\mathring{M}\,\overline{\iota\varsigma}\pitchfork\zeta\overline{\iota\varsigma}$”说明，我们有 16 个 (即“$\overline{\iota\varsigma}$”) 单位 (即 monades)，有 4 个 (即“$\bar{\delta}$”) 平方 (即 dynamis)，与此同时，其中还缺少 16 个 (即“$\overline{\iota\varsigma}$”) 未知量 (即“arithmos”)。

我认为此处再次回想一下雅克布・克莱茵对希腊算术中未知量 (即 arithmoi) 的本质的深刻解释 (我们在 3.3 节已经引用过) 是有益的：“不管它们多大，它们在记数时是一致的。例如，它们或者都是苹果；或者是苹果与梨，此时它们都被视为水果；或者是苹果、梨与盘子，此时它们都被视为对象。”以这种方式看待丢番图的表达式以及其中出现的各种幂，还能够帮助我们理解符号“$\pitchfork$”的作用。在现代术语中，它看起来是“减法”，但对丢番图来说，它并不是指用 16 减去 x^2。相反，他用这个符号来缩略地表示，缺少未知量的平方这一项，而不是要加入这一项。这就好比说我们有一些钱，比如“3 美元差一便士”；或者我们说某个时间，比如“差 10 分钟 6 点”。另外，符号“$\pitchfork$”的起源还不清楚，但历史学家推测它可能是“$\lambda\epsilon\iota\psi\iota\varsigma$”(即“leipsis”) 这个词的倒转，它在希腊语中的意思是遗漏或缺少。

在对丢番图的符号及其用法做了稍微详细的解释之后，我们有必要再读一遍问题 2.8 的核心解法要点，现在用他自己的话来表达。这样的阅读有助于把许多片段拼成一个连贯的画面。这个文本如下来解读：[4]

假设要求把平方数 (tetragônos)16 分成两个平方数。

我们设第一个平方数为“$\Delta^{Y}\bar{\alpha}$”，则另一个平方数将是“$\mathring{M}\,\overline{\iota\varsigma}\pitchfork\Delta^{Y}\bar{\alpha}$”。因此“$\mathring{M}\,\overline{\iota\varsigma}\pitchfork\Delta^{Y}\bar{\alpha}$”必须等于一个平方数。我由任意多的单位 (arithmoi) 来构造这个平方数，这些单位缺少与 16 个单位 $\mathring{M}\,\overline{\iota\varsigma}$) 的边同样多的单位；设这些单位为“$\varsigma\bar{\beta}\pitchfork\mathring{M}\,\bar{\delta}$”，则这个平方数是“$\Delta^{Y}\bar{\delta}\,\mathring{M}\,\overline{\iota\varsigma}\pitchfork\zeta\overline{\iota\varsigma}$”，并且它等于“$\mathring{M}\,\overline{\iota\varsigma}\pitchfork\Delta^{Y}\bar{\alpha}$”。

这就是类似方程的表达式建立的根据，即令两个合成项

76

[4]引自 (Ver Eecke 1959, p. 54)。

$$\text{“}\Delta^{Y}\bar{\delta}\,\overset{\circ}{M}\,\overline{\iota\varsigma}\,⋔\,\zeta\overline{\iota\varsigma}\text{”} \text{ 与 } \text{“}\overset{\circ}{M}\,\overline{\iota\varsigma}\,⋔\,\Delta^{Y}\bar{\alpha}\text{”}$$

相等, 用现代术语表示即

$$4x^2 - 16x + 16 = 16 - x^2。$$

丢番图有时借助符号 “$\iota\sigma$” 来表示相等, 这是表示 “相等” 的希腊语单词 “$\iota\sigma o\varsigma$” (即 “isos”) 的缩写。对于丢番图的所有问题, 这是其求解过程的高潮。只有类似方程的表达式清楚地建立起来之后, 才能进行后面的步骤。在问题 2.8 的情形, 后面的步骤如下:

两边都加上缺少的项, 并且用同类项减去同类项, 则有未知量 (dynamis) 的 5 倍等于 16 个单位, 因此未知量等于 $\frac{16}{5}$。

换句话说, 丢番图通过减少同次幂的个数来化简这个表达式: 给定幂的正的数量相加, 而同次幂的缺少的数量则要减去, 并且用较大的减去较小的。其目的是得到一个简单的表达式, 其中一项或者两项的表达式等于另一个一项的表达式 (例如, “未知量的 5 倍等于 16 个单位”)。至此, 问题的解就很容易求出来了。我在这里只是想表明, 这两种化简方式 (“两边都加上缺少的幂” 与 “两边的同类项相减”) 本质上类似于所谓的 “还原” (al-jabr) 与 “对消” (al-muqābala) 的技巧, 我们以后将会看到, 它们是伊斯兰数学文化中所发展的方法的根基。这一点我们在第 5 章进行了更详细的解释。

最后, 丢番图也会进行总结, 并验证这个解满足最初表述中的条件 (后一个步骤没有对所有问题都采用):

因此, 一个数是 $\frac{256}{25}$, 另一个数是 $\frac{144}{25}$, 它们的和是 $\frac{400}{25}$, 即 16, 并且每个数都是平方数。

问题 2.8 只是丢番图在《算术》中求解的一个例子。这本书展示了几百个数值问题的解法, 它们越来越困难, 也越来越复杂。本质上来说, 一旦建立了方程, 每个问题都使用专门适用于它的方法来求解。因此, 丢番图的工作的一个重要特征是: 他总是给出给定问题的特定解法, 而从未发展出一般的算法。另外, 他既没有探寻所有可能的解, 也没有对给定的问题讨论存在多个解的可能性。

丢番图的革新技巧非常先进, 也充满了原创性, 它们使得他能够处理并求解相当复杂的问题。对于那些至今仍在争论这个问题的历史学家来说, 追踪他对后世代数思想发展的直接影响, 特别是那些伊斯兰和文艺复兴早期的数学思想的发展, 是一项具有挑战性的任务。然而, 对于 16 世纪和 17 世纪的代数学家来说, 尤其是对于韦达的开创性著作 (在第 7 章中讨论) 来说, 丢番图的影响是毋庸置疑的, 并且也是至关重要的。

我们此时可以总结一下丢番图的数的观点的主要特质。在其著作的引言中, 这其实是他给一个朋友狄俄尼索斯 (Dionysius) 的信, 丢番图对数的定义与在欧几里得《几何原本》中发现的经典定义丝毫不差: 数是通过单位的汇集形成的。另外, 这些数可以根据预先指定的性质, 按照毕达哥拉斯学派的方式进行分类。在丢番图的问题中, 我们求某些类型的数, 如平方数或立方数, 而它们又满足某些其他性质。在其解法中, 丢番图处理各种幂 (这些幂是其算术理论的一部分) 并且讲授如何对其进行操作。丢番图也讲授幂的倒数, 而他的操作带来了关于分数的有趣的想法。

77

4.5 丢番图的倒数和分数

在希腊数学中, 由数的序列是一些单位的思想自然地产生了数的倒数的序列, 当丢番图讨论幂的倒数时, 他明确地强调了这种相似性。丢番图写道: 就像 “1/3 对应于 3, 1/4 对应于 4” 那样, 平方数的倒数 (即 dynamoston) 对应于平方数 (即 dynamis), 立方数的倒数 (即 kyboston) 对应于立方数 (即 kybos)。我在第 3.5 节已经讨论了希腊算术中的倒数思想, 并且强调了要避免把数的倒数混淆成 “单位分数”。很明显, 当我们看待丢番图对幂的倒数的理解时也必须持有相似的谨慎态度。丢番图对分数以及幂的分数的使用在某些方面也类似于希腊早期数学中的表达, 如 “m 个 n 分之一”。然而与此同时, 他对这些分数或分式展示了非常详细的运算指令, 在这个意义上, 他比其希腊前辈走得更远。

丢番图使用分数的一个直接例子出现在上面讨论过的问题 2.8 的解法中, 类似的例子也出现在整本书中。此外, 这些例子不仅出现在问题的解中, 而且还出现在求解过程的中间结果中。丢番图的分数通常将分母写在分子上面, 但当涉及的数较大时, 他会简单地写成 “781543 个 9699920 分之一”。丢番图明确地指出, 这些分数是数 (即 arithmoi), 其中有一些和数一样可以进行平方或立方。然而, 他并没有发展出对这些分数进行精确运算的完整理论, 但这些运算确实以各种方式出现在整个文本中, 尽管这些讨论并不系统。

丢番图在使用这些分数时非常谨慎。例如, 值得注意的是, 在丢番图使用其创新的符号缩略语时, 分数从未出现在类似方程的表达式中。我们在那里发现, 加在一起的幂或者那些缺少的幂的个数总是标准的整数。因此, 分数在简化的表达式中并不出现。在问题 2.8 那个例子中, 在两边都加上缺少的项并且同类项相减之后, 丢番图得到了化简方程 “5 个平方等于 16 个未知量”。只有在这个步骤之后, 分数才出现在问题的求解中。这本书中的其他大多数例子也

78 都与此类似。

需要注意的另一个重要之处在于, 他在问题的阐述中并不使用具体的分数, 即使当问题背后的思想中隐含着分数时也是这样。例如, 问题 5.9 的表述如下:

把单位分成两部分, 使得某个数加上每一部分的结果都是平方数。

因为我们要分割单位, 所以所求的数显然是分数, 并且在解法中的确出现了分数。但是如果我们看一下丢番图在求解开始所取的具体例子, 那么我们会看到他加的是一个整数而不是分数。他在求解这类问题时通常都这样来做。只有当我们开始详细地求解之后, 分数才会出现。在这个例子中, 他按照以下三个步骤进行:

(1) 丢番图写道: “设每部分都加上 6 个单位, 并且都得到平方数。” 换句话说, 他把单位分成两部分, 并且加上了两个整数。

(2) 把这两部分以及 6 个单位的二倍都相加, 我们得到 13 个单位。这样, 我们仍然在处理整数。

(3) 现在, 把这 13 个单位看成两个平方数之和, 并且每个平方数都大于 6。显然, 这两个平方数不能是整数。

丢番图对这个问题的解法表明, 在其文本中, 何处以及何时会出现或者不出现分数与倒数。可能有些读者会对此感兴趣, 因此我把它们呈现在附录 4.1 中。

最后一点是丢番图对各种数的非系统的、独特的处理方式。像本书所讨论的大多数数学家那样, 丢番图并不是哲学家, 他对系统地讨论数的本质并不感兴趣。相反, 他清楚而连贯地使用这些数, 而这种做法在数学上确实是富有成果的。这本书的引言是一种说教式的概述, 其目的是激励他的朋友来阅读它, 而不是试图为整个算术提供正式的基础。随着他用越来越复杂、越来越困难的独特技巧来求解所提出的各种各样的问题, 他也需要引入并使用各种愈加复杂而困难的数与幂及其运算方式。

另外, 我们还能容易地看出, 他在文本中使用的各种数还存在两点明显的局限性, 它们与负数和无理数有关。当翻译成现代的代数符号进行解释时, 他的一些程序可以进一步得出无理数解。然而, 如果用丢番图自己的术语来表述, 那么这种数实际上无处立足。至于负数, 无论是作为问题可能的解, 还是在求解过程中, 都没有出现与其类似的量。有人可能禁不住会声称, 丢番图在问题的表述中的确使用了负 “系数”, 当他对文辞的问题进行符号地处理时, 他通过引入符号 “⋔” 而把它们与正系数分开。但是, 如前所述, 这是对丢番图自身观点的误读。

正是由于丢番图的方法的复杂性, 我们才能意识到, 与更一般、更灵活的数的概念相比, 他的概念还存在一些局限性。符号不仅可以用来有效地表示数, 而且还可以对它们进行运算, 就像它们真的是数一样, 这种决定性的思想在他的著作中尚未出现, 我们将会看到, 这种思想是逐渐地出现的。另外, 丢番图始终用同一个符号来表示未知量, 这当然是其工作的一项主要革新, 但是这也并不利于引入更宽泛的思想, 以便用字母表示一般的系数或者用不同的符号来表示多个未知量。他的符号方法中隐含的另一个局限性也很明显, 这体现在他对于数的各种幂及其倒数的运算中, 我们前面已经提到了。这种运算不得不停留在文辞的层面上, 对于一个幂与另一个幂的乘法, 它并不提供一个一般的、像数那样的法则来使得这些乘法都适用。 79

但从另一个角度来看, 幂的 "维度" 问题也很有趣。丢番图情愿不受限制地考虑那些能够表示超过三维的量, 例如四次方或五次方。重要的是我们要记住, 在希腊数学中, 就概念的最直接和最直观的意义而言, 处理连续的量是几何学的一部分。因此, 超过三维的对象具有概念上的内在困难, 严格地说, 它们在希腊数学思想中并没有自然的位置。例如, 一个正方形与另一个正方形的乘法可能没有几何上的对等物, 因此并没有意义。相反, 在处理数时, 即处理离散量时, 重复进行量的乘法似乎并没有明显的限制。一个数乘以一个不同的数会得到另一个数, 然后它再乘以其他数, 以此类推, 这样做看起来是合理的。

然而, 如果我们仔细观察希腊人对数的运算的实际做法, 我们就会意识到, 在很多情形, 这些运算都受到了一些约束, 而这些约束通常是应用于几何情境的。事实上, 当丢番图为其符号缩写中的不同的幂选择名称时, 这种基本态度也表现得很明显。例如, 他不仅用 "平方" 来表示一个数的自乘 (其背后具有清晰的几何内涵), 而且他还指出, 在这种情形, "这个数本身称为平方的边"。丢番图的立方 (他用 K^Y 表示) 得自一个平方乘以它的边。但这个几何类比并没有阻止他继续讨论六次方 (他用 K^YK 表示), 他得自 "立方的自乘"。显然, 在算术领域, 对于一个数的更高次幂应该没有内在的限制。然而, 由于高次幂与几何领域的密切关系, 我们在一般的希腊数学论述中并不经常发现它们。当我们在其他语境中发现它们时, 它们大多表现得很犹豫, 并且总是带有条件和限制。

4.6 超越三维

亚历山大的海伦 (Heron of Alexandria) 在其著作中以一种不同的、更直接的方式脱离了三维框架的限制。海伦生活在丢番图之前的公元一世纪, 在希 80

腊数学史中, 他在很多方面都是独特的角色。他进行了大量的实际计算, 还设计并构造了各种机械装置。他发展了分数的计算方法, 并且在各种场合使用它们。他的一个广为人知的几何结果为三角形的面积计算提供了一种非常实用的独创的方法, 它只是基于边长, 而不必考虑高。事实上, 如果我们把三角形的三边写成 a, b, c, 并且令 $s = \frac{1}{2}(a+b+c)$, 那么三角形面积 T 的海伦公式为

$$T = \sqrt{s \cdot (s-a) \cdot (s-b) \cdot (s-c)}。$$

我们在这里可以看到, 根号内的乘积是 4 个量的乘积, 实际上是 4 个几何量的乘积。当然, 海伦并未按照这种抽象的代数形式用字母来书写他的公式, 但他确实给出了一个例子, 旨在说明在类似情况下所要遵循的一系列运算指令。

在展示其计算方法时, 海伦并未对很不寻常的 4 条线的乘法添加任何解释、提醒或者疑虑。另外, 按照他的例子, 这些边是 7, 8 与 9, 因此需要计算 720 这个数的平方根。这个平方根不是整数, 海伦展示了如何求它的近似值, 其方法实际上体现了开平方根的一般算法。人们通常认为, 阿基米德已经知道海伦的方法及其有效性的精确的几何证明。因此, 这位较早的数学家可能也偏离了公认的准则。他自己可能接受表示某种 4 维实体的乘积。事实上, 像海伦那样, 阿基米德在很多场合都偏离了这些规范。的确, 我在第 3.6 节已经提到了重要的情形, 即阿基米德对 π 的估计值的计算。在海伦的例子中, 我们看到了一种进行有效计算的巧妙方法, 但随后这种明显的偏差很快就得到了缓解, 因为体现为四个量的乘积的陌生实体可以说并未 “自动” 出现, 而是仅作为计算的中间步骤, 它紧接着被开了平方, 并得到一个标准的二维面积。

在一些重要的希腊数学文本中, 有证据表明, 这种与三维以上的量有关的偏离引起了数学家的不安。关于这一点, 一个具有启发性的例子出现在帕普斯的著作中 (我想用这个例子来结束这一章), 确切地说, 是出现在其《数学汇编》所提出的一个问题中。这个问题涉及求 “几何轨迹” (即由一个具体性质所定义的点集) 的更一般的思想。这种问题在希腊数学传统中很重要, 问题中的轨迹经常用这些点到平面上的其他对象的距离来定义。这种轨迹的一个直接例子是圆, 它被定义为一条曲线, 其中的每一点与某一给定点 (即圆心) 的距离都相等。[81] 帕普斯的问题处理 4 条直线的几何轨迹, 它可以根据图 4.4 中所描绘的图线进行理解 (这个图原文中并没有, 我为了容易参照而把它添加在这里)。

这个问题的任务是刻画满足以下条件的所有的点 P:

由边 a, b 构成的矩形与由边 c, d 构成的矩形要成一个预先指定的固定的比率。用符号表示即 $ab : cd :: m : n$。

要注意, 我们也可以对三个量 a, b, c 来表述相同的问题。此时定义轨迹的

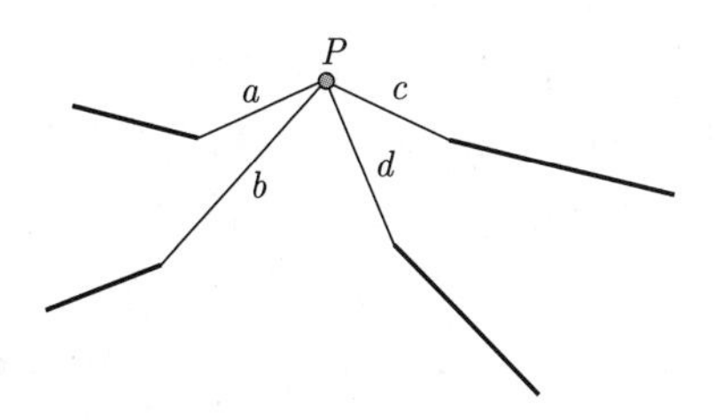

图 4.4 帕普斯关于“4 条直线的几何轨迹”的问题。给定 4 条直线与点 P, 线段 a, b, c, d 分别按照给定的角把点 P 与位置给定的这 4 条直线连接在一起

条件变成了 $ab : c^2 :: m : n$。

在 17 世纪, 帕普斯的问题引起了笛卡儿的注意, 他对这个问题的处理成为表述其解析几何的核心内容。结果表明, 满足这个问题的轨迹总是一条圆锥曲线。但那是后来的事儿。我们继续讨论帕普斯, 有趣的是, 他的问题可以很容易地推广到 6 条直线的情形。此时定义轨迹的点 P 分别连接到两组直线, 每一组各有三条, 如图 4.5 所示 (当然, 帕普斯的原文中并没有这个图)。我们现在不是像上面那样考虑由每两条边所构成的矩形, 而是需要考虑两个棱柱, 它们分别由到给定直线的三个距离构成。因此, 这个问题的任务是刻画满足以下条件的所有的点 P:

82

由边 a, b, c 构成的棱柱与由边 d, e, f 构成的棱柱要成一个预先指定的固定的比率。用符号表示即 $abc : def :: m : n$。

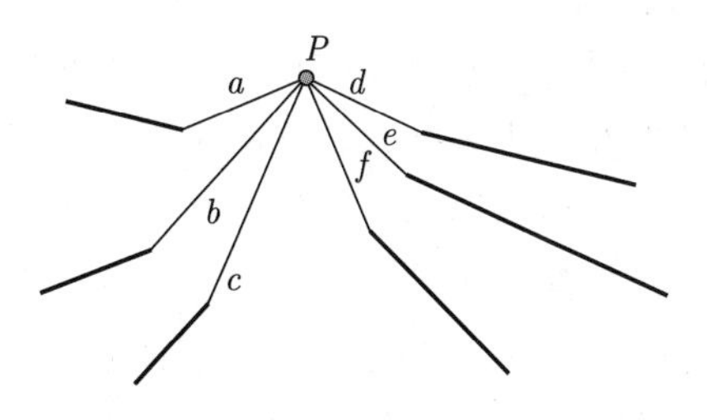

图 4.5 帕普斯关于“6 条直线的几何轨迹”的问题。给定 6 条直线与点 P, 线段 a, b, c, d, e, f 分别按照给定的角把点 P 与位置给定的这 6 条直线连接在一起

如前所述, 这个问题的真正的解出现在 17 世纪。帕普斯甚至无法解出较简单的 4 线问题 (说实话, 它其实相当困难)。但是我们来关注一下这里涉及的概念问题。这两个问题, 即 4 线问题和 6 线问题都没有引起概念的问题, 因为定义轨迹的矩形和棱柱都是几何图形。但是帕普斯的数学直觉使他向前又走了一步, 他建议可以研究涉及 7 条或 8 条直线的问题。尽管这只是之前步骤的自然延伸, 这种情形还是引起了一个新的根本性的问题, 因为它需要借助 4 条

线段的乘积。但是帕普斯立刻警告道: 如果要用直线的两段构成的矩形 (这是二维图形) 乘以另外两段所构成的矩形 (这也是二维的), 那么我们是在谈论没有几何意义的东西。那么我们应该怎么办? 帕普斯的建议是, 我们不是处理比率 $abcd:efgh$ (这个比率没有意义, 因为它是在比较 4 条线段的两个乘积), 而是可以引入他所谓的 "复比"。我们根据他的文本可以推测, 他心目中具有像

$$(a:e)\cdot(b:f)\cdot(c:g)\cdot(d:h)$$

这样的东西。

帕普斯并未解释这种比率运算到底是指什么, 不过有趣的是, 在尽力避免处理 4 条线段的乘积的时候, 他开始把比率本身看成没有维度的量, 这样我们就可以像处理数一样对它们进行运算。把比率看作数的思想在这里只是尝试性地出现了, 但是在很久以后它才得到进一步的发展。无论如何, 帕普斯清楚地总结了在希腊数学中占主导地位的对于数的认知, 这种认知流传到阿拉伯数学中, 后来又流传到欧洲文艺复兴时期的数学中。按照这种认知, 表示三维以上的几何实体的量在数学中并没有自然的合法地位。在通往抽象的数的一般思想的进路中, 这是要克服的一个主要障碍。

附录 4.1　丢番图对《算术》中问题 5.9 的解法

丢番图《算术》中的问题 5.9 要求我们把单位分成两部分, 使得每一部分加上一个给定的数都是平方数。在实例化阶段, 丢番图让每一部分都加上 6 个单位, 使得每个结果都是平方数 (tetragônos)。这样, 当这两部分之和与 6 个单位的二倍相加时, 我们会得到 13 个单位。于是 13 这个数就是两个平方数之和, 其中每个平方数都大于 6, 并且它们的差小于一个单位。我们来看看丢番图如何来求解这个修改后的问题, 即求上述两个平方数, 使得它们的和是 13。我这里的叙述很详细, 它大致上遵循了保罗 · 维尔 · 艾克 (Paul Ver Eecke) 1921 年的法语版 (pp. 197—198), 但是我有时也会使用在保罗 · 塔内里 (Paul Tannery) 1893—1895 年间的希腊语–拉丁语对照本中出现的缩写符号 (pp. 334—336)。在一些地方, 我还翻译成了现代代数符号。

83

丢番图通过取这些单位的一半 (即 $6\frac{1}{2}$) 来求解这个问题, 然后他求一个分数, 使得它加上 $6\frac{1}{2}$ 得一个平方数。与此等价, 我们可以乘以 4, 并求一个分数, 使得它加上 26 得一个平方数。要注意, 丢番图在这一步依据了平方数的性质, 即一个平方数的 4 倍是一个 (不同的) 平方数, 这条性质在古典希腊数学中是熟知的。

在下一个步骤, 丢番图把这个问题转化成求未知量 "ς", 这个问题也用未知量的平方的倒数 "$\Delta^{Y\chi}$" (即 dynamoston) 进行了重新表述。一个 "dynamoston" 加上 26 个单位 (即 "$\overset{\circ}{M}\,\bar{\kappa}\varsigma\Delta^{Y\chi}\bar{\alpha}$", 相当于 $26+\frac{1}{x^2}$) 应该是一个平方数 (即 tetragônos)。丢番图由此得出, 26 个 "dynamis" 加上一个单位 (即 monades) 也是一个平方数。

如果使用现代代数术语, 那么从一个表达式到下一个表达式的转换总是很简单的。而且, 如果 $26+\frac{1}{x^2}=a^2$ (a 是分数), 我们就很容易看出: 如果未知量也设为分数, 那么 $26x^2+1=x^2a^2$ 也是平方数。丢番图没有详细论证为什么 "$\Delta^Y\bar{\kappa}\varsigma\,\overset{\circ}{M}\,\bar{\alpha}$" 自身一定是平方数, 但是我们大致上可以遵循他在该书的引言部分所描述的幂运算的思想路线。

为了求出满足条件的未知量 "ς", 丢番图又一次选取了一个特殊情形。此时他选取了一个具体形式的平方数, 即其边形如 $5x+1$。此时他立刻得出了结论: 未知量的值为 10, 因此未知量的平方的倒数是 $\frac{1}{100}$ (即 "ρ^Y")。现在如果我们用 $\frac{1}{100}$ 加上 26, 也就是说如果我们用 $\frac{1}{400}$ 加上 $6\frac{1}{2}$ 个单位, 我们就得到了 $\frac{2601}{400}$ 这个数, 它的确是一个平方数, 其平方根为 $\frac{51}{20}$。

丢番图既未解释为什么取这个平方数的边为 $5x+1$, 也未解释为什么结论中的值是 10。但是, 如果使用现代代数术语, 我们可以推测出他可能依据的一些想法。首先, 在这本书中, 在他把问题实例化的很多场合都出现了形如 $mx+1$ 的数。当然, 如果我们在这里想要使用这样的数, 我们需要找到一个方便的 m 值。既然我们感兴趣的是恒等式

$$26x^2+1=(mx+1)^2, \text{ 即 } 26x^2+1=m^2x^2+2mx+1,$$

我们马上就会看出 $x=\frac{2m}{26-m^2}$。另一方面, 我们已经取 $\frac{1}{x^2}$ 是单位的一部分, 即 $\frac{1}{x^2}<1$, 因此

$$26-m^2<2m, \text{ 即 } m^2+2m+1>27, \text{ 即 } (m+1)^2>27。$$

于是, 能方便求解的 m 的最小值是 $m=5$。此时我们会得到下式:

$$26x^2+1=(5x+1)^2 \to 26x^2+1=25x^2+10x+1 \to x^2=10x。$$

无论丢番图是否遵循了这种思路, 他都借助类似方程的表达式以及简便运算求出了未知量 "ς" 的值。但是, 这只是一个中间结果, 它表明: 为了把 13 这个数分成两个平方数, 那么每个平方数的边都必须接近于 $\frac{51}{20}$。丢番图因此说道, 我们需要考虑这样的两个数, 使得 3 减去其中的一个数与 2 加上另一个数都

84

得到 $\frac{51}{20}$ 这个数。这两个结果分别是 $3-\frac{9}{20}$ 与 $2+\frac{11}{20}$, 但丢番图并没有提到它们。相反, 他继续通过阐释一个新的类似方程的表达式来继续完成问题的求解, 在该表达式中未知量仍然是 "arithmos", 它现在表示一个不同的未知量, 但仍然用相同的符号 "ς" 来表示。丢番图如下进行推理:

设我们所求的这两个平方数是 (a) 11 个未知量加上 2 个单位 ($\varsigma\bar{\iota}\bar{\alpha}\,\overset{\circ}{M}\,\bar{\beta}$) 与 (b) 缺少 9 个未知量的 3 个单位 ($\overset{\circ}{M}\,\bar{\gamma}\pitchfork\varsigma\bar{\vartheta}$)。它们的平方和是 202 个未知量的平方加上 13 个单位并缺少 10 个未知量, 并且这个和等于 13 个单位。

在丢番图的符号语言中, 最后这个 "方程" 的表达如下:

$$\text{“}\Delta^Y\bar{\sigma}\bar{\beta}\,\overset{\circ}{M}\,\overline{\iota\gamma}\pitchfork\varsigma\bar{\iota}\text{” 等于 “}\overset{\circ}{M}\,\overline{\iota\gamma}\text{”。}$$

丢番图没有给出进一步的解释或细节, 而是直接得出了结论: 未知量的值是 $\frac{5}{101}$。他继续得出 (仍然没有任何计算细节), 所求的两个分数的平方根分别是

$$\frac{257}{101}\text{ 与 }\frac{258}{101}\left(\text{即 }11\times\frac{5}{101}+2\text{ 与 }3-9\times\frac{5}{101}\right)\text{。}$$

最终, 单位所分成的两部分是

$$\left(\frac{257}{101}\right)^2-6=\frac{4843}{10201}\text{ 与 }\left(\frac{258}{101}\right)^2-6=\frac{5358}{10201}\text{。}$$

在这个特定问题中, 丢番图把分数写成分母在分子的上面: $\frac{\alpha.\sigma\alpha}{\delta\omega\mu\gamma}$ 与 $\frac{\alpha.\sigma\alpha}{\varepsilon\tau\upsilon\eta}$。他写道, 每个值加上 6 显然都是平方数, 但他并未验算或者提及的确有

$$\frac{4843}{10201}+\frac{5358}{10201}=1\text{。}$$

丢番图先声称问题的解和 $3-\frac{9}{20}$ 与 $2+\frac{11}{20}$ 这两个数有关, 然后他选择 $11x+2$ 的平方与 $3-9x$ 的平方来建立类似方程的表达式, 但是对于他是如何从前者过渡到后者的, 目前仍然很不清楚。如果再次使用现代代数符号, 我们可以推测其推理背后的一些思想。这里的出发点是 $2^2+3^2=13$, 并且所求的两个数与相加的这两个值接近。丢番图提到的两个具体的数 $3-\frac{9}{20}$ 与 $2+\frac{11}{20}$ 本身并不是所求的数, 因为

$$\left(3-\frac{9}{20}\right)^2+\left(2+\frac{11}{20}\right)^2=2\times\left(\frac{51}{20}\right)^2>13\text{。}$$

因此, 如果我们选取 $(11x+2)^2$ 与 $(3-9x)^2$ 作为所求的平方数, 那么我们肯定会得到未知量的一个接近于 $\frac{1}{20}$ 的值。最终, 通过解

$$(11x+2)^2+(3-9x)^2=13,$$

我们就会像文本中那样得到

$$202x^2 - 10x + 13 = 13,$$

因此 $x = \frac{5}{101}$。 85

第 5 章 中世纪伊斯兰传统中的数

伊斯兰国家的数学文化跨越了很长一段时间, 大致是从 7 世纪到 15 世纪后期, 甚至更靠后一些。同样, 它的地理范围也很广阔。在某些时期, 它在东方一直延伸到中国、印度尼西亚和菲律宾, 在西方一直延伸到马格里布 (西北非洲) 和漠南非洲, 并一度进入了西班牙, 并且还包括今天土耳其和法国的一些领土。在这片广阔的土地上工作的学者大多是穆斯林, 但在某些时期也有相当数量的犹太人、基督徒、索罗亚斯德教徒以及其他宗教团体的成员。

就像对古希腊那样, 我们也不应该把这种文化想象成同一种单一的知识体系。毫无疑问, 在如此广阔的文化背景和如此漫长的历史时期内, 不同地区、不同时期的数学家们关注的是不同的兴趣主题, 并发展出了各种各样的技术、方法论、符号语言和思想链条。人们还必须意识到, 与更流行的实用导向的传统同时存在的还有学术导向和理论导向的传统。此外, 我们还必须铭记, 在数学传统的丰富图景中, 知识既在书面文本中也在口头环境中发展和传播。

不过, 为了简便, 我将把这些各种各样的数学简单地称为中世纪 “伊斯兰数学” (“Islamicate” 这个术语现在很常用, 指穆斯林在文化上占主导地位的地区)。在本章中, 我将以图解的方式来介绍, 在这些各种各样的数学文化中人们对于数的认识和处理方式的一些主要特征和线索。

87

5.1 从历史的视角看伊斯兰科学

直到不久以前, 人们在编史学中还普遍认为伊斯兰科学, 尤其是数学, 只不过是古希腊科学从古代传到文艺复兴时期的欧洲的通道。按照这种观点, 伊斯兰文化的主要贡献在于翻译了希腊传统的瑰宝, 从而将它们保存并随后传到欧洲。的确, 伊斯兰学者翻译了许多这样的著作, 而且我们今天所知的其中一些著作多亏阿拉伯语的翻译才得以保存下来, 而它们的希腊语原文已经不知所终了。但最近的编史学已经修改了这种对待伊斯兰科学的本质上有局限的态度, 并且开始以更广泛、更复杂和更有趣的视角看待它。对希腊文献的许多翻译尽管很重要, 但它们还只是大量的各种智力活动的一部分, 而这些活动对科学, 特别是数学, 做出了有意义的原创性贡献。事实上, 历史学家们一直在重新解释伊斯兰数学经典著作的历史意义, 与此同时, 他们还一直在揭示并研究伊斯兰数学文化的新文献和新手稿, 它们在世界上许多地方都有发现, 并且包含了以前所不知道的数学贡献。

伊斯兰数学在不同的研究中心得以发展, 这些中心通常都离得很远。在伊斯兰世界西部的角落, 比如马格里布, 所通行的思想和技术在其东部往往并不为人所知, 反之亦然。我们将看到, 中世纪伊斯兰世界所发展起来的一些重要思想在 12 到 15 世纪传到拉丁欧洲, 并对那里的数学复兴发挥了至关重要的作用。但与此同时, 还有大量的原始数学知识从未引起从事数学活动的欧洲人的注意, 因此被完全遗忘了 (这一点通常很少被强调)。这种现象对数的概念的发展来说尤其如此, 而对更一般的代数和算术知识的发展来说也并无二致。在伊斯兰世界的各个地区, 人们积极地关注这类知识; 而在中世纪欧洲的各个地方, 人们还只是逐渐地开始从事更集中的智力 (和数学) 活动。

就像对希腊数学那样, 历史学家在试图重建伊斯兰数学基础的核心思想时, 必须要考虑这种文化的某些特殊性, 尤其是要考虑文本产生和传播的方式。首先, 尤其是在早期阶段, 它主要是一种口头文化, 其核心是学生和教师之间的个人关系。课文的背诵和记忆是这种数学文化的主要载体。在某些情况下, 抄写的书籍实质上被看成帮助记忆的辅助品。事实上, 有些文本是以诗歌或其他便于记忆的形式流传下来的, 比如问答的形式。另外, 一些现存的手稿可能是直接或间接地抄录口头陈述的课程, 相比其中所陈述思想的发展及其或多或少的传播的时间, 这些手稿的年代可能晚得多。

88

历史学家还关注很多术语变化和所用语言的细微差别等话题, 但我在讨论中无法考虑它们。无论如何, 由于我们所知道的文本直接来源于口头传统, 或者在它们被写下来之后进行的是口头传播, 我们发现很多文本都没有任何数字符号。它们全部是用文字写的, 包括数字的名称。文本的实际计算通常是在粉板上或其他一些即时的媒介上完成的, 所以我们并不知道他们使用了哪些符号。还有一种有趣的传统, 即在贸易和商业中所使用的心算和指算。在一些的确出现了数字的文本中, 尤其是在早期的文本中, 这些数字通常不是表达文本, 而是作为附加的说明性的图形。值得注意的是, 当这类文本最后被翻译成拉丁文时, 译者们继续以同样的方式把其中的数字看成几何图形。他们通常会保持数字的方向性, 按照后期的阿拉伯文本的原始方式从右到左书写。另一方面, 在天文学和占星学文本中, 伊斯兰学者的确用数字进行表达。

我们要记住这些一般的背景评论, 特别是伊斯兰数学的总体异质性。接下来我们要更详细地讨论一些例子, 即在这些文化中数是如何出现的, 它们又是如何被看待的。考虑到本书后面的章节所讨论的主题, 我在这里更密切地关注印度–阿拉伯数码的使用和十进位值技术的发展。历史学家经常把阿巴斯哈里发阿布 · 贾法 · 阿尔–曼苏尔 (Abu Ja'far al-Mansur, 754—775) 的统治时期作为故事主线中的一个重要转折点。据说在 8 世纪 70 年代早期, 一位印度学者作为使者访问巴格达时, 随身携带了一本梵文天文学著作。这个文本引起了东道主的极大兴趣, 并且很快就被翻译成阿拉伯语。这些文献中使用的十进制算术成为伊斯兰世界教育的中心, 并且融入了后来被称为 "印度计算" (Hisāb al-Hind) 的悠久传统。

阿尔–曼苏尔是一位变革的领导人, 他将巴格达变成了一个非常活跃的商业和知识中心, 并开启了令人印象深刻的支持科学和学术的传统。阿尔–曼苏尔的后代继续强化了这种支持, 尤其是他的孙子, 哈里发哈伦 · 阿尔–拉士德 (Harun al-Rashid), 他在位于 786 年至 809 年。他的名字与著名的知识中心 "智慧宫" (Bayt al-Hikma) 的创立联系在一起, 尽管有些历史学家最近在质疑他对于这个机构的建立所起到的真正作用。据说智慧宫从中东和其他地区收集了大量的手稿。

在哈伦的儿子阿布 · 贾法 · 阿尔–马蒙 (Abu Ja'far al-Ma'mun, 813—833 年在位) 统治时期, 把科学著作翻译成阿拉伯语的活动进入了高潮, 这很可能与智慧宫有关。很多重要的著作都被翻译过来, 其中主要是希腊语著作, 也有一部分是梵语文献。在其后的两百年里, 这些著作以及其他科学传统不断融入伊斯兰文化当中。哈里发的 新的社会角色和地方权贵对世俗科学不断增加的兴趣成为这场空前的翻译运动的基础。像阿布 · 尤素夫 · 伊本 · 依沙克 · 阿尔–金迪 (Abu Yusuf ibn 'Ishaq al-Kindi, 约 800—约 873 年) 或者萨比特 · 伊本 · 库拉 (Thabit ibn Qurra, 825—901) 这样的学者成为这场运动中知识分子的最杰出的领导。在 9 世纪末期, 欧几里得、阿基米德和阿波罗尼乌斯的著作以及来自印度传统的著作已经被翻译成阿拉伯语。与此同时, 之前一直口头传授的传统技术也开始逐渐汇集成册。

89

在我们关于数的故事中，我提到这些标志性的制度绝非偶然。科学思想并不是在稀薄的空气中进化的。在每个历史背景中，都可能有公共或私人机构以及社会和政治条件，它们允许、鼓励或阻碍了科学的创造与传播。只有通过参照它们，我们才能理解为什么科学思想 (包括关于数的思想) 在某些文化中会出现、繁荣和传播，而在其他情况下则不知去向，没有留下持久的影响。

印度位值符号体系的采用及其最终传到欧洲就是一个很好的例子。我们知道，至少在 6 世纪或者更早的时候，在印度文化中就已经有了以位值技术为基础的计数体系。662 年，古叙利亚的主教塞维鲁・斯伯克特 (Severus Sebokht) 报道了“印度人的科学”，并认为它比巴比伦人和希腊人的科学“更精巧，也更有创造性”。他尤其提到了他们使用 9 个符号 (他想必没有把表示零的点号作为一个单独的符号) 进行计算的重要方法。随着伊斯兰教的早期扩张，这些关于数的思想可能就已经传到了伊斯兰世界，并可能已经用于商业和行政方面。但是，要想把这种偶然的思想转化成一致接受、广为人知和持续使用的体系，仅仅是对位值技术的建议以及对其或多或少的零星使用还很不够。事实上，这还需要一些更深层次的体制和文化变革。在完全接受并完善这个符号体系的复杂过程中，围绕着巴格达智慧宫的发展可能是最早的重要路口之一。在阿尔–曼苏尔命令完成这些翻译之后，这个体系开始在各种场合被讲授并逐渐被采纳，而智慧宫，这个无可争辩的主导机构，在赋予它官方权威方面毋庸置疑地发挥了基础作用。

5.2 花拉子米与涉及平方的数值问题

活跃在阿尔–马蒙时代的最杰出的学者之一是穆罕默德・伊本・穆萨・阿尔–花拉子米 (Muhammad ibn Musa al-Khwarizmi, 约 780—约 850)，我在这里会特别关注他的著作及其影响。他的活动涵盖了各种科学领域，包括数学、天文学和地理学。他最著名的书大约写于 825 年，名为《还原与对消计算概论》(*Al-kitab al-muhtasar fi hisab al-jabr w'al-muqabala*)。众所周知，这个作者的名字和这本书的名字都是我们数学词典中的重要术语的来源，即“算法”和“代数”。但他的影响当然远胜于此，我们要考察伊斯兰文化中的数的概念，最好先来仔细看看他的著作。

90

阿尔–花拉子米的著作系统地展示了涉及未知量及其平方的数值问题的某些解法。包括伊斯兰早期传统在内的古代数学文化为了解决这些问题而发展出各种技巧。这本书中展示的方法根据各种来源汇编而成，如书名所示，它们主要关注两种特殊的技巧，即“还原” (al-jabr) 和“对消” (al-muqabala)。历史学家仍然在争论这些技巧的来源。显然, 解决测地、遗产、账单和贸易等特殊问题是其直接的动机。最后, 这些技巧也因其自身的原因而发展起来, 并成为解决几何中理论问题的有力工具。围绕着还原和对消的技巧而发展起来的问题解决的数学传统通常被称为 "阿拉伯代数", 我在这里也使用这个术语。

阿尔 – 花拉子米著作中的典型问题的代表是: "一个平方加上 10 个根等于 39。" 如果我们使用现代的代数符号和一般的二次方程

$$ax^2 + bx + c = 0$$

来解释, 那么这个问题可以被看成一个特殊情形, 即

$$a = 1, \quad b = 10, \quad c = -39,$$

或者简单地说, 即

$$x^2 + 10x = 39。$$

但是, 当我们更仔细地检查阿尔 – 花拉子米对这些数的运算以及如何处理所面对的各种数学情境时, 我们就很容易看到他解决这些 "平方问题" 的方法和我们在高中所学的更一般的二次方程思想之间的区别。

在阿尔 – 花拉子米看来, 上述问题是该书所讨论的 6 种特定问题中的一种问题的代表性例子, 他把这种问题称为 "平方加上根等于数" 。这 6 种不同的问题如下所示:

平方等于根 $(ax^2 = bx)$;
平方等于数 $(ax^2 = c)$;
根等于数 $(bx = c)$;
平方加上根等于数 $(ax^2 + bx = c)$;
平方加上数等于根 $(ax^2 + c = bx)$;
根加上数等于平方 $(bx + c = ax^2)$。

我这里在右边添上了符号表示, 但你现在应该知道, 阿尔 – 花拉子米自己从未使用过这些符号。他完全是用文字来表达它们, 甚至于数, 他也用文字来书写。不过,主要的区别并不在于问题的生成方式, 而在于问题的求解方式。阿尔 – 花拉子米没有用符号公式来表示问题的解法, 而是给出了适当的算法。

91

例如, 让我们来考虑这个代表性的问题: "一个平方加上 10 个根等于 39。" 阿尔 – 花拉子米的解法如下: [1]

[1]本节所有的引用和图形都来自阿尔 – 花拉子米的 Rashed edition (2009)。此处引自第 100 页。

“你平分根的个数, 在这个问题中你会得到 5; 用它自乘, 结果是 25; 用它加上 39, 结果是 64; 取它的平方根, 结果是 8; 用它减去根的个数的一半, 即 5, 还剩下 3, 这就是所求平方的根, 而这个平方是 9。”

首先要注意的是这些步骤中的文字表述, 我已经说过, 其中甚至连数都是用文字表述的。我还强调过, 当时已经知道了有效的记数体系, 因此这种文字表述可以作为有趣的证据来表明这些解法最初是以口头的方式被认识和讲授的。另外, 文本中采用的特定用语显然是为了方便读者记忆。更重要的是, 在得到解的过程中没有丝毫的符号操作。读者在求解一个相同类型的新问题时会认识到, 可以通过完全相同的步骤来得到问题的解, 只是取了该问题中的不同的值。

这种纯粹的文字表述带来的一个直接并且重要的后果是, 人们很难认识到问题的解法中包含了一种直接的关系, 它将结果的数值 3 和定义这个问题的数值 10 和 39 联系起来。为了求解这类问题中的其他例子, 人们必须用新的数值来重复这个算法的所有步骤, 而不是在表示问题的解的一般公式中直接替换这些值。作为一个练习, 如果我们考虑这个例子时用符号代替数, 即

$$b = 10, \quad c = 39,$$

然后再用字母 b 和 c 来重复阿尔–花拉子米给出的步骤, 那么我们最后会得到如下的未知量的值:

$$\sqrt{\left(\frac{b}{2}\right)^2 + c} - \frac{b}{2},$$

这个表达当然与我们现在所知的结果有关。如果我们按照现在的方式把阿尔–花拉子米的问题写成

$$ax^2 + bx + c = 0,$$

那么我们知道, 这个二次方程的一般解是

$$\frac{-b \pm \sqrt{b^2 - 4ac}}{2a}。 \tag{5.1}$$

我们很容易看出, 通过阿尔–花拉子米的方法得到的解对应于从这个公式所得出的一个解。这只需简单地设成 $a = 1$, 并且将公式中的 c 添上负号, 即把它写成 $-c$ (因为我们把它从方程的一边移到了另一边)。因为阿尔–花拉子米只考虑一个解, 所以我们也只取一个解, 例如, 将公式 (5.1) 中的加减号换成加 92

号所得的解, 这样我们正好得到

$$\sqrt{\left(\frac{b}{2}\right)^2+c}-\frac{b}{2}。$$

但是, 我们不能把符号的缺失仅仅看成技术上的不便, 它导致了会用更笨重的方式来书写二次方程背后的相同的一般思想。相反, 我们能够想出并使用像 (5.1) 这样的表达式, 这本身就体现了历史上发展起来的一些重要思想。与更晚的那些文本不同, 这些思想并没有出现在阿尔–花拉子米的数学实践中, 而这就解释了为什么他要讨论 6 种不同类别的方程。对他来说, 其清单中的任何两种情形, 例如, “平方加上根等于数” ($ax^2+bx=c$) 和 “平方加上数等于根” ($ax^2+c=bx$) 真的是两种不同的问题, 它们不能通过符号语言直接互相转化。

这 6 种方程只是抽象的一般二次方程

$$ax^2+bx+c=0$$

的不同表现形式, 但要想认识到这一点, 还需要走一段很复杂的长路。在这个过程中, 一种灵活的、没有限制的数的思想逐渐形成, 它不再区分正数和负数, 也不再区分分数和方根; 在这种一般的思想中, 表示长度和面积的量都被看作同样的数, 而离散量和连续量也只是它的特殊情形。还需要发展的是用字母随意地表示数, 对这些字母进行自如地运算, 并且用这种运算来求解方程。这些思想并没有包含在阿尔–花拉子米的概念中。随着我们的故事的展开, 我们将会看到这些思想是如何产生的。

阿尔–花拉子米的著作对后世数学家的影响表现在很多方面, 其中最突出的影响是他对 6 种情形的划分。一直到 17 世纪, “阿尔–花拉子米的 6 种问题” 一直是一个被引用的标准概念, 与此同时, 阿拉伯和欧洲的主要数学著作也一直在引用欧几里得的《几何原本》中的定理。精通当时的数学的所有人都很清楚这 6 种情形是什么以及如何求解它们。随着方程的思想缓慢地走向成熟, 随着关于数的新概念的缓慢出现, 认为这 6 种问题各不相同的观念也逐渐被抛弃了。

关于这 6 种情形的一个核心问题是: 定义每个问题的数 (即 “系数”) 总是正数。如果阿尔–花拉子米清楚地知道可以把负数作为系数, 那么这些代表性情形的个数马上就会减少。当然, 还有零的问题, 它既不能是系数也不能是问题的解。有趣的是, 在当时已经广泛使用的十进位值制计数体系中, 零的确扮演了重要的角色。人们很清楚, 零在位值制中表示占位符 (例如在 103 中, 0 表示十位是空位)。然而在其他场合, 零并不是一个数, 因此它不能作为系数。但

93

如果零可以作为系数, 那么这三种情形, 即 "平方等于根" ($ax^2 = bx$), "平方等于数" ($ax^2 = c$) 以及 "根加上数等于平方" ($bx + c = ax^2$) 将会是同一种情形。解的情况与此类似, 尽管并不完全相同: 解总是正的, 而零不能作为解。分数甚至自然数的平方根或者它们的组合偶尔也作为解, 而它们在某些情形中也悄悄地作为系数。

5.3 几何与确定性

阿尔–花拉子米使用数的典型特征与在伊斯兰数学的主体部分 (当然也包括 "阿拉伯代数") 中所盛行的一种潜在的基本态度有关, 即它们一直从根本上把几何作为数学的共同基础以及确定性的来源。阿尔–花拉子米把正数作为其问题的标准解, 这种做法就是这种观点的一个重要表现。但是, 这种把几何学作为数学确定性的来源的潜在态度首先表现在, 他依据图形的几何性质来证明其方法的有效性。将几何学作为数学确定性的可靠来源, 以及质疑算术与代数作为这种确定性的来源, 在我们的故事中这个重要话题将一直持续到 19 世纪, 因此我们有必要对这一点进行进一步的阐释。

在成熟的代数思维框架中, 一般二次方程的公认的求根公式是通过根据预先规定的法则对符号进行形式化的操作而得到的。例如, 在表达式 (5.1) 的推导中, 关键的步骤是所谓的 "配方" 。这涉及对在处理方程的相继步骤中出现的表达式进行操作, 以使得在最后一步中会出现一个表达式, 而我们知道它是 "另一个表达式的平方" 。例如, 如果其中的一步得到表达式 $x^2 - 6x + 9$, 那么我们很容易知道这是 $x - 3$ 的平方。如果我们在形式化的符号操作中可以推导出平方的代数表达式, 那么下一个自然步骤将是简单地取它的 "平方根" 。为了方便已经忘记了这些做法的读者, 我在附录 5.1 中详细解释了表达式 (5.1) 是如何得到的; 通过形式的代数配方可知, 它是二次方程求根公式的一部分。现在, 阿尔–花拉子米也 "完成了正方形", 而它的边使我们得到了所求的值。但在他的情形, 上述正方形不是一个形式表达式的 "平方", 而是一个字面意义上的几何的正方形。让我们通过一个详细的例子来看一下这种思想是如何出现在他的文本中的。

阿尔–花拉子米对这 6 种问题的解法通常包含两部分。第一部分我刚刚举了一个例子, 它提出了一个可以得到解的算法。在第二部分, 阿尔–花拉子米用几何语言重新表达了他正在处理的情形。他认为必须通过这种方式来解释为什么这些运算会得出正确的结果, 同时也赋予了它们无可争辩的合法性。例如, 在问题 "一个平方加上 10 个根等于 39" 中, 阿尔–花拉子米给出了两种不

94

同的几何重述。第一种如图 5.1 所示。图中间的小正方形 AB 的边即为所求。考虑到这个问题要求用这个正方形加上 10 个根, 阿尔–花拉子米在每条边上都添加了一个矩形。这 4 个矩形之和等于这个正方形的边的 10 倍。换句话说, 在图形中我们取根的个数 10, 并且把它等分成 4 份 (即每份是 2.5), 然后我们构造 4 个矩形 (即 C, H, K 和 I), 并使其一边等于这个根, 而另一边等于 2.5。这样就得到了图中的大正方形 DE, 虽然它的边还不知道, 但我们很容易算出来, 它的每个角部都是 2.5 的自乘。这样, 每个角部的小正方形都是 6.25, 4 个这样的小正方形之和就是 25。现在, 这个问题告诉我们, 里面的小正方形 (即 x^2) 加上 4 个矩形之和 (即 $10x$) 等于 39。因此, 它加上这 4 个小正方形 (它们的和是 25), 可得大正方形为 64, 如图 5.2 所示。

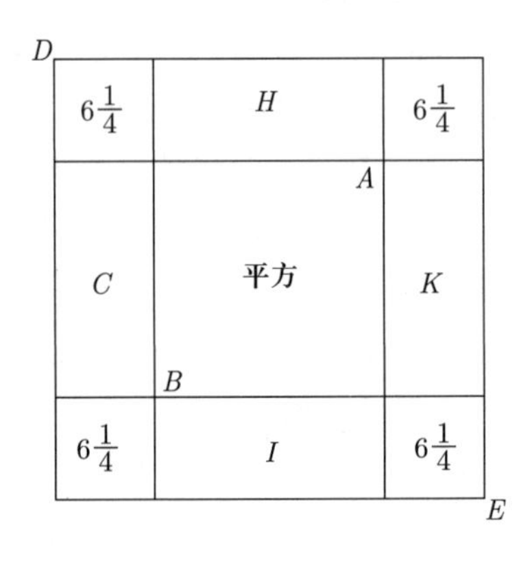

图 5.1　阿尔–花拉子米对含有平方的一个问题的解的第一种几何证明

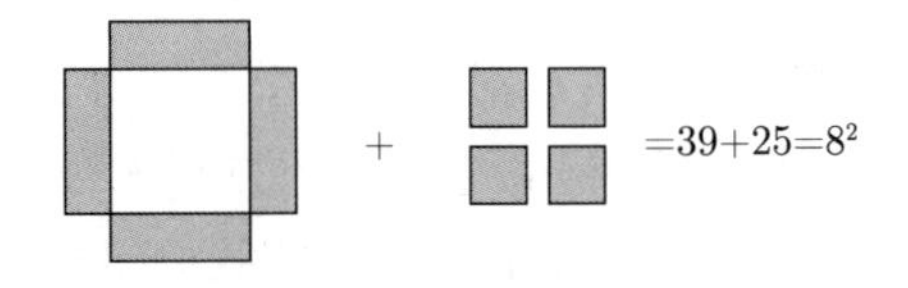

95

图 5.2　阿尔–花拉子米几何证明背后的算术

换句话说, 我们可以对这个问题中的构件进行几何放置, 在这里我们配成的正方形表示 64, 于是我们知道, 大正方形的边长为 8。用这条边减去角上的正方形的边长的二倍 (即 $2 \times 2.5 = 5$), 我们就知道小正方形的边长 (这是我们在问题中的所求) 等于 3。阿尔–花拉子米明确地强调道, “任何数的 1/4 先自乘再乘以 4 都等于这个数的一半自乘”, 因此大正方形是通过用 39 加上根的一半的平方而得到的。如果用代数符号来表示阿尔–花拉子米的文字叙述, 我们

会得到下式:

$$4 \times \left(\frac{b}{4}\right)^2 = \left(\frac{b}{2}\right)^2。$$

这个解法中的一个关键步骤是"几何地配成这个大正方形", 它的面积恰好可以计算, 在这个例子中它是 64。由此我们也能理解为什么涉及的数都是正的, 以及为什么阿尔–花拉子米最后会认为这 6 种情形各不相同。但阿尔–花拉子米的第二个几何解释更接近于他的实际算法, 如图 5.3 所示。

在这里, 我们有一个以 AB 为边的正方形, 并且 AB 是所求的数。我们向由这个未知量所构造的正方形添加两个矩形 C 与 N。每个矩形的一条边等于未知量 AB。为了使这个图形表示问题中的陈述, 我们需要把每个矩形的另一条边取成根的一半, 即 5。因此右上角剩下的正方形是 25。于是, 根据这个很容易掌握的几何图形, 我们现在知道了为什么这个算法以把"根的一半"平方作为开始, 以及为什么整个程序确实得到了正确的结果。根的一半用来"配成一个正方形" DE。根据这个问题可知, 这个未知量的平方加上 10 个根等于 39, 于是可得整个正方形是 39 与 25 之和, 即 64。根据与上面类似的推理可得未知量 AB 的结果为 3。 96

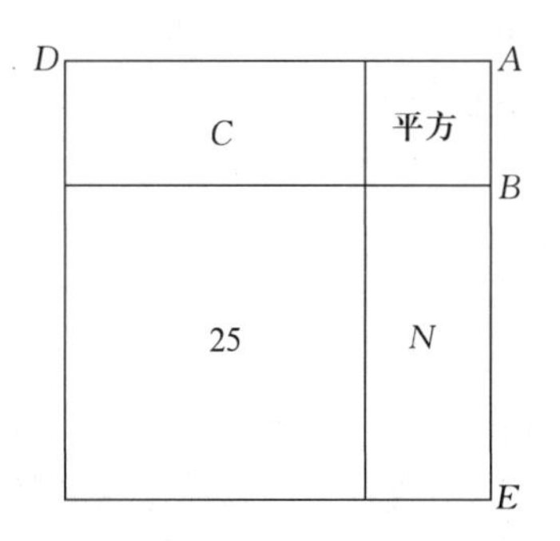

图 5.3 阿尔–花拉子米对含有平方的一个问题的解的第二种几何证明

这两种用来解释这种情形的方法的几何证明都很简单。在其他情形, 阿尔–花拉子米不得不依据稍微复杂点儿的几何结果。为此, 他的后继者经常依赖于从希腊数学的经典著作中得到的结果, 如欧几里得的《几何原本》或者阿波罗尼乌斯的关于圆锥曲线的著作 (一个有趣的历史问题是, 阿尔–花拉子米自己从未参考或提及《几何原本》, 尽管他看起来不太可能不知道欧几里得著作的一些阿拉伯语译本)。有些问题需要加上限制条件, 以使在问题求解的过程中不会产生"负量"的平方根。在这种情形, 阿尔–花拉子米把这种限制条件也转化成几何的约束。在大多数情况下, 只要阿尔–花拉子米找到了问题的一个解, 他就认为已经完全解决了。但在这 6 种情形中有一种情形, 即 "平方加上数等于根", 阿尔 – 花拉子米的确展示了它可能有两个解, 而且他还用 "方程的判别式" 对其进行解释。这个问题用符号表示为

$$x^2 + b = cx,$$

它的解是

$$x_{1,2} = \frac{b}{2} \pm \sqrt{\left(\frac{b}{2}\right)^2 - c}。$$

阿尔 – 花拉子米解释道, 如果 $(\frac{b}{2})^2$ 小于 c, 那么这个问题没有解。这是有道理的, 因为我们知道对他来说, 小于零的量不能作为数, 更不可能有平方根。然而, 有趣之处在于, 他在讲这些的时候同时也建议, 这个问题只有一个解, 但是有两种可能的方式来得到它: "试一试加法的结果是不是解, 如果它不合适, 那么减法的结果肯定是解。" 据我们所知, 在印度传统中有些例子求出了问题的多于一个的解, 但我们并不清楚这种传统在多大程度上影响了阿尔 – 花拉子米。在印度数学中负解是可以接受的, 但阿尔 – 花拉子米并非如此。在这里我们又想当然地认为, 一个二次方程有两个解并且解方程的意思是求出这两个解, 但是对这种思想的逐渐接受是一个缓慢的过程。

5.4 还原与对消

这 6 种情形的解法及其基于几何论据的证明为阿尔 – 花拉子米著作中问题解决的所有方法打下了基础。从现在开始, 任何给定的问题都是这样求解, 或者它是 6 种标准情形之一的例子, 或者它可以被化简成其中的一种情形。但把一个问题化简成已知的问题到底是什么意思, 这是如何做到的? 正是在这里, "阿拉伯代数" 的两种基本运算, 即 "还原" (al-jabr) 与 "对消" (al-muqabala), 开始发挥它们的决定性的作用。我们通过一个例子来看一下它们是如何操作的: [2]

97

你把 10 分成两部分; 用每一部分自乘; 把这些结果加起来, 然后再加上这两部分在自乘之前的差, 这样你会得到 54。

在这个问题中, 我们要把 10 分成两部分, 使得它们满足某个条件。这当然与丢番图所解决的问题的类型很相似。不过丢番图的著作稍晚才翻译成阿拉伯语 (见下文), 阿尔 – 花拉子米并不知道它们。但这些类型的问题非常普遍, 在好几种文化中都知道它们, 并且用各种各样的方法解决它们。阿尔 – 花拉子

[2]引自 (Rashed 2009, pp.158 ff.)。

米的主要创新之处在于, 他对含有未知量的平方的所有问题系统地进行了分类与分析。词语 “迪拉姆” (dirham) 的用法也很有意思, 它在这里只是表示 “数”。阿拉伯数学文本中的术语本身也是一个有趣的话题, 它们揭示了人们对数的潜在的态度, 但这个话题超出了本书的范围, 我不想讨论它的细节。[3]

我们来看看阿尔–花拉子米求解这个问题的步骤, 这是我们现在关注的焦点。我像他那样用文字描述这些步骤, 但为了帮助我们跟随他的推理, 我添加了符号表达; 而在做完这些之后, 我会强调符号可能背离阿尔–花拉子米的文字叙述的地方:

(1) 你用 10 减去一个根自乘; 结果是 100 加上一个平方, 再减去 20 个根。

$$[(10-x)^2 = 100 + x^2 - 20x]$$

(2) 你用 10 中所剩下的根自乘; 结果是一个平方。$[x^2]$

(3) 然后你把它们都加起来, 结果是 100 加上两个平方, 再减去 20 个根。

$$[100 + 2x^2 - 20x]$$

(4) 但是他说: 你用它们加上这两部分在自乘之前的差。

$$[(10-x) - x]$$

(5) 因此这个和是 100 加上 10, 再加上两个平方, 再减去 22 个根, 等于 54。

$$[110 + 2x^2 - 22x = 54]$$

阿尔–花拉子米此处得到了一个 “方程”, 它是用文字表述的条件。他清楚地显示了用纯文字的方式来进行这种复杂推理的非凡的能力。但现在的问题是, 我们如何从这个表达式出发得到属于 6 种标准情形之一的表达式。他利用 “还原” 与 “对消” 做到了这一点, 如下所示:

(6) 100 加上 10, 再加上两个平方等于 54 加上 22 个根。

$$[110 + 2x^2 = 54 + 22x]$$

98

(7) 通过取所得项的一半把两个平方化简成一个平方, 结果是: 55 加上一个平方等于 27 加上 11 个根。

$$[55 + x^2 = 27 + 11x]$$

[3]参见 (Oaks and Alkhateeb 2007)。

(8) 用 55 减去 27, 结果是: 一个平方加上 28 等于 11 个根。

$$[x^2 + 28 = 11x]$$

这样, 我们就把最初表示这个问题的 “方程” 变成了标准情形之一, 即 “平方加上数等于根”, 而这种情形我们已经知道如何求解了。通过进行它所需要的计算, 我们立刻可得结果为 4, “它是这两部分中的一部分” 。顺便说一下, 要注意阿尔－花拉子米并未提及数值 7 也是一个解。事实上, 它是 “方程” 的解, 但当然不是问题的解, 否则这两个平方的和将是 58。

现在, 从步骤 (5) 到步骤 (6) 应用了 “还原” 这种运算。这里所还原的是 100 加上 10, 再加上两个平方, 它们原来是要减去 20 个根的。接下来, 从步骤 (7) 到步骤 (8) 应用了 “对消” 的运算。它处理方程两边都有的同类项。在对消之后, 我们在较大的那边留下了它们的差。在这种情形, 55 和 27 对消, 我们还剩下 28。

表面上看, 这些操作和我们现在所用的符号代数没有多大区别。但是这一点只是在一定范围内才是真的。如果用符号代数, 我们会进行以下的变换, 它与阿尔－花拉子米在这里所做的相对应:

$$(100 + 2x^2 - 20x) + [(10 - x) - x] = 54 \rightarrow 2x^2 + 110 = 54 + 22x。$$

但是这种符号方法也允许进行以下的变换:

$$(100 + 2x^2 - 20x) + [(10 - x) - x] = 54 \rightarrow 2x^2 - 22x + 56 = 0。$$

而这种事情阿尔－花拉子米并不会做。同样地, 我们可以利用符号得到这个表达式:

$$(10 - x) \times (10 - x) = 100 + x^2 - 20x。$$

阿尔－花拉子米用文字叙述的乘法可以这样来表达:

“减去一个根的 10” 自乘的结果是 “100 加上一个平方, 再减去 20 个根”。

但是, 在我们看来, 我们也可以沿着相反的方向并且断言 $100 + x^2 - 20x$ 可以被写成两个二项式的乘积 $(10 - x) \times (10 - x)$。但我们在阿尔－花拉子米的方法中也没有发现这种东西, 实际上我们可以说, 沿着相反的路径对他而言是没有意义的。

99

更一般地说, 尽管阿尔－花拉子米用纯文字的方式巧妙地处理了这些复杂的操作, 我们在其文本中发现的操作和我们在现代符号代数中的操作之间还有着重要的区别。对我们来说, 真正重要的是, 这些区别与阿尔–花拉子米对什么是数的理解密切相关, 也与他用几何来证明其操作的正当性紧密相连。例如, 当阿尔–花拉子米说 "100 加上 10, 再加上两个平方, 等于 54 加上 22 个根" 时, 用符号表示即

$$110 + 2x^2 = 54 + 22x,$$

他是在比较两个分离的量。每个进行比较的量可能包含不止一种对象 (平方、未知量、数、根、迪拉姆), 但这些量在保持各自身份的情况下可以相加 (如 54 加上 22 个根)。他对它们的操作与现在的做法不同, 我们是为了得到一个单一的新对象, 它是抽象的数, 表示相加的结果。

我们在看待阿尔–花拉子米的 "方程" 时也会产生类似的想法。当他使两个表达式 (它们是一些量的和) 相等的时候, 他并不是在创造另一个单一的、自洽的、像我们现在所称的 "方程" 那样的数学对象。在我们的方程中, 我们根据操作法则自由地将各项从方程的一边移到另一边, 但在这些法则的规定之外并没有什么限制。虽然它们的写法不同, 但我们一直都认为这是同一个方程。我们可以把一个方程对等地化简成

$$28 + x^2 = 11x \quad 或 \quad x^2 - 11x + 28 = 0。$$

事实上, 我们通常更喜欢后一种形式。但阿尔–花拉子米并非如此, 对他来说, 后一种形式毫无意义。这不仅是因为在这个经典形式里出现了负系数, 而且更重要的是, 他将不是在比较两个相同类型的量, 而是将会使一个抽象的量等于零。他对于数和量级的理解不会让他这样做。

如上例所示, 对每个步骤的几何证明清楚地表明, 阿尔–花拉子米所比较和操作的量级表示正方形和矩形, 而不是抽象的数。他的方法中暗含了潜在的齐次性原则。他对两个量的比较以及对 "方程" 的化简可以更方便地类比成是在寻求天平的平衡, 此时这两个对象各自被放在天平的一端。我们可以用几何中所应用的 "割补" 程序来想象他的操作。这就解释了: 为什么在他化简后的方程中每个幂只有一项并且没有被减去的项, 为什么他总是把一个量级 (或两个量级之和) 与另一个量级进行比较。虽然其内容是算术的, 但总是有几何的底色隐含在或伴随着阿尔–花拉子米的方程以及 "阿拉伯代数" 的这两种运算。

5.5 阿尔–花拉子米，数和分数

阿尔–花拉子米关于还原与对消的著作对后世阿拉伯和欧洲的数学文化影响都很大。但他另一本关于伊斯兰数的概念的著作影响也不小，即《依据印度计算的加法和减法》(*Kitab al-jam' wal-tafriq bi-hisab al-Hind*)。这是已知的对印度十进位值制及其相关的算术进行系统论述的最古老的阿拉伯语著作，并且成为这些知识在伊斯兰世界早期传播的主要载体。这本书原来的阿拉伯语手稿已经遗失。我们能找到的都是大约 12 世纪以来的拉丁版本，它们的母本是一个现在已经遗失的更早的译本。

100

在这本书中，阿尔–花拉子米没有讨论代数方法，而是专注于算术和数。他展示了如何用 9 个数码和一个表示零的小圆来书写数，并用整数和分数进行了所有的基本算术运算。对他来说，就像在毕达哥拉斯学派的数学中那样，单位的思想以及不断地让它加上自己是整个算术的基础。直接引用他在原著中对这一点的清楚的说明是很有启发性的：[4]

"因为 1 是所有数的根源，因此它在这些数之外。它之所以是数的根源，是因为每个数都是由它得出的。它之所以在数之外，是因为它是由其自身得出的，也就是说，它的得出并不需要其他的数……因此数只不过是 1 的汇集，就像我们所说的那样，只有先有 1 你才能说 2 和 3；可以说，我们谈论的并不是一个单词，而是一个对象。但即使没有 2 和 3，也可以有 1。"

阿尔–花拉子米显然并没打算将这个定义应用于分数或无理数。在这个意义上，至少在这本书中，分数或无理数并未被正式看成"数"。然而，阿尔–花拉子米实际上还是稍微阐述了分数的算术，其基本思想具有各种各样的来源，而他尽量把它们结合在一起。阿尔–花拉子米对分数运算技巧的解释很清楚，也很直接。然而，有很多概念上的困难值得注意。这本书的技巧很熟练，但是缺少清晰的概念，这种反差使它引起了特殊的历史兴趣。

阿尔–花拉子米对分数的使用开始于自然数的倒数：$\frac{1}{2}$，$\frac{1}{3}$，$\frac{1}{10}$，$\frac{1}{13}$，等等。我们知道，这种基本思想在希腊算术中已经出现了。它可能很早之前就存在于伊斯兰算术的实践中。阿尔–花拉子米在这种基本思想中融入了"来自印度"的另一种六十进制分数的思想。后一种思想的背景显然是天文学。阿尔–花拉子米写道，印度人把称为"度"的单位等分成 60 份，每一份称为 1"分"。它们又进一步等分成 60 秒，$\frac{1}{60^3}$ 度，$\frac{1}{60^4}$ 度，等等。

这些六十进制分数的乘法并不像整数的乘法那样 (其结果是另一个整数)。

[4]引自 (Katz (ed.) 2007. p. 525)。

我们既要把它们的值相乘, 也要"考虑它们的位值"。例如, 为了计算 2 度 41 分乘以 3 度, 我们要把这些量改写成相同的类别, 即 161 分乘以 3×60 分, 即 28980 秒, 而这是 483 分, 即 8 度 3 分。这种技巧在古代文化中已经知道 (如巴比伦), 但重要之处在于, 从这本书的清楚的表述中, 我们至少可以看到, 在阿尔–花拉子米看来, "印度计算" 并不局限于十进制。在六十进制的背景中, 人们也清楚地理解了处理分数的算术程序。阿尔–花拉子米也依据这种思想在十进制的背景中继续处理分数。令人惊讶的是, 他采用了相当迂回的做法, 首先把十进制转化成六十进制, 如下例所示:

101

"用一又二分之一自乘等价于用 1 度 30 分自乘; 因为 1 度是 60 分, 所以这等价于用 90 分自乘。这是 8100 秒, 而这又等价于 135 分, 即 2 度 15 分。而它反过来又等价于二又四分之一。"

如果用十进制直接计算, 我们当然会得到同样的结果, 即

$$1.5 \times 1.5 = 2.25。$$

因此, 他之所以采用这种迂回的方法, 并不是因为它会得出更准确的结果。类似地, 阿尔–花拉子米对十进制分数除法的处理也很曲折。而另一方面, 他对它们的加法和减法则解释得过于笼统, 有时候还很不清楚。

阿尔–花拉子米也解释了开平方的程序。他的方法可以对等地应用于整数、六十进制分数、倒数和一般分数。为了使计算更精确, 他还引入了一些聪明的技巧, 而六十进制表示在这里又一次起到了重要作用。一个简单的例子是计算 2 的平方根。阿尔–花拉子米按照 7200 秒来计算 (因为 2 度等于 $2 \times 60 \times 60$ 秒), 结果得到 84 分以及一个余数 (因为 $84 \times 84 = 7056$)。这反过来又等于 1 度 24 分加上一个余数。

然而, 更有效的方法是添加零并借助各种六十进制分数来得出结果, 而十进制和六十进制在这里混合在一起。为了看出这种方法为什么有效, 我们来考虑 2 的平方根这个例子。阿尔–花拉子米的做法如下 (为了使读者容易跟随这些步骤, 我在这里使用现代符号来表示这些程序):

$$\begin{aligned}\sqrt{2} &= \sqrt{\frac{2000000}{10^6}} = \frac{1}{1000} \times \sqrt{2000000} = \frac{1}{1000} \times (1414 + \text{余数})\\ &\approx \frac{1}{1000} \times 1414 = 1(\text{单位}) + \frac{414}{1000} = 1 + \left(\frac{414 \times 60}{1000}\right)' = 1 + \left(\frac{24840}{1000}\right)'\\ &= 1 + 24' + \left(\frac{840 \times 60}{1000}\right)'' = 1 + 24' + \left(\frac{50400}{1000}\right)''\end{aligned}$$

$$= 1 + 24' + 50'' + \left(\frac{400 \times 60}{1000}\right)''' = 1 + 24' + 50'' + 24'''。$$

这本书不断地利用倒数、普通分数和六十进制分数之间的相似性, 并建议可以对这些数进行类似的处理。对于这种相似性, 这本书有时候阐述得很晦涩, 有时候则很明确。这些阐述有时候可以澄清背后的概念, 但有时候则使其模糊不清。这本书在其他方面也并不均衡, 其部分原因是它没有建立必要的术语。有些章节很长, 并且过度详尽, 但有些章节则很短并且令人困惑。

102

所有这一切都可以看作在伊斯兰数学的早期阶段分数算术的实践以及人们对分数概念的认识的直接证据。人们开创性地尝试了一些具有不同来源的巧妙思想和革新技巧, 但这种做法还显得犹豫不决, 它们还有待以更一致的方式完全整合到当时的算术知识体系中, 并且与 "数是一些单位" 这样的经典概念相结合。

5.6 在两种传统的交叉口的阿布・卡米尔的数

伊斯兰在数的使用中表现出的概念张力的另一个有趣的例子是阿布・卡米尔・伊本・阿斯拉姆 (Abu Kamil ibn Aslam, 约 850—约 930) 的著作。他是阿尔–花拉子米的最早注释者之一, 在其影响很大的代数学著作《论还原与对消》(*Kitab fi al-jabr wa al-muqabala*) 中, 他更详细地阐述了他的前辈所引入的方法和结果。但为了做到这一点, 他采取了一个创新而且大胆的做法, 即他遵循了在《几何原本》的算术章节中的典型风格和系统的表达方式。阿尔–花拉子米和欧几里得的影响结合在一起, 促使他以一种有趣的方式来看待和处理数。

我在这里想通过一个例子来说明阿布・卡米尔的著作中所产生的张力, 他在这个例子中用两种不同的方式解释了一条算术法则。他首先通过两个数的计算特例

$$\sqrt{9} \times \sqrt{4} = \sqrt{9 \times 4} = 6$$

来解释, 然后对两个数进行了一般的陈述:

$$\sqrt{a} \times \sqrt{b} = \sqrt{a \times b}。$$

他按照阿尔–花拉子米的几何构造的方式证明了特殊情形 (这反过来又依赖于《几何原本》第 2 卷到第 6 卷的几何思想), 并且根据《几何原本》的算术章节 (即第 7 卷到第 9 卷) 证明了一般的算术陈述。然而有趣的是, 他在前一个证明

中把数看成了连续的量, 而在后者中则把它们看成一些单位。但将这两种观点结合在一起的尝试并不总是一帆风顺。让我们看看这是为什么。

阿布·卡米尔为了说明

$$\sqrt{9}\cdot\sqrt{4}=\sqrt{9\cdot 4}=6$$

而做的纯粹几何论证如下: 在图 5.4 中构造正方形 $AGFH$, AB 和 BG 分别表示 $\sqrt{9}$ 与 $\sqrt{4}$。由构造可知, 正方形 $ABEK$ 是 9, 而正方形 $EMFZ$ 为 4。现在, 根据这个构造, 阿布·卡米尔利用比例得到了如下结果: 因为

$$ME:EK::ZE:EB,\quad ME:EK::EMFZ:ZHKE,$$

并且

$$ZE:EB::ZHKE:EKAB,$$

所以

$$EMFZ:ZHKE::ZHKE:EKAB。$$

103

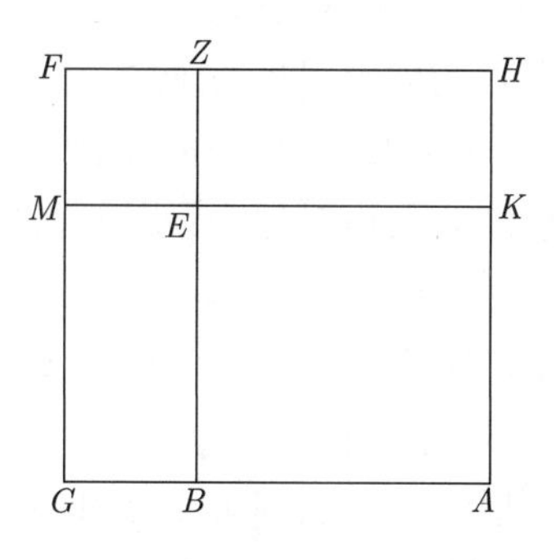

图 5.4 阿布·卡米尔对 $\sqrt{9}\cdot\sqrt{4}=\sqrt{9\cdot 4}=6$ 的几何证明

从我们现在的观点来看, 这个论证的最后部分简单而直接。正方形 $EMFZ$ 是 4, 正方形 $EKAB$ 是 9。因此, 如果我们把这些比例式读成分数的等式, 那么阿布·卡米尔所说明的是

$$\frac{4}{ZHKE}=\frac{ZHKE}{9},$$

或者换句话说, 矩形 $ZHKE$ 表示 4 与 9 的几何中项, 即 $\sqrt{9\cdot 4}=6$, 而这就是要证明的。但阿布·卡米尔并不会这样做。对他来讲, 比率并不是分数, 而比

例也不是分数的等式。他甚至并没有使用我这里所用的简单的符号语言来书写比例, 而是完全采用了文字叙述: “平面 $EMFZ$ 与平面 $ZHKE$ 的比率等于平面 $ZHKE$ 与平面 $EKAB$ 的比率。” 这样, 在严格地 (他希望如此) 处理这些比例以及推导这个结果的时候, 他唯一的工具是欧几里得《几何原本》中的比例理论。现在,《几何原本》中总体上有两个命题可以用来处理这种情形, 如下所示:

命题 6.17: 如果三条线段成连比, 那么由两端的项所构成的矩形等于中项上的正方形; 并且, 如果由两端的项所构成的矩形等于中项上的正方形, 那么这三条线段成连比。

命题 7.19: 如果 4 个数成比例, 那么第一项与第四项所乘出的数等于第二项与第三项所乘出的数; 并且, 如果第一项与第四项所乘出的数等于第二项与第三项所乘出的数, 那么这四个数成比例。

它们用现代符号可以表示为:

命题 6.17: $A:E::E:D \Leftrightarrow AD = E^2$

命题 7.19: $A:B::C:D \Leftrightarrow AD = BC$ (于是有 $A:E::E:D \Leftrightarrow AD = E^2$)。

虽然这两种符号表达式看起来都提供了阿布·卡米尔的证明所需的步骤, 但是这两个命题 (就其原意来讲) 的应用实际上是有困难的, 它们在这里都不能直接应用。首先, 命题 6.17 讨论的是成比例的线段, 而阿布·卡米尔的命题讨论的是平面。很明显, 命题的内容, 即 “由两端的项所构成的矩形等于中项上的正方形”, 在这种情形并不能直接转化, 因为在阿布·卡米尔的比例式中 “两端的项” 是两个平面, 而它们的乘积对他来说甚至是毫无意义的。而命题 7.19 是一个关于数的命题, 并且数被看成一些单位, 但在阿布·卡米尔的证明中并非如此。当然, 比如 “平面 $EMFZ$” 的确被当成 4, 但这是因为它是边为 $\sqrt{4}$ 的正方形, 而不是因为它被定义成 4 个单位。

104

阿布·卡米尔知道这些困难, 当然他也知道他所考虑的特殊情形有点儿斧凿的痕迹, 因为他本可以简单地说 $3 \times 2 = 6$, 而这就够了。但他的目的是要展示他能够超越阿尔–花拉子米和欧几里得, 并且为算术运算法则提供合理的证明。然而, 他最终并未很小心地处理这些不同的对象, 而是将关于数与量的各种思想混合在一起。事后来看, 他的文本实际上凸显了由以下事实造成的困难, 即整数被当成离散的量来处理, 但它们的平方根只能被当成连续的量来处理。这样, 阿布·卡米尔进行了如下的论述: [5]

“与平面 $ZEMF$ 对应的数乘以与平面 $EKAB$ 对应的数等于与平面 $ZHKE$ 对应的数自乘。欧几里得在其著作的第 6 卷说明了这一点。他说道, 对于三个

[5] 引自 (Oaks 2011b, pp.239–240), 略做了修改。

成连比的数, 第一个数与第三个数的乘积等于第二个数的自乘。因此我们用平面 $ZEMF$ 所含的单位 (即 4) 乘以平面 $EAKB$ 所含的单位 (即 9), 得到 36。于是平面 $ZHKE$ 所含单位的自乘等于 36。因此平面 $ZHKE$ 是 36 的平方根, 即 6, 而它来自 9 的平方根乘以 4 的平方根, 这是因为 KE 是 9 的平方根, 而 EM 是 4 的平方根。”

当然, 阿布・卡米尔不可能不知道, 欧几里得在第 6 卷中的证明是关于“线段”而不是关于他在这里所写的“数”, 更不是一般的“连续量”。

但是阿布・卡米尔现在还想证明一般的法则

$$\sqrt{a} \cdot \sqrt{b} = \sqrt{a \cdot b},$$

他在这里改变了他的方法, 这样在他的表述中数被看成了离散的量。现在, 这个证明完全是欧几里得的算术卷的风格, 尽管这条法则意在应用于一般情形, 即它考虑的是任意整数的平方根 (因此也考虑了无理数)。在证明所附带的图中, 如图 5.5 所示, 数用线段来表示, 但这只是示意图, 而不是任何几何构造的基础。两个数的乘法会得到另一个数 (即另一条线段), 而不是一个平面。

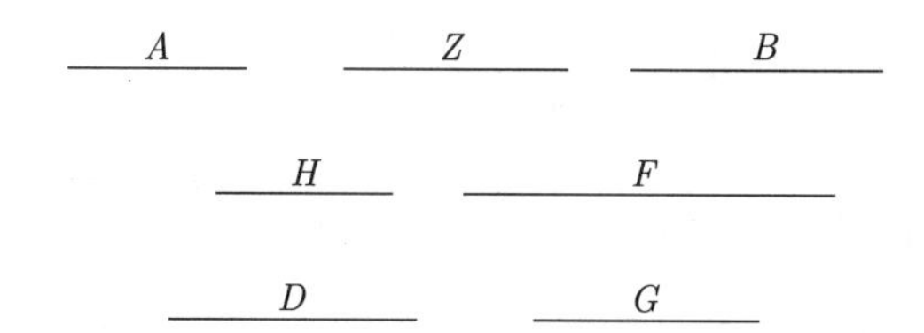

图 5.5 阿布・卡米尔对 $\sqrt{a} \cdot \sqrt{b} = \sqrt{a \cdot b}$ 的算术证明

在这个图中, B 是一个数, A 是另一个数, G 表示 B 的平方根, D 表示 A 的平方根。Z 表示 B 与 A 的乘积, 而它的平方根是 H。最后,G 与 D 的乘积是 F, 而目标是要证明 F 等于 H。这种算术背景似乎是在暗示它们都是作为离散的数来处理的, 但是事实上它们并非全部如此。当然, 这条一般法则是用文字而不是符号表达的。它是这样叙述的: [6]

105

用一个数乘以另一个数, 然后取这个结果的平方根。而一个数的平方根乘以另一个数的平方根也会得到相同的结果。

这个证明的论证实质上与几何证明相同, 但它是基于命题 7.19, 而不是基于命题 6.17。然而奇怪的是, 虽然阿布・卡米尔在几何证明中提到了欧几里得, 但他既没有在这里提到他, 也没有在其他同类的算术证明中提到他。这或许是

[6]引自 (Oaks 2011b, pp.241 – 242)。

因为他知道, 他要为其提供欧几里得式的基础的算术要比整数算术更广泛, 它还包含分数和无理数。

在这本书中, 阿布 · 卡米尔将阿尔–花拉子米的技巧应用于包含各种 "数" 的问题中, 包括非平方数的平方根以及含有平方根的数的平方根。他利用其法则计算了相对复杂的情形, 如

$$2\sqrt{10}\cdot\frac{1}{2}\sqrt{5}=\sqrt{50}。$$

但更重要的是, 他能够将其算术法则应用于在阿尔–花拉子米的问题中出现的各种量。例如: "半个未知量的平方根乘以 1/3 个未知量的平方根等于 1/6 个平方的平方根。" 用符号表示即

$$\sqrt{\frac{1}{2}x}\cdot\sqrt{\frac{1}{3}x}=\sqrt{\frac{1}{6}x^2}。$$

像 $\sqrt{\frac{1}{6}x^2}$ 这样的量在阿布 · 卡米尔和大多数伊斯兰数学家的算术中具有了意义, 它的意思是, 我们有一定数量的 "平方" 这种量级 (在这种情形是 1/6), 并且取它的平方根。相反, $\sqrt{\frac{1}{6}x}$ 这个数并没有意义, 因为他并不清楚 "未知量" 这个量级具有数量 $\sqrt{\frac{1}{6}}$ 的意义。

106

5.7 数、分数和符号方法

现在我回到分数这个重要话题上来, 尤其是十进制分数的思想。这种思想以各种方式出现在伊斯兰数学中。对于十进制分数以及用来表示它们的符号来说的确如此。在阿尔–花拉子米关于印度算术的著作之后大约一百年所写成的一本书, 为这两个方面提供了有趣的例子。这本书是阿布 · 阿尔–哈桑 · 艾哈迈德 · 伊本 · 伊布拉伊姆 · 阿尔–乌克利迪西 (Abu al-Hasan Ahmad ibn Ibrahim al-Uqlidisi, 约 920—约 980) 所写的《论印度的算术》(*Kitab al-Fusul fi al Hisab al-Hindi*)。阿尔–乌克利迪西活跃在大马士革地区, 在他看来, 印度的计算方法比当时伊斯兰文化中普遍存在的指算技巧更有力, 也更容易。他认为后者不仅从数学上看不够精细, 而且还具有欺骗性。同时他也看出, 对粉板的不断使用成为接受这种新的计算技巧的主要障碍。在粉板上书写的文本很容易擦掉, 因此它有助于用传统的方法来解决问题 (此时需要写很多数字)。阿尔–乌克利迪西很明确地表达了他的反感, 因为他把这种方法与街上的占星师联系起来。他说道, 当计算的中间步骤被擦除时, 检查运算程序的唯一方法就是完全重算一遍。在其著作中, 他讲述到, 正确的方式是用笔和纸来接受并推

进印度的计数和计算体系。

在伊斯兰数学中, 发展一套标准而方便的符号语言的呼声越来越高, 而这也与整个文化的物质基础的逐渐转变有关, 即从粉板的实践变成了笔和纸的实践。在前者中, 只有结果是需要的, 而中间步骤并不重要。在后者中, 关注的是程序的各个步骤以及结果, 它们都是重要的, 而这就需要一种更系统的方法来书写它们。有趣的是, 我们可以在阿尔–乌克利迪西对分数的处理中看到这一点, 而分数在他的书中占了很大的比重。一个简单的例子, 即 “用数与分数之和乘以分数”, 可以说明这一点在其著作中是多么明显。他考虑的例子是 “769 加上 2/3, 再加上 1/9 的 2/3” 乘以 “1/2 加上 1/4, 再加上 1/5”。他在书中是这样表示的:[7]

$$\begin{array}{ccc} 769 & \therefore & 0 \\ 2\ 2 & \therefore & 1\ 1\ 1 \\ 27\ 3 & \therefore & 2\ 4\ 5 \end{array}$$

利用书中早前已经解释的技巧可得, “2/3 再加上 1/9 的 2/3” 转化成 $\frac{60}{81}$。同理, “1/2 加上 1/4, 再加上 1/5” 转化成 $\frac{57}{60}$。要注意这个分数变换并非基于求最小公分母, 像我们现在做的那样, 而只是求一个公分母。他这样来表示这个结果:

107

$$\begin{array}{cc} 769 & 0 \\ 60 & 57 \\ 81 & 60 \end{array}$$

现在, 这个乘法操作只需要把 769 加上 $\frac{60}{81}$ 变成 $\frac{62349}{81}$, 然后乘以 $\frac{57}{60}$。这个结果是 $\frac{3553893}{4860}$, 即 $731\frac{1233}{4860}$。

在我们看来, 这个例子中的乘积可以进一步化简成 $731\frac{137}{540}$。但阿尔–乌克利迪西在任何情况下都不认为这种化简是必要的或有意思的。因此, 这再一次说明, 虽然他在很多情况下都显示了处理分数运算的高超技巧, 但是他关于分数的概念却远非清楚。他的文本并未详细阐述可以把整数算术作为其特殊情形的分数理论。我在这里要展示两个有趣的例子, 其中阿尔–乌克利迪西引入了现在看来与我们的小数很像的概念, 然而他的认识却很不相同。

这两种情形的一种出现在处理分数的 “减半和加倍” 的章节中。在这里以及很多其他阿拉伯著作中, 分数的加倍和减半是两种基本算术运算, 它们要与开方以及 4 种初等算术运算分开处理。例如, 为了把 99999 减半, 阿尔–乌克利迪西并不只是除以 2, 而是应用了 “减半” 的特殊运算, 其步骤如下:

[7]引自 (Saidan 1978, pp.72–73)。

“8 的一半是 4; 我们用它来代替最后的 9。[8]把 1 与 9 合在一起, 得到 19。取 18 的一半, 得 9。这个 9 还在它原来的位置。剩下的 1 再和 9 合在一起。如此继续, 9 一直在它原来的位置, 直到第一个 9 为止; 此时我们在它下面放上 1/2。我们会得到 $\begin{array}{c}49999\\ \frac{1}{2}\end{array}$。”

现在, 当阿尔–乌克利迪西解释如何把一个分数减半时, 一个微妙但重要的转折出现了。在这本书靠前的部分, 他已经展示了减半运算如何对六十进制的量进行操作, 即那些与度、分、秒有关的量。像阿尔–花拉子米之前在其关于印度算术的著作中所做的那样, 阿尔–乌克利迪西也分别讨论了六十进制的量与十进制的量, 有时候 (但并非总是如此) 他还把一种情形的技巧应用到另一种情形。很明显, 对他来说, 这两种不同的方式不仅仅是表示更一般的数的潜在思想, 实际上它们还表示各种类型的对象: “度”, “数” 以及 “分数”。度的减半需要特别注意, 此时 “我们假设在整数的位置有任意数目的度, 并且设它是奇数”。“这项工作的秘密” 在于对 1 的减半。其做法是把 1 度取成 60 分, 那么它的一半是 30 分, 其他后继的分割也是如此。例如, 如果我们取 17 度, 那么不断进行的减半过程将会得到

108

$$\begin{array}{c}08\\30\end{array},\quad \begin{array}{c}04\\15\end{array},\quad \begin{array}{c}02\\07\\30\end{array},\quad \begin{array}{c}01\\03\\45\end{array},\quad \begin{array}{c}00\\31\\52\\30\end{array}。$$

然后, 在把普通分数减半的情形, 阿尔–乌克利迪西建议仿照这种方法, 并且他还提出了一种新的并且很重要的符号约定: [9]

当我们把一个奇数减半时, 我们把 1/2 换成 5, 并放在它前一位。我们在单位的位置上面标记一个符号 “′” 来表示这个位置。

当然, 我们通常把这个基本原则与小数思想联系起来: 整数部分的书写与平常书写整数的方式相同, 然后用点号或逗号 (阿尔–乌克利迪西用的是 “′”) 把整数部分与小数部分隔开, 最后再写小数部分。我们来看一下阿尔–乌克利迪西此时的例子, 他把 19 连续减半 5 次。其结果用现代符号表示即

$$9.5,\quad 4.75,\quad 2.375,\quad 1.1875,\quad 0.059375。$$

顺便说一句, 在这本书现存的手稿中, 我们实际上只能找到一个例子, 即 $2'375$, 其中整数部分与小数部分被一个特殊符号隔开了。但阿尔–乌克利迪西对这个

[8]“最后的 9” 是指万位的 9, 不是个位的 9。中世纪阿拉伯文字从右到左书写, 但是数字从左到右书写, 因此这里的 “前后” 与我们现在的观念相反。

[9]引自 (Saidan 1978, p.110)。

符号的使用解释得很明确, 因此我们可以合理地假设, 是抄写者无意地去掉了这些符号, 而它们本来是有的。然而, 这种做法与用一个符号把整数部分和小数部分分开的做法几乎一样清楚; 后一种做法虽然是独创的, 但是它在这本书中只是偶尔才出现。在这里, 就像在本书所讨论的其他情形中那样, 我们不能因为一个想法与我们现在的做法相似就过早地得出结论。阿尔–乌克利迪西独创的符号并未整合到分数算术中, 对这样书写的数他也没有明确的运算方法。另外, 即使是在这本书中, 这种思想也只是在很少的场合才使用, 而且在其他很多相关的地方它并未被使用。

后世的阿拉伯著作开始更系统地处理与分数有关的思想, 而这种做法可以更自然、更彻底地整合到更宽泛的算术体系中。这些概念变得更加标准, 而计算程序也得到了简化, 并且显得更加有效。12 世纪马格里布的数学著作给出了完善的分数符号, 它们用一条水平线把分子和分母分开。例如, 伊本 · 叶海亚 · 阿尔–马格里布 · 阿尔–萨玛瓦尔 (Ibn Yahya al-Maghribi al-Samaw'al, 约 1125—1174) 用一种很像小数的方式计算了 10 的平方根。他的结果完全用文字来表述, 而没有使用任何数字符号: "3 加上 $\frac{1}{10}$, 再加上 $\frac{6}{100}$, 再加上 $\frac{2}{1000}$, 再加上 $\frac{2}{10000}$, 再加上 $\frac{7}{100000}$, 再加上 $\frac{7}{1000000}$。" (这个结果可用现代小数表示, 即 3.162277。) 关于小数的完善的版本出现在波斯人吉亚斯 · 阿尔–丁 · 阿尔–卡西 (Ghiyath al-Din al-Kashi, 1380—1429) 的著作中。 109

1562 年, 威尼斯知道了阿尔–卡西的著作, 但类似的思想很早以前就在欧洲出现了, 尽管它们只是零星地、很不系统地出现。我们在第 7 章将会看到, 对分数的充分使用在欧洲并未成为标准或主流做法, 这种情况直到 17 世纪初期, 尤其是随着西蒙 · 斯蒂文的著作出现才开始发生改变。对他的著作的讨论会使我们更好地理解我在这里的意思, 也就是说, 虽然伊斯兰数学家在这方面阐述了很多独创的思想, 但是就这个词语的最重要意义而言, 小数的整体思想并未融入这个文化中。

符号语言的发展不仅仅关心分数的书写方式。虽然早期伊斯兰著作的特征是用文字叙述其中的方法, 但在其后期精巧的符号方法开始出现了, 尤其是在 12 世纪到 15 世纪的伊比利亚半岛。然而, 这些方法更多的是在算术传统下的教科书中发展的, 而不是在与阿尔–花拉子米和阿布 · 卡米尔有关的代数问题的主流传统中发展的。我们提一下另一个杰出的名字, 阿布 · 贝克尔 · 阿尔–卡拉吉 (Abu Bakr al-Karaji, 约 953—约 1029)。他在为类似于阿尔–花拉子米的求解程序提供几何证明的同时, 也为未知量的高次幂的运算提供了新型的证明, 而这利用了早期的以一般法则为基础的符号技巧。沙拉夫·阿尔–丁·阿尔–图斯 (Sharaf al-Din al-Tusi, 约 1135—1213) 解决了与未知量的立方有关的问题, 他既借助于几何图形, 同时也依靠当时存在的求未知量的近似值的方法。

在这些符号传统从中得到发展的算术著作中, 一本很突出、也很有影响力的著作是伊本·阿尔–班纳·阿尔–马拉库西 (Ibn al-Banna' al-Marrakushi, 1256—1321) 所写的《算术运算概要》(*Talkhis 'amal al-hisab*), 他活跃在摩洛哥地区。《算术运算概要》本身并未引入符号表示, 它描述了整数、分数和平方根的算术运算程序, 而且还描述了一些问题的求解程序, 如三率法则、双假设法以及一次和二次方程的求解法则。《算术运算概要》的早期注释者相当犹豫地并且很不系统地引入了符号表示, 它们实质上是文字叙述的补充。逐渐地, 这些符号变得越来越流行, 也越来越灵活, 并且可以对相对复杂的数值表达式进行运算, 例如 (用现代符号表示):

$$\sqrt{\sqrt{1+\frac{1}{2}}+\sqrt{\frac{1}{2}}}+\sqrt{\sqrt{1+\frac{1}{2}}-\sqrt{\frac{1}{2}}}。$$

这些符号方法所表现出来的越来越多的独创性从历史上看很有趣。它们主要是用符号的方式表达伊斯兰的数的概念背后的基本思想和方法, 这样说仍然是合适的。它们很少修改或扩展这些概念。在 14 世纪之后撰写的大部分阿拉伯算术著作主要是对之前著作的注释或摘要, 几乎没有什么概念上的革新。无论如何, 它们几乎并未影响到欧洲数学活动的复兴, 而这是我在下一章所关注的主要对象。

110

虽然十进位值制在伊斯兰数学中不断发展, 并且逐渐占据了优势, 但是其他记数体系在这个文化中并未完全消失。在贸易和商业中, 传统的指算体系继续被使用着, 而粉板和像木条之类的器具在学校里仍然很流行。另一方面, 在因托勒密的《至大论》而繁荣起来的天文学中, 六十进制的记数体系占据了支配地位。另外, 虽然以阿尔–花拉子米为代表的解决问题的代数–算术方法成为这个文化的标志, 但是人们也发展了许多其他方法。

5.8 阿尔–海亚姆与涉及立方的数值问题

当我们检查波斯人乌马尔·阿尔–海亚姆 ('Umar al-Khayyam, 1048—约 1131) 的著作时, 我们对于伊斯兰数学的代数方法及其与数的理解的关联有了进一步的认识。阿尔–海亚姆既是一位多才多艺的学者, 也是一位著名的诗人, 还是一位在很多领域都做出重要贡献的科学家。他编制了天文表格, 并促进了一项重要的历法改革。他还因试图证明欧几里得的平行公设而闻名。1077 年,阿尔－海亚姆出版了他的《论代数问题的证明》(*Risala fi'l-barahin 'ala masa'il al-jabr wa'l-muqabala*), 其中他讨论了涉及未知量的立方的问题的标准情形, 而阿尔－花拉子米在两百多年前讨论过涉及未知量的平方的类似问题。然而, 这本书要求读者具备一些以前的代数学知识 (即阿尔－花拉子米意义下的代数,而不是符号代数)。它既未详细讨论如何列方程, 也未详细讨论如何利用还原和对消的技巧把它们化简成标准情形, 而只讨论了标准情形本身。

在 9 世纪末期, 尤其是在库斯塔・伊本・卢卡所翻译了丢番图的《算术》之后, 与未知量的立方 (甚至更高次方) 以及这些幂的倒数有关的问题开始受到伊斯兰数学家的注意。在阿尔－海亚姆的代数学著作中, 他列出了 25 种与立方、平方、根和数有关的问题, 并且展示了如何解决它们。像阿尔－花拉子米以前的著作中那样, 阿尔－海亚姆对每一种情形求解了一个典型的例子。阿尔－海亚姆根据问题中出现的 "项" 的个数把这些情形分成三类。这些情形用现代术语可以表示为: 111

(a) 简单问题:

$$x = a, \quad x^2 = ax, \quad x^2 = a, \quad x^3 = c, \quad x^3 = ax^2, \quad x^3 = bx。$$

(b) 由 3 项构成的问题:

$$x^2 + bx = c, \quad x^2 + c = bx, \quad x^2 = bx + c,$$
$$x^3 + ax^2 = bx, \quad x^3 + bx = ax^2, \quad x^3 = ax^2 + bx,$$
$$x^3 + bx = c, \quad x^3 + c = bx, \quad x^3 = bx + c,$$
$$x^3 + ax^2 = c, \quad x^3 + c = ax^2, \quad x^3 = ax^2 + c。$$

(c) 由 4 项构成的问题:

$$x^3 + bx + c = ax^2, \quad x^3 + ax^2 + c = bx, \quad x^3 + ax^2 + bx = c, \quad x^3 = ax^2 + bx + c,$$
$$x^3 + ax^2 = bx + c, \quad x^3 + bx = ax^2 + c, \quad x^3 + c = ax^2 + bx。$$

与阿尔－花拉子米相似, 阿尔－海亚姆把问题细分成各种情形并且对每种情形单独处理的做法也与其数的思想紧密相关。只有正数才能作为系数和解。如果可以使用负数作为系数, 那么在这里显然不会是三类方程, 而是三种方程。而且, 如果零也可以作为系数, 那么他当然将只会考虑一个方程, 即我们现在所设想的一般三次方程:

$$ax^3 + bx^2 + cx + d = 0。$$

阿尔–海亚姆对其涉及立方的问题并未提供可以在每种情形都得到解的公式。他也没有像以前阿尔–花拉子米的著作那样描述一个程序或一条法则。阿尔–海亚姆使用的是几何解法: 他说明, 根据问题可以构造两条特定的圆锥曲线, 并且利用它们相交可以找到一条线段, 而它就是问题的解。那么一条线段在什么意义上才是一个算术问题的解呢? 这其实是一个很有趣的话题。如果我们按照阿尔–花拉子米的程序得到问题的结果, 那么我们可以直接验证, 它满足问题表述中的条件。但对阿尔–海亚姆的解我们却不能这样做。在附录 5.2 中, 我给出了他的一种解法的细节。这个解法需要读者下些功夫, 但他们也会因其美感和独创性而得到满足。我在这里想强调的是, 阿尔–海亚姆的解法的严格的几何背景明显影响了他表达和操作数的方式。阿尔–海亚姆在其证明的所有构造中都尽力并小心地遵循着维度的齐次性。例如, 在 "立方加上根等于数" ($x^3 + bx = c$) 这个类型的问题中, 其文本很清楚地表明, 系数 b 对于他来说表示一个面积 (当它乘以表示长度的 x 时就得到了一个立体), 而 c 表示一个正方体。否则我们将会发现, 我们所加的和所比较的量 x^3, bx 和 c 并不属于同一种类型。这对古典的希腊传统来说毫无意义, 而阿尔–海亚姆却在这个方面紧紧跟随着这个传统。

112

阿尔–海亚姆知道, 这些问题既可以进行严格的几何处理, 也可以进行算术的理解, 他很清楚由此产生的概念上的张力。在这本书的引论中, 他把它的主题定义成对未知量的处理, 而它既可以是数, 也可以是可度量的大小。要解决的问题涉及未知量和已知量的关系, 而未知量的确定既可以按照算术的方式, 也可以按照几何的方式。现在, 当我们以算术的观点来看待量时, 我们可以讨论事物 (即 "根"), 它的平方以及它的立方, 但通过连续的乘法, 我们也可以讨论它的四次方, 它的六次方, 等等, 直到无穷。另外, 欧几里得已经熟知这种数的幂的连续序列 (作为数的几何序列), 并且他在《几何原本》第 9 卷中研究了它的很多性质。我们也已经看到, 丢番图是如何系统地处理未知量的高次幂 (对他来说它们指的是数) 及其倒数的。

我再强调一次, 它的意义在于, 我们在数的范围内考虑高次幂并不会产生真正的困难。但是因为阿尔–海亚姆在其方程中也考虑连续的量, 所以我们有必要注意所涉及对象的性质。因为只有三个维度, 所以四次方并不能作为可度量的大小, 那些更高次的幂更不可能。这样, 当我们在算术领域中工作时, 我们在考虑未知量的高次幂时原则上会更自由一些。但另一方面, 我们在连续量的领域中却有着明显的局限性。

但是, 阿尔–海亚姆并没有用像阿尔–花拉子米所发展的那些方法来解决问题, 事实正好相反, 他考虑的数只是一些单位, 因此它们只是正整数。与连续量不同, "数" (即整数) 并非总是适合求解的程序。例如, 当阿尔－海亚姆考虑问题 "一个平方加上 10 个根等于 39" ($x^2+10x=39$) 的解法时, 他表明, 为了使程序有效, 算术解法必须满足两个条件: (a) 根的个数 (这里指 10) 必须是一个偶数, 这样它的一半也是一个数; (b) 根的个数的一半的平方加上这个数 (即 5^2+39) 必须是一个平方数, 这样它的平方根也是一个整数。如果我们转而用几何的方式解决这个问题, 那么我们将不会遇到不可能的解的情况。对于他在书中所给出的三次方程的纯粹的几何解, 无论阿尔－海亚姆本人还是他的代数学前辈都不能求出它的数值, 他对此很失望。他说道, 希望将来有人会在这一点上取得成功。

阿尔－海亚姆在其代数学著作之前还写了另一本篇幅较短的书, 它进一步说明, 他在理解数与连续量的正确关系时是犹豫不决的。这本书处理了一个特殊的几何问题: 把圆的一个象限分成两部分, 使其满足某种预设的条件。在处理托勒密的《至大论》中的天文计算所引发的一些议题时,这个问题很重要。它属于伊斯兰数学中的一个稍显不同的传统, 其中代数技巧不是用来解决算术问题, 而是用来解决理论的几何问题。我将很简略地解释他是如何解决这个问题的, 因为我只想知道他关于数说了些什么。 113

为了解决这个象限问题, 阿尔－海亚姆证明, 它可以简化成一个更简单的问题, 即构造一个满足某些特定性质的直角三角形 (如图 5.6 所示)。

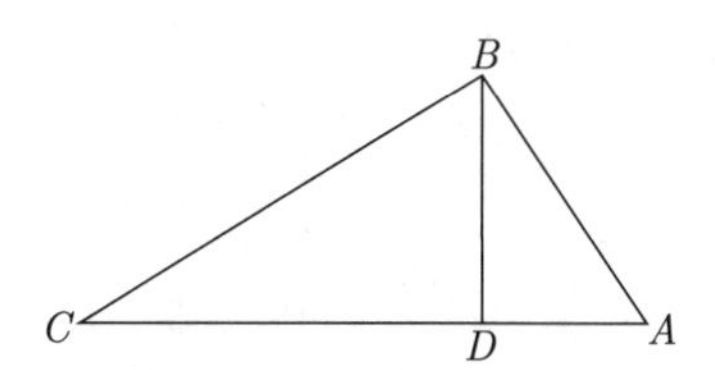

图 5.6 阿尔－海亚姆讨论圆的一个象限。B 处的角为直角, BD 垂直于 AC

这里的任务是, 在给定这个三角形的边所满足的一些特定条件下, 求线段 DB 的长度。解决这个问题的第一步是建立一个 "方程"。阿尔－海亚姆在这里先令 AD 的长为 10, 并且设 DB 为未知量, 即 "事物"。为了求出未知量的值, 他利用了图形的一些几何性质。一方面, 利用毕达哥拉斯定理, 我们知道, AB 上的正方形等于 100 加上未知量的平方。另一方面, 这个问题对这个三角形所规定的特定条件可以转化为下面的结果: AB 上的这个正方形等于 "100 加上三个平方, 再加上一个四次方的 $\frac{1}{10}$ 的 $\frac{1}{10}$, 再减去 20 个未知量, 再减去一个立

方的 $\frac{1}{5}$”。由此即可建立所需的方程。它可以用符号表示如下:

$$100 + 3x^2 + \frac{1}{10} \cdot \frac{1}{10}x^4 - 20x - \frac{1}{5}x^3 = 100 + x^2。$$

我们在这一步就已经知道会产生概念的问题, 因为这里出现了“四次方” (x^4)。但让我们再进一步, 以完成这个解释, 之后我们再回到这一点。在第二步, 阿尔–海亚姆使用了还原与对消的基本技巧, 以把这个方程化简成一个更简单的形式:

$$x^3 + 200x = 20x^2 + 2000。$$

在解法的第三步, 即最后一步, 阿尔–海亚姆回到了几何情景, 他用纯几何的术语重述了这个方程: [10]

114

求一个正方体, 使它加上其边的 200 倍等于其边上的正方形的 200 倍加上 2000。

根据欧几里得的《几何原本》的一个结果, 即命题 2.14, 再经过一些进一步的操作, 阿尔–海亚姆最终得到了这样的结果: DB 是 10。这就是象限问题的解, 而且它从技术层面上是完全可以接受的。但是, 现在让我们回到概念的问题, 即在第一步所导出的方程中, 阿尔–海亚姆不得不包含四次方。与代数著作中的数值情况不同, 在那里使用未知量的高次幂并不会产生任何概念性问题, 但阿尔–海亚姆在这里是在纯几何的背景下进行运算。在这里涉及了超过三维的量, 他对这种状况是如何理解的? 请记住, 这种状况在希腊数学晚期就已经遇到了, 而且它在以后的章节中还会继续陪伴我们, 这是因为, 对于什么是数, 以及如何正确地定义离散量和连续量之间的关系等问题, 它居于核心地位。

阿尔–海亚姆知道, 这里有一个真正的问题。他试图通过把数定义成心灵从物质事物中抽象出来的东西来提供一个令人满意的解释。事物, 它的平方, 以及它的立方都可以与不超过三维的相应维数的几何实体联系起来。但是对于更高的维度呢? 他在这里就这方面所写的话很有意思: [11]

“我认为, 代数学家所谓的四次方是在连续量级中想象出来的东西, 它根本不能单独存在 …… 代数学家认为一个四次方是一个正方形的自乘, 但它在连续等级中毫无意义, 这是因为, 如果一个正方形是一个平面, 那么它如何与自己相乘呢? …… 一个实体的维度不能超过三。代数学中所说的都是关于这 4 种实体 [数、线段、正方形、正方体]。而那些认为代数是用来确定未知量的工具的人却

[10] 引自 (Rashed and Vahabadzeh 1999, p.256)。

[11] 引自 (Rashed and Vahabadzeh 1999, pp.248 – 250)。

相信这种不可能性……毫无疑问, 还原和对消是几何的操作, 它们已经被《几何原本》第 2 卷的命题 5 和命题 6 证明了。”[12]

那么, 对于阿尔–海亚姆来说, 像四次方这样的实体确实是有问题的。但同时我们也知道, 阿尔–花拉子米的技巧能够解决像“四次幂加上三个平方等于 28” ($x^4+3x^2=28$) 这样的问题。这只需要把“四次方”替换成“平方”, 并且把“平方”替换成“根” (即 $y^2+3y=28$, 亦即我们今天所称的“变量替换”)。这个方程很容易求解, 未知量是 2, 它的平方是 4, 它的四次方是 16。但是阿尔–海亚姆提醒说, 这个解法不能引起混乱:

“这个人确信他在代数的帮助下求出了四次方。但是这种观点站不住脚。他并没有真的在处理‘四次方’, 而是在处理‘平方’。这就是秘密所在, 而它可以使你揭开很多其他的秘密。”

115

在这本关于象限的著作中, 阿尔–海亚姆不但给出了求解标准情形的标准程序 (就像他在代数著作中所做的那样), 而且给出了列方程和化简方程的最初步骤, 因此我们在这里对他关于量级和数的观点有了更多的认识。其最初步骤中所涉及的所有实体 (数、事物、正方形和正方体) 分别用来对等地、统一地度量线段、平面和立体。另外, 当阿尔–海亚姆建立方程的时候, 我们注意到一个几何的平方, 即 AB 上的正方形, 成为 5 个不同的幂之和: “100 加上三个平方, 再加上一个四次方的 $\frac{1}{10}$ 的 $\frac{1}{10}$, 再减去 2 个未知量, 再减去一个立方的 $\frac{1}{5}$。”换句话说, 在这两步中, 阿尔–海亚姆把涉及的所有量级都看成抽象的、齐次的以及无量纲的量。然后, 只有在最后的步骤中, 这个问题才恢复了纯粹的几何情景, 而量级的维度与对齐次性的要求才变得很重要。

在这本关于象限的书中, 阿尔–海亚姆声称, 未知量是对连续量级的抽象。这样, 代数只能用来解决几何中的问题。然而, 在他后来关于代数的书中, 他写道, 代数也可以用来解决算术中的问题。我们在上面已经看到, 他是如何借助于连续的量级来处理算术问题的。对于涉及未知量的平方的问题, 他给出两种解法: 一条算术法则, 一个几何构造。但是, 除去这个问题的特殊背景及其最终的解之外, 阿尔–海亚姆还提出了一个有趣的想法, 即在这个程序的特定的代数部分, 所涉及的所有量既不是数, 也不是特定类型的几何量级, 而是没有维度的抽象的量级。

从以后的发展来看, 这些观点十分引人注目。在以后的章节中, 我们会看到更一般、更抽象的数的概念的进一步发展, 它既与特定的几何背景 (连续实

[12]在附录 8.2 中, 我讨论了欧几里得的命题 2.5 以及它和几何与代数的关系。那里讨论的细节阐明了为什么阿尔–海亚姆在这里要专门引用它 (以及命题 2.6, 它与命题 2.5 很相似)。

体的维度在这里非常重要) 无关, 也不认为数是一些离散的单位。在这个意义上, 阿尔–海亚姆的观点正是沿着这个方向, 并最终发展成居于主导地位的主要方向。然而, 他这些刚起步的见解似乎有点模糊, 并且几乎没有引起伊斯兰代数的实践者的共鸣。结果, 中世纪和文艺复兴时期的欧洲数学家也不知道这些观点。关于什么是数以及如何处理方程, 主流观点的核心仍然是要求维度的齐次性。

5.9 热尔松尼德斯与数的问题

我们已经说过, 一些犹太人和基督教学者参与了伊斯兰的数学文化。就像对阿拉伯的数学文本那样, 历史学家最近也越来越关注希伯来的中世纪文本, 包括一些此前未出版或未知的文本。这些文本含有许多原创的思想, 包括与数和算术实践有关的思想。犹太学者活跃于 11 世纪到 15 世纪, 尽管他们主要根植于当时的伊斯兰数学的主流, 但他们的思想具有各种各样的来源。总的来说, 对于任意一种来源, 他们并不受其拘束, 也不会专门致力于此。这使得他们能够在各种议题中发展原创的方法, 并且关注对他们来说特别有趣的话题, 如引起一些组合问题的卡巴拉 (Kabbalistic) 争论。许多希伯来语的数学文本 (不是全部) 都是对当时正广泛使用的阿拉伯文本的翻译, 它们有时带有注释以及或多或少的实质性的添加。这些研究数学问题的中世纪犹太学者的故事引人入胜, 但是却鲜为人知。

116

在希伯来数学传统中, 我们要提到两个重要名字, 即亚伯拉罕 · 巴尔–希亚 · 哈–纳西 (Abraham Bar-Hiyya ha-Nasi, 1070—1136) 和亚伯拉罕 · 伊本–埃兹拉 (Abraham Ibn-Ezra, 1092—1167)。他们都在伊比利亚半岛工作, 并且都就各种话题出版了有影响力的学术著作, 它们大部分与圣经的注释有关。1116 年, 巴尔–希亚出版了《论度量和计算》(*Hibbur ha-meshihah we-ha-tishboret*), 这本书在 1145 年出现了一个拉丁本 (*Liber Embadorum*)。这个拉丁本在欧洲首次介绍了阿拉伯代数求解二次方程的技巧, 在这方面它甚至比克雷莫纳的吉拉德 (Gerard de Cremona, 约 1114—约 1187) 翻译的阿尔–花拉子米《代数学》的拉丁本还要早。《论度量和计算》的读者众多, 我们知道它直接影响了莱昂纳多 · 斐波那契。巴尔–希亚的方法比阿尔–花拉子米的方法更加几何化, 他的未知量总是一个几何对象。伊本–埃兹拉的《论一》(*Sefer ha-Ehad*) 和《论数》(*Sefer ha-Mispar*) 是将十进位值制和印度数码的基础知识传播到欧洲的最早的一些著作 (尽管没有引起太多注意)。

另一些有趣的学者在其后的时间里也很活跃, 如伊扎克 · 本 · 什洛莫 · 阿尔–阿达卜 (Yitzhak Ben Shlomo al-Ahdab, 约 1350—约 1429)。应叙拉古 (西西里) 的犹太社团的需求, 他将伊本 · 阿尔–班纳的《算术运算概要》翻译成希伯来语。他添加了评注和解释, 在记数体系、数的问题的解法以及与日常生活有关的算术问题的解法等方面包含了原创的思想。他改编了伊本 · 阿尔–班纳的后继者所发展的一些符号表示, 但用的是希伯来字母, 而不是阿拉伯字母。

如果我们一定要对一位中世纪犹太学者特别感兴趣并投入更多的关注, 那么这个选择必然会落在莱维 · 本 · 热尔松 (Levy Ben Gerson), 即热尔松尼德斯 (Gersonides, 1288—1344) 身上, 他活跃在普罗旺斯地区。热尔松尼德斯在很多领域都出版了著作, 既有科学著作, 也有圣经阐释的著作。其中最有趣的数学著作出版于 1321 年, 名为《计算师的著作》(*Ma'aseh Hoshev*)。热尔松尼德斯很熟悉希腊传统和阿拉伯传统的主要数学文献, 但他的著作中也包含了许多创新的想法, 不过像伊斯兰传统的其他著作那样, 这些著作可能并不为欧洲人所知。

《计算师的著作》处理算术问题。它明确地依赖于《几何原本》的算术章节, 但又远远超出了这部古典著作的内容。例如, 热尔松尼德斯一开始就证明了算术运算的一些基本性质, 如乘法的结合律

$$a \cdot (b \cdot c) = (a \cdot b) \cdot c。$$

这一点绝非微不足道, 因为如前所述,甚至欧几里得也没有对算术给出类似于公理化的描述。这样, 热尔松尼德斯是少数几个数学家之一, 他们认为一开始就要以一般的方式来讨论这种基本性质。另一方面, 他的处理还很不系统, 也很不完备。对于像结合律这样的性质, 似乎只有用它们来证明文本中更复杂的性质时, 他才给出证明。直到 19 世纪后期, 关于算术的公理化表述的问题, 以及为了发展整个算术而需要对自然数做哪些假设的问题, 实质上并没有人注意到。

117

像阿尔–花拉子米和阿布 · 卡米尔那样, 热尔松尼德斯对一些算术命题的证明也是基于《几何原本》第 2 卷中的几何结果。但与此同时, 他也引入了新型的证明, 包括与数学归纳法的现代思想很接近的证明。他的这项工作可能受到了阿尔–卡拉吉和阿尔–萨玛瓦尔的影响, 但我们对此并不确定。

对我们此处的故事来说, 特别重要的是数在热尔松尼德斯的书中所出现的方式, 以及他在缺少一般的、灵活的符号方法的情况下所得到的有趣的结果。事后来看, 一个现代读者面对他的文本时可能会很好奇, 如果热尔松尼德斯有现代的符号语言, 那么他会把这些思想推广到多远。

他的思想具有原创性, 但缺少适当的符号语言也造成了它的局限性, 有两

个结果清楚地例证了二者之间的张力, 即《计算师的著作》第 1 卷的命题 1.26 和 1.27, 它们可以如下表述: [13]

命题 1.26: 如果我们把连续的数相加, 从 1 开始直到一个给定的数, 并且这个给定的数是偶数, 那么这个和等于这些相加的数的个数的一半乘以这个给定的数后面的那个数。

命题 1.27: 如果我们把连续的数相加, 从 1 开始直到一个给定的数, 并且这个给定的数是奇数, 那么这个和等于中间的数乘以最后所加的那个数。

我们可以用现代术语把这两个结果写成下面的形式:

- 若 n 为偶数, 则 $1+2+3+\cdots+n=\frac{n}{2}\cdot(n+1)$。
- 若 n 为奇数, 则 $1+2+3+\cdots+n=\frac{n+1}{2}\cdot n$。

但是请注意, 如果我们决定把这两个结果转化成现代的代数语言, 那么我们没有明显的理由不把它们简单地写成一个算术命题, 即

$$1+2+3+\cdots+n=\frac{n\cdot(n+1)}{2}。$$

那么, 为什么热尔松尼德斯把这个单一的结果表达成了两个独立的结果呢? 热尔松尼德斯的这个例子很好地说明了我一直强调的观点, 也就是说, 在特殊的历史语境中使用的数学语言绝不是中立的, 它对所处理的思想具有意味深长的影响。对于热尔松尼德斯来说, 这两种情形的确不同, 他无法像我们这样意识到这两种情况 (他对它们进行了不同的纯文字的表述) 其实是同一种情况。而且更有意思的是, 如果我们看一下他对这两个命题的证明, 那么它们的区别就更明显了。当然, 这些都是文字的证明, 其中并未出现文字的操作。就像我们在第 3 章所讨论的欧几里得对素数有无穷多个的证明那样, 这里的困难首先是表达 “任意给定的数” 的思想, 或者像我们今天所说的, 表达 “所加的任意多个数”。热尔松尼德斯用希伯来字母表示他的数, 在每个字母上面添上一个点号。当他需要 “一个任意的偶数” 时, 他总是取 6: “令相继的数 a 是 אבגדהו, 则之后的那个数是 ז。”[14] 当然, 他的论证并不局限于 6 个数, 而是普遍成立的。

118

命题 1.26 的证明是基于这样的思想, 即构造成对的数, 使其和相等: 如果我们用 1 加上 6, 我们会得到 7(这是最后一个给定的数之后的数); 因为 2 得自 1 加上 1, 并且 5 得自 6 减去 1, 因此 2 加上 5 等于 1 加上 6, 因此 $2+5$ 等于 7。当然, 在 3 和 4 的情形, 类似的推理也成立。那么这种数对在这里有多少个呢? 它刚好是这些数的个数的一半。因此, 这些数的和等于这些数的个数的一

[13] 引自 (Lange 1909, pp.15–16)。我译自希伯来文本。

[14] 希伯来语对数书写是从左到右, 此处的意思是, 设相继的数是 1, 2, 3, 4, 5, 6, 则之后的那个数是 7。

半乘以这些数之后的那个数 (在这个例子中是 7), 正如命题所述。热尔松尼德斯确实指出, 他的论证对于任意多个数相加都成立。但是, 当我们把奇数个数相加时, 这种论证显然并不成立, 于是才需要命题 1.27。这一次, 热尔松尼德斯取的是从 1 到 7, 他将其表示为 אבגדהוז, 并且进行了如下的论证: [15]

"3 与 4 的差等于 5 比 4 多出的数。因此 3 加上 5 等于 4(它是在这个给定序列中间的数) 的二倍。类似地, 2 与 4 的差等于 6 比 4 多出的数。因此 2 加上 6 等于 4 的二倍, 并且相同的论证对剩下的数对 1 和 7 也成立。因此这些数的和等于中间的数加上这些数对的个数乘以中间数的二倍。而这些数对的个数是中间的数减去 1。由此我们得出, 正如命题 1.27 所述, 如果把从 1 到给定的数连续地相加, 并且给定的数是奇数, 那么这个和等于中间的数与所加的最后一个数的乘积。"

如果我们用热尔松尼德斯无法利用的符号语言来表示, 那么这一切就会变得更容易理解: 每个这样的数对之和都是中间数的二倍, 即 $2 \cdot \frac{n+1}{2}$; 这样的数对有 $\frac{n-1}{2}$ 个, 因此这些数的和是 $\frac{n-1}{2} \cdot 2 \cdot \frac{n+1}{2} + \frac{n+1}{2}$, 即前述的 $\frac{n+1}{2} \cdot n$。此外, 这些论述以及证明当 n 是偶数时也是没有意义的。 119

我们在这些证明中还额外发现了一个有趣的细节: 当热尔松尼德斯给出连续的数 אבגדהוז 时, 他明确地强调, א 是单位, "然而我们在这里将称之为数"。为何如此? 回想一下, 欧几里得曾经把数定义成 "一些单位", 而这个定义说明了单位本身的地位的模糊性。毫无疑问, 热尔松尼德斯此处的评论反映了这种模糊性的持续的影响力。例如, 当我们对数的素性和可除性等性质感兴趣时, 不把单位看成数可能会更方便。但是, 在像热尔松尼德斯所处理的问题的语境下, 如果我们要求一系列连续数的和, 把单位看成像其他自然数那样的数就会更加方便, 事实上也必须这样。而热尔松尼德斯在这里以及其他情形的确是这样做的。

附录 5.1　对二次方程代数公式的推导

这本书的大部分读者肯定还记得, 公式

$$\frac{-b \pm \sqrt{b^2 - 4ac}}{2a}$$

给出了一般二次方程

$$ax^2 + bx + c = 0 \ (a \neq 0)$$

[15] 引自 (Lange 1909, p.16)。

的一般的代数解。我猜测, 可能很多人已经忘了这个公式是如何推导的了, 因此我在这里提醒一下。它要进行以下几步简单的符号操作:

把 c 移到方程的右边: $ax^2 + bx = -c$;

两边都乘以 $4a$: $4a^2x^2 + 4abx = -4ac$;

两边都加上 b^2: $4a^2x^2 + 4abx + b^2 = b^2 - 4ac$。

左边是一个 "完全平方", 因此这个方程可以重写成: $(2ax+b)^2 = b^2 - 4ac$。当然, 最后一步在推导中很关键, 因为我们在方程的左边得到了表达式 $(2ax + b)^2$, 它含有未知量 x 并且是一个完全平方, 而在另一边我们只有系数, 并且根本没有出现未知量。这就是为什么我们说这个公式的推导是基于 "配方" 的原因。现在, 如果我们取最后这个表达式两边的平方根, 我们会得到如下的结果:

$$2ax + b = \pm\sqrt{b^2 - 4ac},$$

由此我们就能把未知量简单地分离出来, 并且得到公式

120

$$\frac{-b \pm \sqrt{b^2 - 4ac}}{2a}。$$

对我们的历史叙述而言, 需要着重强调的一点是, 进行配方的关键步骤在各个历史阶段是不同的。但是, 在彻底的代数语言引入之前 (这个简短的推导依靠它才显示出符号操作的灵活性), 配方总是按照第 5.3 节中的几何方式进行的, 并且与阿尔 – 花拉子米的例子有关。

附录 5.2　海亚姆对三次方程的几何解法

阿尔 – 海亚姆在 11 世纪发现了问题 "立方加上平方, 再加上根等于数" 的几何解法, 这个问题用现代符号可以表示为

$$x^3 + ax^2 + b^2x = b^2c。$$

在这个方程中, 字母 a, b, c 对于阿尔 – 海亚姆来说表示的是三条给定的线段, 并且 x 也是一条线段, 即我们要求的未知线段。当然, 我在这里采用的代数表述已经远离了这个问题最初被理解的几何情景, 但我确实在这个表述中保留了维度的齐次性, 而它在原来的语境中是一个典型特征。这个方程中的每一项都表示三维的量。

在这个附录中表述阿尔 – 海亚姆的证明时, 为了使其更容易被现代读者理解, 同时又不会全部失去原来的风味, 我将在现代的代数和原来的几何之间保

持一种折中的观点。最后, 我会添上一个译自原文的片段。阿尔–海亚姆的几何证明是基于他对圆锥曲线性质的很好掌握, 他从对阿波罗尼乌斯的著作的仔细的学习中掌握了这些性质。欧几里得的《几何原本》只是提供了与"尺规作图" 技巧有关的知识, 而阿尔–海亚姆当然很清楚这种知识并不适于解决所讨论的问题。阿尔–海亚姆的解法基于图 5.7 中的图形。

这个图形表示以下的构造。设 BD, GB 和 BH 已经给定, 将其如图中放置 (GB 和 BD 在同一条直线上;BH 是竖直的)。以 GD 为直径作圆 GZD。作 HK 平行于 GD, 并且 GK 与 GZD 相切于 G。向 A 的方向延长 HB, 并且过 G 画一条双曲线, 使得 KH 和 HA 是它的渐近线。Z 是双曲线和圆 GZD 的交点, 并且 ZA 平行于 GD, 而 TZ 平行于 HA 并与 GD 交于 L。要注意, 我在原始图形中添上了方程中的量 a, b, c, 它们表示的线段如下:

$$a = BD, \quad c = BG, \quad b = BH$$

(在这里 BH 垂直于 GD)。

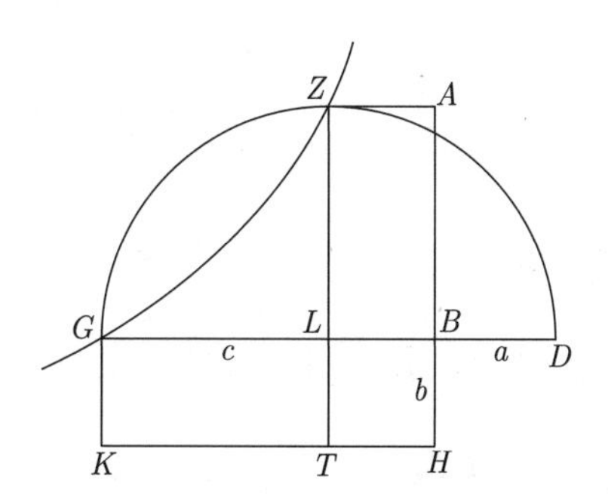

图 5.7 海亚姆对一种三次方程的几何解法

要注意, KH 和 AH 绝不是我们在解析几何中所知的坐标轴, 尽管它们看起来是这样。相反, 它们是基于阿波罗尼乌斯对圆锥曲线的研究而用纯几何的术语定义的直线。给定一条双曲线 (在我们的情形它是 GZ), 阿波罗尼乌斯证明, 有两条直线 (这里指 KH 和 AH) 具有如下的性质: 对于双曲线上任意给定的点, 以该点为顶点, 以这两条直线上的边所构造的矩形具有固定的面积 (在我们的情形,我们从点 G 所作的 BH 和 BG 上的矩形与从点 Z 所作的 ZT 和 ZA 上的矩形面积相等)。[16]阿波罗尼乌斯还证明 (在《圆锥曲线论》的命题 2.4 中), 给定任意的点和两条位置给定的直线, 总是可以过该点画出一条双曲线, 并且它以这两条直线为渐近线。另外, 他还说明了: 如果双曲线与一个圆

121

[16]矩形的两边是双曲线上的点到这两条直线的距离。

交于点 G, 那么它也会与该圆交于另一个点。很明显, 阿尔–海亚姆在图形中的双曲线 ZG 是以此性质为基础而定义的。阿尔–海亚姆最后声称, 线段 ZA (或与之相等的 BL) 是这个问题的解 (即方程中的 x)。其证明如下。

首先, 根据阿波罗尼乌斯的结论, 我们有

$$BH \cdot BG = ZT \cdot ZA。$$

用 a, b, c 来表示这些长度, 我们也可以把它表达成

$$BH \cdot BG = ZT \cdot ZA = bc = ZA \cdot (ZL + b)。$$

因此,

$$ZL \cdot ZA = b \cdot (c - ZA)。\tag{5.2}$$

其次, 根据圆的一个基本性质, 我们有

$$DL \cdot LG = ZL^2。$$

因此,

$$ZL^2 = (a + ZA) \cdot (c - ZA)。\tag{5.3}$$

根据 (5.2) 和 (5.3) 两式的特点, 我们可以立即得出以下两条性质:

$$ZL : (c - ZA) = b : ZA, \tag{5.4}$$

122

$$ZL^2 : (c - ZA)^2 = (a + ZA) : (c - ZA)。\tag{5.5}$$

但是根据欧多克索斯的理论, 阿尔–海亚姆熟知, 如果 4 个量成比例, 那么它们的平方也成比例。因此, 由 (5.4) 式, 我们可得到下式:

$$ZL^2 : (c - ZA)^2 = b^2 : ZA^2。\tag{5.6}$$

于是, 通过将比例式 (5.5) 和 (5.6) 联立, 我们得到

$$b^2 : ZA^2 = (a + ZA) : (c - ZA)。\tag{5.7}$$

最后, 在 (5.7) 式中使分母和分子交叉相乘, 我们得到

$$ZA^3 + aZA^2 + b^2 ZA = b^2 c。\tag{5.8}$$

虽然这可能还不够明显, 但是请注意,(5.8) 式恰好说明了 ZA 满足问题的方程

$$x^3 + ax^2 + b^2x = b^2c\,!$$

这样, 阿尔–海亚姆的构造的确给出了所求的未知量的值! 但是我们实际上得到的是哪一种解呢? 阿波罗尼乌斯的《圆锥曲线论》中的命题 2.4 并没有展示确实能生成双曲线的可构造的程序, 而它当然不是尺规作图。这个命题只是简单地断言了某条双曲线 "在那个位置" 的存在性。这个问题只是在 "理论" 上被解决了, 在这个意义上, 我们知道存在某条线段满足问题规定的性质, 而且这条线段过某个圆与某条双曲线的交点。显然, 这并不是 "实际的" 解, 在这个意义上, 如果给定了三条线段 a, b, c, 我们并不知道如何来构建以满足方程的 x 为长度的线段。

但是, 如前所述, 即使在我对这个解法的表述中, 我也使用了许多代数的操作。因此, 我想引用原文中的一个片段, 以使读者直面阿尔–海亚姆的证明风格: [17]

"我们作 BH, 并用它表示与根的个数相等的正方形的边; 然后构造一个立体与给定的数相等, 并且使它的底是 BH 的平方。设这个立体的高 BG 与 BH 垂直。我们沿着所作的 GB 作 BD, 使它等于给定的平方的个数, 并且以 DG 为直径作一个半圆 DZG, 完成面积 BK。过点 G 画一条以直线 BH 与 HK 为渐近线的双曲线。因为它与这个圆的切线 GK 相交, 所以它也与这个圆相交于点 G。因此它一定与这个圆相交于另一点。设它与这个圆也相交于 Z, 因为这个圆和这条圆锥曲线已经知道了, 所以 Z 的位置也就知道了。我们从 Z 向 HK 和 HA 分别作垂线 ZT 和 ZA, 因此面积 ZH 等于面积 BK。现在减去共同的面积 HL, 可得面积 ZB 等于面积 LK。于是, 因为 HB 等于 TL, 所以 ZL 比上 LG 等于 HB 比上 BL; 而它们的平方也成比例。但是因为圆的关系, 所以 ZL 的平方比上 LG 的平方等于 DL 比上 LG。因此, HB 的平方比上 BL 的平方将等于 DL 比上 LG。因此, 以 HB 的平方为底, 以 LG 为高的立体将等于以 BL 的平方为底, 以 DL 为高的立体。但后一个立体等于 BL 的立方加上以 BL 的平方为底, 以 BD 为高的立体, 而它等于所给定的平方。现在, 我们使它们都加上以 HB 的平方为底, 以 BL 为高的立体, 即加上所给定的根。因此, 以 HB 的平方为底, 以 BG 为高的立体 (我们已经令它等于给定的数) 等于 BL 的立方加上与给定的根相等的立体, 再加上与给定的平方相等的立体, 而这就是我们要证明的。"

123

124

[17]引自 (Fauvel and Gray (eds.) 1998, pp.233–234)。

第 6 章 12—16 世纪欧洲的数

第 5 章中讨论的格尔索尼德 (Gersonides) 及其犹太同仁的数学活动在内容、风格和来源方面与伊斯兰传统直接相关。然而从地理背景上看, 这些活动属于中世纪后期欧洲数学的一部分。在西罗马帝国于 476 年灭亡之后的几个世纪, 欧洲的学术活动, 尤其是数学活动, 总体而言都显著地减少了。在 12 世纪出现了第一次重要的转折, 此时科学文本的翻译, 尤其是那些与伊斯兰传统有关的文本, 开始在欧洲的各个中心城市出现。

天主教于 1085 年光复西班牙的托莱多之后, 这个地方兴起了一个非常活跃的翻译学派。在这个时期的托莱多发现了很多阿拉伯科学手稿, 而且当时这里还有一个庞大而繁荣的犹太社区。当地的很多犹太人都精通阿拉伯语以及西班牙语、希伯来语或拉丁语等其他语言, 因此他们也成为跨文化交流的重要推手。科学文本的翻译经常分成两个阶段: 首先是从阿拉伯语到西班牙语, 然后是从西班牙语到拉丁语。

到了 13 世纪中期, 大量的阿拉伯科学文本已经被翻译成拉丁语, 其中一部分是希腊著作, 另一部分是伊斯兰数学原著。欧洲学者通过这些译本开始研究很多杰出数学家的著作, 如欧几里得、阿基米德、阿波罗尼乌斯、托勒密、阿尔–花拉子米、阿布 · 卡米尔、巴尔–希亚 (Bar-Hiyya) 等。

这些文本的内容和体系对知识界产生了巨大影响。此时, 博洛尼亚、巴黎和牛津的教会学校发展成了大学, 而剑桥和帕多瓦也建立了新的大学。这些大学以及其他新兴的智力活动中心成为中世纪后期拉丁学术传统的重要机构。那些立志加入法律、医学或神学的高等院系的学生必须先通过学习 “七艺” 获得文学硕士学位,“七艺”包括“四学”(算术、几何、天文和音乐) 和当时更显重要的“三科”(文法、逻辑和修辞)。亚里士多德哲学也是课程中的一个核心议题。

欧几里得的《几何原本》对于拉丁西方的知识界非常重要, 当时有很多版本在欧洲流传。这本书最有影响的译者包括巴斯的阿德拉德 (Adelard of Bath, 约 1080—约 1150), 切斯特的罗伯特 (Robert of Chester, 活跃于 1150 年左右), 以及后来的诺瓦拉的坎帕努斯 (Campanus, 1220—1296)。坎帕努斯的译本在 1482 年成为《几何原本》的第一个印刷本。在译自希腊语著作的新版本在 16 世纪出版之前, 这个译本一直是拉丁世界标准的原始参考资料。

在当时学术活动的影响下,《几何原本》最流行的那些版本与欧几里得原著之间有一些有趣的区别。其中最突出的是译本中具有明显的教学特征, 它直接影响了叙述的风格。我们发现, 大多数中世纪的《几何原本》译本都仔细标记了证明的各个部分, 直接引用了证明所依据的以前的命题, 并且暗示了与所论命题直接相关的其他命题。但这些在欧几里得非常朴素的原著中并不存在。对文本逻辑结构的持续分析, 引起了数学家对《几何原本》中不可通约量的性质及其分两次处理比例理论的原创性讨论, 这两次处理一次是在一般的量的领域 (第 5 卷), 另一次是在数的领域 (第 7 卷)。拉丁中世纪的数学家对这两个领域在原著中的严格分离很不满意。他们寻求可以统一处理它们的新方法, 而这种探索对于数的思想的继续发展至关重要。

《几何原本》的算术章节缺少公理化基础, 这个问题也引起翻译者和注释者的注意。在《几何原本》的译文中或者在对个别结果的注释中, 都出现了对算术基础概念的澄清。其中约丹努斯 · 尼莫拉利乌斯 (Jordanus Nemorarius) 的文本阐述得最详细。他生活在 13 世纪早期, 但是人们对他的生平却知之甚少。他的著作《算术基础》(*De elementis arismetice artis*) 一直到 16 世纪初期都在作为教材出版。这本书试图系统地展现当时所知的全部算术知识, 包括数的算术运算的基本性质, 而其基础仅仅是几条公理, 就像很多世纪以前欧几里得为几何学提供的公理那样。然而运算性质这部分内容在该书中可能是最薄弱的, 它并没有进一步讨论数的性质。约丹努斯的著作的读者并不多, 这部分内容看起来也没有引起其读者的兴趣。

早期的经院哲学在 12 和 13 世纪充满活力, 但这种活力在 15 世纪之交衰退了, 而此时人文主义的复兴成为西欧知识分子活动的主要潮流。这个潮流促进了对古典文明的主要文化价值的再发现和再评估, 并且这些文明因其自身的价值而被认为值得追随和研究, 而不是因为它们与教会教义的关联。文艺复兴时期的人文主义者对记录古典世界的知识与科学的手稿产生了浓厚兴趣, 其中

126

有些手稿长期保存在修道院里, 已经被遗忘了好几百年。君士坦丁堡在 1453 年陷落后, 许多新的手稿传到了意大利, 而大量涌入的海外拜占庭学者帮助翻译了这些手稿。当然, 印刷术的发明是另一个开创性的转折点, 它有力地促进了人文主义者所珍藏的古典文本及其文化价值的传播。

文艺复兴时期人文主义者取得的一项重要成就是, 大量的希腊数学手稿此时开始被直接翻译成拉丁语, 并且与《几何原本》的诸多版本以及最初译自阿拉伯语的其他数学著作一起在欧洲印刷发行。例如,《几何原本》的第一个印刷本于 1482 年出现在威尼斯; 而它的第一个译自希腊语的拉丁语印刷本也于 1505 年出现在威尼斯。

在 1463 年之前, 欧洲人并不知道丢番图的著作。当文艺复兴时期的人文主义者开始阅读丢番图的《算术》时, 他们认为这是阿拉伯代数发展的基础。其中很多人甚至认为, 这是 12 世纪开始在欧洲逐渐发展起来的类似于代数的思想的主要来源。就这样, 一个相当普遍的神话演变成文艺复兴时期数学文化的一部分。它假定了一个始于古希腊并一直持续的欧洲数学传统, 其间有一段相当长但并不十分重要的几百年的间歇期, 在此期间阿拉伯数学家只不过是翻译、“保存” 和 “传输” 了欧洲的遗产。

更一般地说, 从历史上来看, 早期文化知识中数学体系的图景还很不精确, 正如当时的欧洲所构想的那样。一方面, 一些早期文本只是部分地或逐渐地被发现; 另一方面, 无论从语言的角度还是从数学的角度来看, 翻译的过程都充满了挑战性。直到今天, 历史学家对阿拉伯数学著作中一些术语的真实含义还存在着争议。很明显, 早期的欧洲翻译家在工作中不得不发明新的术语, 或者不得不依赖那些并不总是贴切的现有术语。但是, 他们在翻译中也自然地加入了数学的新思想、新术语和新符号, 而这些都不属于原文。在这种困难的翻译任务的背后, 其实是维持平衡的两种张力之间的拉锯, 一种是保持对古典的原始资料的忠实, 另一种是希望生成更流畅的数学文本, 以使预期读者更容易理解。这种潜在的拉锯往往是数学创新的源泉, 尽管译者自己并没有完全意识到这一点。

127

6.1 斐波那契与欧洲对印度–阿拉伯数字的引入

在古典文本被翻译成拉丁语后, 其中的数学知识最初只有很少的读者。这些读者在经院哲学时期与大教堂和大学联系紧密, 在人文主义时期则与西欧世俗知识分子息息相关。然而, 伴随着此时的知识发展, 尤其是当更加实用的计算书籍开始出现时, 这些读者的数量开始逐渐增加, 并且越来越多样化。有些文本最初用拉丁语书写, 但是用本国语撰写的文本早在 13 世纪就开始在欧洲流传了。这当然也增加了读者的范围和类别。这些书籍和当时流传的古典文本的译本在内容与风格方面并不相同, 而且它们还隐含地传达了对于数的不同的思考。首先, 这些书中包含源自实用的计算传统的算术知识, 而该传统与地中海的贸易紧密相关。比萨的莱昂纳多 · 斐波那契 (Leonardo Pisano Fibonacci, 约 1170—约 1240) 用拉丁语撰写的《计算之书》(*Liber Abbaci*) 是其中最早的著作之一, 也是其中最有名的一本书。

斐波那契很熟悉希腊、拜占庭和阿拉伯的原始文献。他可能是在多次游历伊斯兰国家的过程中获得了这些知识。他汇集了数学的新技巧和新概念, 尤其是印度–阿拉伯数字系统的用法和方程的解法, 并且在西欧传播, 他在这些方面的作用非常关键。读者会发现, 这本书对该数字体系进行了系统的描述, 包括 9 个数码和零, 并解释了如何利用它们进行 4 种算术运算。斐波那契还介绍了阿尔–花拉子米解决问题的技巧, 而这些问题涉及未知量的平方。类似地, 他也讲授了如何求解得失计算、货币兑换和相似问题等各种算术问题, 而它们具有明显的实用特征, 目的是供商业使用。这些问题经常用来例证某个更一般的技巧。

这里举一个例子: 一个陷阱深 50 英尺, 如果一只狮子每个白天向上爬 1/7 英尺, 每个晚上向下滑 1/9 英尺, 它需要多少天才能逃出陷阱? 这个问题的求解利用了 "假位法" 的技巧, 而这种方法至少可以追溯到古埃及时代。它在最开始先设定某个值, 然后再调整它以得到正确的解。在这个例子中, 考虑到 7 和 9 都能除尽 63, 斐波那契开始先设答案是 63 天。在这 63 天里, 狮子向上爬了 9 英尺, 向下滑了 7 英尺。他由此推出, 狮子向上爬 50 英尺需要 1575 天。顺便提一下, 他的答案是错的, 因为在 1571 天之后它离顶端只剩下 8/63 英尺, 所以 1572 天就足够了。他对另一个例子的解法则更像是阿拉伯的代数方法: 在两个人按给定比例交换了两笔钱之后, 计算他们手中剩余的钱数。在这个情景下, 斐波那契讲授了分数的计算技巧, 而不是仅仅限于讨论整数。 128

斐波那契在《计算之书》中向欧洲人讲授的各种技巧全都是 10 世纪之前伊斯兰数学实践的一部分。他也写过另外一些书, 在其中讨论更复杂的几何与算术问题, 而其读者也就更少了。这些书本身也表明, 我们对于数和代数方程的现代理解其实有着非常复杂的历史过程。在 1225 年的《花朵》(*flos*) 中,[1]斐波那契处理涉及未知量的立方的问题, 它们类似于我们在阿尔–海亚姆那里所

[1]书名 "花朵" 象征数学的美好, 在现代英语世界中这种象征仍然存在。译者感谢 Charles Burnett 教授, Jens Hoyrup 和 Thommas Archibald 以及作者 Leo Corry 教授对此问题的有益讨论。——译者注

看到的问题。斐波那契可能是从阿布·卡米尔的书中知道了这些问题。不过与阿尔–海亚姆和阿布·卡米尔不同的是, 斐波那契还讲授了如何求近似的数值解, 而不仅仅限于理论上的几何解。对于 “10 个未知量、两个平方与一个立方之和等于 20” 这个典型问题 (用符号表示即 $10x + 2x^2 + x^3 = 20$), 斐波那契认为 “不可能解决它”, 他的意思是指它的解不可能是整数、分数或者分数的平方根 (或者用帕普斯的话来讲就是, 这个问题不能用平面方法解决)。

如前所示, 阿尔–海亚姆借助于圆锥曲线解决了这种问题 (或者用帕普斯的话来讲就是, 他使用了立体方法)。阿尔–海亚姆还解释道, 只有这种方法才可能解决这种问题。莱昂纳多提出了一种解法, 就其整体思路而言, 这实质上属于算术方法。他的具体求解细节在这里并不是特别重要, 真正重要的是, 在表达他的近似数值解时, 他并未采用自己在之前的书中所讲授的十进制, 而是用六十进制 (基底为 60) 的形式将其表达成:

$$1.22.7.42.33.4.40.。$$

斐波那契用这种形式来表达数值

$$1 + \frac{22}{60} + \frac{7}{60^2} + \frac{42}{60^3} + \frac{33}{60^4} + \cdots。$$

顺便提一下, 这个近似还相当精确, 因为它转化成十进制即得 1.3688081079, 而这个解直到小数点后第 9 位都是正确的。这样我们就知道, 这位数学家很清楚十进制的技术细节及其优势所在, 但同时他也并不认为必须要用同一个记数体系来求解和表达所有的问题。对于从几何背景中产生的计算, 他更喜欢用六十进制而不是十进制, 他这样做也许是为了展示三角学与天文学之间的联系。而在早前的算术背景下的书中, 他更喜欢采用十进制。

6.2 欧洲的明算传统和算学传统

在欧洲, 随着商业活动和城市发展的加速变革, 数的使用也开始在不同地方 (首先是在意大利) 获得发展。在 13 世纪后半叶出现了一个新的职业 “明算师” (maestri d'abbacus), 即精通计算的人。他们撰写教材, 教授商人的后代, 并为他们的贸易提供必要的算术工具。一种新型的数学文化由此产生, 它完全专注于用数来解决问题。从体制和语言上来讲,它主要是在学术界以外发展。它的文本是用意大利方言写成的。这种文化的核心是伊斯兰传统下的十进制和斐波那契的书中所介绍的技巧。随着他们解决的问题和撰写的属于该传统的书籍越来越多, 在处理问题时优先使用十进制的做法也就不断得到巩固。最终,

129

十进位值制被彻底地接纳了, 而当时还在使用的其他数制 (如笨重的罗马数制) 很快都湮灭无闻了。另外, 这个过程也伴随着解决问题的新技巧以及对于数的新认识。

明算 (abacus) 传统展现了数学思维的几条线索, 它们在进一步发展之后成为关于数的新观点的核心, 并在 17 世纪的数学中居于支配地位。其中我们可以提到以下几点:

• 问题解决的方法不断发展和提升;

• 在数学文本中对缩略语的使用不断增加, 而它们最终演变成可以形式化操作的符号;

• 使用更多种类的数的合法性不断增强;

• 算术领域开始形成, 而它与几何几乎没有关系。

这些线索的缓慢发展既非直线型也不稳定, 而且彼此之间还具有相对的独立性。另外, 在不同数学家的著作中, 它们的结合方式也不相同。现在我举几个例子来说明这一点。

问题解决的技巧

这种技巧出现在大量的明算文本中, 跨越了大约两百年的时间。这些文本通常包含一个很长的问题列表, 最多时可达两三百个。在早期阶段, 这些问题用文字来叙述, 其中并没有符号, 甚至连缩写都没有。有些典型问题和丢番图所解决的问题类似, 例如, 给定两个数的乘积及其平方和, 要求两个数。

在求解过程中, 明算师假定了未知量即 "某物" (cosa) 的存在性, 并且一般来说, 适当地选取未知量是正确求解的关键一步。在上面的例子中, 某物表示两个数中的第一个。在大多数情况下, 每个问题只需要定义一个未知量, 但在有些例子中也可能会出现两个未知量。借助于某物、它的平方以及 "数", 这个问题被翻译成一种 "方程", 但整个过程完全是文字叙述, 没有涉及符号。例如, 在刚才提到的问题中, 第一个数是 "某物减去某个数的平方根", 而第二个数等于 "某物加上这个数的平方根"。

从这个文字方程开始, 利用从伊斯兰传统中学到的还原 (al-jabr) 和对消 (al-muqabala) 的运算法则, 各项之间的关系就得到了简化。这些法则有时还采用意大利的称谓,如还原 (ristorare) 和对消 (raggualiare)。另一些作者则更喜欢在方言中直接应用阿拉伯词汇, 例如 1365 年的一部手稿题为《论还原与对消》(*Trattato dell'alcibra amuchabile*)。化简之后的 "方程" 总是阿尔–花拉子米及其后继者所讲授的标准形式中的一种, 而其解法已经知道了。求解法则并 130

不是基于符号运算的能力, 而是基于对已有法则的重复使用, 并且经常凝练成容易记忆的文字公式 (有时候它们甚至用韵文来表达, 我们很快就会看到一个非常著名的例子)。在一些文本中, 法则的重复被看作判断其有效性的标准, 并且在解法的最后会加上某些表示同意的固定句式, 如 "这是正确的, 它已经被证明, 并且在类似的情况下也可以这样做" (*esta bene, ed è provata, e così fa le simigliante*)。

缩写与符号应用的不断增加

明算师处理的问题最初来自日常生活和商业往来。然而, 在伊斯兰传统和数学思想的内在驱动下, 明算师也开始越来越多地处理几乎没有什么实际意义的问题。他们还处理只不过是算术谜语的问题。

有些著作开始包含更加理论化的问题, 它们涉及未知量的立方, 有时还涉及更高次的幂。为了方便地表达这些高次幂, 使用标准缩写在明算师的著作中变得越来越流行, 这种做法追随着源自中世纪一般手稿 (不仅仅是数学手稿) 的文本实践, 同时又被文艺复兴早期的文本所追随。这样, 我们在其中可以发现一些缩写: "c" 表示未知量 (cosa), "ce" 表示它的平方 (censo), "cu" 表示它的立方 (cubo)。后来, 这个思路也逐渐扩展到更高次的幂: "ce ce" 表示四次幂 (censo di censo), "ce cu" 表示五次幂 (censo di cubo), "cu cu" 表示六次幂 (cubo di cubo)。然而, 尽管用于缩写的符号逐渐增加, 它们与公认的标准运算工具之间还有一定的差距。另外, 还有一个与之并存的差距, 它产生于以下两方面之间, 一方面是直接将符号技巧扩展到未知量的高次幂, 另一方面是对所涉及的数学对象进行合理而系统的概念澄清。

这种情形的著名例子出现在德国的算学传统 (Deutsche Coss), 该传统随着意大利明算著作传入德语地区而在 15 和 16 世纪发展起来。一般用源自意大利语 "某物" (cosa) 的德语新单词 "事物" (coss) 来表示在那里发展的问题解决的传统。这个传统最杰出的例子是克里斯托弗 · 鲁道夫 (Christoff Rudolff, 1499—1545)1525 年出版的著作《未知量》(*Die Coss*)。

鲁道夫在著作中不仅使用了表示未知量的高次幂的习惯写法, 而且还使用了其他算术符号。其中有些属于他自己的创新, 有些则在之前的著作中已经出现, 例如用横线来表示分数。他一直在用 "+" 表示加法, 用 "–" 表示减法, 但在尼古拉 · 奥雷姆 (Nicole Oresme, 约 1323—1382) 大约写于 1360 年的著作《比例计算》(*Algorismus proportionum*) 中就已经出现了加号。在这本书中加号用作拉丁语单词 "和" (et) 的缩写, 我们还不清楚到底是奥雷姆本人还是抄写

131

者引入了这个符号。当时用和号 (即 &) 作为单词 “和” 的缩写已经成为惯例, 而该书中用 “+” 表示只不过是为了进一步减轻抄写者的劳动。换句话说, 最初使用 “+” 和 “–” 之类的符号并非数学的想法, 而是词法的实践。

鲁道夫用 “$\surd$” 来表示平方根, 这可能是一种程式化的缩写, 即仿照用 “根” (radix) 的首字母 “𝔯” 来表示这个单词。借助于点号, 他甚至能处理更复杂的涉及平方根的二项式。例如, 我们现在写成的 $\sqrt{12+\sqrt{140}}$, 他会写成 $\surd.12+\surd140$。另外, 为了表示更高次的方根, 他还巧妙地将符号的思想进行了扩展: 用 “⩘√” 表示立方根, 用 “⩘” 表示四次方根 (这个二重符号可能是对 “$\surd\surd$” 的缩写)。虽然这种做法很聪明, 但是按照这种方式将平方根号扩展到更高次方根的符号还有明显的局限; 只有当我们意识到可以用同一个自然数序列来表示不同的幂 (或者此处的方根) 时, 这种局限才可能被克服。

然而这种意识并不容易获得, 而鲁道夫对高次幂的表示符号让我们更深切地感受到了这个困难。这些符号也体现了另一种将已有思想一般化的尝试, 但是它们很快也面临着上述的局限, 即鲁道夫自己表示高次方根时所遇到的困难。我们在图 6.1 中总结了这些符号。

ϕ	Dragma	
𝔯	Radix	x
𝔷	Zenſus	x^2
𝔠𝔢	Cubus	x^3
𝔷𝔷	Zenſdezens	x^4
ß	Surſolidum	x^5
𝔷𝔠𝔢	Zenſicubus	x^6
𝔅ß	Bſurſolidum	x^7
𝔷𝔷𝔷	Zenſzenſdezenſs	x^8
𝔠𝔠𝔢	Cubusdecubo	x^9

图 6.1 克里斯托弗 · 鲁道夫的《未知量》(1525 年) 中出现的表示未知量、二次幂、三次幂以及更高次幂的符号。我在最右边一栏加上了现代代数语言的翻译。引自 (Katz and Parshall 2014, p.207)

系统地使用缩写来表示高次幂这种做法显然在当时的数学论述中引入了新的实体。鲁道夫的解释表明, 虽然他发展了新的技巧来处理这些数, 但是他对于数的一些基本观点并未发生改变。他写道: “数 (dragma) 在这里指的是 1。但它其实并不是数,而是用来表示其他数的类别。平方根 (radix) 指正方形的边。第三个量级二次幂 (zensus) 总是表示正方形; 它来自平方根的自乘。例如, 若平方根为 2, 则这个正方形为 4。” 换句话说, 鲁道夫对于数的看法和前人的

132

认识并没有实质的区别, 而这种认识可以一直追溯到欧几里得。事实上, 他在解释中让读者参考《几何原本》第 9 卷。虽然他系统地使用了符号, 但是他既不需要, 也没有构想或者催生出完全抽象的数的概念, 即能以同样的方式用它一劳永逸地表示系数、未知量以及数的幂或者方根的次数。尽管他在实践中已经相当抽象地使用了数, 他还是把各种幂或者方根看作不同的数学对象。

这本书第一部分的核心主题是算术数列和几何数列, 当鲁道夫处理它们时, 他的实践和概念之间存在着明显的落差。首先, 鲁道夫让等比数列中的每一项与它的序数相对应。他甚至大胆地将 “第零” (zeroth) 位与该数列的第一项相对应。例如, 他明确地写道:

0	1	2	3	4	5	6	7	8	9	10
1.	2.	4.	8.	16.	32.	64.	128.	256.	512.	1024.

然后, 在之后的文本中, 他指出了表示高次幂的符号序列中的每一项的序数, 如图 6.2 所示。接下来, 他还引入了一个表格, 将用其符号表示的幂的递增序列与自然数的递增序列对应起来:

0	1	2	3	4	5	6	7	8	9	10
ϕ	𝔯	ʒ	ce	ʒʒ	ß	ʒce	Bß	ʒʒʒ	cce	ʒß

他用这个表格证明了各个幂之间的乘法法则, 并隐含地将这种运算与相应指数的加法联系起来。这样, 如其所述, “𝔯” 乘以 “𝔯” 得 “ʒ”。类似地, “𝔯” 乘以 “ce” 得 “ʒʒ”, 等等。

ϕ	𝔯	ʒ	ce	ʒʒ	ß	ʒce
1	2	4	8	16	32	64
1	3	9	27	81	243	729
1	4	16	64	256	1024	4096

图 6.2 根据鲁道夫的符号排序的几何数列的各项

然而, 尽管鲁道夫有能力对高次幂、数列和符号进行运作, 但他并未迈出对我们来说很自然的一步, 即他既没有用自然数表示幂在序列中的位置, 也没有用其表示基底自乘的次数。我们现在将上述自然数作为上标, 就像 2^3 那样, 但这当然也只是偶然的结果。我们的符号真正重要的地方在于, 它反映了这样一种意识, 即用同一种抽象的数的概念来一般地表示很多看似不同的情形。尽管鲁道夫在计算和符号表示方面能力出众, 但是他并未迈出这看似简单的一步 (他的直接继承者同样也没有), 这也显示出数所固有的真实困难。

133

鲁道夫用同一种思想来表达未知量的各种幂, 包括三次以上的幂, 总体而言, 对那些不能直接进行几何解释的量, 他的符号对于承认使用它们的合法性起到了促进作用。然而同时他的术语和符号又非常特殊, 并且每个幂都用不同的字母来表示; 他的情况表明, 对于上述提及的幂的递增序列和自然数的递增序列之间的联系, 要想阐明它还存在着困难。

尽管明算师 (abbacists) 和算学家 (cossists) 还研究了算术知识更抽象、更理论化的方面, 比如上述的联系, 但他们的主要动机一直都是发展以实际应用为目的的计算技巧, 尤其是为了商业会计。他们很清楚, 需要发展一些技巧来检查冗长计算的正确性。一个著名的例子是 "去 9 法", 这种方法出现在伊斯兰数学中, 直到几十年前还一直在小学讲授。鲁道夫及其同时代作者的著作中广泛地使用了这些技巧。

一个有趣的例子出现在法国人尼古拉·许凯 (Nicolas Chuquet, 约 1445—1500) 的著作中, 他承认了幂的序列和自然数序列之间的关联。许凯发展了数值方法来解决问题以及求平方根或立方根的近似值。由于不会书写十进制小数, 他并不总是提供真实值, 而只是将其体现在分数计算的过程中。为了应对这种情形, 他由此发展出一种符号。例如, 对于 $\sqrt{14+\sqrt{180}}$, 他会写成

$$R^2\underline{14\bar{p}R^2 180}。$$

为了书写含有未知量的表达式, 他也提出了一种新方法。例如, 他用表达式

$$.3.^2\bar{p}.12.egaux.9^1$$

来表示我们现在的方程

$$3x^2+12=9x。$$

对于通过符号的形式化操作来求解含有未知量的问题, 这种缩写方式其实并不适合, 但是它却允许考虑负指数。当我们用表达式

$$.72.^2\bar{p}.8.^3egaux.9^{2m}$$

来表示现在的方程

$$72x^2+8x^3=9x^{-2}$$

时, 负指数的确就出现了。另外, 许凯还解释了如何对这样的表达式进行运算。例如, 为了用 "$.8.^3$" 乘以 "$.7.^{1m}$", 首先要用 8 乘以 7, 得 56; 然后将指数 -1 与

3 相加, 得 2。于是结果就是 “.56.^{2}”。我们是通过许凯 1484 年的文本才知道他的思想, 但这个文本直到 19 世纪才出版。不过它的一部分内容被复制在埃斯蒂安・德・拉・罗赫 (Estienne de La Roche, 1470—1530) 1520 年的教材中 (当时并未注明这些内容来自许凯)。尽管并不确定, 鲁道夫有可能在写《未知量》时从中获得了一些启发。

134

简单来说, 公认代数符号的引入过程是平缓而渐进的, 有时甚至还踌躇不前, 它在很久以后才达到顶峰。举个较为重要的例子: 表示相等的符号 “=” 是由罗伯特・雷科德 (Robert Recorde, 1510—1558) 在他 1557 年的《智力磨石》(*Whetstone of Witte*) 中引入的。这本书还坚持使用符号 “+” 和 “−”, 对于英国数学界最终接受它们发挥了决定性的作用。尽管如此, 其他像 “<” 和 “>” 等表示不相等的符号还要等到几十年之后才在托马斯・哈利奥特 (Thomas Harriot, 1560—1621) 的著作中出现。

重要的是, 即使在这种情况下我们也要记住, 虽然某些人所使用的符号最终成为标准符号, 但这并不意味着对它们的接受是普遍的或者是一帆风顺的。与此同时, 在其他人的著作中也经常使用各种替代的符号。与字母 p 和 m (分别表示加法和减法) 有关的缩写在 16 世纪的重要代数著作中一直都在使用。此外, 尽管方便的符号已经广泛使用, 但一些文本仍然继续采用纯粹的文字表述。因此, 符号仅仅是可供使用, 但这并不总是意味着直接使用它们一定会带来方便。

更多类别的数的逐渐合法化

符号使用的不断推广对于数的理解产生了更深的影响。我们在算学家迈克尔・斯蒂菲尔 (Michael Stifel, 1487—1567) 的著作中找到了一个有趣的例子, 他出版了鲁道夫著作的后一个版本, 并且也出版了他自己相当有影响力的著作《综合算术》(*Arithmetica Integra*, 1544)。斯蒂菲尔是算学传统最后的重要实践者之一, 也是其中相当独特的人物。他引入了许多观念、方法和概念, 但并没有进行系统和连贯的使用。他的书的读者并不多, 因此只是间接地发挥了作用。而且从体制的视角来看, 斯蒂菲尔的地位也相当独特。他于 1511 年开始在埃斯林根的奥古斯丁修道院任职, 后来成为路德的支持者。他早年的兴趣是命理学, 直到 1535 年才在维滕伯格认真学习数学, 并最终成为那里的教授。与其他明算传统和算学传统的学者不同, 斯蒂菲尔将这些在贸易界兴起的传统引入到大学课程中, 而这是一个重要的转折点。

斯蒂菲尔第一次将所有类型的二次方程都看成同一种一般的情形, 并得到了一般的法则: “取一次项系数的一半并将其平方, 然后用它加上或减去给定的数, 再取所得数的平方根, 最后用它加上或减去一次项系数的一半。” (你现在可以把它转换成符号, 并且会发现这就是我们已知的一般公式。) 在用这种方法求解方程时, 斯蒂菲尔还给出了用负数和普通分数运算的公式化的一般法则。其中分数写成 $\frac{p}{q}$, 当时已经是标准书写形式了。他还探索了指数为分数和负数的幂的概念。因此, 他的文本显示出一种日益增长的意识, 即在上述各个方面都把它们看成数。

135

在一些明算传统的文本中, 我们还发现对于无理数的相当系统的扩展研究, 尤其是对整数的平方根与立方根的研究。有些意大利术语被用来指征这种数, 如 “不得体的” (indiscreta), “变质的” (sorda) 等, 而不同的作者对它们的态度也不相同。有时我们甚至可以在同一个文本中看到对这个问题的不同态度。对无理数的处理通常与二项式有关, 如 $2+\sqrt{5}$ 或 $3-\sqrt{2}$ 等。在当时流传的《几何原本》第 10 卷的算术化的版本中, 对这种二项式及其处理技巧的讲授随处可见。

第 10 卷讨论了不可通约量的分类, 它无疑是欧几里得著作中最难理解的内容。但如果用算术术语来表述它的命题, 理解起来就容易多了; 而事实证明, 算学家最近发展起来的数学语言特别适合这个目的。此外, 在明算传统中, 著作的一个重要目的是用以展示明算师的技巧, 因此有些文本过度使用了无理数, 而有些地方其实用整数的例子就足以说明所论方法的效力了。

随着对这些二项式进行运算的能力日益增强, 这种能力成为符号计算技术发展的一个重要因素, 因为它让人们注意到了符号的乘法法则的存在性。此外, 对二项式进行运算也隐含着对负数的自然接受。从斐波那契的时代开始, 问题的解中就已经出现了负数, 但看待它们的方式各式各样。例如, 斐波那契自己就提出了对这种解的各种不同的解释。对于借贷的问题, 负数可以解释为负债。但对于定价的问题, 负数并没有可接受的明确解释。斐波那契经常把负解说成是 “不方便的” (inconveniens)。

正式的符号运算法则

随着二项式计算中减法的不断出现, 系统的符号乘法法则逐渐形成了。值得注意的是, 对这些法则的争论纯粹是出于实用的考虑, 并不一定会引发关于负数的性质及其使用合法性的争论。例如, 在 1380 年由比萨的马埃斯特罗 · 达迪 (Maestro Dardi) 撰写的具有代表性的手稿中, 我们发现其中详细解释了为什么两个要减去的数的乘积是加上一个数。许多文本都重复了他的解释, 但同样也有另一些文本对它提出了批评。它的细节很有启发性，因为它们揭示了它背后的数的概念。

达迪解释道，我们用 8 乘以 8 时会得到 64。而这同时也是两个二项差式的乘积，用现代术语书写即

$$(10-2)\times(10-2)=10\times10-2\times2\times10+2\times2。$$

但是把这两个二项差式相乘时，会涉及两个被减去的数的乘积。概而言之，达迪进行了如下的解释：用 10 乘以 10 并且减去 10 乘以 2 的二倍，得 60；我们只剩下"被减去的 2"的自乘；因此，预期结果 64 意味着这个乘积 (即"被减去的 2"的自乘) 的结果是"加上 4"。

136

达迪从这个例子中得到了一般的结论，即"被减去的数乘以被减去的数"结果总是"被加上的数"。我在这里之所以写成"被减去的数"而不是"负数"，是因为像达迪这样的明算师所认为的关键之处是数的运算，而不是数的特殊类型 (即负数)。这样，尽管负数在正统的算术著作中逐渐被接受，但对它的认识并不一致，在其后几百年内仍然争论不休。然而，这并没有阻碍对符号运算法则的讨论。

这方面的另一个有趣的例子记载于卢卡・帕西奥利 (Luca Pacioli, 1445—1517) 1494 年的名著《算术、几何、比率与比例汇编》(*Summa de arithmetica geometria proportioni et proportionalita*)。帕西奥利是莱昂纳多・达・芬奇 (1452—1519) 的好朋友，他凭借其数学才能活跃于意大利的大学和宫廷中。帕西奥利在《算术、几何、比率与比例汇编》中详尽而系统地汇集了他之前的许多明算师所发展的主要见解和技巧。他还介绍了威尼斯商人使用的先进的会计技术，包括复式记账法。因为其著作的读者众多，所以他在历史上被称为"会计学之父"。

在传播某些公认的算术运算符号方面，帕西奥利发挥了重要作用，例如他用缩写"$\overline{p}$"和"$\overline{m}$"分别表示加法和减法。我们此刻讨论的仍然是当时各种文本中使用的缩写，而不是根据预先定义的法则可以直接进行运算的抽象的数学符号。但是帕西奥利的系统论述的确定义了符号的乘法与除法的某些法则，如：[2]

A partire. più per. mē. neven. men.

A partire. mē per. mē. neven. più.

[2]引自 (Heeffer 2008, P.14)。

它的意思是指"用被加上的数除以被减去的数, 你会得到被减去的数; 用被减去的数除以被减去的数, 你会得到被加上的数"。虽然这里并没有必要对算术运算的抽象符号给出系统的论述, 但是帕西奥利的文本例证了正式法则被逐渐建立起来的方式。然而, 帕西奥利在二项式问题中并未使用负量, 哪怕是在该问题的局部结果中。

算术知识理论领域的兴起

当无理数出现在问题的解中时, 它们通常是二项式的一部分, 如下例所示: "所求的一个数是 5 加上 $6+\frac{10}{169}$ 的平方根, 第二个数是这个平方根。" 算学家把这种表达看成问题的 "精确" 解, 并且他们通常并不计算表达式中平方根的近似值, 除非当问题具有明显的几何背景时。然而, 他们处理的算术问题通常是日常生活问题, 如货币兑换问题, 或者与邮递员的路线选择有关的城镇间的距离问题等。虽然无理数被自然地接受为这些问题的合法的解, 但他们并未对此给出太多的评论或解释。

137

这个传统的另一些文本试图对无理数的使用及其性质进行更系统的讨论。例如, 斯蒂菲尔引入了术语 "无理的", 并且解释道, "无理数" 出现在几何中, 并且可以像有理数那样利用它来精确地解决问题。他着重强调, 这个事实迫使我们接受无理数的 "真实存在性"。但是另一方面, 因为我们并不知道如何准确解释有理数与无理数的比率的意义, 这也引起了对这种存在性到底需要理解什么的疑惑。他说道, 就像无穷大的数不能被当作合法的数那样, 无理数也不能真的被看成数, 因为 "它们隐藏在无穷的云雾中"。尽管有这个明确的说明, 他仍然继续给出了这些无理数的许多性质以及对它们的运算。他的一些断言包括, 在两个整数之间总是有无穷多个无理数和有理数。

斯蒂菲尔的情况例证了数学家的一种有趣的态度, 它从文艺复兴时期一直到 19 世纪反复出现: 数学家对某种数的存在性保持质疑或者至少是持有争论, 他们力图通过合理 (即使并不完美) 的物理类比来理解这些数的本质, 但与此同时, 他们继续实验并试图接受这种数的性质, 即使需要假设它们 "并不存在" 或者只是 "虚构的"。

关于这一点, 我们以后会看到更多的例子, 但在这里我要强调的是, 斯蒂菲尔澄清无理数地位的努力并不代表明算师或算学家的一般态度, 他们只是用无理数来表示所处理问题的解。同时, 明算师也一直把负数的使用看作更严重的问题。无论如何, 在刚才所论的这段时间里, 数的概念的各种发展脉络凝聚成了几本重要的著作, 而它们将给下一代留下深刻的烙印。在这一章的剩余部分,我要考察两本书，它们更能代表数的观念在文艺复兴末期的不断演化。

6.3　卡尔达诺的《大术》

吉罗拉莫·卡尔达诺 (Girolamo Cardano, 1501—1576) 是文艺复兴晚期最引人注目的数学家之一。卡尔达诺是著名的医生和狂热的赌徒，曾在米兰的宫廷圈里工作过，他还在代数、概率论、神学、天文学、占星术和哲学等领域出版了大量的著作。他最著名和最有影响的数学著作《大术：论代数法则》(*Ars Magna,sive de Regulis Algebraicis*) 于 1545 年出版。这本书对于含有未知量的三次幂或四次幂的问题，相当全面并系统地论述了其求解程序。

138

卡尔达诺的想法也出现在当时被广泛阅读的其他著作中。我们在他所有的文本中都发现，为了澄清、修改和革新关于各种数的当前观点，他进行了有趣的尝试 (有时很明确，有时很含蓄)。卡尔达诺总是不知疲倦地尝试各种大胆的新想法，即使它们与他之前的著作并不一致甚至构成矛盾。因此，我们很难对他的算术观点进行全面的综合。但出于同样的原因，回顾他的一些思想以及他对当时数的概念的探究方法，对我们来说还是很有意思的。通过简要地讨论其代数著作的一些主要特点，我们可以对此有一个基本的了解。

卡尔达诺对于含有未知量的三次幂或四次幂的问题的解法并不完全是他自己的创造。在这个故事中还有其他一些角色，即西皮奥尼·德·费罗 (Scipione del Ferro, 1465—1526)，尼古拉·方坦纳·"塔塔利亚" (Niccolò Fontana "Tartaglia", 1500—1557) 和卢多维克·费拉里 (Ludovico Ferrari, 1522—1565)。在幕后上演的是合作、背叛以及个人意气用事的其他故事。在博洛尼亚大学工作的德·费罗可能最早得到了含有未知量的三次幂的问题的解法。我们在这里讨论的是可以通过算术运算 (包括开方) 得出数值解的方法，而不是在阿尔–海亚姆的著作中发现的几何解法。德·费罗的解法针对的问题类型为"一次项加上三次项等于数" (用现代符号表示即 $ax^3 + bx = c$)。他对其方法秘而不宣，在临终前也只向他的学生安东尼奥·马利亚·菲奥 (Antonio María Fior) 透露了这个秘密。而塔塔利亚也对一种不同类型的问题提出了不同的解法，于是就有了后来的故事。

塔塔利亚本身就是一个相当传奇的人物。他当过设计城防建筑的工程师，当过土地测量师，还当过簿记员。他还最早发展了弹道学的数学理论。在他还小的时候，他的父亲被强盗杀害了。然后在 1512 年，当法国军队入侵他的家乡布雷西亚时，他的脸部受了伤。他再也没有完全恢复说话的能力，因此有了"塔塔利亚" (口吃者) 的绰号。1543 年，他出版了欧几里得的《几何原本》的意大利语译本, 这实际上也是该书的第一个现代欧洲语言译本。他本来是个很有前途的数学家, 但在与卡尔达诺关于三次方程的争论之后, 他最终在穷困潦倒中死去。

掌握了德 · 费罗的方法的菲奥于 1535 年向塔塔利亚提出了数学挑战。他们各自向对手提出了 30 个含有未知量的立方的问题。塔塔利亚的方法可以解出一种三次方程, 即二次项加上三次幂等于数 (在现代术语中即 $bx^2 + x^3 = c$)。但在交锋的当天, 他努力找到了菲奥所提出的问题的解法, 而后者只掌握了从德 · 费罗那里直接学到的方法, 因此未能解决塔塔利亚所提出的问题。菲奥的失败显而易见, 但塔塔利亚并未领取奖金, 因为对他而言, 获胜的荣誉已经足够了。

卡尔达诺当时也一直在努力寻找含有三次幂的问题的解法, 他知道了塔塔利亚的能力, 并一再试图说服他透露其方法。他希望把该方法写进自己即将出版的一本书中,但塔塔利亚拒绝了, 并表示他打算在自己的书中出版这个求解程序。卡尔达诺坚持不懈, 并给出了各种承诺, 包括米兰宫廷可能给予塔塔利亚的支持。塔塔利亚无法抗拒这种诱惑, 最终在 1539 年 3 月 25 日透露了这个秘密, 而卡尔达诺则发誓永远不会公布这些发现。

139

卡尔达诺自己在三次方程的一般问题甚至更困难的四次方程问题上取得了很大的进展。他对后一个问题的求解得到了费拉里的帮助。费拉里是他的仆人和学生, 并且逐渐成为这门艺术的真正大师。然而, 关于四次方程的进展在很大程度上还直接依赖于塔塔利亚的方法。于是在 1543 年, 卡尔达诺和费拉里前往博洛尼亚查看德 · 费罗的论文。他们发现了德 · 费罗对一种三次方程的解法的手稿。基于这一发现, 他们认为自己不再受到卡尔达诺对塔塔利亚宣誓的约束, 从而也就可以发表他们的研究结果。

卡尔达诺在 1545 年出版了他的《大术》, 其中包含了三次方程和四次方程的解法。他将德 · 费罗、塔塔利亚和费拉里各自的发现恰当地归功于他们, 并从他自己的立场讲述了对塔塔利亚的宣誓和发现德 · 费罗的论文的故事。塔塔利亚发现卡尔达诺无视誓言, 自然会很生气。第二年他出版了一本书, 在书中也从他自己的立场讲述了这个故事。他指责卡尔达诺不诚实, 并公开侮辱他。

费拉里当然支持卡尔达诺, 并向塔塔利亚提出公开辩论的挑战。塔塔利亚拒绝与费拉里争论, 因为他还很不出名。他坚持要挑战卡尔达诺本人。这场辩论直到 1548 年才举行, 当时塔塔利亚希望获得一个重要的数学职位, 但条件是他必须在与费拉里的公开辩论中获胜。这场争论和挑战此时已经引起了广泛的关注。8 月 10 日, 公开辩论在米兰当着一大群人举行。费拉里明显地取得了领先, 而塔塔利亚在比赛结束前就退出了比赛。这样, 费拉里就获得了意大利的一个顶尖数学家的声誉, 而塔塔利亚则背负耻辱, 并且逐渐销声匿迹。

塔塔利亚用韵文的形式向卡尔达诺透露了其方法的步骤。这一方面是为了营造对他的思想进行保密的氛围, 另一方面也是遵循了上述的明算传统。在这里很值得引用一下意大利语原文, 摘自塔塔利亚 1546 年出版的《各种问题与发明》(*Quesiti et Inventioni Diverse*)[3], 它体现了用特殊方法处理数学问题的独特风味。这里处理的情形是 "三次幂加上一次项等于数" (在现代术语中即 $x^3 + px = q$)。它的解法是: 首先引入新的未知量, 然后得到一个辅助方程, 而它恰好是二次方程; 这个辅助方程可以利用与阿尔–花拉子米相似的方法进行求解, 然后再用所得结果求解原问题。为了容易跟随这个算法的逻辑, 我在引文的右侧添加了一些现代的符号表达式: [4]

140

Quando chel cubo con le cose appresso	$x^3 + px$
Se agguaglia à qualche numero discreto	$= q$
Trovan dui altri differenti in esso.	$u - v = q$
Dapoi terrai, questo per consueto	
Che'l lor produtto sempre sia eguale	$uv = \left(\frac{p}{3}\right)^3$
Al terzo cubo delle cose neto,	
El residuo poi suo generale	
Delli lor lati cubi ben sottratti	$u^{\frac{1}{3}} - v^{\frac{1}{3}} = x$
Varra la tua cosa principale.[5]	

卡尔达诺也给出了它的解法, 不过他使用的是纯文字表述而不是韵文的形式: [6]

"把一次项系数的 1/3 立方, 用结果加上方程的常数的一半的平方, 并且取这个和的平方根; 一方面用这个平方根加上刚才自乘的常数的一半, 另一

[3]这本书可以从网站 http://it.wikisource.org/wiki/Quesiti_et_inventioni_diverse 下载。参见 p.241。这个文本来自 1554 年的第二版。

[4]引自 (Gavagna 2014, pp.168–169)。

[5]塔塔利亚的意大利语韵文可以译成: "当立方与一次项相加等于某个具体数时, 求以这个数为差的两个不同的数, 并且总是使得它们的乘积恰好等于一次项系数的 1/3 的立方, 则它们的立方根之差总是等于你要求的未知量。"——译者注

[6]英译引自 (Smith (ed.) 1929, p.206)。

方面用它减去常数的一半, 所得分别是'二项和式' (binomial) 与'二项差式' (apotome); 然后用二项和式的立方根减去二项差式的立方根, 这个差就是未知量的值。"

你自己可以耐心地完成这个算法。它的结果我们可以翻译成现代代数符号, 这对我们来说可能更容易阅读。我们得到的符号表示为:

$$x = \sqrt[3]{\sqrt{\left(\frac{p}{3}\right)^3 + \left(\frac{q}{2}\right)^2} + \frac{q}{2}} - \sqrt[3]{\sqrt{\left(\frac{p}{3}\right)^3 + \left(\frac{q}{2}\right)^2} - \frac{q}{2}}。$$

这个算法的确会得到正确的根, 但是在我们的代数表达式中, 每个系数对最终结果的贡献都表现得很清楚 (事实上这正是求根公式的意义所在), 而在卡尔达诺的文字叙述中这一点还远非如此。另外, 如果我们在一般表达式中像卡尔达诺那样指定数值, 比如他的具体例子 $x^3 + 6x = 20$, 我们会得到以下结果:

$$x = \sqrt[3]{\sqrt{108} + 10} - \sqrt[3]{\sqrt{108} - 10}。$$

在这个数值结果中, 我们无法直接看出系数与根之间的关联。然而, 卡尔达诺确实认识到了这种关联的存在性。例如他知道, 如果他得到了三次方程的三个不同的根, 那么它们的和等于问题中所述的二次项系数 (即 x^2 的系数)。不过, 由于他完全用文字来表述其解法并且很少甚至没有使用运算符号, 他在这方面还远不能洞察到全部的关联。他没有系统地讨论这个主题, 在提及它的地方, 也没有给出值得证明的清晰的数学表述。直到 17 世纪笛卡儿的著作 (本书第 8 章), 我们才能看到对这个主题更系统的论述。 141

更有趣的是, 卡尔达诺并不总是费心计算未知量的精确值。在上例中, 他并未说明通过运算所得的根可以化简成 2。在文本的另一个地方, 他提到 2 就是根的值, 但其后并未展示他如何通过对立方根和平方根的计算得到了 2。他也没有说明其计算结果在多大程度上接近于精确解 2。他只是暗示自己已经在另一个不同的文本中给出了解释。不过, 卡尔达诺在计算其数值例子时引入并使用了初始的符号, 如图 6.3 所示。我们注意到卡尔达诺在这里使用的符号只是缩写, 与明算师和算学家的缩写类似。它们不是可以进行运算的抽象符号。因此, 就其风格与内容而言, 我们发现阿尔–花拉子米的工作经过文艺复兴早期欧洲数学的一些重要发展之后, 可以直接和卡尔达诺的工作联系起来。卡尔达诺像他的欧洲前辈一样, 提出了一些包含未知量和数的具体问题 (尽管有时是刻意设计的)。然后, 他展示了如何解决这些问题, 并对每一种情形都给出了一个具体的、示范性的解法。

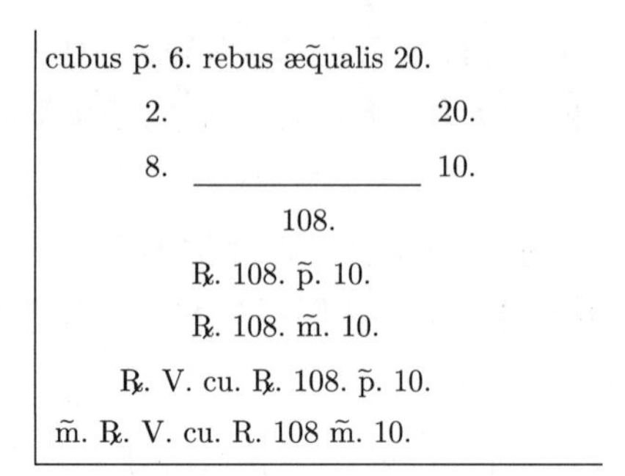

图 6.3 卡尔达诺对问题 “三次幂加上一次项等于 20” 的解法的速记。转载于 (Gavagna 2012, p.7)

卡尔达诺的书遵循了阿尔–花拉子米的系统的论述方式: 后者论述了二次方程的所有 6 种情形, 而卡尔达诺论述了如何求解三次方程的 13 种情形, 如 “三次幂加上一次项等于常数” ($x^3 + px = q$), “三次幂等于一次项加上常数” ($x^3 = px + q$), “三次幂等于二次项加上常数” ($x^3 = px^2 + q$), 等等。而且除了详细的示范性程序以外, 卡尔达诺还提供了旨在证明其有效性的几何论证, 而这一点也与阿尔–花拉子米的做法类似。这些论证基于众所周知的结果, 它们大多直接取自《几何原本》或者是对其结论的推广。因此, 卡尔达诺将算术程序的合法性依托于几何学的根基, 这实质上也遵循了阿尔–花拉子米的做法。但是随着所处理的问题越来越复杂, 这种态度所固有的而且无法克服的矛盾就体现出来了。这些矛盾在我们的故事中至关重要, 因为对它们的克服逐渐导致了重大的概念突破。

142

从几何层面与算术层面同时考虑问题成为矛盾的直接源头。当卡尔达诺在《大术》中处理 20 种涉及未知量的四次幂的问题时, 这一点变得尤为明显。从技术上讲, 他对这些问题的求解程序及其几何证明给出的描述, 远不如他对涉及未知量的立方的 13 种情形给出的描述详细。从概念上讲, 他也发现了一些困难。他在这本书的导言中强调, 虽然三次幂指的是一个立体, 但超越它 “对我们来说是很愚蠢的”, 因为 “大自然不允许这样做”。但是, 如果处理涉及未知量的四次幂的问题对我们来说是很愚蠢的, 那么这种问题的意义又是什么呢? 然而尽管有这种困难, 他的书中的确包含了这类问题——他说道, “或者出于需要, 或者出于好奇”, 但不过是 “仅仅将它们展示一下”。

同样的 “必要性” 和 “好奇心” 似乎也是卡尔达诺处理其他类型的数学对象的基础, 尤其是负数及其平方根。卡尔达诺非常清楚地指出, 应该避免负数: “减法是用较大的数减去较小的数。事实上, 根本不可能用一个较小的数减去一个较大的数。” 无论是在上述问题的阐述还是在求解过程中, 他实质上的确没有使用负数。正如我们所见, 这也是阿尔–花拉子米在处理二次方程的 6 种情形时的基本态度。卡尔达诺在表述涉及三次幂和四次幂的问题时, 其目的当然是为了得到类似的标准情形, 而且和阿尔–花拉子米一样, 他考虑的各种情形都是使用正数作为系数。

如果负数和零可以看作系数, 那么对每个次数而言, 他显然只有一个一般方程, 即三次方程

$$ax^3 + bx^2 + cx + d = 0$$

和四次方程

$$ax^4 + bx^3 + cx^2 + dx + e = 0。$$

从这个重要意义上讲, 在卡尔达诺娴熟的处理中并没有关于代数方程的一般的抽象思想, 这种思想是随着对于数的现代理解而产生的。在卡尔达诺的问题中, “系数” 总是正的并且通常是整数。它们在某些情形也可能是分数, 在个别情形甚至可能是无理数。

但是, 对于方程的根 (与其系数相对照), 卡尔达诺则不得不考虑负数甚至还有它们的平方根。他发现自己陷入了矛盾, 即他一方面声明了更严格的数的概念, 另一方面则对于数展开了更灵活的实际应用。他对四次幂的情形所体现出的好奇心似乎在这里发挥着强烈的作用。他对比了两种解, 即正的 (他强烈地倾向于此) 和负的 (他的确探讨了), 并且把它们分别称为 “真的” (vera) 和 “假的” (ficta)。这种做法并不仅仅是随意地为它们赋予中性的名称。相反, 它反映了他对这两种数的不同地位的真实看法。我们在接下来的章节中会看到, 一个真正普遍而灵活的数的概念的逐步形成过程, 既伴随着对有特定意义的术语的舍弃, 也伴随着对个别种类的数的看法的转变。 143

我们通过一个例子来看一下卡尔达诺的著作中如何出现了对负数的需求。如果我们考虑一种 “二次幂等于一次项加上常数” ($x^2 = px + q$) 的二次方程, 那么这个问题的解可以用现代语言表达为:

$$x = \frac{p}{2} + \sqrt{\left(\frac{p}{2}\right)^2 + q}。$$

卡尔达诺提出, 这个问题也可以有另一个 “假” 解。他不仅说明假解为

$$x = \frac{p}{2} - \sqrt{\left(\frac{p}{2}\right)^2 + q},$$

而且还指出, 它可以通过改变另一个问题的真 (verae) 解的符号来获得, 这个问题 (即 $x^2 = px + q$) 与前一个问题密切相关。卡尔达诺对后一个问题的解可用现代术语表示为:

$$x = \sqrt{\left(\frac{p}{2}\right)^2 + q} - \frac{p}{2},$$

取它的相反数显然就得到了原问题的另一个 "假" 解。卡尔达诺没有充足的符号语言和连贯的概念, 因此无法意识到该程序之所以有效的确切原因。另外, 假解并不支持卡尔达诺在《几何原本》中探求他的程序。不过, 他的确检查了几个数值例子, 而它们印证了该程序的有效性。虽然这些 "假" 解并没有明显的几何对应, 但卡尔达诺并未完全否认它们可以作为问题的解。毕竟负数 (minus puro) 并不难被考虑到, 比如商业背景下的负债。另外, 卡尔达诺的算法在应用假解时的确得到了三次方程的正确的解。

另一种 "假" 解涉及负数的平方根, 卡尔达诺称这种数为 "诡辩的负数" (minus sophistico)。卡尔达诺的例子与明算传统的算术问题看起来并无不同: "把 10 分成两部分, 使其乘积为 30 或 40。" 如果你按照与 "二次幂加上常数等于一次项" ($x^2 + q = px$) 的情形相应的熟知算法求解这个问题, 你会得到两个解 $5 + \sqrt{-15}$ 和 $5 - \sqrt{-15}$。按照明算师计算二项式的著名法则, 对这两个表达式 "撇开顾虑" 进行计算, 我们不难验证 (如卡尔达诺所强调的那样), 它们的确满足这个问题的条件; 它们的和确实是 10, 它们的乘积也确实是 40。但是对于解的几何解释将导致用边长为 5 的正方形减去边长为 4 和 10 的矩形 (即 $25 - 40$), 这里出现的 "负面积" 的思想当然不会被接受。另外, 如他在前述问题中所做的那样, 他也不能借助于某个关联问题而绕开判别式中的减号。

144

他如何来处理虽然不可能但却是正确的情形? 卡尔达诺宣称这种解是 "诡辩的", 并且 "虽然精巧但是没用", 然而他也认为这种解具有重要的数学意义。他知道他必须接受负数的平方根作为合法的解, 尽管他并不知道如何来解释它们。另外, 它们的平方是负数, 这个事实也在挑战公认的符号乘法定律, 因此他认为它们并不是正量或负量, 而是第三种类型的数学对象。

为了应对这些困难, 卡尔达诺认为, 真正需要改进的其实是明算师的二项式乘法法则。他在 1570 年的另一本著名的书《论困难的法则》(*De Regula Aliza*) 中讨论了这个问题。卡尔达诺的论述援引了很久以前马埃斯特罗 · 达迪所讨论的例子, 我在前面曾提到过它。借助于图 6.4, 他完全基于几何的视角展开论述。在这个图中, 设 ac 的边长为 10, 则正方形 $aefc$ 的面积为 100。进一步设 bc 和 ga 的边长都是 2。因为正方形 egd 的边长为 8, 所以它的面积是

64。另一方面, 64 也可以这样得到, 即用 $aefc$ 减去两个面积都是 2 的矩形 bf 和 cg, 然后加上正方形 cd, 因为它被减去了两次 (即 $100-20-20+4$)。现在卡尔达诺说道, 4 并非按照明算师的法则得自两个负数的乘积, 即 $(-2)\times(-2)$, 而是基于几何的需要, 即为了加上那个被减去了两次的面积。因此, 在卡尔达诺看来, 这里涉及的算术运算并非

$$64=100+10\times(-2)+10\times(-2)+(-2)\times(-2),$$

而是

$$100-2\times 20+2\times 2=64。$$

卡尔达诺坚持认为: 两个负数相乘得到正数只是表面现象; 正量和负量截然不同, 不能相互混淆; 因此正数相乘的结果为正数, 负数相乘的结果为负数。另外他还说道, 当正数与该领域之外的事物相乘时, 结果一定也在该领域之外, 例如正数乘以负数的结果是负数。

145

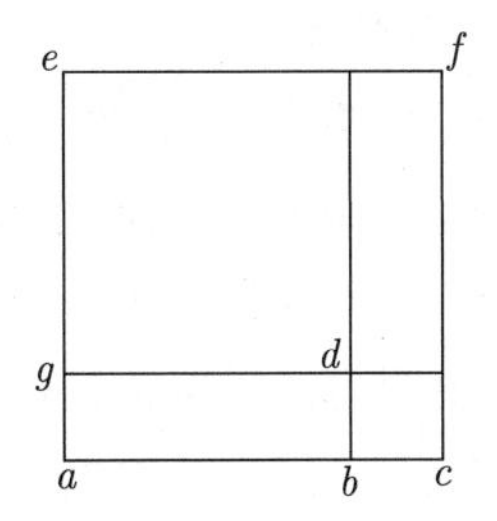

图 6.4 卡尔达诺质疑明算师的符号乘法法则

这样, 卡尔达诺对负数的态度就形成了有趣的矛盾。在某些特定场合他承认负的结果, 并且一般来说他很清楚如何利用明算师发展的技巧对负数进行运算。但是他并不能解释负解的意义, 而且无论是对负数 (或正数) 的表示方面, 还是在对负数的书写方面, 他都没能做到始终如一。在同一个句子中表达相同的数学思想时, 他可能既写成 "$3.\bar{m}$" 又写成 "$\bar{m}.3.$"。卡尔达诺还论及偶次幂和奇次幂的区别。在取偶次幂的情形, 他强调说, 由负数和正数会得到相同的结果: "因为负负得正, 所以 3 和负 3 的平方都是 9。" 但在取奇次幂的情形, 他认为每种数都会保持 "它们自身的符号": 我们所谓的 "负债" (debitum) 不可能是某个正数的幂; 因此, 如果偶次幂等于常数, 那么它的平方根有一负一正 ($\bar{m}\&\bar{p}$) 两个值。

即使是卡尔达诺这样老练的数学家, 他的著作中也出现了数的概念的困惑。这表明, 尽管数学家在算术的技术方面不断取得进步, 例如他们解决了涉

及未知量的不同次幂的问题，但是要想脱离把数看成“一些单位”这样的古典概念，对他们来说还是很困难的。卡尔达诺并没有提供完全对称的论证来说明，负数乘以该领域之外的事物 (即正数) 的结果位于该领域之外，即是一个正数。当然，这种对称性属于我们现在对于数的理解的一部分。对于卡尔达诺来说，一方面有一个数的“领域”，另一方面也有其他事物位于“该领域之外”。然而在这个故事中真正重要的是，负数或虚数获得合法地位的驱动力既不是关于数的本质的概念性的理论探讨，也不是创新的哲学论证，而是真实的数学实践，这最终使得负数或虚数不可能再被忽视了。关于数学实践迫使人们接受对于数的新观点，我们已经看到了这种情况的几个例子，接下来我们还会看到更多例子。

6.4　邦贝利与负数的平方根

卡尔达诺的《大术》包含的材料超越了几个世纪以前伊斯兰传统对欧洲数学的馈赠。由于它的读者很广泛，这本书成为代数学以及对于数的现代理解的发展史上的里程碑。尽管没人能否认卡尔达诺一贯的过分谦虚，但是他在这本书的最后却明确表达了他的自负：“挥毫凡五载，流芳五千年。”然而问题是，尽管这本书包含了许多数学创新，它阅读起来并不容易，而且其材料的组织也不够清楚。因此，大约 27 年之后出版的另一本书将卡尔达诺的代数创新成功地传播给更广泛的读者。这就是拉斐尔 · 邦贝利 (Rafael Bombelli, 1526—1573) 的《代数学》，出版于 1572 年。

146

邦贝利出生于博洛尼亚，没有受过正式的大学教育。不过，他在工程实践中得到了锻炼，并且参与了各种沼泽治理和湖泊排水工程，最终获得了很多专业技能和职业声誉。

在 16 世纪 50 年代，邦贝利在托斯卡纳的瓦尔 · 德 · 基亚那地区工作，期间工程项目时断时续，他决定利用空余时间来研究代数，尤其是卡尔达诺的《大术》。他公开表达了对该书的敬佩之情，但也对本书不够清晰表示不满。从 1557 年到 1560 年，他用意大利语写成自己的著作《代数学》。邦贝利的著作既可以看作明算传统的顶峰，也可以看作一个全新的起点，因为它对卡尔达诺提出的关于三次方程和四次方程的结果添加了重要元素。对于后者，它的综合论述从实践和概念方面都相当连贯，这有助于对其进行理解并使其进一步传播。

邦贝利也非常熟悉丢番图的思想，后者的著作当时在意大利人文主义者中正日渐流行。这样，他用抽象问题的形式论述了从卡尔达诺那里学到的新的代数技巧，这些问题在思想和形式方面与希腊数学家非常相似。在对卡尔达诺的结果进行系统详细的介绍时，邦贝利与《大术》和《论困难法则》中所讨论的想法进行了有趣的对话 (卡尔达诺也对邦贝利《代数学》中表达的一些想法做出了回应)。一般而言, 邦贝利对负数的态度与卡尔达诺相似, 但是一个有趣的反例是邦贝利对符号乘法规则的探索。后者的论述方式与卡尔达诺很相似, 但是利用相反的结论说明了公认规则的合法性。

关于负数的平方根, 邦贝利宣称: [7]

很多人认为这个想法很疯狂, 我在很长的时间里也持有相同的观点。整件事似乎是靠诡辩而不是基于事实。不过我研究了很久, 最后证明了确实有这种情况。

邦贝利在其书中所做的是, 将明算师关于二项式的算术法则 (借助于新的术语) 扩展到了负数的平方根的情形。例如, 我们写成 $2+3\sqrt{-1}$ 的二项式, 他写成 "2 *p di m* 3", 这是 "2 *più di meno* 3" 的缩写。我们现在写成 $2-3\sqrt{-1}$ 的二项式, 他写成 "2 *m di m* 3" (即 "2 *meno di meno* 3")。他用这种写法正确地写下了这种数的所有的符号乘法规则。以下是两个例子 (右侧是现代符号):

più di meno via più di meno fa meno $[\sqrt{-1}\times\sqrt{-1}=-1]$;

meno di meno via più di meno fa più $[-\sqrt{-1}\times\sqrt{-1}=1]$。

147

邦贝利寻求一致的方法来处理负数的平方根, 这与他书中讨论的一种情形直接相关, 其中他用卡尔达诺的方法解决了 "三次幂等于 15 个一次幂加上 4" ($x^3=15x+4$) 的问题。邦贝利知道这个问题的解为 4, 但卡尔达诺的方法得到的解却是:

$$x=\sqrt[3]{2+\sqrt{-121}}+\sqrt[3]{2-\sqrt{-121}}。$$

换句话说, 为了得到合理的解 4, 我们必须要处理负数的平方根 $\sqrt{-121}$, 而它的合法性是有问题的。在出现这种平方根的其他情形, 邦贝利可能像他的前辈那样认为, 所论的问题没有解或者说它是难以琢磨的诡辩。但是在这种情形, 问题显然有一个合法的解, 而数学实践则毫无疑问地表明: 我们在寻求合法的解的过程中遇到的这种奇怪的数学对象也要被合法化。

像本章中所讨论的其他例子那样, 邦贝利对 "*più di meno*" 和 "*meno de meno*" 的缩写并不是可以进行灵活的有效运算的符号。这种符号的发展还要伴随着关于复合数的更完备认识的发展。但是在其他情景下邦贝利确实在他书中发展了一些有用的符号。例如, 我们现在写成 $\sqrt[3]{2+\sqrt{-121}}$ 的根式,

[7]引自 (Kleiner 2007, p.8)。

他会写成 “$R.c.\lfloor 2p.R.q.m.121\rfloor$”。这本书中的另一种有趣的缩写是 “*Agguglisi* 1$\overset{3}{\smile}$à.6$\overset{1}{\smile}$p.40.”, 意思是 “x^3 与 $6x+10$ 相等”。这里的字母 p 表示的当然是 “*più*”。

在数的抽象概念的进一步发展中, 采用这种表示法是非常重要的一步, 因为它表达了这样一种想法, 即未知量的不同的幂 (如立方、平方等) 的指数本身也是数值, 因此可以根据法则进行操作, 而与任何几何表示形式或物理类比无关。例如, 我们可以将其与算学家在图 6.1 中所使用的表达形式进行比较, 在那里每个幂都有自己的符号。

一旦我们清楚地理解了如何将未知量的幂与数值表达式相关联, 那么我们马上就可以对幂本身进行抽象运算。我们发现, 邦贝利的书中循序渐进, 克服障碍, 很好地演示了这样一种越来越清晰的观点: 系数、问题的解 (以及解的部分结果)、幂、二项式、长度、面积和体积, 以及在单独的数学情景中出现的另外几种想法, 都是统一的、更一般的和更彻底的数的抽象概念的表达形式。

邦贝利的《代数学》是欧洲文艺复兴时期数学的一个高峰, 因为它优雅地融合了之前的各种传统和线索。它包含 5 卷, 其中前三卷在他去世的那年 (即 1572 年) 出版。后两卷一直不为人所知, 直到 1923 年, 埃托雷 · 博托洛蒂 (Ettore Bortolotti, 1866—1947) 在博洛尼亚的图书馆中发现它们, 并在几年后出版, 它们对代数和几何之间的关系进行了创新研究。16 世纪出版的内容受到了广泛关注, 它们使人们进入了一个新的数学时代, 其中已经加固了的代数思想和以前不为人知的更广泛的数的概念在这个学科中具有关键作用。众所周知,《代数学》对诸如莱布尼兹这样的读者以及对斯蒂文都产生了深远的影响, 我将在下一章对后者进行更多的介绍。

148

6.5 文艺复兴时期欧几里得的《几何原本》

我想用一个特别有启发性的关于当时数的概念的观点作为本章的结束。这种概念来自 15 世纪和 16 世纪欧洲出版的欧几里得的《几何原本》的各种版本。1450 年以后, 在欧洲出版的许多版本通常会对不同的数学传统进行综合, 其中既有学术的 (主要是在人文主义者和教会机构进行研究和讲授, 以拉丁语传播), 也有实用的 (用本地语言发展和讲授)。那些准备版本的人通常会添加序言以及评论和解释, 但他们并不是作为历史学家或文献学家来准备古典文本的批判版本, 就像今天的学者那样。相反, 他们只是认为自己在提供一本在学校学习的教科书, 因此通常会修改原文以使其更容易理解。由于这个原因,《几何原本》的版本对于历史学家来说是非常有用的资料, 他们可以借此评估数学思想的时代变迁。这些版本显示了在数的理解方面的重大变化，同时也显示了当时希腊的基本思想是多么流行。这些思想在当时的数学论述中一直是必要的参考，尤其是关于数的概念。

《几何原本》的版本以及当时的许多其他数学书籍中逐渐出现了一个重要特征，即隐含地假定任何量都是可以度量的。因此，不可通约性问题失去了它的重要性，而这个问题是欧多克索斯提出新的比例理论来取代旧的毕达哥拉斯比例理论的主要动机。《几何原本》的一些新版本甚至没有提到这个问题。结果，“比率”逐渐被认为是由两个进行比较的量所定义的分数的数值。与往常一样，这也是一个时断时续的缓慢过程。但是到 16 世纪末，这种想法已经清晰可见，并逐渐获得了优势。在某些情况下，整数和无理数的比率 (例如，非平方整数的平方根) 被写成分数，其值是所讨论的无理数比率的近似值。

这里可以提到的一个值得注意的例子是，德国耶稣会士克里斯托弗 · 克拉维乌斯 (Christopher Clavius, 1538—1612) 1574 年编写的版本。克拉维乌斯是耶稣会的教育体系中最杰出的人物，他极大地影响了他们实施的学习规划。数学始终是这些规划关注的焦点。克拉维乌斯的数学课本在欧洲受到了广泛关注，并且由于耶稣会的传教活动，在世界许多其他地方也有很多读者。克拉维乌斯的《几何原本》版本当时是他那个时代最著名的版本。在讨论算术的几卷 (7—9 卷) 中，他允许相当自由地阐述定义和命题，其目的是利用最近的新知识按照欧几里得的方式来讨论数的性质。 149

例如，在欧几里得定义了第一个数与第二个数的乘法的情况下 (“第一个数的累加次数等于第二个数包含的单位数”)，克拉维乌斯在没有任何警告的情况下添加了一个新定义，即两个数的除法 (《几何原本》中并没有这种运算)。为此，他只是添加了一句话来说明这种运算的种类及其适用的数的类型，当时这种运算被视为欧几里得算术的一部分。在添加到正文的独立的附录中，他还详细说明了如何进行这种运算，并花了很长的篇幅详细讲解了分数的算术。这同样也不符合欧几里得原文的思想，因为我们在原文中永远找不到对于数的实际运算。克拉维乌斯的这些添加当然是受到了明算传统和算学传统的实践和计算的影响。

克拉维乌斯的《几何原本》版本是一个杰出的例子，它说明了文艺复兴晚期欧洲实用数学的新发展如何进入了学术传统。以前，这种传统的实践者很多时候仅仅从古典文本中直接汲取材料。但是，由于《几何原本》在学术界中一直都是数学知识合法化的主要依据，像克拉维乌斯这样的版本就成为后来的著作采用新思想的主要来源。许多从这些新版本中学习《几何原本》的读者在理解几何及其与代数的联系时, 在很多方面都已经与原著很不相同了, 而是受到了新近的数学发展的强烈影响。同样, 从斐波那契时代起在欧洲开始发展的数学思想也越来越多地融入对古代文本的展现中。这为在学术环境中进一步传播这些实用思想做出了重要贡献。

源自希腊传统的一个核心特征是对连续大小和离散大小的严格分离, 这个特征在这个进程中逐渐弱化。随着更高效的计算技术的不断发展, 随着人们越来越愿意接受负数和虚数的正当性, 随着人们处理灵活的抽象代数符号的能力提升, 16 世纪后期的数学发展为数在 17 世纪发展成为完全抽象的、一般的数学对象奠定了坚实的基础。我们将在接下来的两章中更仔细地研究这些进展。

附录 6.1 去 9 法

在电子时代长大的读者可能已经习惯了这样的想法, 即 “手工” 进行的计算 (假设他们曾经进行过此类计算) 马上就可以通过一些随时可用的电子设备进行检验, 例如通过他们的智能手机。但是, 在这样的袖珍电子设备普及之前, 对计算的检验一直都是一个重要问题。自文艺复兴以来, 数学家已经发展了一些检验方法, 它们甚至可以应用于比较复杂的计算, 尤其是 “长乘法”。这些方法中最著名的就是所谓的 “去 9 法”。阿尔-花拉子米在其关于印度位值记数系统的著作中讲授了这种方法的要领, 直到最近它还一直在小学中教授。在本附录中, 我将解释该方法的要点及其数学基础。

150

对一个正整数使用 “去 9 法” 是指, 将这个数的各位数字相加, 然后每当这个和大于 9 时就用它减去 9。例如, 设给定的数是 190871823, 则 “去 9” 过程如下, 从个位起算:

- $3+2=5$;
- $5+8=13$, 它已经超过 9 了, 因此我们将 13 化成 $13-9=4$;
- $4+1=5$;
- $5+7=12 \to 3$;
- $3+8=11 \to 2$;
- $2+0=2$;
- $2+9=11 \to 2$;
- $2+1=3$。

按照这种方式, 190871823 在去 9 之后就变成了 3。

现在, 利用去 9 法可以如下来检验乘法。按照标准方式将任意两个数相乘,

例如 871823 × 55367:

```
              8 7 1 8 2 3
         ×      5 5 3 6 7
         ----------------
            6 1 0 2 7 6 1
          5 2 3 0 9 3 8
        2 6 1 5 4 6 9
      4 3 5 9 1 1 5
    4 3 5 9 1 1 5
    ---------------------
    4 8 2 7 0 2 2 4 0 4 1
```

对两个因子和结果都使用去 9 法可得:

- 871823 → 2;
- 55367 → 8;
- 48270224041 → 7。

我们现在将所得的这些值围绕叉号按如下放置:

将对应于因子的值放在两边, 将对应于结果的值放在上边。现在, 我们在叉号下边的空白处写上两边值的乘积 (必要时去 9)。这个乘积为 16, 减去 9 之后得 7。这样我们就得到

151

$$\begin{array}{ccc} & 7 & \\ 2 & \times & 8 \\ & 7 & \end{array}$$

如果乘积是正确的, 那么所得的值 7 等于上边的值, 它对应于对乘积本身去 9 所得的结果。此时它的确是 7。如果在下面得到了一个不同的值, 那么我们就可以确定这个乘积是错误的。但是要注意的是, 这个方法只是运算正确的必要条件, 并非充分条件。如果我们得到的乘积是 48270224014, 而不是 48270224041 (即最后两位互相颠倒), 那么在去 9 之后也会得到 7, 但这个方法并不会告诉我们该结果其实是错误的。

尽管这个方法最迟在 16 世纪甚至更早的时候就已经熟知, 但我们并不知道那些使用它的人从何时开始明白其之所以有效的原因。然而, 高斯在 19 世纪早期的一种数学思想可以很简洁地解释这个原因。这就是 “同余” 的思想。任给两个整数 a 和 b 以及确定的数 p, 当且仅当 a 和 b 除以 p 所得的余数相等时,

我们说 a 和 b 模 p 同余 (写作 $a \equiv b \pmod p$)。等价的说法是, $a \equiv b \pmod p$ 当且仅当 p 整除 (没有余数) a 和 b 的差 $a - b$。这样, 以下的表达式都是成立的:

$$7 \equiv 2 \pmod 5; \quad 113 \equiv 29 \pmod 7; \quad 25 \equiv 1177 \pmod 2。$$

同余具有以下两条简单的基本性质:

(1) 若 $a \equiv b \pmod p$, $c \equiv d \pmod p$, 则 $a + c \equiv b + d \pmod p$;

(2) 若 $a \equiv b \pmod p$, $c \equiv d \pmod p$, 则 $a \times c \equiv b \times d \pmod p$。

读者很容易验证, 模 9 的同余还满足一些简单的性质, 例如

$$1 \equiv 1 \pmod 9; \quad 10 \equiv 1 \pmod 9; \quad 100 \equiv 1 \pmod 9;$$

等等。更一般地, 我们有以下性质:

(3) 对任意自然数 n, 都有 $10^n \equiv 1 \pmod 9$。

这三条性质对模 9 同余的运算很有用。我们取上面已经检验过的数 871823, 并且把它写成 10 的幂和的形式:

152

$$871823 = 8 \times 10^5 + 7 \times 10^4 + 1 \times 10^3 + 8 \times 10^2 + 2 \times 10^1 + 3 \times 10^0。$$

根据上述的性质 (1)—(3) 可得

$$10^5 \equiv 1 \pmod 9,$$

类似地可得

$$8 \times 10^5 \equiv 8 \pmod 9。$$

重复应用这种推理之后我们得到

$$871823 \equiv 8 + 7 + 1 + 8 + 2 + 3 \pmod 9。$$

但是

$$8 + 7 + 1 + 8 + 2 + 3 = 29,$$

因此同理可得

$$871823 \equiv 8 + 7 + 1 + 8 + 2 + 3 \equiv 29 \equiv 2 \pmod 9。$$

更一般地, 如果将任给数的各位数字相加, 我们就得到了与该数模 9 同余的第二个数。

现在我们返回对于乘法的检验过程, 在前面解释的意义下, 我们可以看出: 对任给的数去 9 相当于将其各位数字加起来。过程中的第二步, 即将各值添加到叉号上, 相当于检查同余项的乘法。在我们的例子中, 同余项的乘积为 7 (mod 9)。因此, 我们需要检查两个乘数的模 9 同余的乘积是否等于乘积的模 9 同余。如果它们不相等, 那么这个乘积就不正确。如前所述, 如果它们相等, 那么我们走对路了, 尽管当乘积不正确的时候这个结果也可能是对的。

最后一点需要注意的有趣之处在于, 我们还可以利用不同于 9 的基数来检查后一种情况。上述的性质 (3) 使得利用 9 进行检查非常方便, 但这个原理也可以应用于其他基数。一个有趣的情形是以 11 为基数, 因为它有如下的性质:

$1 \equiv 1 \pmod{11}$;

$10 \equiv -1 \pmod{11}$ (因为$10-(-1)=11$);

$100 \equiv 1 \pmod{11}$ (因为$100-1=99$);

$1000 \equiv -1 \pmod{11}$ (因为$1000-(-1)=1001$, 并且 $1001 = 11 \times 91$); 等等。

这样, 对上述的同一个例子可得

$$871823 \equiv -8+7-1+8-2+3 \equiv -4 \pmod{11}。$$

去 11 的过程和去 9 的过程相似, 只是此时我们不再把各位数字相加, 而是从各位开始交替地进行加减。剩下的都按照去 9 法进行, 即利用上述的叉号。你可以自己试一下。

153

第 7 章 科学革命初期的数与方程

我们现在来到了经常称作“科学革命”的时期。历史学家用这个术语来表示发生在 16 和 17 世纪的一系列事件，它们使人们放弃了在中世纪后期所确立的世界图景。所谓的亚里士多德自然哲学是旧观念的核心，现在它被一种新的方式取代了，人们在这种方式下观察周围的世界、自然现象以及宇宙和人体的结构。这些新知识开始引领知识界，作为其核心范例，牛顿科学的兴起和巩固标志着这些进程的发展达到了高潮。

对于用“革命”这个术语表示这些进程是否合适，这些进程的产生原因，以及这些变化的主要特征等问题，历史学家一直都在进行激烈的争论。不过他们还是在某些方面达成了广泛共识，都认为在这个时代，无论是各个科学学科的知识体系，还是更一般的科学知识的目标与合法方法，都产生了重大的变革。此外，科学在社会中的地位及其重要作用当然也发生了深刻的变化。在这段时间里发展起来的新科学的一个主要特征是：物理学明确地转变成一门数学学科，这一点很少有人会争论。

我们尤其感兴趣的是，随着数学在科学中作用的变化，数学自身在“科学革命”时代也发生了重要转变，这个转变主要是围绕着无穷小计算展开的。在这里更重要的是，关于数和方程的观念在这段时间里也发生了重要的转变。

155

很明显，我们可以更详细地讨论这些转变，不是将其视为一场革命，而是把它们看作一个长期进程的顶峰。在前面的章节中我们已经论述了其中的部分进程，现在我们来讨论它们的下一个阶段。

1543 年经常被选为通往科学革命的道路上的一个里程碑。在这一年出版了两本重要的书, 它们一直被看作这个新时代的预兆: 这两本书是尼古拉 · 哥白尼 (Nicolaus Copernicus, 1473—1543) 的《天体运行论》(*De revolutionibus orbium coelestium*) 和安德烈亚斯 · 维萨留斯 (Andreas Vesalius, 1514—1564) 的《人体的结构》(*De humani corporis fabrica*)。

这两本书和我们此处的故事处于同一时期, 我们可以回想一下, 卡尔达诺的《大术》于 1545 年出版, 邦贝利的《代数学》于 1572 年出版, 而克拉维乌斯的《几何原本》于 1574 年出版。我在第 6 章中曾将这三本书描述为文艺复兴时期数学高潮的代表。在本章和下一章, 我们将重点讨论紧随其后的一些杰出数学家的著作。

与之前的历史时期一样, 这个时期的数学活动形式和实践者都并非只有一种。我们发现, 其中既有对几何与算术的新方法的积极创建, 也有在各种专业团体中对于数的争论。一些团体由明算传统和算学传统的追随者组成, 他们致力于发展求解未知量问题的新方法。另外一些团体则与大学的圈子相关联, 他们专注于研究学术文本 (当然也包括欧几里得的《几何原本》)。大学一直是领先的知识机构, 希腊几何的古典传统在这里一直受到人们的追捧。然而还有另一些团体, 他们更加明确地着眼于实际工作, 并将新的计算技术应用于建筑学、天文学和军舰航行的问题。

与通常与 "古代人" 相联系的公认的标准相比, 来自各个方面的数学新思想引发了合法性的问题。在大学之外, 人文主义者继续研究古典资料, 数学文献只是其学术世界的一部分。对于他们来说, 丢番图的著作 (而不是公认的古典几何学著作) 以及任何可以从中得出的结论才是关注的重点。

所有这些团体的共同点是, 他们在著作中进一步质疑古典时代对于连续量和离散量之间的严格分离, 尽管其原因和方式各不相同。同样, 关于各种数 (无理数、负数、有理数) 的地位问题仍然受到关注, 例如是否可以把比率看作数的问题。此外, 用于书写分数和表示未知量的有效符号也在不断发展。所有这些汇聚成了一条通途, 由此在数学的实践中逐渐出现了真正一般的、抽象的数的概念。在数学活动的所有领域中, "量" 的思想开始确立, 它本身既不连续也不离散, 而是可能同时兼而有之。

然而, 在这个进程中, 很少有人会对于数的性质的新理解展开学术的、系统的和令人信服的讨论。此外, 各团体之间或团体内部也没有就这些问题达成共识。但是随着算术和代数实践在这个时期的迅猛发展, 主要的相关概念逐渐确定下来了, 并且最终被广泛接受, 即使它们还没有公认的理论定义。有两种张力再一次成为数的历史发展的焦点, 其中一种张力来自富有成果的创新性实

156

践, 它们导致了对很多新的方向的探索; 另一种张力来自必然会发生的概念和定义的相对滞后, 我们在这里会特别关注它们。

7.1 韦达与新的分析术

在对这一时期的讨论中, 我首先聚焦于弗朗西斯 · 韦达 (François Viète, 1540—1603) 的重要工作。他在工作中为了求解未知量问题而发展的符号方法取得了实质性的重大进步。他在这方面的主要创新是基于一个虽然简单但是很有力的想法, 即人们用字母不仅可以表示未知量, 而且可以表示已知量。令人惊讶的是, 在我们的历史中竟然要等这么久才有人系统地使用这种看似不言而喻的想法。更特别的是, 韦达提出, 为了将二者区分开, 只需要用元音字母表示未知量, 用辅音字母表示已知量即可。这项进展提供了一个令人信服的历史案例, 说明一个其实很简单的想法 (至少在事后看来是这样) 也可以带来开创性的成果。以下是其文本中的一个典型的表达式:

$$A \text{ cubus} + C \text{ planum in } A \quad \text{aequatus} \quad D \text{ solidum}。$$

这句话用现代符号可以翻译为

$$x^3 + Cx = D,$$

或者, 当 C 表示以 c 为边的正方形并且 D 表示以 d 为边的正方形时, 它可以更精确地翻译成

$$x^3 + c^2x = d^3。$$

为了用表达式中的其他项来表示未知量 A, 韦达制定了可应用于这种表达式的运算法则。以下是这种运算法则的两个例子 (我在右边的括号中翻译成了现在的代数符号):

$$\frac{A \text{ planum}}{B} \text{in } Z \quad \text{aeq.} \quad \frac{A \text{ planum in } Z}{B} \qquad \left(\frac{A}{B} \cdot Z = \frac{A \cdot Z}{B}\right),$$

$$\frac{Z\text{pl.}}{G} + \frac{A\text{pl.}}{B} \quad \text{aeq.} \quad \frac{G \text{ in } A \text{ pl.} + B \text{ in } Z \text{ pl.}}{B \text{ in } G} \qquad \left(\frac{Z}{G} + \frac{A}{B} = \frac{G \cdot A + B \cdot Z}{B \cdot G}\right)。$$

在我们看来, 韦达用这种符号运算解决的问题就像是丢番图著作中的问题和明算传统中的问题的有趣结合。一方面, 韦达改进了卡尔达诺求解三次方程和四次方程的方法。另一方面, 他也处理用文字表述的问题, 比如:

157

给定两个数的和与差, 求这两个数。

在这个例子中, 韦达用 D 表示这个和, 用 B 表示这个差 (它们两个的值已知), 并且用 A 表示较小的未知量。然后他按照以下方式推进:

- 较大的数为 $A + B = E$;
- 这个问题转化为等式 $2A + B = D$;
- 从而有 $2A = D - B$;
- 利用表达式 $A = \frac{1}{2}D - \frac{1}{2}B$ 和 $E = \frac{1}{2}D + \frac{1}{2}B$ 即可求出这两个数;
- 最后, 如果我们取 $B = 40$, $D = 100$, 我们会得到 $A = 30$, $E = 70$。

在我们的故事中, 直到现在, 我才不必将原文中的表达翻译成与我们的符号表达相近的形式 (以前通常是纯文字表达, 偶尔会借助于缩写符号)。上面所写的内容就是韦达自己写的。另外, 这里使用的符号按照预先规定的形式法则进行运算。

因此, 即使出于纯技术的考虑, 我们也可以轻易地看到韦达的方法的进步之处。在代数方程思想获得全面发展的过程中, 他的那些来自明算传统和算学传统的前辈曾经取得了重要进展。借助于缩写符号以及对它们进行的部分运算, 他们用复杂的方法来处理未知量以及它的幂。正如我们所见, 卡尔达诺和斯蒂菲尔设计了一些方法来解决涉及两个 (甚至更多) 未知量的问题。韦达用字母既表示未知量也表示已知量的做法是一个关键的转折点。

但是, 这个对代数学的后续发展至关重要的技术层面仅仅是韦达整体工作的一部分。韦达对自己的工作总是充满了高度的自信, 事实上, 他的革新目标超越了所有的前人。在丢番图和算学家的论著中, 我们发现了大量的特殊技巧, 它们可以方便地用于解决不同的问题, 但是每种技巧各自对应于特定的情况。韦达试图根据少数几条明确定义的法则建立一种普遍的方法, 其最低目标是: 利用这种方法 "没有问题不能被解决" (nullum non problema solvere)。

韦达的个性在很多方面都很有趣。首先, 他代表了当时的一种重要的数学实践, 并且在这方面做出了深远的贡献。他先是在普瓦捷学习法律, 接着为一个贵族家庭的女儿担任家教, 之后于 1570 年移居巴黎。在其剩下的时光中, 他在这里参与了政治活动。但与此同时, 他继续发展自己原来的数学思想。这些思想通过私人交流和著作印刷而广为人知, 不过这些著作的内容总是过于浓缩, 并不容易阅读。

韦达的数学能力使他进入了各种各样的活动领域。他的一项著名的成就是改进了阿基米德通过多边形计算 π 的近似值的方法 (见 3.6 节)。他使用 6×2^{16} (即 393216) 边的正多边形获得了前 10 个小数位。然后, 他在 1593 年引入了可能是在这种情境下使用的第一个无穷乘积:

158

$$\frac{2}{\pi}=\frac{\sqrt{2}}{2}\cdot\frac{\sqrt{2+\sqrt{2}}}{2}\cdot\frac{\sqrt{2+\sqrt{2+\sqrt{2}}}}{2}\cdots。$$

另一方面, 韦达还是国王亨利三世的密码分析师。有人推测, 他的某些代数符号技巧与他在密码学中的秘密活动有关。这个有趣的假设将使这个故事显得更加有趣, 但不幸的是, 没有任何实际证据支持这种假设。使这种主张看似有意义的唯一解释 (这仍然是推测的) 是, 在密码破译领域理所当然地需要分别考虑元音字母和辅音字母的出现频率, 而类似的区分正是韦达符号的核心之处。

对韦达的符号方法来源的一种更具数学意义的探寻方式是, 他和许多同时代人一样, 持续地关注着古代人, 有时还会公开表达对他们的敬意。当时有一种被广泛接受的观点, 希腊文献对此提供了足够多的证据。这种观点认为, 希腊数学中存在着一种神秘的 "分析方法", 数学家们利用它找到了许多数学问题的解法。根据这种观点, 通常在欧几里得或阿波罗尼乌斯的古典文本中出现的综合的、朴素的表达方式, 正好掩盖了最初发现这些结论的实际方法。通过帕普斯的著作, "分析" 一词在 17 世纪与希腊的发现方法联系在一起, 在这种发现方法中, 人们首先假设要证明或构造的对象。

对于古代人所发展并且隐瞒起来的那种假定的技术, 有个经典的文献说明了当时人们的态度, 它出现在笛卡儿《指导思维的法则》的第 4 部分。在那里, 他用相当批判的语气写下了以下内容: [1]

"但是我后来开始思考, 过去的哲学先驱为什么不接受不精通数学的人来研究智慧, 显然他们认为数学是最容易也最不可或缺的心理训练, 并且能为他们掌握其他更重要的科学做准备。这时候, 我更加确定了自己的怀疑, 即他们拥有一种数学知识, 而它与流传到现在的知识差别很大。我并不认为他们对那种知识掌握得很好……但是我相信, 人类心灵中某些固有真理的最初萌芽……在原始而单纯的古代世界具有强大的生命力……的确, 我似乎从帕普斯和丢番图的著作中辨认出了这种真正的数学的某些痕迹……

但是我的观点是, 这些作者当时耍起了小聪明, 令人悲叹地封锁了这种知识。他们的行为可能像许多发明家对待他们的发明时所做的那样, 也就是说, 他们担心其简单易行的方法会因泄露而被轻视, 因此宁肯在相应的地方展示某些空洞的事实作为其艺术的结果, 并且在演绎的证明中展现足够的巧思。其目的是为了获得我们对这些成就的钦佩, 而不是向我们透露那种方法本身, 因为这将会使我们的钦佩之情荡然无存。最终, 当代一些才华横溢的人试图复兴这

159

[1]引自 (Mahoney 1994, p.31)。

种艺术。因为它看起来正是以阿拉伯名称“代数”命名的科学, 如果我们能把它从充斥于其中的大量的数和令人费解的图形中解脱出来, 那么它可能就会呈现出真正的数学所应该具有的清晰性和简洁性。”

当笛卡儿写道“一些才华横溢的人试图复兴这种艺术”时, 他当然是在指韦达。所假定的古人的方法与欧洲文艺复兴时期已知的代数方法相似。韦达把自己的贡献首先看作重建假定的希腊分析方法的一种努力, 而他认为这种方法已经被阿拉伯人破坏了。为了在其工作中强调这种态度, 他始终拒绝使用“代数”一词, 而更倾向于使用“分析”。他还引入了一些自己发明的希腊化的新术语, 如符号探究 (poristic)、数值求解 (exegetic) 和符号分析 (zetetic) 等。

为了更好地理解韦达著作中出现的关于数的概念, 我们必须强调的是, 尽管其著作具有创新精神, 但它并未抛弃它所赖以产生的传统的许多基本特征。我们可以明显地看到, 韦达采用的符号语言保留了算学传统的一些重要特征: 用“*C*”表示正方体, 用“*Q*”表示正方形, 用“*R*”或“*N*”表示未知量或根。另一方面, 虽然他在符号表达式中使用加减号“+”或“–”, 但他也经常像前几代数学家那样用文字来表达运算。此外, 韦达在表示幂时也从未使用过像邦贝利和其他人所新引入的数字符号, 而是使用了更陈旧的表达式, 如“A 的平方”(A-quadratus) 或“A 的立方”(A-cubus)。这就意味着, 无论是就可以导出的一般符号表达式的种类而言, 还是就随之而来的在何处以及如何应用完全抽象的数的概念而言, 他的符号体系还存在着明显的局限。

这方面的一个典型例子是以下的韦达文本中的表达式 (我们在这里用现代符号表示):

$$(A-B)\cdot(A+B)=A^2-B^2 \quad \text{或} \quad (A+B)^2-(A-B)^2=4AB。$$

韦达还得到了与现在的符号表示等价的表达式:

$$(A+B)^2=A^2+2AB+B^2$$

和从 $(A+B)^3$ 到 $(A+B)^6$ 的展开式的等价形式; 以及

$$(A-B)\cdot(A^2+AB+B^2)=A^3-B^3,$$
$$(A-B)\cdot(A^3+A^2B+AB^2+B^3)=A^4-B^4,$$

等等, 直到 6 次幂的差。韦达可以比较轻松地分别处理每一种情形, 但他并不能得出任意 n 次幂的一般公式。其原因是很清楚的, 因为韦达缺乏一种足够灵活的一般符号来表示一般的幂, 他只能用文字来描述各种特殊的幂。我上面

160 刚写的指数为 2 或 3 时的表达式在韦达的原文中并不是这样。相反，韦达会像他之前的算学家那样，通过添加诸如平面 (planum)、平方 (quadratum)、立方 (cubus) 或立体 (solidum) 等特定词语 (或其缩写) 来书写每一种情形。他也会遵循明算传统来书写五次幂 (cubo-planum) 和六次幂 (cubo-cubum)。不过，他还是没有明确一致的方法来书写一般的指数。

韦达对数的理解在很多方面仍与他的前辈相近，这里只是其中的一个方面。回到我们已经提及的表达式

$$\text{“}A \text{ 的立方} + \text{平面 } C \text{ 乘以} A \text{ 等于立体} D\text{”} \quad (\text{即 } x^3 + cx = d),$$

我们现在会说，表达式中的各个字母 x, c 和 d 表示的都是数，而不是这种数或那种数。我们从韦达的符号中可以清楚地看出，他在表达式中已经标记出了每个量的类型。在本例中，参与比较的所有项的量级都是立体: “平面 C” 是一个表示平面的数，“A” 是一个长度，因此 “平面 C 乘以 A” 是一个立体。韦达用它加上立体 “A 的立方”，并且令它们的和等于另一个立体，即 “立体 D”。

对韦达来说，如果不严格注意维度的齐次性，那么整个表达式就没有意义。这样，韦达一方面只使用给定类别的量级，另一方面也密切关注对齐次的古典需求。与此同时 (如本例中所示)，除了经典的比较和加法运算，他的法则也允许对不同类别的量级进行创新性的乘法或除法运算。当然，这些运算产生的是不同类别的量级。韦达对齐次性的坚持是由于希腊的古典比例理论 (以及随之而来的关于数和量级的所有观点) 在他的著作中起到了关键作用。

同样值得注意的是，韦达所要求的量级的齐次性，在明算传统和算学传统的许多文本的符号技巧中已经被摒弃了 (这些文本在其他很多方面都不如韦达的著作)。至少在这个意义上说，韦达的创新的代价是他又主动地重新施加了一种限制，而古典希腊文本对这种限制的遵循要比他的前任更加强烈。

我们还可以将韦达的做法与他的追随者进行比较，尤其是笛卡儿，这样我们就能认识到，距离完全理解代数方程的完整概念，韦达仍然缺少一些基本的要素。有趣的是，就写作风格而言，韦达常常在其符号运算的同时，也对每一个步骤做了充分的文字说明，其目的也许是为了让有疑虑的读者更加信服。此外，他使用 “aeq.” 而不是我们的等号 “=” 的做法也强烈暗示了以下的观点，即前面的例子中所示的韦达的符号运算法则最初是一种替换表示的法则，而不是处理方程的法则。我在这里的意思是指，如果我们有一个像

161

$$\frac{\text{平面 } A}{B} \cdot Z$$

这样的表达式, 我们就可以写出它的替换形式 (即我们可以把它替换成)

$$\frac{(\text{平面 } A) \cdot Z}{B}。$$

但这并不意味着我们想沿着相反的方向走, 即当给定后一个表达式时用前一个表达式来替换它。更一般地说, 尽管韦达的法则就其目的而言是一般的, 但它们只能处理其所描述的具体情况, 而不会超出这个界限。我们在他的著作中找不到一条处理方程的简单的、一般的法则, 就像 "在方程一边通乘的数移到另一边时变成除数" 那样。

尽管韦达对齐次性的要求带来了一些局限, 但我要再次强调, 韦达用符号表示已知量和未知量的想法的重要性无论怎样强调都不过分。我们可以回想一下, 虽然卡尔达诺能够解决涉及未知量的三次幂和四次幂的问题, 但是他并不能提出一个 "公式" 来明显地表达出系数和结果之间的关系。正是韦达用符号书写已知量的做法为这个关键步骤开辟了道路。

我们在上面的示例中可以看到, 与其说我们在描述从问题到其解的具体步骤, 不如说我们得到了一个公式, 它将任何一对作为和与差的数与所求的两个数永远地联系起来了。当然, 这是我们今天所遵循的方法, 但是在迄今为止的叙事背景下, 我们可以明确地指出, 韦达的这个大胆的步骤是促成这种结果的决定性因素。而且, 它对于通向现代符号代数的蓝图也具有决定性意义, 从此, 人们关注的重点变成了一般方程本身, 而不再是关于数的关系的问题。我们在下一章将会看到, 笛卡儿很快就清除了在通向完整图景的进程中所剩的很少的障碍。

但韦达的方法带来的创新并不仅仅限于技术层面, 它同样也表现在概念层面上。他把其分析方法当作一般的工具, 不是将其专门应用于数, 而是意图将其应用于抽象的量级, 如线段或图形 (值得注意的是, 尽管他的目的是达到广泛的一般性, 但韦达仍然坚持认为负数不能作为合法的解, 他心目中的 "抽象" 量级并不包括像 "负的" 量级之类的东西。

然而, 韦达试图达到的这种普遍性, 却给当时的数的概念以及逐渐淡化的对连续量和离散量的区分带来了新的问题, 并且对这两方面产生了深刻的影响。的确, 当两个数相乘时, 例如 5 乘 7 时, 这意味着数字 7 自身要加上 5 次。但是, 当涉及两个长度或两个面积的乘积时, 并没有自然的确定解释。韦达用这两个长度为边所构造的矩形来表示这两个长度的乘积。在这一点他并没有特别的创新之处。在当时广泛流传的许多文本中也出现了类似的想法, 例如在克拉维乌斯编辑的欧几里得的《几何原本》中, 并且它已经被自然地纳入 162

标准的知识体系中。但是对韦达而言, 当他将其方法应用于诸如面积乘以面积或应用于更高维度的量级时, 正是他所追求的方法的一般性提出了问题。这样得到的结果没有直接的几何解释, 而韦达的方法在处理它们时并不需要这样的解释。

幸运的是, 韦达似乎并没有被这种明显的概念上的困难所困扰, 他只是不断地发展这些方法, 并把它们作为其雄心壮志的一部分。韦达的一般分析的目的是要扩展到所有类别的量 (而在代数中到目前为止它主要还是应用于数), 而且在其分析中保持维度的齐次性仍然是基本的要求。不过他的分析确实提供了一个方便的框架, 在其中抽象的量的思想可以逐渐进化, 它既不是数, 也不是几何量级, 而是同时代表着这两个类别。

在这个方面, 其著作中的一段论述揭示了他的想法, 在该著作中他提出了求 π 的近似值的方法。他写道: [2]

“算术与几何一样当然也是一门科学。有理的量级和无理的量级可以分别用有理数和无理数方便地表示出来。如果某人用数来表示量级, 并且在计算中得到了与它们实际上不同的结果, 那么这并非计算的错误, 而是计算者的错误。”

因此, 韦达的 “新代数” 不仅进一步消除了离散的大小和连续的大小之间的隔阂, 而且, 在大约四十年后费马和笛卡儿发展的解析几何的框架下, 还促进了代数与几何之间即将完成的融合。有些问题可以使这两位数学家意识到将符号方法应用于曲线研究的益处, 但韦达对这类问题并没有明显的兴趣。然而, 对于他的所有前辈 (包括卡尔达诺和邦贝利) 而言, 代数方法的合理性只有几何学才能提供, 但韦达改变了概念的先后次序, 将优先权赋予了代数本身。这个做法具有重大的影响。他最重要的著作《分析术引论》(*Artem Analyticam Isagoge*) 于 1591 年出版, 并且在欧洲各地拥有大量的读者。在这本书之后, 英伦诸岛、意大利、荷兰和法国很快出现了一些相关著作, 我们很容易从中看到它的影响。

7.2　斯蒂文与小数

第二个与数和算术实践有关的重要活动记载于西蒙 · 斯蒂文 (Simon Stevin, 1548—1620) 的著作中, 他是一位弗兰芒数学家和工程师。斯蒂文是一个心灵手巧并且富有独创精神的思想家,他的很多智力和实践方面的贡献分布在不

163

[2]引自 (Berggren et al (eds.) 2004, p.759)。

同的领域, 既有军事城防与防洪堤坝的建造, 也有关于几何学与物理学的理论著作。

1585 年, 斯蒂文出版了两本简短但很有影响力的著作。第一本书是《算术》(*L'arithmetique*), 它明确呼吁消除数和大小之间的所有区别。我们已经看到, 这种区分先是逐渐弱化, 然后在明算师和算学家的著作中又变得模糊起来, 接着又在更近的韦达的著作中变得难以区分。斯蒂文最早明确声明, 这种区分并不必要, 而且还有害处, 同时他也按照这个声明的精神最早提出了一个一致而丰富的算术知识体系。

第二本书用荷兰语写成, 名为《论十进制》(*De Thiende*)。它很快就被翻译成法语 (*La Disme*), 后来又被翻译成其他欧洲语言。这是一本具有创新性的小册子, 它简明、连贯并且系统地论述了许多思想, 它们以前只是隐隐约约地出现过或者只是在孤立的文本中零星地讨论过。其中特别重要的是小数的思想。

在《论十进制》中, 斯蒂文把数定义为“用来解释事物的量的东西”。斯蒂文直接用数来表示比率, 并且使用欧多克索斯的比例理论作为更一般的量的新型算术的基础。斯蒂文还明确地宣称“一”也是一个数。

他想让大家知道, 他对数的定义与欧几里得的定义是对立的。而且, 由于部分和整体都由同样的元素构成, 所以, 作为任何数的一部分的单位, 其性质也与任何其他数相同。因此, 我们可以把单位分成任意小的部分, 而这些部分也是数。

这样, 数并不是“离散的量”; 由同样的原因可知, 分数和不可公度的长度从每个方面看也都是数。分数 $3/4$ 与 1 有相同的度量, 但 $\sqrt{8}$ 并非如此。但另一方面, $\sqrt{8}$ 与 $\sqrt{2}$ 或者 $\sqrt{32}$ 有相同的度量, 因此, 在所有的情形我们所说的数都是合法的。对斯蒂文来说, 可以用“无理的”“荒谬的”“无法解释的”以及其他相似的术语来表示“自然的”数之外的数, 但他并没有确认它们的合法性。然而有趣的是, 含有负数的平方根的表达式对于他来说仍然是“无用的”, 他根本没有讨论虚数或复数的问题。

斯蒂文和当时的学术机构几乎没有什么联系。当然, 他并不指望它们来发展自己的原创想法。然而, 值得注意的是, 即使是像他这样的人, 也会尽力将自己的观点奠基于“古代人”的权威, 并且为这种权威性提供合理的辩护。但是对他来说, “古代人”并非指古希腊人。斯蒂文相信, 存在一个更古老的秩序井然的先贤时代“威森提特” (Wisentijt), 与之相比, 即使是思想丰富的希腊世界看起来也是一种退步和衰落。

这种思想在人文主义传统的学者中相当普遍, 即使到了 17 世纪仍然很流行。例如, 按照斯蒂文的说法, 印度–阿拉伯记数法和代数学总的来说是起源于那个时代。他还认为: 那个早期时代已经知道了在《几何原本》第 10 卷中居于核心地位的不可公度量的复杂思想; 这些思想那时候使用纯算术的形式, 与他在其小册子中所给出的形式相似。他还补充道, 这些思想直到后来才被希腊人翻译成几何量之间的比率理论。对斯蒂文来说, 对几何量的比率和对数的比率的不同处理导致了欧几里得方法的复杂性。这就需要他现在提出的新方法。

164

斯蒂文的算术思想之所以有重要价值并被广泛接受, 不是因为他对过去的思想所进行的一些奇怪的学术分析 (许多人文主义知识分子也是如此), 而是因为他利用自己的思想极大地扩充和加强了当前的算术实践。事实上, 斯蒂文正处于一个有趣的历史的十字路口, 在这里学术传统与像他这样的工程师所发展的实用传统相遇并融合在一起。他的理论思考获得了广泛的共鸣, 因为他将其思想巧妙地转化成数的有效书写和所有种类的数的计算的具体步骤。这一点对于他所引入的全新的小数书写体系来说尤其如此。

斯蒂文的小数是一种速记法。当时十进制分数通常表达成一串分数之和的形式, 例如

$$27+\frac{5}{10}+\frac{3}{100}+\frac{2}{1000}+\frac{8}{10000}。$$

他建议将这个和写成一个数, 即

$$27⓪5①3②2③8④,$$

其中圆圈中的小一点儿的数是每个数字所乘的 10 的幂次的缩写, 同时它也表示该数字在这个数的整数部分之后的序列中的位置。这种记号显然受到了邦贝利的未知量的幂的影响。另外还要注意, 在斯蒂文原来的写法中是用小零而不是点号来分开整数部分和小数部分。

在介绍完其记号背后的基本思想之后, 斯蒂文继续解释了一些简单的法则, 说明用这种记号书写的数可以进行像整数那样的所有算术运算。这样, 如果我们想把两个数相乘, 比如

$$3⓪7①5②7③ \quad 和 \quad 8⓪9①4②6③,$$

那么我们只需要按照以下方式对它们进行运算:

$$
\begin{array}{cccccccc}
 & & & & \textcircled{0} & \textcircled{1} & \textcircled{2} & \textcircled{3} \\
 & & & & 3 & 7 & 5 & 7 \\
 & & & & 8 & 9 & 4 & 6 \\
\cline{4-8}
 & & & 2 & 2 & 5 & 4 & 2 \\
 & & 1 & 5 & 0 & 2 & 8 & \\
 & 3 & 3 & 8 & 1 & 3 & & \\
3 & 0 & 0 & 5 & 6 & & & \\
\hline
3 & 3 & 6 & 1 & 0 & 1 & 2 & 2,
\end{array}
$$

165

其中每个乘法运算都按照整数乘法的标准方式进行, 这样我们就得到了结果 33610122。但我们还需要把这个数字串表达成确切的小数值。斯蒂文解释道, 为了实现这一点, 可以把每个因子“最后的记号”相加。在这种情形即③加上③, 从而得到⑥。由此我们就得到了最终的结果, 即

33⓪6①1②0③1④2⑤2⑥。

按照类似的方式, 斯蒂文还解释了如何进行其他的标准算术运算, 包括开方。

和韦达的符号方法一样, 我们也很难夸大斯蒂文的简化步骤的重要性。这种简化致力于统一十进位值制的记数体系, 使之同时适用于整数和分数。同样重要的是, 斯蒂文意图采用这种方法来统一地表示当时各种语境下的度量单位。他认为, 这样可以显著地提升人们进行复杂计算的能力。他明确地指出天文学家、土地测量师、海员以及其他职业在进行复杂而无聊的计算中所面临的障碍。他们的工作一直被一些错误所困扰, 而这些错误最初是由于混用了各种各样的分数。举两个重要的例子, 在天文学和地图学中, 最常用的分数是以 60 为基底的, 因为每度分成了 60 分, 而每分又分成了 60 秒。在与土地测量有关的事务中, 每个地区都使用自己的度量单位, 它们被细分的方式并不相同, 而且通常不是以 10 为基底, 如英寸、码、英尺等。对于和地方货币与会计问题有关的事务, 情况也是如此。

对于不同的专业群体, 斯蒂文通过与该专业相关的论证向他们解释, 在其职业领域内采用十进制体系以及他的记数方法为什么特别有用。斯蒂文的附录讲述了在测量学、织锦丈量、各种形状和体积的葡萄酒桶的测定、天文学中以及铸币厂主管与商人所进行的计算。当时, 天文学中所进行的计算一直都是最冗长、最复杂的, 有趣的是, 斯蒂文使用十进制的建议至今都未被天文学采纳。在几何学和天文学中, 六十进制仍然是最常用的。同样, 在货币方面, 斯蒂文的建议也基本上被忽视了, 直到最近, 这种情况在一些国家还仍然存在。

斯蒂文预料到了将十进制方法引入货币体系的困难, 因为每个地方政府都有权力基于各种考量来决定这件事——不一定非要基于严肃的数学思考。但他也希望, 如果这种制度在他有生之年没有被采用, 那么未来的政治家也许会更明智, 就像过去的政治家 (即他的"威森提特"圣贤) 一样, 并且会理解这种决策的重要性。这样, 尽管在我们看来, 在记数体系和各种度量体系中使用十进制是很自然的, 但是天文学和货币的情形却以各自的方式表明, 由于它们各自的原因, 历史环境对思想发展进程的影响有可能超过了纯粹的逻辑因素。在欧洲 (不含英伦诸岛), 直到 19 世纪晚期十进制才成为度量体系的标准, 而对于货币而言, 它还要等待更长的时间。

166

我们在 5.7 节已经看到, 尽管伊斯兰文化中的数学家 (如阿尔–乌克利迪西) 曾经零星地使用过小数的思想, 但在斯蒂文之前, 没有人像他那样强调在更多的领域采用小数的重要性和益处, 而不仅仅是把它作为方便的记数体系。他的著作被翻译成好几种欧洲语言, 对当时人们关于数的观点、记数技巧以及小数的书写与计算都产生了至关重要的影响。人们广泛地采用了小数的书写与计算, 事实上, 有些人还建议改进斯蒂文原来的书写方式。很多人都用点号来分开整数部分和小数部分, 就像我们现在这样, 但是直到 1614 年这种形式被作为书写对数的主要方式, 这种书写才被最终接受。

天文学家和地图绘制员在日常工作中广泛地使用对数, 并且能够用斯蒂文所引入的小数思想简便而有效地书写对数, 这在十进制记数体系被完全接受的漫长过程中代表了一个新的顶峰。这个过程在欧洲始于 1202 年, 我们已经看到, 当年斐波那契出版了他的《计算之书》, 并且解释了他从伊斯兰数学中学到的十进制体系的基本知识。但是, 为了使这个体系得到完全的巩固, 人们在数的概念及其符号体系方面还需要更多实质性的思想转变。为了完成对这个复杂过程的描述, 我在本章的最后部分要简要叙述对数的引入过程, 它在约翰·纳皮尔 (John Napier, 1550—1617) 和亨利·布里格斯 (Henry Briggs, 1561—1630) 手中变成了一种高效而精致的计算工具。

7.3 对数与十进制记数体系

到目前为止, 我们提到的一些数学家已经讨论了幂运算和指数运算之间的关系问题, 这其实是对数思想背后的必然联系。例如, 许凯 1484 年写下了关于幂和指数的一些表格。后来, 斯蒂菲尔在 1544 年更细致地讨论了这种表格的有趣性质, 尤其是提到了下面的表格:

0	1	2	3	4	5	6	7	8
1	2	4	8	16	32	64	128	256

他把表中第一行的数称为指数, 并且强调, 它们构成了一个算术序列, 即每个数都由它之前的数加上一个固定的数 (在这种情况下是 1) 而得到, 而第二行的数构成了一个几何序列, 即每个数都由它之前的数乘以一个固定的数 (在这种情况下是 2) 而得到。我们由此可以很容易地推导出一些仅仅依赖于该表格本身的运算法则。最简单的法则当然是, 算术序列中的元素之和对应于几何序列中的元素之积: 2 与 4 对应, 3 与 8 对应, 并且元素之和为 $2+3=5$, 它在表中对应于 4 与 8 的乘积, 即 32。类似地, 下一行中的除法可以转化为上一行中的减法, 下一行中的幂的幂可以转化为上一行中的指数的乘积, 而下一行中的幂的方根可以转化为上一行中的指数的除法。例如, 6 在表中对应于 64, 而 64 的平方根 (即 8) 对应于 3, 即 6 除以 2。

167

我们知道, 在其他背景下斯蒂菲尔曾经多次使用过负数和无理数, 并且还考虑了将这些数作为指数的可能性, 但对于后者, 他还不能成功地进行系统的处理。例如, 对于他以及同时代的其他人来说, 无理数与任何 "真的" 数[3]都不对应, 因此他们无法正确地设想这种数作为指数的意义可能是什么。这一点对于负数也是如此。尽管它们在 16 和 17 世纪的著作中出现得越来越频繁, 但人们并未就它们作为指数的可能意义而达成共识。

在进行更深入的历史论述之前, 我们应该注意, 对于当时引起斯蒂菲尔那些人注意的序列, 我们可以进行更一般和更抽象的分析。考虑下面的例子:

2	4	6	8	10	12	···
3	9	27	81	243	729	···

在这个表格中, 这两行序列之间的关联使我们可以用类似于斯蒂菲尔所建立的法则进行计算。例如, 我们在计算 9 和 81 的乘积时, 可以通过在上一行与它们相对应的元素之和来得到: $4+8=12$。因为 12 在表格中对应于 729, 所以我们就得到: $9\cdot 81=729$。如果第一行是算术序列, 第二行是几何序列, 那么这个计算只依赖于表格中的相对位置。因此, 我们没有必要检查第二行的数是否是某个给定底数的幂。(但对于那些对细节感兴趣的读者, 我要补充的是, 如果我们一定要知道答案, 那么我们可以把它看作关于 $\sqrt{3}$ 的幂的表格: 例如,

[3]对于斯蒂菲尔来说, "真的" 数此处指自然数, 但对不同的数学家来说其意义可能不同, 例如对卡尔达诺和笛卡儿来说, "真的" 数是指正数。——译者注

$(\sqrt{3})^4 = 9$。) 总而言之, 如果我们选取了一个相似的表格, 其中下面一行是 10 的幂的序列, 并且是几何序列, 那么我们就得到了一个对数的表格 (而并非一定要说出幂和指数之间的联系):

0	1	2	3	4	5	···
1	10	100	1000	10000	100000	···

另一方面, 如果这个表格成为人们进行冗长而复杂的计算 (就像 17 世纪早期的天文学家所做的那样) 的有效工具, 那么下一行中相邻的两个幂之间的巨大差别将被大幅度地简化。而这就是纳皮尔的对数工作的出发点。纳皮尔巧妙地构造对数表的细节参见附录 7.1。我在这里要强调的重要一点是, 他几乎用了 20 年的时间来准备这件事。事实上, 他的计算精度之高和错误之少, 都很令人惊叹。

168

纳皮尔对数的最初形式并不完全满足我们现在所熟知的对数的那些性质, 而是满足其他一些相似的性质。因为他的构造方法很特殊, 所以 0 的对数是 10^7, 而 1 的对数是 9999999。

一个相关联的困难在于, 他原来的方法使他错误地相信 x 的对数等于 $-x$ 的对数 (直到欧拉的时代人们还相信这一点)。然而, 随着时间的推移, 他从对其表格的越来越多的计算中逐渐领悟到: 对数作为实用的计算工具, 很容易只通过一些小的修正就能提高它们的有效性, 即只需要将 1 的对数变成 0, 就像我们今天这样。而且, 很容易就可得到通常的法则:

$$\log(x \cdot y) = \log x + \log y, \quad \log \frac{x}{y} = \log x - \log y。$$

而且更重要的是, 如果设 $\log 10$ 的值为 1, 那么任何数 $a \cdot 10^n$ (其中 $1 \leqslant a < 10$) 的对数就会变成 $n + \log a$。这个基本性质使得表格的准备变得更容易, 因为一旦我们知道了比如 $\log 5$ 的值, 那么我们也就自动得到了 5 与 10 的所有幂的乘积的值:

$$\log 50 = 1 + \log 5, \quad \log 0.5 = -1 + \log 5, \quad \log 500 = 2 + \log 5, \quad \cdots。$$

纳皮尔按照这种新方法还没有完成全部表格的计算就去世了。但牛津大学的数学教授布里格斯是纳皮尔的早期读者中很热切的一个。他在纳皮尔去世前和他讨论过这些计算。布里格斯完成了纳皮尔未竟的事业, 他从头开始计

算了一些新的表格, 而这些表格的起算点是这样一些值:

$$\log\sqrt{10}=0.5,\quad \log\sqrt{\sqrt{10}}=(0.5)^2,\quad \log\sqrt{\sqrt{\sqrt{10}}}=(0.5)^3,\quad \cdots。$$

他按照这种方式一直计算下去, 并且能算出像这样的值:

$$\log 10^{\frac{1}{2^{54}}}=(0.5)^{54}。$$

布里格斯把上述的值一直算到小数点后第 30 位, 并且用在当时看来仍很新颖的斯蒂文的符号进行书写, 但是这时候的小数已经用一个点号把整数部分和小数部分隔开了 (这个做法始于纳皮尔)。借助于对数的乘法和除法法则, 布里格斯构造了一个取值很密集的表格, 并于 1624 年出版了自己生前的计算。它包含了 1 到 20000 之间和 90000 到 100000 之间的所有整数的对数, 并且写成点号之后有 14 位数字的小数形式。这些年来, 人们在这些表格中发现了大约 1100 处错误, 它们在全部条目中的占比不超过 0.04%。这些错误大多是最后一位的 ±1 的偏差以及一些简单的印刷错误。 169

1629 年, 荷兰人亚德里安 · 弗拉克 (Adriaan Vlacq, 1600—1667) 完成了全部的表格。布里格斯还出版了影响很大的书, 其中解释了对数如何应用于天文学与航海领域中的计算, 金融方面的计算 (例如复利贷款的未来价值), 以及没有直接实际用途的理论计算。随着布里格斯的著作的出版, 对数成为需要进行大量计算的学科中进行科学活动的核心工具, 尤其是在天文学中。

对数表 (它们与布里格斯的对数表在本质上没有什么不同) 在工程师、化学家、炮兵军官和许多其他类型的专家手中被广泛使用, 这种现象一直在持续, 直到 20 世纪 70 年代出现了第一个可以计算对数和三角函数的手持计算器。对于我们的论述来说, 此处真正重要的是, 上述革新对于数的现代概念的发展与巩固以及与之相关的实践都产生了广泛而深远的影响。

首先, 需要着重注意的是, 如果没有斯蒂文的灵活的小数书写, 我们甚至很难想象纳皮尔和布里格斯所从事的苛刻的工作会有多么吃力。这不仅是本身就很困难的计算问题, 它还关系到这项工作所涉及的所有的物质层面, 比如印刷、校正, 以及更容易被广大读者使用的表格。如果没有斯蒂文的小数, 人们很可能无法进行这些困难的工作。反过来, 对数表也促使人们普遍接受了小数, 包括用点号把整数部分与小数部分隔开。

但同样重要的是, 我们应该认识到, 此处至关紧要的不仅仅是技术问题。使用斯蒂文的小数意味着或者说至少促进了关于数的这种观点, 其中对于离散量和连续量的区分逐渐变得没有意义了。纳皮尔和布里格斯并没有主动消除这种区别, 但是他们的工作在实践中直接产生了这个重要结果。经过仔细检查纳皮尔的著作我们可以发现, 他开始时遵循着对于数的古典的欧几里得式的处理方法, 但随着文本的展开, 他在实际的数学运算的压力下逐渐放弃了上述方法, 转而支持斯蒂文的方法。事实上, 在给定了用于构造他的对数表的两个相关的序列 (其中一个是几何序列) 之后, 纳皮尔最初利用比率、比例以及《几何原本》第 2 卷和第 4 卷中所证明的命题进行计算。对数 (logarithm) 这个词语其实源自希腊语中的比率 (logos) 和数 (arithmos)。但随着纳皮尔所进行的复杂计算越来越多, 他越来越倾向于像处理数一样来处理所得的比率, 并用小数表示它们的近似值, 一直到小数点后的第 6 位。

因为纳皮尔和布里格斯的著作是为了实际应用, 所以他们几乎没怎么从理论上来讨论小数的概念以及对这种数进行的是哪一种运算。这方面仅有的几处讨论零星地分散在他们的著作中, 因此我们可以推断,它们很可能没有引起读者的注意, 从而也不会给他们留下什么印象。我们可以想象一下, 这些表格通常的使用者 (比如天文学家或炮兵军官) 在计算中需要帮助时, 他们会直接查找相关的内容, 而不会问很多关于离散量和连续量的性质以及如何区分它们的问题。用含有分隔点号的方式书写小数非常有效并且不需要进一步的解释, 这一点避免了上述问题的产生, 并使人们将注意力集中在使用小数所带来的好处上面。

170

韦达、斯蒂文、纳皮尔和布里格斯的著作在很大程度上改变了 17 世纪初期的算术与代数的蓝图。在下一章, 我们将讨论一些重要的数学著作, 它们或者体现出受到了关于数的新观点的深刻影响, 或者对这些新观点提出了批评。通过这些工作, 数学家们完成了我们在本章与前几章分别讨论的数的发展进程的主要阶段。最终, 他们统一了近代早期关于数和方程的观点。

附录 7.1　纳皮尔对对数表的构造

对数的基本思想来自指数的算术序列和幂的几何序列之间的对应关系。这一点在纳皮尔之前就已经被注意到了, 例如下面这个我们之前已经提过的 10 的幂的表格:

0	1	2	3	4	5	···
1	10	100	1000	10000	100000	···

然而, 如前所述, 如果相邻值的差和表中所示的一样大, 那么人们还想不到

要把这种一般思想转化成实际复杂计算中的实用工具。纳皮尔在解决这个困难时引入了另一个间隔很小的序列，并且借助于一个巧妙的方法来计算相关的值，这个方法是将两个序列中的数都看成沿着一条直线移动的点。对于第一个序列，他认为点作匀速运动；而对于第二个序列，他认为点的移动速度按照与所移动的距离成反比的方式递减。我们需要付出相当大的努力才能追随纳皮尔原来的计算，但我在这里将按照 (Pierce 1977) 中的简明论述来呈现这些基本思想。

在图 7.1 中有一条线段 TS，我们设点 b 在时刻 $t=0$ 位于 T 点，并且距离 S 点为 10^7 个单位，点 c 位于 S 点。现在设点 b 开始沿着线段移动，并且速度一直递减。特别地，我们还假定：b 在每个时间单位内移动的距离等于 b 与 c 的当前距离的 $1-\frac{1}{10^7}$ 倍。换句话说，因为

$$1-\frac{1}{10^7}=0.9999999,$$

171

所以 b 与 c 的距离在第一个时间单位之后是 9999999，在第二个时间单位之后是 9999998.1，等等。如果我们同时假设第二个点代表时间，它也沿着线段 TS 移动，但速度不变，那么通过观察这两个点的相对位置，我们可以得到两个数值序列，并且让它们互相对应起来，如图 7.2 所示。

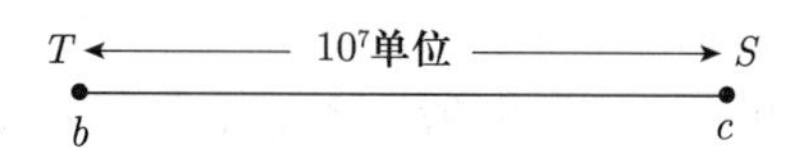

图 7.1 b 点以递减的速度沿着线段移动

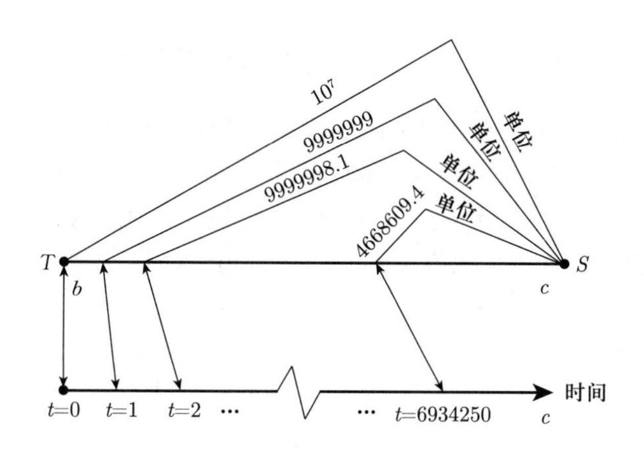

图 7.2 通过两个点以不同速度进行移动来定义对数

或者，我们可以借助于以下的表格来表示时间和距离的对应值：

0	1	2	3	···	6934250	···
10^7	9999999	9999998.1	9999997.1	···	4668609.4	···

在这个表格中, 上一行表示时间的值是算术序列, 它从 0 开始: 0, 1, 2, 3, ···。表示距离的值的序列在下一行, 但它是一个递减的几何序列:

$$10^7\cdot(0.9999999)^0,\quad 10^7\cdot(0.9999999)^1,\quad 10^7\cdot(0.9999999)^2,$$
$$10^7\cdot(0.9999999)^3,\quad \cdots, 10^7\cdot(0.9999999)^{6934250},\quad \cdots。$$

纳皮尔借助于和这个相似的表格来计算对数。他把指数 1, 2, 3, ··· 称为"对数", 而把 9999999, 9999998.1 等数称为"正弦"。这个术语显然与他进行天文计算的背景直接相关。自希腊科学以来, 三角学在天文计算中一直发挥着重要作用。尤其是在纳皮尔的著作之前的几十年, 三角学在天文学中的核心作用更是与日俱增。在人们使用像

$$2\cos a\cos b=\cos(a+b)+\cos(a-b)$$

这样的公式的时候, 出现了特别冗长的乘法运算, 它们不仅要耗费人们大量的精力, 还经常会产生计算的错误。

172

同样是由于三角学的背景, 纳皮尔的表格中各行的呈现方式也很特别。在它们最初的版本中, 这些行包含了从 0 度到 45 度的每一分的值。每一行中都有 7 个值, 如下例所示:

$$34°40'\quad 5688011\quad 5642242\quad 367872\quad 1954370\quad 8224751\quad 55°20'$$

左边的三个数从左到右分别表示角 α、这个角的正弦 (即 $\sin 34°40'=0.5688011$) 和这个正弦的对数 (这个值与现在的取值并不相同, 但是其原理是一样的), 右边的三个数值从右到左分别表示余角 $90°-\alpha$ 的三个对应的值, 中间那一栏的数表示与 $\log\tan\alpha$ 相等的数值 $\log\sin\alpha-\log\sin(90°-\alpha)$。

173

第 8 章　笛卡儿、牛顿及该时代的数学著作中的数与方程

现在让我们来考察笛卡儿 (René Descartes, 1596—1650) 以及包含伟人牛顿 (Issac Newton, 1642—1727) 在内的英国同时代数学家的重要数学著作,并以此结束对科学革命时期的数与方程的概览。然而,在我们进入笛卡儿的思想细节之前,需要强调的是,我们最好是在他的哲学体系的框架下来理解他的全部科学事业,包括他关于数的观点。事实上,就哲学信条和科学思想发展之间的联系而言,在数学史中并没有很多例子像笛卡儿这样清楚而紧密。对于此处的论述而言,我们只需要说明,为了理解他关于算术与几何的观点,我们将要仔细讨论他 1637 年的《几何学》(*La géométrie*) 文本,而这是笛卡儿的名著《方法论》(*Discours de la methode*) 的三个附录之一。对笛卡儿来说,数学首先是教育心智的重要工具,因此它可以揭示自然的秘密,并能作为形而上学的基础。尤其是,其哲学著作的附录中的数学思想是正文中所讨论的哲学体系的明确而重要的例证。

175

8.1　笛卡儿关于数与方程的新观点

要想理解笛卡儿关于数与方程的原始思想,一个便捷的方式是与韦达进行比较。首先,像韦达那样,笛卡儿也把他的思想看作解决数学中任何问题的一般方法的一部分。笛卡儿接受了广为流传的假定,即古希腊人故意向我们隐瞒了“分析”的方法,并认为现在应该修复这种方法。他认为韦达在这个方向上已

经做出了很大的贡献, 但是人们还需要做更多的工作。

我们已经知道, 韦达通过自己的数学实践来致力于发展新旧交织的分析学: 他从当时已知的代数方法开始, 并努力使他的符号方法适用于所有的离散量和连续量。与之相比, 笛卡儿的起点是哲学视角, 他从总体上看待科学问题, 并试图对其进行系统的分类, 以便能够预先确定每个问题的适当解法。为了完成这项任务, 他选择代数作为工具。一般来说, 他追随着当时广泛传播的一种观点, 即像韦达所教授的那些代数方法其实是对古人所隐藏起来的技术的重新发现。但在某些地方他又强调, 他自己的方法是新颖的。

韦达和笛卡儿都需要将几何语言转化成符号语言, 但他们都是用自己的方式进行转化的。韦达把两条线段的乘积定义成矩形 (即, 相同类型的两个量的乘积是一个不同类型的量)。但对于方程, 他总是严格地遵守维度的齐次性。相反, 笛卡儿把两个长度的乘积定义成第三个长度, 这一点我们很快就会看到。对于其他代数运算他也同样处理: 一个长度除以另一个长度的结果也是长度, 对一个长度开方根的结果也是长度。另外, 他在解析几何的新思想方面迈出了第一步, 并由此将代数图形 (如直线和抛物线) 与表达这些图形的特定类型的方程直接联系起来。

回想一下, 我们在笛卡儿之前的著作中也能找到这些思想 (邦贝利把长度的乘积定义成长度, 费马也提出了解析几何的一些基本观点), 但是它们在以前的著作中或者犹豫不决, 或者零星分散, 或者只是迈出了一步而未能贯彻始终, 或者可能只是不经意的评论。但笛卡儿把这些思想变成了一个互相联系的有机整体, 并通过对其系统的研究而取得了意义深远的成果。笛卡儿关于代数与几何互相联系的观点使人们能够更一般也更抽象地认识到, 应该抛弃方程各项维度相同的传统要求 (但是这个过程和往常一样夹杂着犹豫和迟疑)。例如, 笛卡儿自己在他所考虑的许多方程中就曾努力保持齐次性。当人们在处理多项式方程时, 到底是什么牵涉其中? 几百年来所形成的齐次性要求阻碍了人们完整地理解这一点。但是, 笛卡儿的方法不但在原则上允许彻底抛弃齐次性这个烦冗的要求, 而且在实际上也确实导致了这个结果。我们来看一些细节, 以说明他是如何得到这些想法的。

176

图 8.1 中展示了笛卡儿对两条线段 BD 与 BC 的乘法的定义。这个乘法最重要的特征是, 它的结果不是一个面积, 而是第三条线段 BE。这个过程是基于把长度 AB 定义成 "单位长度", 即这条线段的长度为 1。如图所示来放置三条线段 AB, BC 和 BD, 这样就构造出了线段 BE。先画出线段 AC, 然后从 D 画出线段 DE, 并使其平行于 AC。在三角形中简单地考虑一下相似性即

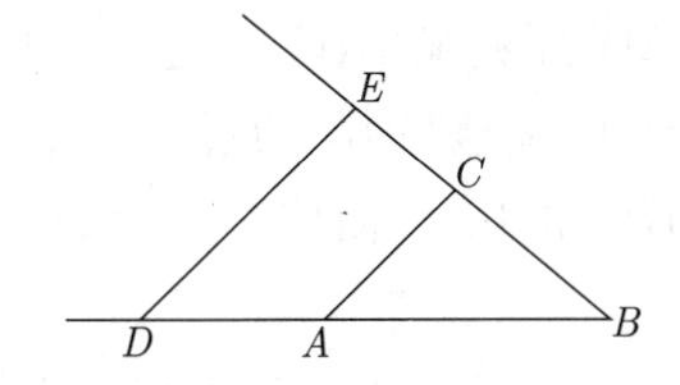

图 8.1 笛卡儿关于两条线段的乘法

可得到比例式

$$AB : BC :: BD : BE。$$

由于 AB 的长度为 1, 这样我们就得到, BE 的长度等于 BC 与 BD 的长度之积, 这就是所要求的。很明显, 借助于同一个单位长度 AB, 这个表格同样也可以用来构造 BC, 并使它等于线段 BE 除以线段 BD 的商。

在图 8.2 所示的另一个例子中, 笛卡儿展示了如何得到一条线段, 并使它是给定线段的平方根。给定线段 GH, 我们将它延长到 F 点, 并使线段 GF 是单位长度。我们在 K 点平分线段 FH, 并且以 K 为圆心、以 KF 为半径画出圆周 FH。我们在 G 点画一条垂线, 使它与圆周交于 I。希腊几何学家已经知道的一个关于圆的简单定理表明, 由 GI 构造的正方形等于由线段 GF 和 GH 所构造的矩形。由于已经令 GF 的长度为 1, 这样我们就得到 $GI^2 = GH$, 或者换句话说, GI 是给定线段 GH 的平方根。

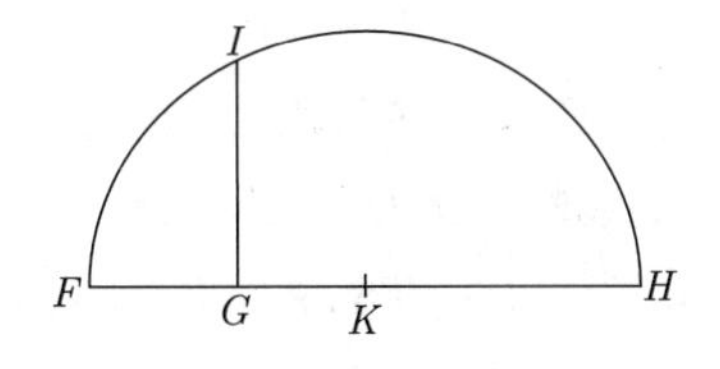

图 8.2 笛卡儿对给定线段开方根

177

对于本书的大部分读者来说, 这两个例子可能看起来微不足道, 不需要进一步的解释。但我们在这里究竟做了什么? 除了关于三角形的相似性和圆的性质的简单定理, 似乎并没有新的知识牵涉进来。事实上, 在迄今为止我们所讨论的著作中, 笛卡儿的《几何学》是现代读者可以利用他所知道的概念、术语、符号和方法进行阅读的第一本书。但这正是我此处要强调的观点, 也是笛卡儿著作中最引人注目的创新之处。笛卡儿通过几何构造来解决问题, 他用不加限制的数来表示量的大小, 并且在代数方程的框架下对这些量自如地进行运算。

他的方法非常接近于我们现在的理解，因为它已经把以前关于数的很多有局限的观点甩到了后面。笛卡儿明确地写道，通过求出某些线段的长度，人们可以找到解决任何几何问题的适当构造。而他对线段的运算的定义正是为了实现这个任务。

既然笛卡儿以希腊人所知道的定理为基础来定义长度的运算，那么显然并非技术的困难阻止了他的前人像他这样来定义线段之间的运算。准确地说，至关重要的是这样一些更基本的问题：数学的原理是什么？几何与代数的关系是什么？数是什么？它们在数学中的作用是什么？从技术层面上讲，定义各种运算的关键之处是在上述运算中使用具有 “单位长度” 的线段 (乘法运算中的 AB，开方运算中的 FG)，这一点几乎很难察觉到，虽然它从现代数学的角度来看几乎无足轻重，但是在这里却是至关紧要的。正是单位线段使得他不需要再区分不同维度的量，也不需要再坚持方程中各项的齐次性。当然，自伊斯兰数学时代以来，几何著作中一直都有单位线段。在稍后那些尝试用更现代的语言讨论几何与代数的关系的著作中，它们出现的次数更多。但是只有笛卡儿在其革新的几何学 (包括线段的运算) 中对单位长度的系统使用，才使得单位线段成为数和量的新的整体概念的基本元素。

单位线段的系统引入使人们不必再严格地遵循维度的齐次性，我们从笛卡儿的解释中可以清楚地看出，他的确意识到了这一点。然而他并没有立刻放弃齐次性的习惯。他使用和韦达相似的符号语言，但形式并不相同，而这种形式一直到我们的时代仍然在使用：字母表中前面的几个字母表示已知量，最后几个字母表示未知量。对于这一点，他在《几何学》第一卷的开头几段写道：[1]

178

“我们没必要总是在纸上画出这些线段，只要把每条线段都命名为一个字母就足够了。这样，为了把线段 BD 与 GH 相加，我称一条线段为 a，另一条线段为 b，并且写成 $a+b$。于是 $a-b$ 就表示用 a 减去 b；ab 表示 a 乘以 b；$\frac{a}{b}$ 表示 a 除以 b；aa 或 a^2 表示 a 的自乘；a^3 表示上一个结果乘以 a，如此等等，直到无穷。此外，如果我想对 a^2+b^2 开平方根，我就写成 $\sqrt{a^2+b^2}$；如果我想对 a^3-b^3+abb 开立方根，我就写成 $\sqrt{C.a^3-b^3+abb}$，其他根式与此类似。”

请注意笛卡儿的形式和现代写法的一个有趣的区别，即他将字母 C 写在根式符号的里面来表示立方根，而不是把它放在外面表示指数。这源于在数的概念史中本身就很有趣的事实，即当时方根还没有被看成分数指数幂，事实上它根本没有被看作是幂。在这里，开平方根的量被写成了平方之和的形式，而开立方根的量被写成了立方之和的形式。但是根据前面的解释我们很容易知

[1]引自 (Descartes 1637 [1954], p.5)。

道, 在使用单位长度时这种齐次性是不必要的。事实上, 紧接着上一段, 笛卡儿增加了以下的说明:

"这里要注意的是, 对于 a^2, b^3 以及类似的表达式, 我通常只是指简单的线段。然而, 为了使用代数的术语, 我把它们命名为平方、立方, 等等。

还要注意的是, 如果根据问题的条件无法确定单位, 那么一条线段的所有部分通常都应该被表示成同样多的维度。这样, a^3 与 abb 或 b^3 的维度同样多, 而它们都是我所说的 $\sqrt{C.a^3 - b^3 + abb}$ 的组成部分。然而, 如果已经确定了单位, 那么情况就不同了, 因为单位总是可以被理解, 甚至当维度太多或太少时也是如此。这样, 如果要开 $a^2b^2 - b$ 的立方根, 我们要把 a^2b^2 这个量看作除以了一次单位, 而把 b 这个量看作乘以了两次单位。"

笛卡儿引入了单位长度并在此基础上进行推理, 从而回避了传统的齐次性要求。为了理解这一点的全部意义, 你会发现有必要简要地回顾一下本书第 3.7 节的一些段落 (尤其是那些和图 3.12 与图 3.13 有关的段落)。我们在那里讨论了这样的问题, 即在欧几里得的《几何原本》所展示的综合几何中缺少长度的度量。这种度量的缺失持续地影响着希腊以及之后的几何学的主流, 但到了笛卡儿这里, 一切都改变了。

通过在几何学中采用完全抽象的代数方法, 并且基于一套合适的符号体系以及对单位长度的使用, 笛卡儿提出了很新颖的构造, 它们不但可以用来解决长期存在的公开问题, 而且还可以为已经解决的问题提供新的解法。一个直接的例子是他对二次方程的构造 (参见附录 8.1)。

一个更复杂的例子是关于笛卡儿对四条线段的几何轨迹的解法。这个问题 (参见图 4.4) 自从帕普斯时代以来一直悬而未决。正是在努力解决这个问题 (按照他当时对这个问题的理解) 的过程中, 笛卡儿引入了解析几何的基本思想。他所发展的技术使他可以用与处理四线轨迹相同的方法来处理 n 条线段的轨迹。他的解法是数学史中的重要里程碑, 但由于篇幅的限制, 我们无法在本书中进行讨论。[2]

179

笛卡儿借助于代数方法来处理几何的构造, 出于数学内在的兴趣, 他也由此把方程和多项式作为关注的考察对象。在此背景下, 他系统地发展了一些重要的思想, 而它们在卡尔达诺和其他人那里已经初现端倪。其中的一种思想是方程的根之间的关系以及是否可以把对应的多项式分解成基本因式。顺便说一句, 笛卡儿并没有清楚地区分多项式 $(x^2 - 5x + 6)$ 和方程 $(x^2 - 5x + 6 = 0)$。

笛卡儿还分析了多项式的根的符号与其系数的符号之间的关系。当我们

[2]参见 (Bos 2001, pp.273–331)。

用确定的 a 代替未知量 x 并且多项式的表达式的值为 0 时, 笛卡儿把 a 的值称为“根” (我们仍在延续着这种做法)。如果给定多项式的根比如说是 2 和 3, 那么笛卡儿表明, 这个多项式得自两个因式 (他说的是两个方程)$x-2$ 和 $x-3$ 的乘积, 因此所论的方程是

$$x^2-5x+6=0。$$

如果我们想把 4 添加成根, 那么我们需要乘以 $x-4=0$, 这样就得到了方程

$$x^3-9x^2+26x-24=0。$$

笛卡儿对负根的态度很明确: 他认为它们可以是根, 但是称其为“假” (faux) 根, 而卡尔达诺在很早以前就是这么做的。笛卡儿说道:

“如果我们用 x 来表示与 5 相反的量, 我们就得到了 $x+5=0$, 它乘以

$$x^3-9xx+26x-24=0,$$

结果是

$$x^4-4x^3-19xx+106x-120=0。”$$

对他来说, 这个方程有 4 个根, 即三个 “真的根” (2, 3, 4) 和一个 “假” 根 5。[3]另外, “假” 根的个数可以等于方程中相邻的两个幂的系数保持同号的次数 (在这个方程中只发生了一次: $-4x^3-19xx$), “真的” 根的个数可以等于方程中相邻的两个幂的系数变号的次数,[4]这些性质现在被称为 “笛卡儿符号法则”。

在这项研究中, 笛卡儿无可避免地要处理具有负根的方程。他对这个问题的观点很有趣, 而结果也证明它很有影响力。而为了看清楚这一点, 我们需要讨论所谓的代数基本定理, 它在第 1 章中已经被提到了。这个定理是说, 每个 n 次多项式方程 (系数为实数或虚数) 恰好有 n 个根, 其中某些根或全部的根可能是虚数。

我们刚刚看到, 如果 a 是一个多项式的根, 那么后者恰好可以被因子 $x-a$ 整除, 笛卡儿很清楚这个关系。那么, 笛卡儿当然可以很自然地提出这个基本定理背后的基本思想。事实上, 笛卡儿的前人已经通过各种方式暗示了这种思想, 例如卡尔达诺。在阿尔伯特 · 吉拉德 (Albert Girard, 1595—1632) 1629 年出版的《代数发明》(*L'invention en algebra*) 中明确地提出了这个定理, 而这本书在当时广为人知。

180

[3]我们现在的说法是: “假” 根 -5。——译者注

[4]笛卡儿讨论的是实系数多项式方程, 其中已经预先对未知量进行了降幂排列, 并且最高次项的系数为正, 而且他一般写成 1。——译者注

笛卡儿首先指出, 多项式方程的根的个数不能超过方程的次数。后来, 他在第三卷明确地写道: [5]

"此外, 方程的'真的'根和'假'根并不总是实根,[6]有时候它们只是虚构的; 也就是说, 对于我所说的任何方程, 我们总是可以设想有那么多个根,[7]但是有时候并没有确定的量与我们所设想的根相对应。"

换句话说, 笛卡儿宣称, 除了"真的"根以外, 还有"假"根以及"虚构的"根。他强调, 只有把后两种根考虑在内, 根的个数才等于多项式的次数。虽然笛卡儿此时并不认为这几种根都是"合法"的数, 但它们在多项式中却发挥着相同的作用, 我们很难忽视这种想法在数学上的重要性。

笛卡儿对多项式的观点, 包括他对于根的个数的重要的洞察力, 暗示了一个重大的突破, 尤其是因为它出现在一本很有影响的几何书中。从这时开始, 数学家们将会讨论多项式这个抽象而自洽的新对象, 它需要人们予以更多的关注。对于以前在不同背景下产生并且分别被考察的许多问题, 现在都可以根据关于多项式及其根的新知识而进行统一的处理。对于那些关于未知量的特殊问题, 以前人们根据它们的类型以及未知量的次数而分别予以处理, 而现在它们都被看成更一般的多项式理论的特殊情形。经过之前数学符号的漫长而犹豫的发展过程, 像笛卡儿在其著作中所发展的这种灵活而有效的符号体系站在了顶峰, 并在其发展中起到了决定性的作用。在随后几百年的数学, 尤其是代数学中, 数学符号的很多进一步的重要发展都来自这个新视角, 而它显然起源于笛卡儿。

但我们同时也要密切注意在笛卡儿的论述中所出现的各种数的细微差别。例如, 笛卡儿是从字面的意义上来谈论"虚构的"数; 也就是说, 他认为它们只存在于我们的想象中, 因此不能表示一个几何量, 也不与作为根的其他种类的数相似。在他的著作的显著影响下, 后世的数学家完全接受了像"虚的"和"实的"这样的术语。然而, 对于理解含有负数的平方根的表达式的明确意义, 这一点并没有太大的帮助。而对负数思想的系统构建而言, 他对于"假"根的态度甚至不能被看作是一种真正的进步。笛卡儿的确把"假"根包含在"确实的"根里面, 但他从未考虑过可以谈论一个单独的负数: 它们或者随着能够整除多项式的 $x + a$ 这个表达式而出现,或者出现在我们曾经见过的前面带有负号的多项

181

[5]引自 (Bos 2001, p.385)。

[6]法语原文为: tant les vrayes racines que les fausses ne sont pas toufiours reelles。笛卡儿对虚数的认识是模糊的, 他并没有像卡尔达诺或邦贝利等人那样把虚数明确地表示出来, 这使得他的表述和我们现在的认识并不相同。——译者注

[7]此处意指多项式方程根的个数等于方程的次数。——译者注

式中。

显然, 在多项式理论中, 对于所有这些种类的数的不断应用更容易把它们自然地纳入算术的一般体系中。从笛卡儿对纯粹的几何问题的解法中我们可以看出, 他自己并未完全接受它们。在解释二次方程的几何解法时 (如附录 8.1 所示), 笛卡儿刻意避免讨论方程

$$z^2 + az + bb = 0,$$

而这正是因为 a 和 b 在这里表示长度 (即正量), 并且所得的负数解没有几何意义。由于同样的原因, 我们在他的解析几何中也只能找到正的坐标。坐标既可以为正也可以为负这种思想, 是随着逐渐接受负数的合法性而稍晚才出现的。

8.2 沃利斯与代数的优先地位

1631 年在英伦群岛的代数学史中非常重要。它见证了标志着英国代数学开始加速发展的两本书的出版: 威廉·奥特雷德 (William Oughtred, 1575 — 1660) 的《数学的钥匙》(*Clavis Mathematicae*) 和托马斯 · 哈利奥特 (Thomas Harriot) 的《分析术实践》(*Artis Analyticae Praxis*)。在代数学加速发展的过程中伴随着对于代数与几何的关系这个问题的争论, 尤其是关于各种数的性质与作用的争论。继奥特雷德和哈利奥特之后, 在帮助吸收并发展代数思想方面, 英国数学家中没有人比约翰 · 沃利斯 (John Wallis, 1616 — 1703) 的作用更大。

对于数的概念的不断扩展, 对于数和抽象的量的分界线的不断淡化, 沃利斯都提出了很多他自己的原创思想。不同于他的很多前人以及继续遵循传统观点的很多同时代人, 沃利斯明确地认为代数在概念上优先于几何。同样地, 他积极地多次尝试寻找一致的方法, 以使负数和虚数的使用合法化。因此, 我们在这里的论述中有必要关注一下他的思想。

沃利斯在比较晚的年纪才以一种很不系统的方式认真地学习数学。他接受的是古典传统的正规教育, 学习的内容主要包括亚里士多德逻辑学、神学、伦理学以及形而上学, 并在 1640 年受命成为牧师。和韦达很相似, 沃利斯也对密码学很感兴趣。在 1642 — 1651 年的英国内战期间, 他为国会议员党破译保皇党的信息时锻炼了这方面的技能。直到 1647 年, 31 岁的沃利斯才第一次学习了奥特雷德的《数学的钥匙》。这标志着他充满创造力的数学生涯的开端。1649 年, 他被任命为牛津大学的萨维利几何讲座教授。

182

沃利斯最具创新性的贡献与面积、体积和切线的计算有关。当时, 这些计算在几何方面来看越来越复杂, 但是它们在几十年之后却成为无穷小计算的

核心。这些问题受到了当时最主要的数学家的关注, 而其中大部分人使用的方法实质上是几何方法, 并且他们遵循着希腊人处理无穷的间接方式 (参见附录 3.3), 但沃利斯另辟蹊径, 并且引入了许多处理无穷和与无穷积的新的算术方法。正是在这里, 沃利斯充分展示了他非凡的数学才能, 并且发展了真正具有独创性的方法。

他最令人震惊的成果之一是逼近 π 值的新方法, 它记载于他 1656 年出版的《无穷算术》(*Arithmetica Infinitorum*) 中。与韦达 60 多年前的计算相似, 沃利斯的方法也涉及了无穷乘积。然而, 他的乘积是基于算术的考量, 而不是基于几何的逼近, 因此显得更加有力。这个乘积可以用符号如下表示:

$$\frac{\pi}{2}=\frac{2}{1}\cdot\frac{2}{3}\cdot\frac{4}{3}\cdot\frac{4}{5}\cdot\frac{6}{5}\cdot\frac{6}{7}\cdots。$$

沃利斯还扩展了幂的概念, 使其指数可以是负数和分数, 从而第一个洞察到像

$$a^{\frac{1}{2}}=\sqrt{a} \quad 或 \quad a^{-n}=\frac{1}{a^n}$$

这些有用的结论 (尽管他的符号与我们的有所区别)。

在沃利斯的著作中, 当他处理圆锥曲线时, 他令人印象深刻地展示了代数方法的威力。笛卡儿方法的新近发展已经把抛物线表示成了二次方程

$$y=ax^2+bx+c。$$

沃利斯第一个对椭圆和双曲线做了类似的事情。由于沃利斯成功地为这个课题提供了代数工具, 这个领域变得更简单了, 而阿波罗尼乌斯的纯几何的处理通常被认为是极其困难的, 因此之前很多人都对此望而却步。在沃利斯的时代, 还只有阿波罗尼乌斯的处理这一种方式, 因此沃利斯对于自己能给圆锥曲线的研究带来深刻的变化而表示非常自豪。

像其他一些人一样, 沃利斯也相信曾经存在过一种已经遗失的分析的 "发现方法", 它 "早已经被古希腊人所使用; 但是又被他们故意隐藏起来, 从而变成了重大的秘密"。因此, 与之前的韦达和笛卡儿一样, 沃利斯也把自己的工作看成是对那个假定的分析方法的延续和改进。

从沃利斯的强有力的算术方法的视角出发, 他只是把比例式看成两个分数之间的相等, 而这是一个重要的进步。在此过程中, 他不假思索地摒弃了长期以来对比率和数的区分, 在这一点上他比之前的任何人都更加坚定, 更加明确。他把两个数或两个量之间的比率简单地说成是第一个除以第二个, 这种观点就像我们现在所认为的那样既明白又简单。按照这种观点, 所谓的四个量成比例

是指, 第一个与第二个所成的比率 (把它看成数) 等于第三个与第四个所成的比率 (也把它看成数)。换句话说, 对于沃利斯而言, 比例式

183

$$a:b::c:d$$

与等式

$$\frac{a}{b}=\frac{c}{d}$$

并没有什么不同。值得注意的是, 沃利斯并未强调, 他正在对一个根植于古老的传统并且基于完全不同的定义的观点进行改变。

由于沃利斯认为算术而不是几何是整个数学的更坚实的基础, 他在各种数学背景下几乎无所拘束地使用所有种类的数。不过, 他并不总是提倡要全面接受所有种类的数。对于负数、有理数和无理数的合法使用, 沃利斯的观点有时候起伏不定。负数对他来说是必要的, 但他并不总是认为它们是合法的, 因为一个量不可能 "小于零或者小于比零更少的数"。他最初认为正数和负数所成的比率没有意义, 但后来他又提出了一个奇怪的论证来证明 (他认为是这样) 正数除以负数的结果 "比无穷还大"。

然而, 考虑到负数是如此有用, 并且并非 "完全荒谬", 沃利斯建议可以通过熟知的物理类比来对这些数进行某种解释。更一般地说, 对于像沃利斯这样的数学家而言, 必须使算术概念保持一致, 并且在自然数的运算中必须避免 "不可能" 的情况: 用较小的数减去较大的数, 用一个数除以不是它的因子的数, 对一个非平方数开平方或者对一个非立方数开立方, 或者提出一个其根为负数的平方根的方程。

尽管沃利斯自己把比率定义成数的除法, 他仍然怀疑分数和无理数的合法地位。但是考虑到它们在很多数学问题的解法 (包括他用无穷级数等工具所发展的创新性的解法) 中的实际用途, 他并没有限制对它们的使用, 而是把它们看作可以用斯蒂文所讲授的小数来近似表示的值。对于负数, 他未能提出任何确定的论据来证明它们的合法性, 而只是给出了一系列多少有点说服力的声明。

这样, 在负数表示 "比零还小" 的量的意义下, 沃利斯把负数及其平方根都定义成 "虚构的", 这有点儿像笛卡儿。在这个定义下, 他的意图是宣扬这样的观点, 即如果人们接受了负数的合法性, 那么他们没有理由拒绝它们的平方根。这是一个明智的做法。对于虚数, 他建议将通常用于为负数提供合法性的论证扩展在它们上面, 这种论证是指某种精心设计的物理类比。他的论证细节值得在这里讨论一下。

在沃利斯 1685 年出版的《代数学》中 (*Treatise on Algebra*), 他对虚数提出了以下的原创性的论述 (如图 8.3): 在一条直线上, 一个人从初始点 A 行走了 5 码并到达 B 点, 然后他又后退了 2 码并到达 C 点; 如果问他前进了多少距离, 那么人们会毫不犹豫地回答是 3 码; 但如果这个人从 B 点后退了 8 码并到达 D 点, 那么同一个问题的答案是什么? 答案显然是 -3, 而沃利斯说的是 "比零小 3 码"。 184

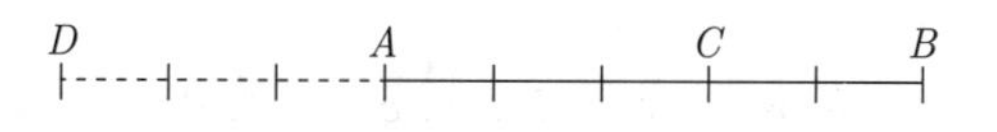

图 8.3 沃利斯对负数在直线上的图示

这个论证显而易见, 但它只是沃利斯为了用相似的图示方式来创造性地解释负数的平方根而做的准备工作。他接着问道, 如果我们在海边从海洋中获得 26 个单位的面积, 然后在其他地方又还给海洋 10 个单位的面积, 那么会发生什么, 我们总共获得了多少面积? 答案显然是 16 个单位的面积。如果我们假设这个面积是一个完美的正方形, 那么这个正方形的边是 4 个单位长度 (或者 -4 个单位长度, 如果我们允许正的平方的根为负)。到现在为止, 没有什么特别之处, 也没有什么新东西。但是, 如果我们现在从海洋中获得了 10 个单位并在其他地方还给海洋 26 个单位, 那么会发生什么? 通过与前面的情形进行类比, 我们可以说我们失去了 16 个单位, 或者说, 得到了 -16 个单位, 那么如果所失去的单位是一个完美的正方形, 那么它的边又是什么? 他得出了结论, 即 -16 的平方根。这就是沃利斯的观点: 负数与虚数的合法与否是平等的, 在数学中没有理由接受前者而拒绝后者。

沃利斯还对虚数尝试了其他一些几何解释。他的一种思想是基于对两个 (正) 量 b 与 c 的几何中项 (我们在这里可以表示成 $\sqrt{bc}$) 的构造。对这个中项的一种经典构造体现在图 8.4 中。这个构造基于关于圆的一个基本定理 (我们在讨论笛卡儿那时已经提到了), 它是指: 如果 AC 是直径, PB 是直径上的任一点 B 处的垂线, 那么在 PB 上构建的正方形与由 AB 与 BC 所构建的矩形面积相等。沃利斯建议把负数的平方根作为两条线段的几何中项, 这两条线段一条为正, 一条为负: 例如 $-b$ 与 c 或者 b 与 $-c$。它们如图 8.5 所示。事实上, 如果我们在 A 点左侧取 b 这个量并使得 $AB = -b$, 然后在 B 点右侧取 c 这个量并使得 $BC = c$,那么 $AC = -b + c$, 通过简单的几何论证很容易看出, 圆在 P 点的切线 PB 就表示几何中项 $\sqrt{-bc}$。 185

但沃利斯对此不是很满意, 他因而进一步建议了另一种几何解释, 它与现

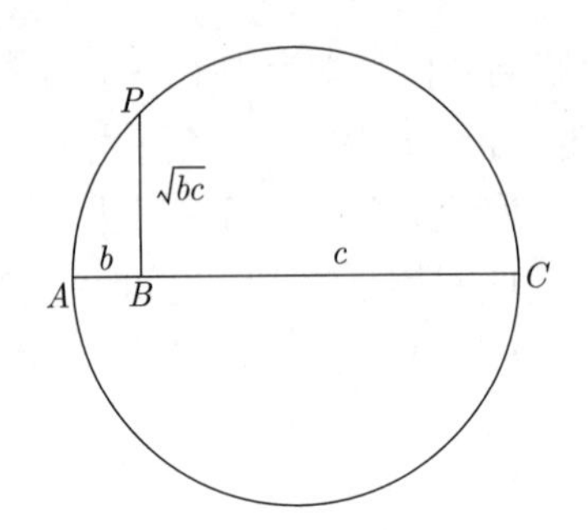

图 8.4　两个量 b 与 c 的几何中项

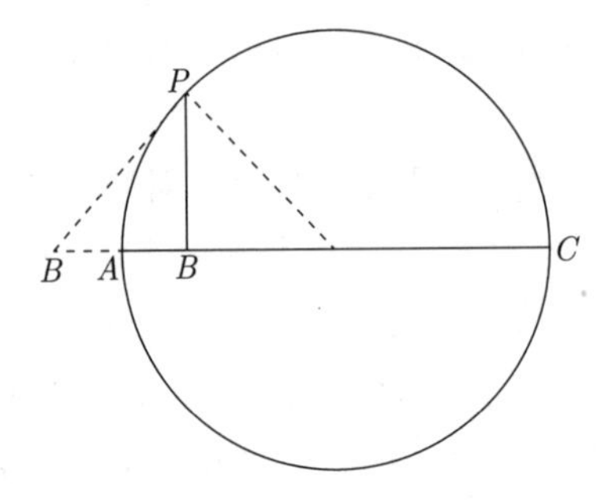

图 8.5　沃利斯把虚数表示成一个正量和一个负量的比例中项。这个图直接引自 (Smith (ed.) 1951 [1931], p.49), 随后的两个图是对该文献原图的修改版

在所接受的对虚数的解释已经很接近了。我们将在第 9 章更详细地讨论后来的解释及其在 18 世纪的起源, 但我在这里简要地提醒一下读者, 我要强调的是, 这个几何解释是基于把在直线上表示实数推广到在整个平面上来表示虚数 (参见图 1.5)。沃利斯对虚数的后一种创造性的几何解释也是把直线上的表示推广到平面上, 但他采用的方法还存在着很大的局限性。它出现在对于二次方程

$$x^2 + 2bx + c^2 = 0$$

的根的几何意义的解释中, 其中 b 和 c 在这里是正量。当然, 这两个根是通过公式

$$x = -b \pm \sqrt{b^2 - c^2}$$

而得出的。沃利斯画了一个图, 他在图中把这两个根表示为两个点 P_1 和 P_2, 我们在图中还可以看出只有当 $b \geqslant c$ 时实根才存在 (如图 8.6)。但当 $c > b$ 时会发生什么? 从代数的观点来看, 这个公式说明此时方程的根会涉及负数的平方根。我们从图形上可以看到, 点 P_1 和 P_2 将会落在用来表示数的直线之

外, 但它们仍然位于这个平面上 (如图 8.7)。这看起来确实像是对负数的平方根的合理解释。但一个重要的问题马上就出现了: 如果 b 不断地减小, 那么 P_1 和 P_2 在平面上将会互相接近; 如果 b 变成零, 那么 $P_1 = P_2$; 它的意义是指 $\sqrt{-1} = -\sqrt{-1}$, 但这一点显然无法被接受。

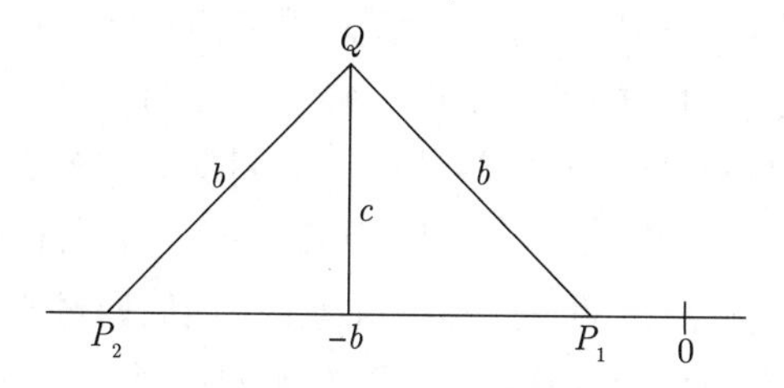

图 8.6 沃利斯用图形表示二次方程的两个根。三角形两边的长度都是 b, 并且在横轴的 0 点右侧也取了相同的长度

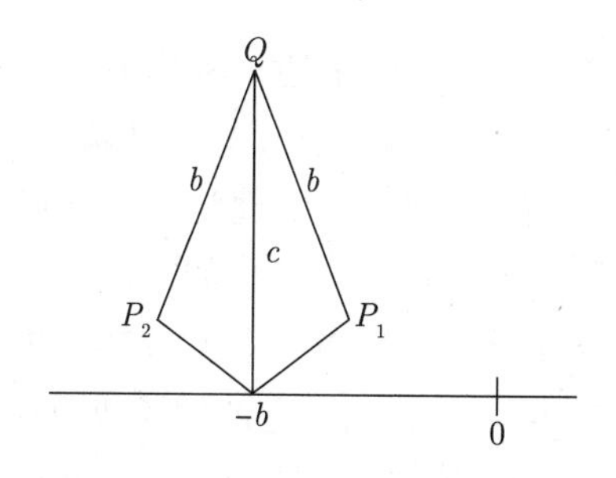

图 8.7 沃利斯用图形在平面上表示二次方程的虚根

考虑到当时对于数的性质所进行的争论, 尤其是沃利斯本人对于负数的不确定的观点,我们没必要对这种认识感到惊讶: 他努力地进行尝试, 并且取得了精彩的进展, 但是他并没有形成一致的观点来对虚数进行合理的几何表示。我已经指出, 解析几何在那时候基本上是从笛卡儿的工作中 (也独立地在费马的工作中) 开始的; 而且, 要想完全理解这门学科中所体现的几何形式与代数表达之间的关系, 还需要假以时日。例如, 由于负数地位的不确定性, 负坐标等事物一开始并未出现。沃利斯的工作, 一方面因其成功地应用了创新的、强有力的代数方法而被普遍认可, 但它另一方面也暴露出当时在处理一些概念时所遇到的困难, 而这些概念在我们现在看来却是既简单又直接。它也受到了那些当时仍很流行的、源自古希腊的对于数的看法的影响。

186

8.3 巴罗及其对代数学的优先地位的反对

在 17 世纪后半叶, 一些英国数学家开始对韦达和笛卡儿所掀起的代数学浪潮采取更加克制的态度。他们质疑数学的确定性来源于代数学,并且致力于恢复希腊古典传统中的综合几何的优先地位。其中两个主角是托马斯·霍布斯 (Thomas Hobbes, 1588—1679) 和艾萨克·巴罗 (Isaac Barrow, 1630—1677)。在他们看来, 清楚的几何结构是简单性、确定性和明晰性的完美范例。他们认为, 在算术和代数中并不能发现这些性质。他们反对在解决几何问题时使用代数论证, 但他们也特别指出, 这种反对并不意味着他们对这门新科学的精神以及当时的数学普遍持有消极的态度。准确地说, 他们通过明确而专门的论述来反对在某些场合下使用代数。相应地, 尽管他们反对这一点, 韦达和笛卡儿及其英国追随者所引入的一些代数思想和方法的确还是出现在了他们的著作中并与之自然地结合在一起。这是一个有趣的创新的综合, 它本身隐含了一种内在的张力, 而这对于我们的故事来说特别有趣。让我们来看一下在巴罗的工作中所出现的一些细节。

187

巴罗是一位知识渊博的学者, 他精通多种古典和现代语言, 并且对神学研究有着浓厚的兴趣。他以前是希腊语教授, 直到 1663 年, 他被任命为剑桥大学第一任卢卡斯数学讲座教授。几年之后, 他为了牛顿而放弃了这个职位, 早在牛顿还是个学生的时候巴罗就发现了其杰出的才能。

巴罗的一部早期著作是欧几里得的《几何原本》的拉丁语缩略本, 同时也是评注本, 它出版于 1655 年。1660 年, 它被翻译成英文本, 并且在英国广为使用, 一直到 18 世纪。在这个文本中, 巴罗引入了一些明显的代数元素, 并且把它们融合在他纯粹的几何方法中。同时, 他还明确地强调, 他的表述丝毫没有偏离原来的几何学。虽然他看起来在忠实地遵循着这个信念, 但是从历史的视角来看, 他的偏离是显而易见的。

在巴罗的版本所讨论的很多命题中, 他更喜欢用特殊的符号语言来表达所要证明的几何性质, 而没有采用紧扣图形的经典方式。当然, 他并未把这些性质转化成代数方程, 而且他的符号也不是用来操作的。但巴罗的符号化使人们在阅读欧几里得的时候可以把几何度量看作抽象的量, 即使他并未积极地建议这一点。在没有太多约束的情况下, 他把经典的几何构造、代数表达式以及数值例子混合在一起。尽管如此, 他仍不断强调, 他采用这种方式只是为了使证明 (他认为它们在精神上完全是几何的方式) 更加简明扼要。通过看一个详细的例子我们可以更好地理解这一点, 我把这个例子放在了附录 8.2 中。

沃利斯将不同领域的对象混合在一起, 这一方面提升了希腊古典几何的标准, 另一方面也有助于人们用符号的语言来更清楚地表达几何结果, 而这种混合也与他对数的态度有关。我们通过他在剑桥大学的讲座文本 (始于 1664 年) 知道了他对于数的观点。在论证几何优先于代数时, 对于感官如何感知几何对象, 巴罗提出了一些并非总是令人信服的哲学论述。他说道, 量本质上只是 "连续的度量", 这是唯一真正的数学对象。而数与量相对, 并且不能独自存在, 它们只不过是帮助我们指称某些度量的名字或符号。

188

巴罗明确地批评了沃利斯对数和代数的观点。公式 "$2+2=4$" 对于沃利斯来说是真实的、独立的, 并且优先于关于它的任何几何表示, 但对巴罗而言, 它却是武断的, 并且缺少自主的意义。对巴罗来说, 事实上它无法应用于某些特殊的几何场合。例如, 当我们用 2 英尺长的线段加上另一条同样长的线段时, 我们会得到一条 4 英尺长的线段。但当我们用 2 英尺长的线段加上 2 英寸长的线段时, 我们所得线段的长度既不是 4 英尺, 也不是 4 英寸, 也不是 4 个已知的任何其他单位。因此, 在他看来, 2 这个记号的意义直接取决于它所应用的几何背景。

但是如果自然数只不过是量的记号, 那么对于无理数、负数或虚数他又该说些什么呢? 巴罗首先将无理数纳入自己的观点中, 事实上他利用它们来强化他与沃利斯的对立。他声称, 没有数, 无论是整数还是分数, 可以通过自乘而得到 2, 并且在他看来, 没必要通过自然数、分数甚至用小数近似 (像沃利斯那样) 来理解 $\sqrt{2}$。对巴罗来说, $\sqrt{2}$ 只是一个表示某种几何度量的名字或记号, 在这里它表示边长为 1 的正方形的对角线。他由此对沃利斯展开了进一步的批评, 认为他对比率和比例的算术解释 (如前所述) 严重地背离了古典的希腊传统。巴罗承认, 某些比率可以表示成分数, 但绝不是所有的比率。正方形的对角线对他来讲是这方面的一个不容置疑的例子。巴罗认为, 比率不能被看成数, 因为数只是在表示度量。

与沃利斯很相似, 巴罗建议把负数看成一个较小的数与一个较大的数的差。但是, 如果 1 只不过是表示度量的一个记号, 那么人们怎么来解释 -1 这个数? 嗯, 巴罗在这里承认了考虑一个 "小于零" 的数的困难性, 但他也是利用物理与几何的类比来说明这种思想, 就像沃利斯以前做的那样。但对于负数的平方根, 有趣的是, 巴罗根本没有提到它们。

沃利斯和巴罗是 17 世纪中期英国数学的两个走向的典型代表, 他们侧重于数学实践的不同方面。然而, 这两个走向并非绝对的对立, 而是在各个方面互相补充。例如, 沃利斯所关注的是代数方法 (作为发现的新工具), 但这并不意味着他忽视了巴罗所坚持的经典的严格性。另一方面, 巴罗对几何的偏爱也不应只被看成是倔强地拒绝接受 “现代” 方法。当时只有很少的几种曲线 (我们现在称其为 “代数曲线”) 可以借助代数方法来进行处理。其他种类的曲线, 如螺线和摆线 (我们现在称其为 “超越曲线”), 还没有成为代数学的对象。像巴罗这样的数学家致力于发展清楚而一般的数学方法, 而当时的代数学在这方面还比不上几何学。

189

8.4 牛顿的《广义算术》

在关于代数与几何的关系的新观点逐渐统一的过程中, 沃利斯和巴罗的著作中所体现的思想一直在互相影响。数的现代概念就是在这个过程中所产生的一个结果。由于沃利斯和巴罗的学术高度和他们在英国数学界的重要地位, 他们的对立观点、学术争论和共同看法成为数学史中这段重要时期中的一个非常醒目的标志。但是从根本上来说, 这个过程, 甚至英国精密科学的当代思想的所有重要历程, 都是在巨人牛顿的普遍影响下才结出了累累硕果。

在本章的最后一节, 我简要地描述一下牛顿对于数的观点。然而, 在回顾他的工作时, 我们要时刻铭记这项任务的复杂性。到目前为止, 我们已经看到, 17 世纪对于数学的每个方面来说都是一个过渡期。在 16 世纪, 欧几里得的方法一直被当成参照模型; 在 18 世纪, 数学家把微积分作为他们的语言和方法, 从而取得了潜在的统一; 而牛顿的时代正好位于二者之间。这时候, 关于几何与算术的相互关系问题, 以及相关的关于量与数的性质的问题, 与关于用数学来研究自然世界的问题一起出现了。

在这个深刻变革的时期, 牛顿的数学思想本身的原创性和深刻性给我们的理解带来了困难, 但除此之外, 我们也不能忽视方法论、制度和个人方面的因素, 它们在牛顿生命的不同时期一直影响着他的工作。我们发现, 在他的意图、实践和方法之间存在着有趣的张力。我们必须检查他在与同时代人 (我们对笛卡儿和威廉 · 莱布尼兹特别感兴趣) 的对话与交锋中所选择的语言和出版的作品。我们还需要考虑他的不同著作所预期的不同读者。简而言之, 我们不要指望可以用简单而一致的描述来概括牛顿在任何话题上的思想。

牛顿在剑桥当学生的时候努力学习了韦达、笛卡儿、奥特雷德、沃利斯和巴罗的著作。牛顿对早前在所有活跃的数学领域中所引入的概念和符号进行了有效而彻底的综合。除了引入创新的方法论,他还继续发展了许多新的研究领域, 其中最重要的是 “流数与流量” 的技巧, 它们后来成为无穷小分析 (我们

190

在这里不讨论它) 的一部分。[8]牛顿在晚年对笛卡儿的方法和观点批评得越来越多, 他还在古典传统的原则下重新审视自己早期的成果。他试图找到一种统一的数学观点, 其中流数的计算能够与欧几里得的《几何原本》或者阿波罗尼乌斯的《圆锥曲线论》协调一致。

1669 年, 在巴罗辞职并担任国王的专职牧师之后, 牛顿被任命为剑桥大学卢卡斯数学讲座教授。牛顿讲座笔记表明, 他从 1673 年到 1683 年对代数学花费了大量的精力, 而几年前巴罗认为这个领域 "还不是一门科学"。对于他后来才在笔记上添加的日期是否真实地反映了他那些年的授课情况, 我们还无法完全确定, 但是可以确定的是, 这些笔记在 1707 年用拉丁语出版之前曾经经历了很多变动。这本书的英文版是《广义算术》, 它的几个版本在随后的几十年中陆续出版。它们在 18 世纪的英国被广泛阅读, 影响很大。

就其内在的数学价值而言,《广义算术》还远非牛顿最重要的著作之一。事实上, 他开始并没打算出版这些笔记。从事后来看, 当牛顿的讲座席位的继承者威廉 · 惠斯顿 (William Whiston, 1667—1752) 努力将这本书付诸出版的时候, 牛顿甚至明显地表达了他的不满。在 1684 年和 1687 年之间, 牛顿的主要精力都用于撰写《自然哲学之数学原理》(*Philosophiae Naturalis Principia Mathematica*), 这是他的科学著作的真正的顶峰 (但必须说的是, 即使是这部划时代的著作, 牛顿对它的出版也毫无兴趣, 因为他担心它可能会招致批评。这本书最终是在著名天文学家埃德蒙 · 哈雷 (Edmond Halley, 1656—1742) 的不断劝说下才得以出版的)。

在随后的几年里, 牛顿陷入了由于《原理》的出版而引起的争论。此时, 他的代数笔记还没有任何出版计划。后来, 在 1705 年的英国国会选举中, 牛顿是候选人, 但没有迹象表明他的选举会取得成功; 他的一些剑桥同事答应支持他, 作为交换条件, 会有一笔可观的捐款以牛顿的名义馈赠给三一学院, 而且牛顿还要授权他的笔记在惠斯顿修改、编辑之后可以出版。

我不厌其烦地讲述《广义算术》出版的所有细节, 这只是为了强调这本书的出现是非常偶然的。通过对印刷本和在牛顿的科学遗产中所发现的一些手稿进行对比, 我们可以发现, 他对某些地方一直犹豫不定, 并且在那些年里多次做出改变。当然, 这种现象不足为奇, 因为它们是教学笔记的草稿, 而不是为了出版而精心准备的文本。但是那些准备各种版本并将其付诸出版的人并非总是能注意到这些手稿的细微差别和变化。因此, 我们很容易在已出版的著作中发现, 它们所强调的地方并不相同, 而且有些思想与之前的版本相抵触。 191

[8]参见 (Guicciardini 2003)。

但问题的关键在于，无论这本书的出版背景如何，它的众多读者都会认为其内容毫无疑问地表达了伟人牛顿的思想。毋庸置疑，这本书中的数学遗产因为牛顿的圣明与权威而获得了认同，从而使它们作为代数与算术的思想主流的一部分而在欧洲被传播和吸收。

《广义算术》的焦点是代数实践，书中几乎没有对这门学科的基础进行辩论。这本书对核心概念只是给出了简略的解释，并且在给出计算法则时并未对其合法性进行评论。与之相比，书中所解释的每个技巧都带有很多例子，并且对它们进行了详细的计算。在整本书中，韦达的影响清楚可见，但笛卡儿解决问题的代数方法更是无处不在。虽然这本书整体上来看是将代数方法及其对求解几何问题的作用含蓄地合法化，但是牛顿总是不失时机地强调他自己对综合几何的古典方法的偏爱。他不断地赞美综合几何的优点，并且在其数学中到处都把它作为例子。

牛顿对笛卡儿思想的态度总体来讲既复杂又矛盾。在牛顿对《几何学》的抄本的页边，我们能看到很多批评的注释："错误 (Error)""不能苟同 (Non probo)""不是几何 (Non Geom)""不完美 (Imperf.)"。它们可能是牛顿还在剑桥当学生的时候写的，并且针对的是笛卡儿在几何背景下使用代数方法。然而，当牛顿后来自己讲授代数学的时候，在他了解了沃利斯的各种思想之后，他更愿意承认将代数方法应用于几何学的优点。

在这本书的第一章，牛顿简明地定义了数，其中结合了在各种传统 (他从中获取灵感) 中所出现的思想：[9]

"我们所理解的数与其说是单位的多少，不如说是一个量与另一个我们取成单位的同类量所成的抽象的比率。它有三种类型：整数、分数和无理数。整数可以用单位来度量；分数是单位度量的因数；而无理数与单位不可公度。"

这个综合非常有趣。一方面，牛顿和巴罗一样也倾向于消除连续度量和离散度量之间的区别；另一方面，他像沃利斯那样认为比率就是数，但是遵循着"同种量的"比率的古典要求。在这里，单位、整数、分数和无理数 (它们可能是第一次在重要的文献中以如此明确的术语表达出来) 都是同一种数学实体，它们的唯一的不同之处可以通过比率的性质而区别开来：比率或者正好是单位的整数倍 (整数)，或者正好是单位的单位分数的整数倍 (分数)，或者其中的两个

192

[9] 这本书有各种版本。我这里引用的是 1769 年的版本：*Universal arithmetick: or, A treatise of arithmetical composition and resolution. Written in Latin by Sir Isaac Newton. Translated by the late Mr. Ralphson; and rev. and cor. by Mr. Cunn. To which is added, a treatise upon the measures of ratios, by James Maguire, A.M. The whole illustrated and explained, in a series of notes, by the Rev. Theaker Wilder,* London: W. Johnston. 这一段在第 2 页。

量不可公度 (无理数)。另外也很重要的是, 数是抽象的实体: 虽然它们本身并不是量, 但是它们可以表示量或者量之间的比率。

在 18 世纪欧洲的很多著作中都很容易看到牛顿的定义的影响, 有的书直接照搬他的定义。但值得注意的事实是, 牛顿在自己的书中并没有使用这个定义。如前所述, 牛顿在这本书中关注的是解决问题, 而并没太注意和代数与算术的核心概念有关的哲学问题或方法论问题。

牛顿在引入负数的时候也没有给出太多的评论或者哲学方面的考虑, 而是表明了它们作为量的特征: 量既可以是正的, 即大于零, 也可以是负的, 即小于零。牛顿并未采用沃利斯的术语, 后者把它们称为 "虚构的量"。准确地说, 牛顿把负数类比成 "债务" 或者 "用较小的数减去较大的数所得的差"。对于沃利斯所说的 "不可能的减法", 牛顿只是说, 我们在这个减法的结果前面加个负号, 而并没有进一步区分正数和负数。他在提出符号的乘法法则时也没有进一步给出解释或者理由, 而只是简单地给出一些它们的应用实例。

牛顿的著作中所讨论的话题在之前的英国代数学著作中都出现过, 但是这本书的系统而简单的论述, 以及 (这可能更重要) 它上面所加盖的伟人牛顿的权威印章, 赋予它以特殊的地位, 这使它在欧洲随后的几十年里成为概念和术语方面的必备的参考文献。

牛顿对虚数的态度尤其有趣, 这是因为在其已出版的文本中, 他对它们还犹豫不决, 没有形成最终的结论。这种态度反映了其对于数的概念仍有不足之处, 无论是把它看成量还是把它看成量的比率。牛顿之所以未能对此形成一个最终的立场, 是因为他把负数的平方根像其他数量那样也看成一类特殊的量, 而这时他遇到了困难。当牛顿在书中讨论笛卡儿关于多项式的根的个数的法则以及根与系数的关系时, 虚数出现了。

在牛顿早期的剑桥讲稿中, 牛顿 (追随着笛卡儿) 曾说过, 多项式方程的根有可能只存在于 "我们的想象中", 并且和任何量都不对应。在这种意义上, "虚构的" 这个词语的字面意义描述了这些根被理解的方式。他的讲座手稿显示, 他逐渐改变了自己的观点以及相关的术语。在其中的某个地方, 牛顿提出了作为代数基本定理的一种版本的断言: 多项式方程的根的个数不能超过方程中未知量的最高次数, 但这些根可能是正的、负的或者 "不可能的" (他没有说 "虚构的")。对于 "不可能的" 是什么意思, 他援引方程

193

$$x^2 - 2ax + b^2 = 0$$

的根进行解释。我们在这里得到了两个根, 即

$$a+\sqrt{a^2-b^2} \quad 和 \quad a-\sqrt{a^2-b^2}。$$

现在, 牛顿写道, 当 a^2 大于 b^2 时, 根是 “确实” 的。在相反的情形, 当 b^2 大于 a^2 时, 根是 “不可能的”。但有趣的是, 尽管如此, 牛顿仍然继续强调道: 这两种表达式都是多项式的根, 原因很简单, 当它们代替方程的未知量时, 方程的 “各项互相抵消了”。换句话说, 负数的平方根是不可能的对象, 因而不能在恰当的意义上来表示一个数, 但是含有这种不可能的对象的表达式却是方程的合法的根, 而这使得代数基本定理的表达成为可能, 就像牛顿所想的那样。

至少从卡尔达诺和邦贝利的时代开始, 我们在代数著作中一直可以看到这种含糊的态度。直到牛顿的时代, 这种模棱两可还没有完全消除, 这说明 (事后看来) 有些基本思想还没有被充分地认识到。牛顿的表述体现了数的当前概念与实际应用之间的持续的张力。我们在下一章将会看到, 虚数的令人满意的定义还需要再经过一百多年的数学实践才能形成。

牛顿关于代数与几何的关系的论述同样会使读者心生疑惑。如前所述, 牛顿扩展了将代数与几何结合起来的笛卡儿方法, 但尽管如此, 他在有些地方也特意避免使用代数, 并且强调, 即使是对那些看起来很困难的几何问题, 代数也不是求解的适当工具。在《广义算术》的印刷本中有一个很有名的段落, 其中牛顿宣称笛卡儿方法危及了几何的纯粹性。他写道: [10]

“方程是算术计算的表达式, 它在几何学中没有位置, 除非是纯几何的量 (即直线、平面、立体和比例) 相等。几何中最近轻率地接受了乘法、除法等运算, 但它们与这门科学的最初设计是相悖的……因此这两种科学不应该被混淆。古代人努力地把它们区分开, 他们从未把算术术语引入到几何中。现代人混淆了二者, 因而丧失了几何学优美的简单性。”

194

这段话在随后几十年里不断地被欧洲数学著作所引用。引用它的那些数学家实际上希望维持几何对于代数的优先地位。相当讽刺的是, 如果对照牛顿在《广义算术》中占主导地位的方法, 我们明显可以看出代数实际上更加重要。通过阅读这本书各种版本的手稿, 我们很容易发现, 牛顿对这一点一直犹豫不决, 并且不断地改变他的观点。上面引用的清楚的论述最终收录在这本书所有的版本中, 而它的读者也逐渐把这个观点和牛顿的名字联系起来。

我要强调的是, 牛顿在 17 世纪 70 年代 (他在这段时间撰写了这些文本) 开始阅读帕普斯的著作。他得出的结论是, 所假定的古代人的发现方法 (即我已经提到的 “分析”) 要优于笛卡儿的代数。这时候, 牛顿开始把笛卡儿和各种

[10]引自 (*Universal Arithmetick*, p.470)。

笛卡儿主义者当成他自己的敌人，同时也把自己当成古代人的直接继承人。虽然这些代数观点是具有启发性的发现方法，但它们还不足以出版。牛顿跟随着巴罗的观点认为，代数缺少几何的明晰性，并且从哲学上讲也是一种误导，因为它会让我们相信，那些并不存在的事物其实是存在的。

在牛顿最著名、最有影响力的著作《原理》中，代数与几何的潜在关系甚至更为复杂。从后来的数学发展来看，这本革命性的著作如果用微积分的语言来撰写会对我们更方便，而牛顿曾经用这种语言的早期形式撰写了其他一些重要的著作。但是阅读《原理》的原著的读者会发现，他的风格看起来更像是怀旧的古典希腊几何，而不像是 17 世纪的一部经典力学的著作。然而，牛顿努力地使他的著作呈现出这种 "古典的屏风 (façade)"。我们在它后面可以发现，在一些场合，很多新近发展起来的数学方法被披上了古典的外衣：无穷级数、无穷小、积分、极限过程以及代数方法。在牛顿的著作中有大量的证据表明，他坚定地拥护几何优先于代数这种古典观点。然而，尤其是当他进行与数和代数有关的数学实践时，他的态度更加灵活多变。

在我们的故事中，17 世纪是一个重要的转变。科学的面貌和地位在欧洲的大部分地方都发生了深刻的改变。尤其是韦达和笛卡儿著作中的新的符号代数，以及牛顿和莱布尼兹著作中的无穷小计算，它们都是数学史中的重要转折点。我们到现在为止所讨论的许多话题开始退到幕后。在高等数学研究的主流中，欧几里得的《几何原本》的影响逐渐衰退，关于比例的欧多克索斯理论几乎消失殆尽，而对于连续量和离散量的区分也已经索然无味。在数的概念经历了深刻变化之后，通向新阶段的大门打开了，在其后两百年中一些新的变化将重新塑造这个概念。这些变化将在本书剩下的章节进行讨论。

195

附录 8.1 笛卡儿对二次方程的几何构造

为了理解笛卡儿对于代数与几何的关系的革新，一个特别有启发性的视角是详细地考察他对二次方程的处理以及他所建议的几何解法。在这个附录中，我直接引用《几何学》中的一些内容。这样读者可以直接领会笛卡儿是怎样处理其方程中的各种数与几何量的。其中特别有趣的是，他把代数表达式毫不犹豫地转换成了几何解释。我们现在当然已经习惯了这种转换，但这种做法在当时却是影响深远的创新，即使笛卡儿在这本书中并没有特别强调这一点。

以下引自这本书的原文：[11]

[11]引自 (Descartes 1637 [1954], pp.13–14)。

例如, 如果有

$$z^2 = az + bb,$$

那么我构造一个直角三角形 NLM, 使得一条边 LM 等于 b, 即已知量 bb 的平方根; 另一条边 LN 等于 $\frac{1}{2}a$, 即与未知线段 z 相乘的另一个已知量的一半。然后延长三角形的斜边 MN 到 O, 使得 NO 等于 NL, 则整条线段 OM 即所求的线段 z。

196

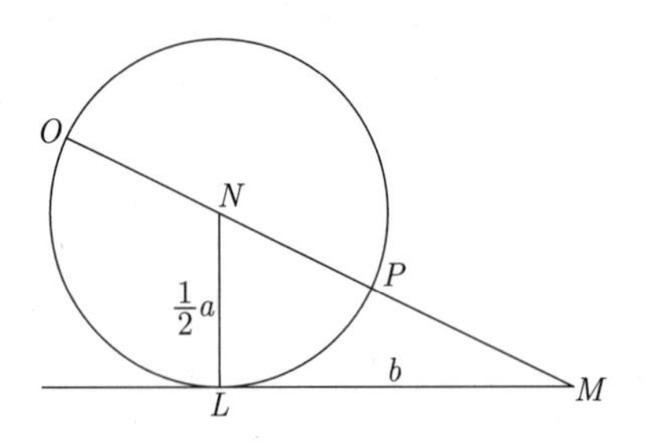

这条线段可以如下表示:

$$z = \frac{1}{2}a + \sqrt{\frac{1}{4}aa + bb}。$$

但如果有

$$y^2 = -ay + bb,$$

其中 y 是所求的量, 那么我构造相同的三角形 NLM, 并且在斜边 MN 上截取 NP 等于 NL, 则剩下的线段 PM 就是所求的根。这样我就得到:

$$y = -\frac{1}{2}a + \sqrt{\frac{1}{4}aa + bb}。$$

按照同样的方法, 如果有

$$x^4 = -ax^2 + bb,$$

那么 PM 将等于 x^2, 并且我会得到

$$x = \sqrt{-\frac{1}{2}a + \sqrt{\frac{1}{4}aa + bb}}。$$

同理可知其他的情形。

最后, 如果有

$$z^2 = az - bb,$$

那么我使 NL 等于 $\frac{1}{2}a$, LM 仍等于 b, 然后我并不连接点 M 和点 N, 而是作 MGR 平行于 LN, 并且以 N 为圆心作经过 L 的圆, 它与 MGR 交于点 G 和点 R, 则所求的线段 z 或者是 MG, 或者是 MR, 因为此时它有两种表达方式, 即

$$z = \frac{1}{2}a + \sqrt{\frac{1}{4}aa - bb} \quad 和 \quad z = \frac{1}{2}a - \sqrt{\frac{1}{4}aa - bb}。$$

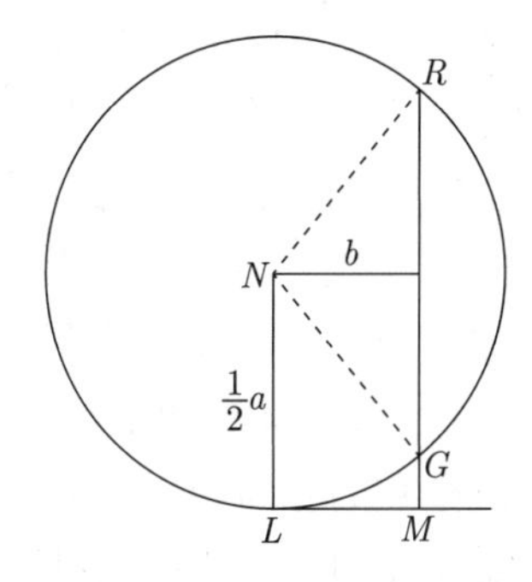

但如果围绕 N 所作出的过 L 点的圆与直线 MGR 既不相交也不相切, 那么这个方程没有根,那么我们可以说此时这个问题的构造是不可能的。 197

笛卡儿没有处理二次方程

$$z^2 = -az - bb,$$

这个事实更加表明, 他仍然是从几何的视角来看待这个问题的。这个方程没有正根 (因为长度 a 是一个正量), 因此在笛卡儿看来, 在这本书的这个地方没有必要处理这个问题, 因为他在这里给出的是二次方程的可能的解。

附录 8.2 在 17 世纪的几何与代数之间: 以欧几里得的《几何原本》为案例

我在第 7 章已经解释了 17 世纪有关数以及代数与几何之间变化的相互关系的一些重要进展。在这个附录中, 我只想仔细地聚焦于一个特殊的数学结果, 即欧几里得的《几何原本》的命题 2.5, 它为这些议题提供了一个启发性的视角。

欧几里得的命题 2.5 并不是一个特别深刻的数学结果。相反, 它只是一个技术简单的辅助结果, 并且用来证明一些更重要的定理。然而, 从它不断变化的版本中可以看出, 它为我们迄今为止所讨论的一些历史进程注入了有趣的信息。尤其是, 当我们考虑对于希腊几何的 "几何代数" 的解释 (在 4.2 节与附录 3.1 中已经提及) 时, 它提供了一个很好的视角。根据这种解释,《几何原本》的第 2 卷是为了发展一些可用于 (和其他事物一起) 求解二次方程的代数关系。这些关系在《几何原本》中穿上了几何的外衣, 只是因为欧几里得手头没有合适的符号语言把它们与代数思想联系在一起, 就像我们现在这样。但是除了 "语言" 的不同之外, 这个解释认为第 2 卷是彻彻底底的代数。

我已经表明, 这种解释带来了很多编史学的问题, 但我在本书中一直强调的一个重要观点是, 这种解释假定了 "数学思想" (在非常抽象甚至虚无缥缈的意义上) 和用来表达这些思想的语言的分离, 但这种假定矫揉造作, 难以立足。把 "数" 和 "方程" 的抽象意义和我们书写它们的方式分开并没有什么历史意义。欧几里得的命题 2.5 进一步支持了这个观点。

我在这里要讨论命题 2.5 的两个版本: 一个是沃利斯的版本, 另一个是巴罗的版本。他们对这个命题的各自版本有趣地反映了他们对于几何与算术的关系的不同观点。然而, 在讨论它们之前, 在展示它们如何与 "几何代数" 这个话题联系起来之前, 我首先需要介绍一下欧几里得原来是如何表达这个命题本身的。这个命题的英文版在希思编辑的《几何原本》中是这样表示的:

"如果一条线段分别被分成相等和不相等的两段, 那么由整条线段的不相等的两段所构成的矩形加上两个分点之间的线段上的正方形等于半条线段上的正方形。

198

如果设线段 AB 在 C 处被分成相等的两段, 在 D 处被分成不相等的两段; 那么由 AD 和 DB 构成的矩形加上 CD 上的正方形等于 CB 上的正方形。"

在证明的图形中 (如图 8.8 所示), 由矩形 HF 与 CH 以及正方形 DM 所合成的图形被希腊人称为 "曲尺形", 在这里是 "曲尺形 NOP"。它在证明中起着核心的作用。这个证明很简单, 但对其细节的阅读是有意思的, 这可以使我们认识到它纯粹的几何特征。它只涉及了直接的几何构造与比较。它没有涉及算术运算, 当然也没有对表示相关量的符号进行代数操作。这个证明如下所示:

"在 CB 上作出正方形 $CEFB$, 连接 BE; 过点 D 作 DG 平行于 CE 或 BF, 再过点 H 作 KM 平行于 AB 或 EF, 然后过点 A 作 AK 平行于 CL 或 BM。因为矩形 CH 等于矩形 HF, 它们都加上 DM, 所以 CM 等于 DF。但因为 AC 等于 CB, 所以 CM 等于 AL, 因此 AL 等于 DF; 它们都加上 CH,

则有 AH 等于曲尺形 NOP。但因为 DH 等于 DB, 所以 AH 等于由 AD 与 DB 构成的矩形, 因此曲尺形 NOP 也等于由 AD 和 DB 构成的矩形; 它们都加上 LG (它等于 CD 上的正方形), 则有曲尺形 NOP 加上 LG 等于由 AD 和 DB 构成的矩形加上 CD 上的正方形。但曲尺形 NOP 加上 LG 等于在 CB 上作出的正方形 $CEFB$, 因此由 AD 和 DB 构成的矩形加上 CD 上的正方形等于 CB 上的正方形。”

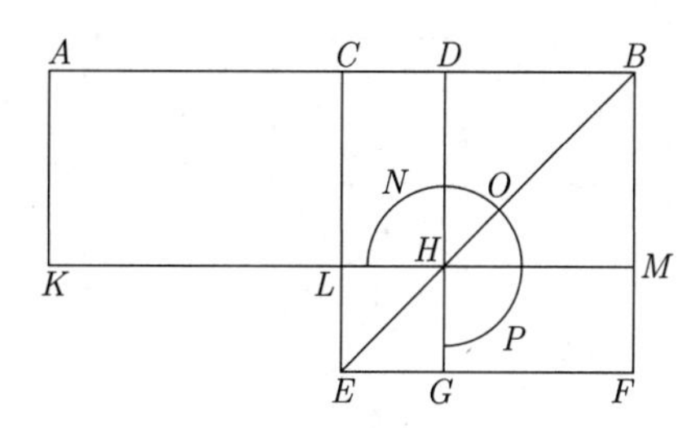

图 8.8 欧几里得的命题 2.5 的图形

请注意, 整个演绎都依赖于由最初的构造所导出的图形的基本性质, 或者在之前的定理中所证明的性质 (而它们也是以纯几何的方式被证明的)。例如, “矩形 CH 等于矩形 HF” 是《几何原本》的命题 1.43。曲尺形 NOP 是一个由其他图形构成的几何图形, 而希腊几何的许多其他证明中都有相似的图形。很明显, 虽然有人可能会宣称 (虽然违背历史, 但至少有一些数学的理由), 矩形的生成是算术乘法的几何等价物, 但是对于曲尺形的生成, 并不能提出直接的算术等价物。

199

现在我们来看看希思对这个命题的评论。它们是 “几何代数” 观点的标志性的例子。通过设

$$AD = a, \quad DB = b$$

(如图 8.9 所示), 希思把这个命题翻译成了如下的代数恒等式:

$$ab + \left(\frac{a+b}{2} - b\right)^2 = \left(\frac{a+b}{2}\right)^2。$$

通过对这个恒等式进行操作, 希思推导出, 命题 2.5 可以表述为如下的代数形式:

$$\left(\frac{a+b}{2}\right)^2 - \left(\frac{a-b}{2}\right)^2 = ab。$$

当然, 这已经明显偏离了对命题 2.5 的直接翻译。但对于那些想把这个命题看成背后隐含着代数思想的人来说, 这个恒等式的所有的等价形式实际上都是一样的。事实上, 希思声称, “毕达哥拉斯学派几乎不可能不知道” 这种表述方式, 因为这个表达式可以进一步化成某些算术恒等式, 而通常会假定他们已经知道这些表达式。

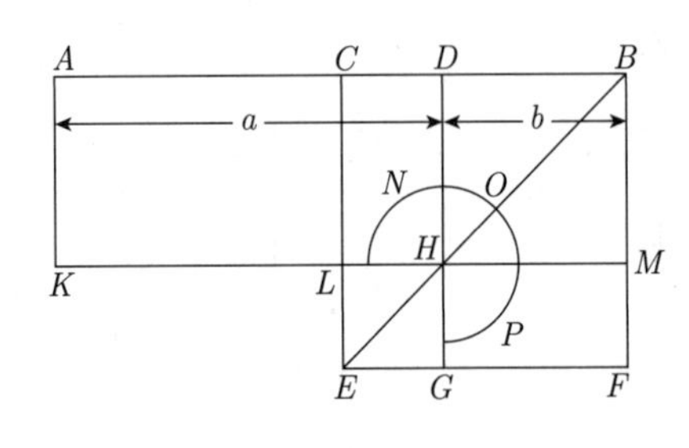

图 8.9

希思还指出, 如果我们选择另一种方式来表示这些线段, 那么这个命题所隐含的代数恒等式的精确形式可能会发生变化。例如, 你可以写成

$$AC = BC = a, \quad CD = b,$$

那么这个命题就转化成:

$$(a+b)(a-b)+b^2=a^2。$$

希思自己选择了另一种转化, 并由此得出, 这个命题实际上是一个二次方程的解法: 设

$$AB = a, \quad DB = x,$$

则有

$$AD = a - x, \quad AC = \frac{a+x}{2},$$

然后按照证明中得出曲尺形 NOP 等于矩形 AH 的步骤进行, 可得

$$\text{矩形 } AH = ax - x^2 = \text{曲尺形 } NOP。$$

指定曲尺形的值, 比如 b^2, 这就说明命题 2.5 提供了方程

$$ax - x^2 = b^2$$

的几何解法。

200

希思的解释引起了一般的编史学问题, 此外我们还可以用这个例子来说明一个特别重要的困难: 如果我们像希思那样代数地解释命题 2.5, 就必须解释他所假定的在代数中被隐含地使用的算术运算是什么? 希思认为, 每个数都表示一条线段; 两个数的和表示把两条线段连在一起, 而它们的差表示用较大的线段减去较小的线段; 类似地, 可以自然地把乘法定义成以这两个数为边的矩形; 但除法呢? 在他看来, 两条线段相除只是为它们设置了一个比率。但是我们在前面的章节已经看到, 对希腊人来说, 比率并不是一种数, 而是某种完全不同的东西。另外, 在一般的希腊数学中以及在特殊的《几何原本》的第 2 卷, 我们都没有发现比率的生成是作为矩形的生成的逆运算而出现的 (反之亦然)。因此, 企图用比率的生成来解释几何的除法会带来很多困难。事实上, 希思自己也意识到了他对原文的过度解释。他这样写道:

“代数方法比欧几里得的方法更受某些英文编辑者的青睐, 但也有人希望通过希腊几何最重要的范例来维持它的本质特征, 或者希望欣赏它们所表达的观点, 我们不应该认为前者比后者更优越。”

希思代数地解释了欧几里得在撰写第 2 卷时的想法, 从历史的视角来看, 我们可以批评这种解释, 就像我在这里做的这样。但是我们无法否认, 这种解释从数学上却是貌似合理的, 而且它还很有吸引力。不管怎样, 这种解释貌似的合理性引起了一些有趣的历史问题, 对于第 2 卷的这个命题的代数的 (或某种算术的) 解释逐渐发展起来, 并且渗透到《几何原本》的现行版本中。而用代数术语来解释第 2 卷的这个命题的历史过程也很复杂, 并不是一帆风顺的。因此, 从希腊开始一直到 17 世纪, 几何与算术的关系经历了长期的变化, 我们从中可以学到很多东西。但我在这里并不想讨论这个复杂过程的细节。[12]不过我在这里要提供沃利斯和巴罗的案例, 它们清楚地表明, 像命题 2.5 这样的命题可能会按照不同数学家的观点以各种方式被重新表述。

然而, 在叙述沃利斯和巴罗的版本之前, 我还想提醒一下读者, 我们在 5.8 节已经遇到了命题 2.5。阿尔–海亚姆提到了欧几里得的命题 2.5 和 2.6 这两个结果, 并把它们作为纯几何的例子, 但他的一些同辈在阿拉伯代数的视角下却认为, 它们 “体现了一些不同的东西”。海亚姆并不同意他们的观点, 在解释这些命题蕴含着阿尔–花拉子米的程序的证明时, 他说道: “那些认为代数是用来确定未知量的工具的人却相信这种不可能性。” [13]

201

[12]参见 (Corry 2013)。

[13]“相信这种不可能性” 是指相信四次方的存在性。阿尔–海亚姆认为代数的研究对象只有数、直线、平面和立体, 因此他认为那些同辈的观点是错误的。参见 5.8 节。——译者注

我还想引用我在 6.5 节提过的一本著作, 即克拉维乌斯 1574 年编辑的《几何原本》中的一段话。它很好地表明, 早在 16 世纪中期, 这个命题就已经被表达成纯算术的结果了。克拉维乌斯明确地叙述到, 理解命题 2.5 (对第 2 卷的其他命题也是如此) 的最好方式是对它的表述给出一个数值例子。他的阐述大致如下所示:

如果我们要把一个给定数分成相等的两段, 比如把 10 分成 5 和 5; 再把它分成不相等的两段, 比如 3 和 7, 那么这两个分点之间的长度为 2(即 $5-3$)。21 是 3 与 7 的乘积, 如果我们用它加上这个长度的平方, 即 4, 那么我们会得到 25, 而它确实等于一半的平方。

那么很明显的是, 那些通过克拉维乌斯的版本, 而不是通过与欧几里得的版本更接近的文本来学习《几何原本》的读者 (这些读者大有人在, 因为这个版本在发达的耶稣会教育体系中很重要), 一定会认为第 2 卷的所有命题只不过是一系列简单的算术题。

命题 2.5 的沃利斯版本出现在 1657 年, 它是初等著作《通用数学》(*Mathesis Universalis*) 的一部分。这本书很有名, 也很长, 它很可能是基于他在牛津担任萨维利讲座教授时的讲稿。他在这里引入了很多符号的革新, 并且还对当时所知的记数体系进行了详尽的综述。他用整数解释了所有的算术运算并提供了很多例子, 介绍了韦达的符号技术, 并且表明如何解释几何运算, 比如用数的乘法来表示面积的生成。他认为将数 (或未知量) 与几何维度联系起来很不方便, 并建议最好只是把它们看成数的运算。

沃利斯对欧几里得的第 2 卷特别关注, 他称其为 "失败的算术"。与沃利斯整本书的一般精神一致, 他很自然地会认为欧几里得的命题 "很容易用算术术语来证明"。他对命题 2.5 的表述没有伴随着几何构造或者任何其他种类的图形。准确地说, 他用字母来表示在构造中出现的各条线段, 给出一个数值例子, 然后借助于表示各种量的字母, 以一种很强的代数风格来证明这个命题。他的证明既有文字叙述, 也有符号运算, 如下所示:

如果这条线段 (Z) 被分成相等的两段 (S, S) 以及不相等的两段 (A, E 或者 $S+V$, $S-V$), 那么由不相等的两段所构成的矩形 (AE) 加上这两个分点之间的线段上的正方形 (Vq) 等于半条线段上的正方形 (Sq)。也就是说,

202

$$Z = 2S = A + E,$$

于是可得

$$S + V = A, \quad S - V = E,$$

亦即

$$A - S = V = S - E。$$

因此可得

$$AE + Vq = Sq。$$

或者 (用数表示), 如果

$$12 = 6 + 6 = 8 + 4, \quad 即 \quad 8 - 6 = 2 = 6 - 4,$$

那么就有

$$8 \times 4 + 2 \times 2 = 6 \times 6。$$

$$Z\frac{S \quad \overbrace{V+E}^{S}}{\underbrace{S+V}_{A} \quad E} \qquad \frac{6 \quad \overbrace{2+4}^{6}}{\underbrace{6+2}_{8} \quad 4 = 6-2}$$

$$\begin{array}{ll}
S + V = A & 6 + 2 = 8 \\
S - V = E & 6 - 2 = 4 \\
\hline
Sq + SV & 36 + 12 \\
\quad - SV - Vq & \quad - 12 - 4 \\
\hline
Sq - Vq = AE & 36 - 4 = 32 \\
Sq = AE + Vq & 36 = 32 + 4
\end{array}$$

沃利斯希望他的读者跟随他以自我解释的方式进行论证的步骤 (左边描述的是代数步骤, 右边描述的是算术步骤), 并希望他们认识到这种形式化的符号操作体现了一般的证明。就像在沃利斯的全部数学中那样, 在这个证明中算术对几何的优先地位显而易见。

比较沃利斯与巴罗的命题 2.5 的版本特别有启发性, 巴罗的版本出现在他 1655 年编辑的欧几里得的《几何原本》中。17 世纪有些数学家把对古代人及其著作的敬畏作为他们工作的一条指导原则, 而巴罗就是其中的一分子。他们认为, 几何学一直是数学的确定性与合法性的来源, 而代数最多只能被看成一个辅助工具。在他自己的工作中, 他尽可能地努力保持综合几何的古典传统, 从而当然会认为他对欧几里得的叙述忠实于希腊几何的原始精神。然而尽管他真的这样说了, 他的确还是把一些具有代数特质的想法引入到了几何中。他对命题 2.5 的处理很好地表明了这一点。

与沃利斯相似, 巴罗也用符号语言来表达他的证明, 但他的符号并不是沃利斯的抽象的代数符号。确切地说, 巴罗的符号是为了使得证明中的纯几何论证变得更短, 也更容易表达。与沃利斯的证明不同, 巴罗的证明保留了欧几里得最初的几何精神。而且, 一个宣称综合几何居于优越地位并且在实际工作中努力维护它的数学家在证明中使用了符号, 这当然有助于形成对这个命题的一种代数解释, 而它更经得起《几何原本》的任何读者的检验。那么我们来看一下这个证明。

巴罗没有用欧几里得最初的图形, 而是在命题中附上了下面这个更简单的图形:

203

A C D B

巴罗也没有使用欧几里得最初的纯文字叙述, 而是用如下的符号术语表达了要证明的结果:

$$CBq = ADB + DCq。$$

在希腊几何著作中用 ADB 来表示 AD 和 DB 生成的矩形是很常见的。[14]当时用 CBq 来表示 CB 上的正方形 (例如沃利斯就这样用), 这样做并不完全违背欧几里得论述的几何精神。但是, 巴罗在其证明中使用的这些符号与他在古典希腊文本中发现的任何东西都不相同, 而他非常喜欢这些文本, 并把它们作为数学的明晰性和确定性的典范。这个证明如下所示: [15]

$$\text{因为这些都相等}\left\{\begin{array}{llll} & CBq. & & \\ a & CDq + CDB + DBq + CDB. & a & 4.2. \\ b & CDq + CBD + CDB. & b & 3.2 \\ c & CDq + AC \times BD + CDB. & c & \text{假设}. \\ d & CDq + ADB. & d & 2.1. \end{array}\right.$$

这就是全部的证明。它相继列出了 4 个可以互相导出的公式, 它们既简单又清楚, 不需要丝毫的文字解释。两个步骤之间的合理性借助于命题来说明, 这些命题用公式和右边一栏中的小写字母 a, b, c, d 来表示。这个论证很简单, 我们这里感兴趣的是巴罗用符号速记法来简便地表示他的证明步骤, 而他认为这种方法是合法而有用的。在这个过程中, 他实际上并没有对这个命题进行代数的

[14]当两条线段 AD 与 DB 有共同端点 D 时, 巴罗把它们所构成的矩形 $AD \times DB$ 简写为 ADB, 下文中的 CDB 和 CBD 与此同理。——译者注

[15]引自 (Neal 2002, p.122)。

解释。他并未根据抽象的法则对这些符号进行操作。另外, 理解巴罗的证明的唯一方法是搞清楚相继的步骤之间 (它们只是符号说明) 所体现的全部几何图景。巴罗在证明中未包含任何图形, 但他显然是在进行几何的思考。我们必须自己来想象这个图形。我的建议如图 8.10 所示。

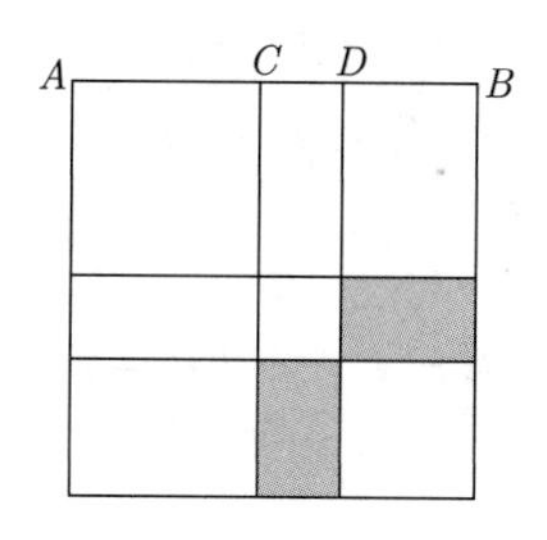

图 8.10 巴罗证明命题 2.5 的可能的图形

204

观察这个可能的图形, 我们很容易明白证明的步骤, 如下所示:

(1) 我们从 CB 上的正方形 (CBq) 开始, 并且希望看到, 根据命题 2.5 的要去, 怎样使它等于一个矩形和另一个正方形之和 (即 $ADB + DCq$)。

(2) 上述正方形 CBq 等于两个正方形 CDq 和 DBq 以及矩形 CDB 的二倍之和。字母 a 表示这个步骤可以用命题 2.4(当然, 它是《几何原本》的命题) 来证明, 而它处理的正是与此类似的情形 (如果一条线段被任意分成两段, 那么整条线段上的正方形等于所分成的两段上的正方形之和加上这两段所构成的矩形)。如果把命题 2.4 翻译成现代的代数术语, 那么它对应于恒等式

$$(x + y)^2 = x^2 + 2xy + y^2,$$

但在欧几里得那里它只具有纯几何的意义, 即图的右下角所示的分解。而这也是巴罗几何地看待它的方式。

(3) 矩形 CDB 加上正方形 DBq 等于由 CB 和 DB 构成的矩形 (它可以通过欧几里得的命题 2.3 来证明, 如字母 b 所示)。

(4) 另外, 我们也可以将所取的边 CB 替换成 AC (这个步骤的根据是假设, 如字母 c 所示)。

(5) 最后, AC 与 DB 构成的矩形加上 CD 与 DB 构成的矩形等于 AD 与 DB 构成的矩形 (它的根据是命题 2.1, 如字母 d 所示)。

(6) 之前的两个步骤一起得到了要求的恒等式

$$CBq = ADB + DCq。$$

尽管我坚持认为巴罗的证明完全是几何的方式, 并且他的符号是用于速记, 而不是可以进行形式操作的抽象语言, 但是读一下巴罗对这个证明所加的评论还是很有趣的。在这个评论中, 他实质上是说, 这个命题的真正的数学内核是代数的, 而不是几何的。他这样写道: [16]

这个命题可以这样稍微不同地表达并且更容易证明: 由两条线段 A 与 E 的和与差所构成的矩形等于它们各自构成的图形之差 (即其上的正方形之差)。如果 $A+E$ 乘以 $A-E$, 那么可得

$$Aq + AE - EA - Eq = Aq - Eq,$$

205 而这就是要证明的。

[16]引自 (Neal 2002, p.122)。

第 9 章　19 世纪初复数的新定义

17 世纪是科学史上的一个重要的转折点。物理学成为了一个以数学为基础的学科, 物理学所形成的研究范式被其他学科竞相效仿。来自数学内部的思想动力, 以及数学作为科学基本语言的角色, 共同激发了一些新颖而又影响深远的数学技巧、概念与思想。牛顿与莱布尼茨以不同的方式独立地开展微积分的研究工作。18 世纪初, 在牛顿与莱布尼茨的工作的激发下, 微积分登上舞台中央, 包括极限、导数和积分的概念, 越来越受关注的无穷级数, 以及围绕这些概念和它们物理学应用展开的其他数学概念。

这些都是数学发展中非常重要的方向, 它们引起了广泛的研究兴趣。整个 18 世纪, 这些方向仍然是数学家们关注的中心; 而且, 到 19 世纪, 其中相当大的部分依然是核心主题。在这个强有力的思想与创新的洪流中, 过去关于数的那些争论显得没有那么重要, 但永远不会完全消失: 这些争论包括不同种类数的本质与性质、关于数的使用的合理性以及关于几何、算术、代数的关系。在本章中, 我们探索 18 与 19 世纪初一些常用的算术思想, 尤其是 19 世纪初出现的关于复数的全新而影响深远的定义方式。

9.1　数与比值: 放弃形而上学

德尼・狄德罗 (Denis Diderot, 1713—1784) 与让・勒朗・达朗贝尔 (Jean le Rond d'Alembert, 1717—1783) 编著的《百科全书: 科学、艺术与工艺词典》(*Encyclopedie, ou dictionnaire raisonne des sciences, des arts et des metiers*) 是欧洲启蒙文化的代表性著作, 长期启迪着人们的心灵。同时, 这本书中也可

以找到那一时期数的概念的记录。数学家达朗贝尔对很多当时的研究领域做出重要贡献, 而且拥有很多科学学科的前沿知识。他亲自编写了《百科全书》数学条目的主体部分, 并且还积极地参与到其他数学条目的写作中。这些数学条目共同提供了当时数学思想的一个全面而又详细的初等概括。

例如, 关于比例的条目中的论述很有趣。17 世纪, 尽管古希腊的经典概念已经不再是几何证明与计算的核心的有效工具, 但是它们并未被完全抛弃。达朗贝尔写道, 正如两个量的比较可以被表达为术语 “比率”或 “商”, 两个比值的比较也可以表达为 “比例” 的术语。给定满足 $\frac{a}{b}=\frac{c}{d}$ 的四个量 a, b, c, d, 达朗贝尔解释道, 可以将它们写成一个比例 $a:b::c:d$。

对于达朗贝尔来说, 比例与商仍然是两个不同的概念, 不过, 他已经认识到这种区别并不是真正重要的。一个比例意味着比较两个比率, 其中每一个比率中的第二个量 “以完全相同的方式” 包含第一个量。达朗贝尔不需再像欧多克索斯那样解释, 同一个比率中的两个量必须是 “同一种量”。

当然, 在笛卡儿的工作之后，自从古希腊引入比率概念以来被认为非常核心的量的相同性, 显得没有那么重要了。达朗贝尔心中自始至终所想的那种量 (也是当时的数学家认同的), 是 “抽象的” 量, 正如第 8 章中牛顿定义中出现的量。事实上, 在《百科全书》关于 “数” 的条目中，达朗贝尔几乎逐字逐句地简单引用了牛顿的《广义算术》(*Universal Arithmetick*)。

因此, 达朗贝尔关于比例的定义是这个关键性转折的典型代表。这一时期, 关于数的旧思想仍然存在着, 人们对旧思想的遵守出于对过往历史的敬意。但是, 同一时期, 当应用于全新的数学背景中时, 很多思想改变了大部分原来的意义。

达朗贝尔关于比例的定义是一个典型的例子, 虽然该定义在核心数学领域中没有太大的作用, 但是《百科全书》中使用该定义进行负数的讨论。在试图反驳 “负数表示小于零的量” 这一观点时, 达朗贝尔关注比例 $1:-1::-1:1$, 而且受到了莱布尼茨论证的影响 (或许莱布尼茨之前也有该论证)。他进行了如下论证:

208

“一方面, 基于除法的符号法则, 分式恒等式 $\frac{1}{-1}=\frac{-1}{1}$ 成立, 所以该比例是合理的。另一方面, 上述定义中要求 -1 ‘以完全相同的方式’ 包含 1。然而, 如果 -1 比 0 还小 (那么它也小于 1), 那么 -1 大于 1 (因为 -1 包含 1), 这与 -1 小于 1 (因为 1 包含 -1) 矛盾。”

然而, 达朗贝尔并没有在一开始指出, 如果将负数定义为 “小于零” 的量, 那么 $1:-1::-1:1$ 的比例从经典定义的观点来看是没有任何意义的。原因很简单, 这些量不能加成一个 “大于零” 的数量 (正如欧多克索斯所规定的那样)。“小于零” 的数量, 如果人们愿意谈论它们, 那么它们与大于零的数量不是 “同一类型” 的。它们不能用古希腊的定义来比较。于是, 达朗贝尔关于数和比例的概念, 是建立在新旧定义晦涩混合的基础上, 这常常会导致奇怪的数学结果。

如果不把负数看成 “小于 0” 的量, 那么它们是什么呢? 达朗贝尔给出与之前沃利斯给出的解释类似的几何解释: 负数与正数的差异只在于它们在直线上的相对位置不同。该定义背后的基本想法, 是试图消解数的不同类型的形容词所包含的价值判断, 例如 “负的” 或者 “虚的”。不过, 这个定义与自然数作为一些单位的基本想法具有内在的冲突。而上述基本想法非常简单明了, 以至于人们没有放弃该定义的动机。消解数的类型中具有价值的形容词仍然是一种合适的方式, 后面我们将会看到, 在之后几十年定义复数的过程中, 人们自然地采用了这种方式。该方式也与一种当时逐渐在整个数学中占据主导地位的倾向有关, 即持续地远离对基本概念（它们可以是数、几何实体、极限或任何其他东西）的形而上学解释。

所以, 数学家们逐渐关注更为具体的问题 “数是如何工作的”, 而不是 “数的本质是什么” 的一般问题, 或者 “各种类别的数是什么” 的特殊问题。确定每一类数字被如何使用的基本原则的分类, 逐渐成为那些 (相对较少的) 研究算术基础的数学家们关注的重点。与数字的特点和本质有关的形而上学问题, 则在数学课本中出现得越来越少。

9.2 欧拉、高斯与复数的存在性

在达朗贝尔以及稍后的时代, 无论数学家是否给出了关于数的本质的令人满意的解释,数学的所有分支都在加速前进。在数学的进步中, 只要可以解决问题或者发展新的技巧, 人们就几乎不会对各种数的使用进行限制。18—19 世纪最有趣的进展之一与复数有关。一方面, 人们在各种新的甚至未曾预料的背景下使用复数, 并取得了巨大的成功。另一方面, 虽然复数被广泛使用, 但是它们始终被当成怪异的数字, 而且关于复数合法性的争论从未停止。

209

即使是同一个数学家在同一个时期, 他有时也会同时具有以上的双重态度, 该有趣现象的最突出例子是 18 世纪数学和物理学中最有影响力的人物, 莱昂哈德 · 欧拉 (Leonhard Euler, 1707—1783)。欧拉做出的与此相关的杰出贡献是, 他将一些广为人知的基本算术概念, 通过数学上合理且有意义的方式推广至负数以及复数的情形。最有趣的例子是, 将指数函数与对数函数推广至负数以及复数。前人推广这些概念的努力遇到过相当大的困难, 欧拉解决和澄清

了这些问题。在不断努力阐述微积分的过程中, 欧拉发展了他的思想。有助于解释该思想的一个经典例子被称为欧拉公式:

$$e^{i\pi}+1=0。$$

无论读者是否能够理解它, 这个方程总是具有令人敬畏与着迷的魅力, 因为该方程中含有 5 个重要的数 $(0,1,\pi,i,e)$ 以及两个基本的算术符号 $(+,-)$。巧合的是, 恰恰也是欧拉引入了字母 i 表示 $\sqrt{-1}$, 尽管 Euler 在使用中没有做到完全的一致。卡尔·弗里德里希·高斯 (Carl Friedrich Gauss, 1777—1855) 在 1801 年出版的划时代著作《算术研究》(*Disquisitiones Arithmeticae*)(以及后续的工作) 中采用了这个记号, 此后该记号成为标准的记号。在欧拉的有趣公式中, 具有争议的 "虚" 数 $\sqrt{-1}$ 与四个经典数字 $(0,1,\pi,e)$ 同时出现。该结果本身就意味着, 将 $\sqrt{-1}$ 从合理的数学论述中排除出去是不合理的。这个优雅、迷人的公式将 5 个数联系在一起, 并赋予 $\sqrt{-1}$ 与另外 4 个数字同等的数学地位。

这并非欧拉将复数引入的唯一一个重要的数学领域, 其他领域的例子也同样让人惊叹。欧拉也将复数用于另一个不同的研究领域, 数论 (该领域当时被称为高等算术)。欧拉通过将整数分解为包含虚数的数, 解决了数论领域中一系列公开问题, 例如下列乘积 (你可以试着检验):

$$5=(1+2i)(1-2i)。$$

欧拉以这种方式为新的方向建立基础, 后面我们将看到, 数十年后高斯充分发展了该领域。(此外, 由欧拉开始并由高斯完成的另一个课题是代数基本定理。1751 年, 欧拉提出一个新证明, 但最终被发现不适用于高于 4 次的多项式。追随欧拉的足迹, 22 岁的高斯在 1799 年首次证明了代数基本定理, 并在此以后给出另外两个具有本质不同的证明。)

210

欧拉在高等数学的最核心分支微积分与数论中引入复数, 作为解决问题的合理且强有力的工具, 这注定意味着, 复数是人们不再可以忽视和质疑的数学实体。但是, 包括欧拉在内, 当时任何人都没有给出清晰一致的想法来解决如何定义复数的问题。

事实上, 在表述数系时, 欧拉这位创造性地使用复数的数学大师与前辈们的确未有显著的不同。1770 年出版的代数学入门书《代数学通论》(*Vollständige Anleitung zur Algebra*) 中, 欧拉将数学定义为处理 "一般量" 的科学, "一般量" 也就是 "可以增加或者减少的量"。欧拉写道, 一方面, 存在具体的量,例如钱、长度、面积、速度; 另一方面, 更一般地, 我们谈论 "抽象的量", 使用字母表示或者用不同方式对它们计算。欧拉认为后者包括像 $\sqrt{-1}$ 这样的实体, 这只是因为它们可以在代数表达式中进行各种计算。

但当欧拉在这本书中解释具有正负号的数的计算法则时 (欧拉的讨论与从 16 世纪开始直到牛顿时代的其他代数书中的论述类似), 他也讨论了虚数及其本质的问题。欧拉关于虚数的讨论很容易让人联想起笛卡儿在同一主题上的有问题的论述。欧拉这样写道: [1]

"由于所有可以想象的数或者大于 0, 或者小于 0, 或者是 0 本身, 显然我们无法将一个负数的平方根与数进行排序, 所以我们必须说它是一个不可能的量。于是, 我们被导向对本质上不可能的数的思考; 它们仅仅存在于虚幻中, 所以被称为虚数……

尽管如此……我们仍然对它们有充分的思考; 我们知道 $\sqrt{-4}$ 代表着乘以自身得到 -4 的数; 也正是这个原因, 我们可以使用复数, 并将其运用于计算当中。"

我们很难将这段话当成对复数的清晰表达或明确阐述。正如笛卡儿的论述一样, 他更多的是提出问题, 而非给出答案。一方面, 如果说虚数仅仅存在于想象中, 那么其他数存在于哪里呢? 在经验世界中吗? 或者也在想象中吗? 但是, 欧拉的话显示出, 尽管他没有适当的术语来表达这些数的本质并给出它们的正确定义,他却具有利用这些数有效解决问题的惊人能力, 这二者之间形成了巨大的反差。当然, 这与自然数的定义本身就存在问题也有关系, 不过当时还没有人认识到这一点。对于像欧拉这样的数学家来说, 给出复数的正确定义远不如在其数学研究中有效运用复数更重要。

211

9.3 复数的几何学解释

这一时期, 一直有人为着更好地理解负数与虚数的概念而努力。一个方向是从负数的几何解释发展出来的, 我们已经在沃利斯的工作中提到过。出发点是将符号 +/− 仅仅解读为两个相反的方向。在这个意义上, 自然数并不比负数更 "自然", 不能用前者来解释后者, 而需要统一地解释两者。沃利斯曾试图从几何的角度将这一想法扩展为 $\sqrt{-1}$ 概念的解释, 但不太成功。

19 世纪之交, 不同数学家在他们的著作中更成功地发展了同样的思想。第一个是卡斯帕 · 韦塞尔 (Caspar Wessel, 1745—1818), 一位出生在挪威的土

[1]引自 (Martinez 2014, p.31)。

地测量师, 他的著作于 1799 年首次以丹麦语发表, 后来在 1897 年才被译成法语, 但是他的著作对其他人几乎没什么影响。在发展相同思想的数学家中, 值得提起的有让–罗伯特 · 阿尔冈 (Jean-Robert Argand, 1768—1822)、亚克斯 · 弗朗切斯 (Jacques Français, 1775—1833) 等人。1806 年, 法国牧师亚德里安–昆廷 · 布伊 (Adrien-Quentin Buée, 1748—1826) 在一篇文章中提出了一个绝妙的公式, 通过几何方法解释复数, 将 $\sqrt{-1}$ 的含义与 $+/-$ 符号联系起来, 其文字如下: [2]

"我讨论的是符号, 而不是数量或虚单位 $\sqrt{-1}$。因为 $\sqrt{-1}$ 是一个与实数相连的特殊符号, 而不是一个特定的量。这是一个与普通且众所周知的名词相连接的新形容词, 而不是一个新的名词。这个符号既不表示加, 也不表示减……一个量带上符号 $\sqrt{-1}$, 既不是表示加, 也不是减, 也不是不变。$\sqrt{-1}$ 所描述的性质既不与 $+$ 所描述的性质相反, 也不与 $-$ 所描述的性质相反……"$\sqrt{-1}$" 表示与 "+" 和 "−" 表示的方向垂直。"

最初从几何角度解释复数的动机与达朗贝尔关于负数地位的讨论密切相关, 即避免把负数解释为小于零的量。有趣的是, 它依赖于比例的经典定义: $\sqrt{-1}$ 被描述为 1 与 -1 的几何平均值, 即满足比例 $1 : x :: x : -1$ 的量 x。基于同样的思路, 在阿尔冈等人的著作中, 任何给定的复数 $a + \mathrm{i}b$ 都被解释为数对 (r, α), 其中 r 代表线段长度, α 代表方向角。如图 9.1 所示, r 和 α 满足关系式

212

$$a + \mathrm{i}b = r(\cos\alpha + \mathrm{i}\sin\alpha)r^2 = a^2 + b^2。$$

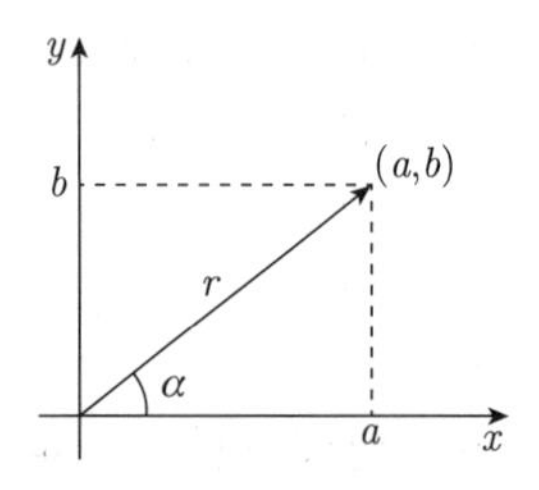

图 9.1 阿尔冈对于复数的几何解释 $a + \mathrm{i}b = r(\cos\alpha + \mathrm{i}\sin\alpha)$

阿尔冈还定义了复数的基本算术运算: 加法对应于 "平行四边形定律", 而乘法对应于线段的角度相加和长度相乘, 如图 9.2 所示。除法和开根号可以用类似的方式定义。在这些术语的表述下, $a\sqrt{-1}$ 这个数被解释为方向垂直于水平轴且长度为 a 的线段, 这正是布伊所提出的。

[2]引自: Adrien Quentin Buée, "mémoire sur les quantités imaginaires", *Philosophical Transactions of the Royal Society of London*, 1806, Part I, 23–88。这里引用的文字在 28 页。

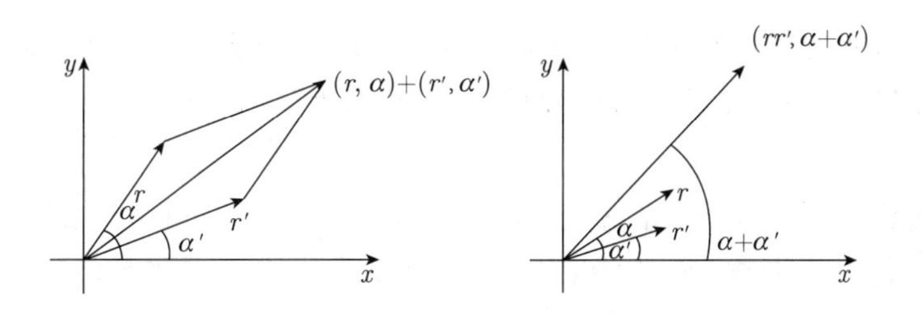

图 9.2 复数的加法与乘法

需要强调的是, 刚才提到的所有名字, 韦塞尔、阿尔冈、弗朗切斯和布伊, 他们在一生中基本上是不为数学群体所知的。他们的工作不是当时前沿数学研究的主流, 除了有关复数定义的研究以外, 他们没有发表重要的研究成果。同样, 在法国、不列颠群岛和意大利, 那些当时试图找到令人满意的复数几何表示的人也是如此。相比之下我们可以看到, 欧拉投入了大量精力, 将复数作为前沿研究的一个强大工具纳入数学的整体图景, 但他在使用几何以及其他方式阐明复数系基础的问题上所做的工作却很少。在这方面, 欧拉的态度在当时的数学界及数学界的领军人物中是具有代表性的。

这两种形象同时出现在高斯身上, 他既是创造性地使用虚数的顶尖数学家, 也是给出复数几何定义的局外人。甚至在 1799 年之前, 当他第一次证明代数学基本定理时, 高斯就已经发展了一种复数的几何解释。其技术细节与阿尔冈的定义相似。但是, 与阿尔冈和刚才提到的其他数学家不同的是, 高斯大量使用他的定义来获得更深刻的见解, 这说明当时他正在发展一个真正重要的数学结果。

前面已经提到了高斯 1801 年的名著《算术研究》。这本书奠定了 19 世纪数论的研究计划、技术标准、基本概念, 甚至是公认的符号 (包括符号 $\mathrm{i}=\sqrt{-1}$), 而其影响远远超出 19 世纪。高斯在 1830 年后的研究中处理的一个重要课题就是所谓的高次互反律问题。

我们不能在这里深入研究高次互反律问题的复杂之处[3], 但我想谈谈高斯在研究这个问题时提出的一个主要想法。所谓的高斯整数是一种全新的数, 它也称为 “复整数”, 通常表示为 $\mathbb{Z}[\mathrm{i}]$。它们是复数 $a+b\mathrm{i}$, 其中 a 和 b 都是整数。高斯表明, 这些数满足整数满足的许多最重要的性质。例如, 他发现在这个新的整数系中, 某些数的作用就像素数在普通整数系中所起的作用一样。此外, 利用这些新的素数, 可以证明算术基本定理的一个修改版本:

[3]参见 (Corry 1996 [2004], Section 2.2.1)。

每个高斯整数都可以表示为高斯素数的因子的乘积, 并且表示方法在某种意义上是唯一的 (如果不计因子的顺序, 以及因子与 1, -1, i 或 $-$i 这些数中的一个相乘)。

下面是一个简单但非常能说明这个结果含义的例子: 在普通整数中看到的数 5 当然是一个素数; 然而, 在高斯整数的背景下, 它不是素数。其原因是, 它可以写成乘积

$$5 = (1 + 2\mathrm{i})(1 - 2\mathrm{i})。$$

高斯探索这种新数基本性质的另一个例子是他对 “最大公约数” 的定义。他指出, 给定任意两个高斯整数, 可以使用关于普通整数的相同算法 (所谓的欧几里得算法) 找到它们的最大公约数。高斯很快就理解了高斯整数的幂, 很快发现它们同样是证明普通整数定理的高效工具。确实,高斯利用它们实现了他的既定目标, 即证明高次互反律相关的结果。不过, 尽管这些想法源于他头脑中对复数的几何解释, 但在 1832 年之前, 他并没有发表任何关于复数的解释。

214

这种长时间的延迟本身并不令人惊讶, 因为高斯在其他情况下也有类似的做法。最著名的例子是所谓的非欧几里得几何, 他没有发表他的发现, 他后来声称, 他这样做是为了避免哲学家和保守的数学家们 (他戏称他们为 “皮奥夏人”) 不必要的批评。高斯似乎还担心, 他的创造性想法会受到敌视, 因为这些想法意味着, 为了研究最简单直接的数学对象 (整数), 需要使用人们很不理解或完全拒绝的数学对象 (复数)。

当高斯最终发表了他关于高次互反律的有趣结果时, 他决定对可能出现的批评进行澄清。他说, 在他看来, 复数不仅在任何意义上都是没有问题的, 而且, 它们在笛卡儿平面上的几何表示完全澄清了 “它们真正的形而上学”。他认为, 到目前为止, 人们对各种数系的普遍看法都受到了一种完全可有可无的 “神秘而晦涩” 的影响, 这种晦涩最初是由于措辞不当而产生的。高斯认为, 如果不是把数字 1、-1、i 或 $-$i 称为正的、负的或者虚的 (甚至不可能的), 而是采用一些更中性的术语, 如直接的、相反的或横向的, 这些荒谬的态度就不会出现。

9.4 哈密顿关于复数的形式定义

复数的几何解释有许多优点, 但也存在一些重要的问题。这种解释导致的结果之一是, 算术和代数在概念上仍然服从于几何。这与当时在大多数数学家中逐渐获得支持的观点相反, 而且后者逐渐成为最自然被接受的观点。事实上, 上面已经提到的非欧几里得几何的兴起, 以及对无穷小微积分基础兴趣的增加

(如下几章将会看到), 涉及数学的核心分支发生变化的基本过程, 这些分支包括算术和代数, 并且继续动摇几何作为数学确定性的主要来源的首要地位。

综合几何的优先地位早在 9 世纪早期便已经受到挑战, 该挑战是一个缓慢、复杂但不间断的过程的一部分。有趣的是, 复数的几何解释得以巩固的时间是在很多精彩的复数实例出现的时候, 而不是复数系得到令人满意的合理解释的时候, 而且人们发现几何学的基础比之前认为的更不稳固。毫无疑问, 这些变化有助于理解为什么当时的数学家并不一致地接受复数的几何解释, 以及理解为何他们转向其他的解释方式。1837 年, 爱尔兰数学家威廉 · 罗文 · 哈密顿爵士 (Sir William Rowan Hamilton, 1805—1865) 开始了这一阶段的研究。

215

哈密顿从一个新颖的、彻底的形式主义的观点来探讨这个问题, 他放弃将理解复数的 "实质" 或 "本质" 作为解释它们属性的基础。恰恰相反, 哈密顿从建立该数系的运算规则开始, 在运算规则的基础上建立了这个系统。他假设实数系和它的算术是已知的, 并认为没有必要以任何方式解释或证明它们。正如我们将在下一章中看到的, 下一代的数学家甚至会对这个起点提出疑问, 他们会认为迫切需要澄清实数系的基础。但在这个阶段, 让我们继续讨论哈密顿, 看看他是如何构建复数系的。

哈密顿首先考虑了实数的有序对 (a, b), 并尝试在其帮助下模拟复数的性质。因此, 他在实数运算的基础上定义了对这些实数有序对的运算。当然, 我们所期望的复数的性质, 是那些自邦贝利时代以来就被数学家们所知的。最重要的性质是与数 i (它表示 $\sqrt{-1}$) 有关的性质, 当它与自身相乘时, 得到的数是 -1。此外, 将一个复数想象为一个实数和虚数部分的二项式 $a+\mathrm{i}b$, 其运算可以定义为:

$$(a_1+\mathrm{i}b_1)+(a_2+\mathrm{i}b_2)=(a_1+a_2)+\mathrm{i}(b_1+b_2), \tag{9.1}$$

$$(a_1+\mathrm{i}b_1)\times(a_2+\mathrm{i}b_2)=(a_1a_2-b_1b_2)+\mathrm{i}(a_1b_2+a_2b_1)。 \tag{9.2}$$

定义两个复数的除法需要一些额外的努力, 但是我们可以用整数的例子来做类比。因此, 用一个整数 p 除以另一个整数 q, 等价于用 p 乘以 q 的 "逆", 即 $\frac{1}{q}$。$\frac{1}{q}$ 是 q 的倒数, 因为 $q\cdot\frac{1}{q}=1$。这样, 如果用 p 除以 q, 我们会得到 $\frac{p}{q}$。在定义复数除法时也可以做类似的事情: 将任意给定复数除以 $a+\mathrm{i}b$ 等于将给定数乘以 $a'+\mathrm{i}b'$, $a'+\mathrm{i}b'$ 是 $a+\mathrm{i}b$ 的 "逆"。这个逆 $a'+\mathrm{i}b'$ 是在复数系的框架下, 满足条件 $(a+\mathrm{i}b)\times(a'+\mathrm{i}b')=1$。一些简单的代数运算显示这个数 $a'+\mathrm{i}b'$ 必须是:

$$a'+\mathrm{i}b'=\frac{a}{a^2+b^2}+\mathrm{i}\frac{b}{a^2+b^2}。$$

因此, 除法 $(a_1+\mathrm{i}b_1)\div(a_2+\mathrm{i}b_2)$ 等价于将 $a_1+\mathrm{i}b_1$ 乘以第二个数的倒数, 方法如下:

216

$$(a_1+\mathrm{i}b_1)\div(a_2+\mathrm{i}b_2)=(a_1+\mathrm{i}b_1)\times\left(\frac{a_2}{a_2^2+b_2^2}+\mathrm{i}\frac{b_2}{a_2^2+b_2^2}\right)。\tag{9.3}$$

我再强调一次, 当哈密顿开始用他的形式主义方法来定义复数时, 如何进行这些运算已经是众所周知的了。但问题是, 关于数 i 的 “本质” 的争论仍在继续。由于争论的存在, 尚不清楚包括除法 (或开根号, 这里没有提到) 的操作是否是正当的。哈密顿提议, 绕过所有这些争论, 以形式的术语不做进一步的解释, 简单地假设对实数有序对的运算, 这样就可以模拟已知的复数运算。这些操作是

$$(a_1,b_1)+(a_2,b_2)=(a_1+a_2,b_1+b_2),\tag{9.4}$$

$$(a_1,b_1)\times(a_2,b_2)=(a_1a_2-b_1b_2,a_1b_2+a_2b_1),\tag{9.5}$$

$$(a_1,b_1)\div(a_2,b_2)=(a_1,b_1)\times\left(\frac{a_2}{a_2^2+b_2^2},\frac{b_2}{a_2^2+b_2^2}\right)。\tag{9.6}$$

显然, 定义操作 (9.4)—(9.6) 是为了产生与 (9.1)—(9.3) 完全相同的结果。但请注意, 现在神秘的数学对象 i 已经消失了。此外, 在这个形式系统中, 我们可以很容易地将 “实数” 定义为一对 $(a,0)$, 将 “虚数” 定义为一对 $(0,b)$。这样, 所有的术语都变成了完全中性的, 除了它们的形式外观所涉及的以外, 它们不表达任何 “外在” 属性。当然, “实数” 和 “虚数” 被认为具有完全对称的地位, 无论在任何意义上, 它们都不会比另一个更存在于想象或现实世界中。

这个定义最直接、最重要的特征是, 如果我们使用法则 (9.5) 将数对 $(0,1)$ 乘以它本身, 那么我们会得到 $(0,1)\times(0,1)=(-1,0)$ (请动手试试!)。换句话说, 如果我们认为 $(-1,0)$ 代表实数 -1, 那么我们就找到了一个 “虚数” $(0,1)$, 在最基本的算术运算中, 它代表 $\sqrt{-1}$ (或者 i, 如果你愿意的话)。在这种方法下, 我们不需要赋予 $(0,1)$ 任何特殊意义, 就像我们不赋予 $(1,0)$ 任何特殊意义一样。我们只需要知道系统中的操作是如何工作的。这确实是一个很好的例子, 消除了可有可无的 “神秘的朦胧”, 正如高斯所希望的那样。

9.5 超越复数

哈密顿的基本思想正如人们希望的那样简单, 至少表面上是这样。然而, 正如我们下面将看到的那样, 它产生了一些需要继续澄清的结果, 并导致了进一步的重要数学发展。尽管如此, 为了得到真实的图景, 重要的是要知道这些

想法产生的更广泛背景。一方面, 它们与当时关于代数基础的辩论密切相关, 另一方面, 它们又与哈密顿毕生关注的其他知识领域密切相关。

在 19 世纪早期, 英国不列颠群岛发展了一种新的数学传统, 所谓的符号代数传统, 该传统基于对出现在数学公式中的符号必然代表某种数或量的假设表示根本的不信任。我们在前几章描述过, 这个假设已经自然地发展了多个世纪。此时, 出现了一种被相当普遍地接受的观点, 它认为数学是"一般数量的科学"(这种观点在欧拉的著作中得到了提升)。这种观点试图克服以前狭隘的、认为几何是数学确定性来源的信念。

217

但是, 此时在英国数学背景下发展起来的新观点, 旨在从更广泛、更抽象的角度出发。其思想是在预先提供的一组抽象法则中寻找代数基础, 而不会先验地受到运算中所涉及实体的假定性质的约束。英国符号代数的发展背景是上面提到的那些影响深远的过程, 包括非欧几里得几何的兴起和关于无穷小微积分基础的新争论, 这些知识过程对几何学作为数学确定性的最终来源的优先性提出了质疑。

还有一部分思想来自这一时期在逻辑"代数化"方面的进展, 尤其是乔治·布尔 (George Boole, 1815—1864) 的工作。与这些变化相关的复杂、多方面过程涉及原创性的、有些是奇特的数学家, 如乔治·皮科克 (George Peacock, 1791—1858)、邓肯·法夸尔森·格雷戈里 (Duncan Farquharson Gregory, 1813—1844)、奥古斯都·德·摩根 (Augustus De Morgan, 1806—1871), 当然还有哈密顿本人。然而, 此处我们感兴趣的仅仅是强调他们工作的共同方面, 即他们愿意探索新的方向, 并扩大与可能的代数系统相关的思想范围, 这些代数系统基于预先规定的一组法则来定义的抽象运算。在他们的观点中, 并非让这些规则来符合它们所适用对象的性质, 而是相反: 数系的本质是由法则决定的。这是一个真正意义深远的想法, 将对以后几十年的数学发展产生重大影响。

在哈密顿身上, 当时的英国数学中出现的新符号方法与他在天文学和数学物理学 (尤其是光学和力学) 等领域的研究, 以一种有趣的方式相结合。在其职业生涯的早期, 他就意识到欧拉在无穷小微积分中使用复数是一种富有成效的方法。但与此同时, 他对现有的负数和复数的定义并不满意。此外, 与欧拉不同的是, 他认为可以贡献自己的时间和精力来澄清这些问题。

1828 年左右, 哈密顿偶然发现了阿尔冈的几何解释。他在第一时间想到的是, 通过将阿尔冈的方法从平面扩展到空间, 将其见解应用到自己正在进行的数学物理研究中。也就是说, 在复数中, 加法、乘法和除法的基本运算已经被定义为 $a+\mathrm{i}b=(a,b)$, 而哈密顿现在正在寻找适用于三元数组 (a,b,c) 的类似

218 定义。当尝试这样做时,马上想到的方法是添加一个新的“虚”元 j, 它扮演着与 i 类似的角色, 并允许一个元素以如下方式表示三元组 $a + \mathrm{i}b + \mathrm{j}c$。当然, 定义这样的三元数组的加法很容易, 如下所示:

$$(a_1 + \mathrm{i}b_1 + \mathrm{j}c_1) + (a_2 + \mathrm{i}b_2 + \mathrm{j}c_2) = (a_1 + a_2) + \mathrm{i}(b_1 + b_2) + \mathrm{j}(c_1 + c_2)。$$

但是, 当哈密顿试图用类似的方式来定义乘法和除法时, 他遇到了严重的困难, 这些问题在随后的许多年里占据了他的注意力。正确定义这两个运算要求对于任何给定的三元组 $a + \mathrm{i}b + \mathrm{j}c$, 都能找到一个“逆”三元组 $a' + \mathrm{i}b' + \mathrm{j}c'$, 这样, 当这两个三元组相乘, 结果是 $1 + \mathrm{i}0 + \mathrm{j}0$, 也就是 1 (记住, 这是我们定义逆的方法, 因此, 也是在整数和复数的情况下定义除法的方法)。

对复数取得成功之后, 哈密顿并不认为尝试将同样的想法扩展到三元的情况中会遇到重大困难。但是, 尽管进行了多年的努力, 在这件事上他仍没有成功, 事后回想时, 他才知道自己不可能成功。事实上, 在 1878 年, 德国数学家乔治 · 斐迪南 · 弗罗贝尼乌斯 (1849—1917) 证明了一个非常重要 (但不容易证明) 的定理, 该定理暗示了具有上述算术运算的三元组系统是不可能的。但也有好消息。虽然哈密顿尝试用三元组失败了, 他在 1843 年有了一个惊人而重要的发现, 这个发现将永远与他的名字联系在一起, 即四元数系。这个系统类似于哈密顿在寻找的复数概念的延伸, 但直接扩展到四元实数组 (碰巧, 弗罗贝尼乌斯定理并不排除四元组系统的可能性), 而不是三元组。

四元数的发现过程及其直接含义是数学历史上一个非常有趣的篇章, 并构成我们故事的一个重要方面。我将在第 9.6 节中花笔墨来讨论四元数的发现。但在此之前, 我想提一下哈密顿工作的另一相关方面。在发现四元数之前的一段时间里, 哈密顿继续在数学物理研究上进行了大量的工作, 与此同时, 他还致力于研究一些哲学家的工作。他的哲学兴趣主要集中在伊曼努尔 · 康德 (Immanuel Kant, 1724—1804) 的影响深远的著作上。

当他继续思考各种数字系统的基础问题时, 康德的思想 (以及哈密尔顿当时所养成的哲学思考体系) 与他尝试使用的技术工具相结合。1833 年, 他在爱尔兰皇家学院发表演讲, 将复数成功地定义为实数的有序对。在接下来的几年里, 基于各种有序对的类似规则, 他试图提出一种新的数的定义。1837 年, 他发表一篇论文阐述他在这个问题上的观点, 但数学论证蕴含于复杂而又相当模糊的哲学论述中, 反而使得他的一些有趣见解变得模糊。219

研究康德的学者通常将哈密顿关于时间的纯粹直觉的文章视为对康德学说的根本误解。另一方面, 数学家则通常会立即远离论文中的形而上学语言和思辨的论调。尽管如此, 这篇文章确实包含了一些值得关注的想法, 即借助于

有序对 (这里是时间上的“瞬间”对) 将自然数系统的基本思想表示为“连续的”“一维的”序列。

不管哈密顿这一特殊努力的实际意义和结果是否成功, 他在该背景下全部工作 (包括用实数对定义复数, 将实数定义为瞬间的尝试, 定义三元数组算术的失败, 以及四元数的发现) 的目的在于明确地表明, 需要对当时使用的所有数系, 即自然数到实数, 做出更清晰的定义。其工作还导致了一种后来被称为“遗传”或“构造”的一般方法, 根据这种方法, 每一个数系都是通过某种非常精确定义的构造过程从更基本的数系中产生的 (例如, 就像哈密顿设计的那样通过从实数构造复数)。下一章我们将回到这个重要的问题, 我们将看到, 几十年后理查德 · 戴德金 (Richard Dedekind, 1831—1916) 的工作如何成功地实现这种方法。

9.6 哈密顿四元数的发现

让我们回到四元数的故事来结束这一章。作为 $\sqrt{-1}$ 的符号 i 的推广, 哈密顿用三个特殊符号 $\boldsymbol{i}$, $\boldsymbol{j}$, $\boldsymbol{k}$ 写出了一个四元组 (a,b,c,d)。因此, 四元组被写成 $a+\boldsymbol{i}b+\boldsymbol{j}c+\boldsymbol{k}d$。哈密顿并不知道三元组工作的失败是有内在的原因的 (以后弗罗贝尼乌斯指明过), 不过, 他一旦开始研究四元组, 便定义了乘法的形式法则 $\boldsymbol{i}^2=\boldsymbol{j}^2=\boldsymbol{k}^2=-1$。在此基础上, 任何四元组可以如下做出乘积:

$$(a_1+\boldsymbol{i}b_1+\boldsymbol{j}c_1+\boldsymbol{k}d_1)\times(a_2+\boldsymbol{i}b_2+\boldsymbol{j}c_2+\boldsymbol{k}d_2)=A+\boldsymbol{i}B+\boldsymbol{j}C+\boldsymbol{k}D, \quad (9.7)$$

其中

$$A=a_1a_2-b_1b_2-c_1c_2-d_1d_2;\quad B=a_1b_2+b_1a_2+c_1d_2-d_1c_2;$$
$$C=a_1c_2+c_1a_2+d_1b_2-d_2b_1;\quad D=a_1d_2+d_1a_2+b_1c_2-b_2c_1。$$

乍一看, 这似乎是一个相当烦琐的定义。但是, 经过思考我们很容易看到, A, B, C, D 的四个表达式具有非常明显的对称。哈密顿定义乘法的这种方法所能达到的真正重要的一点是 (正如他以前用复数所做的那样) 可以定义它的逆, 即四元数的除法。然而, 这个漂亮的算术特性付出了真正令人惊讶的代价: 这样定义的乘法运算是不能交换的! 这很容易通过两个四元数相乘得到, 例如 $1+\boldsymbol{i}+\boldsymbol{j}+\boldsymbol{k}$ 与 $1-\boldsymbol{i}+\boldsymbol{j}+\boldsymbol{k}$ 的乘法顺序不同, 结果会不同。根据 (9.7) 中规定的规则相乘, 可以很容易地检查以下结果 220

$$(1+\boldsymbol{i}+\boldsymbol{j}+\boldsymbol{k})\times(1-\boldsymbol{i}+\boldsymbol{j}+\boldsymbol{k})=4\boldsymbol{k},$$

但是

$$(1-\boldsymbol{i}+\boldsymbol{j}+\boldsymbol{k})\times(1+\boldsymbol{i}+\boldsymbol{j}+\boldsymbol{k})=4\boldsymbol{j}。$$

而且, 更简单的例子是, 如果你将所有可能的 $\boldsymbol{i}, \boldsymbol{j}, \boldsymbol{k}$ 成对地相乘, 那么你会意识到, 改变因子的顺序会导致结果符号的改变, 如下所示:

$$\boldsymbol{ij}=\boldsymbol{k}=-\boldsymbol{ji},\quad \boldsymbol{jk}=\boldsymbol{i}=-\boldsymbol{kj},\quad \boldsymbol{ki}=\boldsymbol{j}=-\boldsymbol{ik}。$$

四元数的乘法因此为我们提供了一个清新和深刻的创新: 尽管它明确定义了满足基本代数性质的结合律 (即 $X\times(Y\times Z)=(X\times Y)\times Z$), 尽管可以令人满意地定义它的逆运算 (即除法), 但它本身是不能交换的 (即 $X\times Y\neq Y\times X$)。于是, 这一前所未有的情况产生了深远的影响! 哈密顿很清楚, 用代数运算构造一个由四元组组成的系统是可能的, 就像他正在寻找的那样, 但需要付出代价: 需要放弃一个被认为是理所当然的、对任何一种可能想到的数系都是不言而喻的特性。这个新系统, 即四元数系统, 以一个意想不到的方向拓展了什么是数以及它可能是什么。

这一发现是数学史上最著名的轶事之一。哈密顿在写给朋友彼得 · 格思里 · 泰特 (Peter Guthrie Tait, 1831 — 1901) 的一封著名的、经常被引用的信中讲述了这一故事。它描述了 1843 年 10 月 16 日这一发现突然出现在他脑海中的确切时刻, 就像晴天霹雳一样, 当时他正和哈密顿夫人愉快地走在去都柏林参加爱尔兰皇家学院会议的路上:

我当时就感到思想的电路闭合了; 其中的火花是 $\boldsymbol{i}, \boldsymbol{j}, \boldsymbol{k}$ 之间的基本方程; 就像我从那以后一直用的一样。

哈密顿无法抑制冲动, “尽管这可能是不合乎哲学的”, 他用刀子在布罗汉姆桥的石头上刻下了:

$$\boldsymbol{i}^2=\boldsymbol{j}^2=\boldsymbol{k}^2=\boldsymbol{ijk}=-1。$$

作为复数概念的延伸, 四元数的发明 (或发现) 并不是一个孤立的事件。例如, 赫尔曼 · 金特 · 格拉斯曼 (Hermann Günther Grassmann, 1809 — 1877) 对抽象的、广义的数系进行了原创性研究。然而, 由于他的思想表达非常含糊与复杂, 他的工作在当时很少受到关注。到后来, 它才引起了更广泛的数学界的注意, 数学家们受到启发, 继续研究它并将其发展为现代代数领域的重要分支。

此外, 19 世纪中期一些著名的英国数学家发明了其他种类的广义数系, 他们给这些系统起了各种奇怪的名字。现在看来, 这些都是可以被一个宽泛的

术语 "超复数" 所涵盖的实例。这样的数系出现在亚瑟 · 凯莱 (Arthur Cayley, 1821—1895), 詹姆斯 · 约瑟夫 · 西尔维斯特 (James Joseph Sylvester, 1814—1897), 威廉·金顿·克利福德 (William Kingdon Clifford, 1845—1879), 以及其他一些人的著作中。然而, 从短期来看, 哈密顿的四元数吸引了最多的关注, 这让人完全意想不到, 但也是其最受欢迎的原因: 四元数在物理学中有直接的应用! 四元数为当时正在发展的主流物理理论, 尤其是电磁学, 提供了一种非常高效和精确的语言。哈密顿 1853 年的《四元数讲座》(*Lectures on Quaternions*) 系统地提出复数作为实数的有序对的公式, 以及四元数的新理论。但正是通过泰特撰写的两本流行教科书, 四元数才成为物理学家广泛使用的著名概念。 221

20 世纪初, 上述故事发生时, 数学中的新概念和新技术显得更加有效, 应用也更加广泛, 尤其与向量空间有关的那些, 它们被大量运用到物理学理论中, 四元数也在之后的三十年多年间扮演着重要的角色。 222

第 10 章 “数是什么，数应该是什么?”19 世纪晚期对数的理解

哈密顿的《四元数讲座》有一位特别热情的读者，即德国数学家理查德·戴德金。研究数系及其性质一直是戴德金的兴趣所在，他以创新和原创的方式追逐这个研究兴趣。一方面，他为数论的前沿研究贡献了开创性的思想，创造了复杂的工具，使得他在 20 世纪初成为数论领域最重要的人物之一。另一方面，他对各种数系的性质和意义等基础问题毕生都保持着兴趣，并最早给出了整个数系严格、系统且详细的层次结构。

戴德金是高斯最著名的追随者之一，他关注对数的世界的理解。在戴德金之前，数系基础的问题主要出现于以下形态：一些哲学问题的争论，高等或初等数学教材的引言，或者这些书中简短的注释。戴德金最早严格地将这两种在他之前截然不同的思考合并起来。他处理与数有关的基础问题的时候始终关注前沿的研究问题，反之亦然。

223

10.1 数是什么?

“数是什么以及数应该是什么?”(*Was sind und was sollen die Zahlen*?) 是戴德金的一部名著的书名，该书出版于 1888 年。这个标题恰当地反映了戴德金整个数学职业生涯关注的核心议题，同时恰如其分地强调着，没有人在戴德

金之前走近这个问题并提供一个完整的、系统的、纯数学的答案。

哈密顿提出将复数定义为实数的有序对, 戴德金读过详细介绍该想法的书, 于是年轻的戴德金在对这个大问题的早期探索中吸收了这一想法。该想法指出了一个有趣的方向, 戴德金在构建数的世界的整体图景时, 都遵循着这个方向。然而, 哈密顿的想法并不是戴德金唯一的思想来源。另一些重要的思想源自高斯及其一些追随者的工作, 以及一些深思熟虑的哲学思想和方法论原则。戴德金的贡献对 19 世纪末数的现代概念获得最终巩固至关重要, 而且其影响远远超出了这个相对狭窄的议题, 这些工作对 20 世纪初数学学科的发展留下了深远的影响, 并贯穿其最初的几十年。

在本章和第 11、12 章中, 我们将简要介绍一些戴德金最重要的工作, 以及当时其他与戴德金相关的数学家的工作。这一章在技术上必然比前一章更有挑战性, 但我将尽可能清楚简明地解释这里涉及的主要概念。希望一直读到此处的读者不要过快地放弃, 并跟着我读到最后。理解戴德金的思想和他的工作对于理解现代数的概念及其在数学学科中的地位至关重要。

1851 年, 戴德金在哥廷根大学完成了他的博士学位, 他的导师正是高斯。高斯不太热衷于给研究生提供建议, 而且, 在戴德金的情况中, 他们的个人接触和互动也相当有限。尽管如此, 戴德金无疑是对高斯在数论方面的工作, 尤其是对高斯在《算术研究》中提出的那些主题, 有最广泛和最深刻理解的人之一。此外, 高斯对戴德金的影响并不局限于他工作的技术方面, 它也涉及高斯关于数学研究的范围和目标以及追求数学研究的最佳途径的观点。

与戴德金在哥廷根遇到的另一位重要人物伯恩哈德 · 黎曼 (Bernhard Riemann, 1826 — 1866) 相比, 高斯的影响显得更强烈。黎曼是个沉默寡言、性格极其内向的人, 但他却是一位知识渊博的数学家, 在许多领域都取得了突破性的进展。戴德金从黎曼身上学到了很多, 并从很多重要方面获得了灵感。帮助塑造戴德金数学世界的第三位重要人物是彼得 · 勒热纳 – 狄利克雷 (Peter Lejeune-Dirichlet, 1805 — 1859), 他是 19 世纪早期数论学科建立的杰出贡献者, 高斯去世后, 他来到了哥廷根。 224

戴德金在这三位哥廷根巨人的影响下发展出的一项核心的方法论原则是寻找一般抽象概念, 并围绕这些概念建立广泛而系统的理论。这个理论的中心是一些基本定理, 在这些定理的基础上, 大量具体的、开放的问题可以相对容易地解决。这一方法论原则要求尽量减少具体情况下的计算量。与此同时, 还需要尽可能多地使用可以提供统一解释的一般概念和广泛定理, 以便揭示出大量相互之间没有明显联系的数学现象的更深层的共同原因。为了不让这个宽泛的表达成为空洞的陈述, 让我简要介绍一个重要的例子, 说明戴德金在对数的世界的研究中是如何实施这个方法论原则的。这个例子将在下一节讨论, 在我看来它既深刻又优美。这可能需要读者格外仔细阅读, 但是, 就像这本书的其他困难部分一样, 它将是有益的。

10.2 库默尔的理想数

在 9.3 节中, 我们讨论了高斯整数 $\mathbb{Z}[\mathrm{i}]$, 即复数 $a+b\mathrm{i}$, 其中 a 和 b 都是整数。所有高斯整数的集合是复数系 $\mathbb{C}$ 中的一个具体子集, 正如我已经解释过的, 高斯在试图处理数论中的一个前沿问题 (即所谓的高次互反律问题) 的背景下引入了高斯整数。作为他研究的一部分, 他证明了系统 $\mathbb{Z}[\mathrm{i}]$ 满足普通整数系 $\mathbb{Z}$ 的所有基本性质, 如算术基本定理的相应版本。

一旦我们考虑了高斯整数系, 就很容易想到其他特定类型的复数集合来推广相同的基本思想。例如, 考虑数 $a+\rho b$, 其中 a 和 b 是整数, ρ 代表一个复数而不是 $\sqrt{-1}$。一种可能性是用 ρ 表示其他负数的平方根, 比如 $\sqrt{-3}$, $\sqrt{-5}$ 或 $\sqrt{-19}$。

另一种在数学上更重要的可能性是用 ρ 来表示一个 “单位根”, 即一个满足性质 $\rho^n=1$ 的复数, 其中 n 是任何自然数。我们已经知道了当 $n=4$ 时 ρ 为简单的 i 的情况。事实上, 由于 $\rho^2=-1$, 因此 $\rho^4=\mathrm{i}^4=1$。我们可以把这个想法推广到 n 的其他值。注意到单位根可以被认为是方程 $x^n-1=0$ 的解, 而代数基本定理已经表明, 这个方程有 n 个这样的复根。如果我们把这些复数几何地表示成平面上的点, 如 9.3 节中所示 (尤其是参见图 9.1 和 9.2), 那么我们很容易看到这些单位根都坐落在一个围绕着坐标系的原点, 并且半径为 1 的圆周上。例如, 在 $n=4$ 的情况下, 我们有四个单位根, 它们是众所周知的: 1, -1, i, $-$i, 如图 10.1 所示。

225

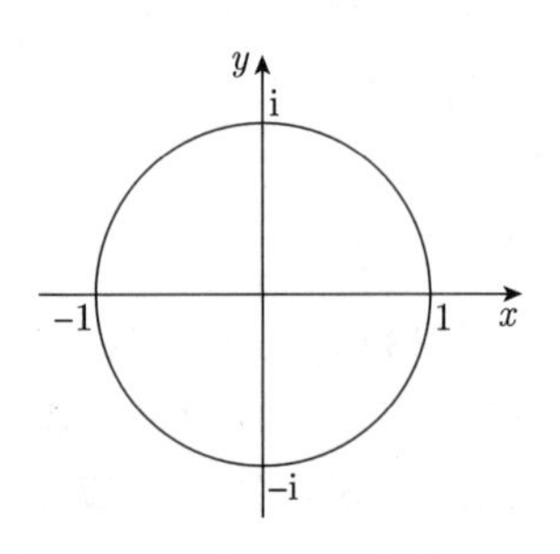

图 10.1 四次单位根在单位圆上的表示

在 $n=5$ 的情况下, 我们有 5 个单位根, 它们都位于单位圆上, 形成一个正五边形的顶点, 如图 10.2 所示。

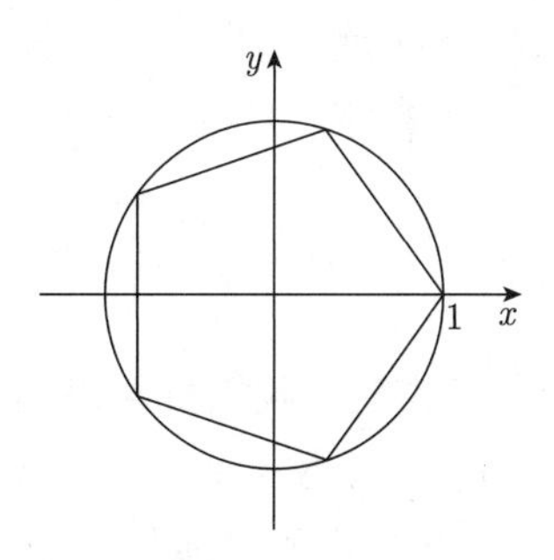

图 10.2 五次单位根在单位圆上的表示

按照这种方式, 我们可以将单位根看成 "把圆分成相等的部分" (在这个例子中, 是 5 个相等的部分)。由于这个原因, 方程 $x^n-1=0$ 通常被称为 "分圆方程", 其中希腊术语 "分圆 (cyclotomy)" 表示 "圆的分割"。最终, 我们可以引入 "分圆整数" 的概念, 我们很容易感受到, 数学家在解决具体数学问题的框架中总结出了一些抽象的想法。例如, 一个 5 阶的分圆整数就是以下形式的表达式

$$a_0+a_1\rho+a_2\rho^2+a_3\rho^3+a_4\rho^4,$$

它涉及 ρ 的 k 次幂 ρ^k, 其中 $k=0, 1, 2, 3, 4$, 系数 a_k 都是整数。

高斯自己提出, 分圆数可能对他所从事的研究有用, 但他从未真正认真地研究过这个方向。几十年后, 开始从事这个方向的是柏林的数论学家, 爱德华 · 恩斯特 · 库默尔 (Eduard Ernst Kummer, 1810—1893)。库默尔试图证明, 在推广 $\mathbb{Z}[i]$ 得到的数系中, 普通算术的基本定律仍然成立。特别是, 他假设算术基本定理也适用于这些系统。表面上看, 如果一些性质对 $\mathbb{Z}$ 成立, 并且已经证明它们对更一般的系统 $\mathbb{Z}[i]$ 也成立, 那么没有理由认为它们对包括分圆整数在内的更一般的情况不成立。库默尔是一位孜孜不倦于详细计算的数学家, 即使是最令人生畏的计算也是如此, 他研究的许多案例似乎一致支持这个假设。

226

但随后一个大惊喜出现了。经过无数次艰苦的计算, 库默尔惊奇地发现, 23 阶 (!) 的分圆数为唯一因子分解的基本定理提供了一个反例。你必须是一个伟大的数学家才能开始注意到, 这种看似不言而喻的规律性虽然在许多相似的算术环境中都是理所当然的, 但是在一个特定的情况下却不成立。但很少有伟大的数学家像库默尔那样, 在找到一个表明存在问题的例子之前, 会花那么

多功夫去详细计算。

我们可以通过下面这个简单得多的例子来了解库默尔所面临的情况, 这个例子说明了他在研究分圆数域时遇到的问题。考虑数 $a+b\sqrt{-5}$ 形成的数域, 其中 a 和 b 是两个整数, 在这个数域中数 21 可以分解成这样的因子:

$$3\cdot 7=(4+\sqrt{-5})\cdot(4-\sqrt{-5})=21。$$

要注意, 这里有两种不同的分解方法。我们可以表明, 四个因子 (3, 7, $4+\sqrt{-5}$ 和 $4-\sqrt{-5}$) 都是 “素数”, 即在这个数系中它们是只能被本身和 “单位” (如 1 或 -1) 整除的数, 尽管这一点并不显然。换句话说, 在这个数域内, 我们可以用多种方法将数 21 分解为质因数。算术基本定理在这里看起来不成立!

不仅这个例子本身令人惊讶, 而且它还揭示了另一个有趣的相关现象。上式中, 素数 3 整除 21, 但并不整除乘积 $(4+\sqrt{-5})\cdot(4-\sqrt{-5})$ 中的任何一个因子。我们在前面 4.1 节中提到, 在《几何原本》命题 7.30 中, 如果一个素数 p 整除两个数的乘积 $a\cdot b$, 那么 p 或者整除 a 或者整除 b。当我们从 $\mathbb{Z}$ 扩展到 $\mathbb{Z}[\mathrm{i}]$ 时, 这一命题继续适用; 当我们考虑库默尔研究的一些更一般的数域时命题仍然成立; 但是对于我们此处考虑的这个具体数系, 它就不再成立了。因此, 尽管自欧几里得的时代以来人们已经把命题 7.30 作为一种替代方法来等价地定义什么是素数, 此时人们却发现,在某些数域中, 一些不能分解成更小因子的数 (即 “不可分的” 数) 仍然不满足命题 7.30。

227

于是, 在库默尔令人惊讶的发现之后, 人们必须要区分之前被认为是相同的两个性质。其中一个性质之前被认为是素数的性质, 即在命题 7.30 中所表达的性质, 现在它成了定义, 而不能分解为进一步的因子成为所有素数都满足的性质, 但在某些数域, 这条性质要比素数弱。在 $a+b\sqrt{-5}$ 形成的数域中, 3 不可分, 但它不是素数。因此, 从库默尔的时代开始, 素数 p 的首选定义就不再是通过不可分性 (即它只能被单位或自身整除), 而是通过以下性质: 如果 p 整除 $a\cdot b$, 那么 p 要么整除 a 要么整除 b。这个定义不仅适用于简单的普通整数 $\mathbb{Z}$ 的情形, 而且同样适用于更抽象、更复杂的广义整数系统。

于是, 库默尔面临以下问题: 是否可以重新定义一些核心算术概念, 使得主要定理 (例如算术基本定理) 或许以修改后的形式继续成立, 即它不仅对 $\mathbb{Z}$ 和 $\mathbb{Z}[\mathrm{i}]$ 成立, 而且对包括分圆整数在内的所有广义复整数域都成立? 他提出了一些基本的思想来回答这个问题, 但他仅仅是部分地成功了。戴德金对这个问题给出了完整的答案, 他不仅解决了库默尔留下的具体问题, 而且也为一个全新的数学研究领域奠定了基础, 这个领域就是代数数域理论。

10.3 代数数域

新的代数数域理论也受到了利奥波德 · 克罗内克 (Leopold Kronecker, 1823—1891) 重要贡献的启发, 在接下来的几十年里, 它成为数学研究的一个基本领域, 直到今天仍然如此。对我们而言重要的是, 戴德金的开创性贡献意味着, 克罗内克所宣扬的方法论原则被严格地实现了。以下通过简要讨论 "理想" 的概念来更具体地说明这个关键点。"理想" 概念是戴德金为了从最广泛、最统一的角度探讨广义整数域的唯一因子分解问题而提出的主要的 (但不是唯一的) 抽象概念。他认为, 要想成功地解决数学所有领域的开放问题, 就应该应用这种概念。

首先考虑有理数系 $\mathbb{Q}$。对于这个系统中的任意数 $\frac{p}{q}$ (其中 p 与 q 都是整数, $q \neq 0$), 对于加法与乘法的运算, 这个数都有明确定义的逆元, 它们分别是 $-\frac{p}{q}$ 和 $\frac{q}{p}$。实际上,

$$\frac{p}{q}+\left(-\frac{p}{q}\right)=0, \quad \frac{p}{q}\cdot\frac{q}{p}=1。$$

类似的情况也发生在复数系统 $\mathbb{C}$ 中, 我们已经知道, 存在一个定义明确的除法运算。然而, 在整数系 $\mathbb{Z}$ 中,没有与乘法相反的运算。如果我们想用 3 乘以一个数得到 1, 我们需要用 1/3 乘以它, 但 1/3 本身不是整数。戴德金引入了术语 "数域" (*Zahlkörper*, 它的英文翻译 "field of numbers" 成为这个概念公认的术语) 来表示像 $\mathbb{Q}$ 和 $\mathbb{C}$ 这样对于加法和乘法具有逆运算的系统。因此, $\mathbb{Z}$ 不是域。

228

回想一下我在第 1 章提到的代数数系 $\mathbb{A}$, 它包含每一个有理系数多项式方程的解。库默尔研究的广义系统包括 $a+b\sqrt{-5}$ 这样的数以及类似的数, 它们构成了特定种类的代数数。更有趣的是, 如果我们要求这些数中的 a 和 b 为有理数 (而不只是我上面定义的整数), 那么在这些数的加法的逆元和乘法的逆元也是这种数的意义上, 这些系统将变成代数数的 "域"。然而, 高斯整数系 $\mathbb{Z}[\mathrm{i}]$ 不是一个域, 因为这些数在系统中没有乘法的逆元。

戴德金详细研究了这些 "数域" 的性质, 进而开创了 20 世纪数学研究的一个主要领域。除此之外, 他还证明了, 如果我们从代数数系 $\mathbb{A}$ 中选择任何一个特定的集合 K, 使其本身构成一个域 (也就是说, 一个对于加法和乘法以及它们的逆运算都封闭的数集), 那么总有一个 K 的子集 D 在 K 中扮演的角色就像 $\mathbb{Z}$ 在 $\mathbb{Q}$ 中扮演的角色一样。

换句话说, 戴德金证明了 $\mathbb{A}$ 中每个数域都有它自己的 "整数" 子集。例如,

在有理数域 $\mathbb{Q}$ 中, $\mathbb{Z}$ 扮演的角色是 “整数” (正确的叫法是 “有理整数”, 而不仅仅是 “整数”)。用完全相同的方法, 在每一个代数数域 K 中, 我们可以找到它自己的 “代数整数” 集合 D。这是一个具有根本重要性的结果, 尽管我无法在这里真正解释为什么会这样。[1]我只是要说明, 这是戴德金试图将所有基本的算术概念和定理 (包括基本定理) 扩展到库默尔引入的最一般的数系的核心。此外, 在戴德金的系统处理中, 作为这些更一般的例子的特殊情况, 普通算术最初的定理又重新出现了。

数域并不是戴德金的理论中唯一重要的概念。为了完成论述, 他还需要另一个他称之为 “理想” 的概念, 它关注的是特定的代数整数集合。因为篇幅的原因, 我不能在这里解释这些 “理想” 以及更一般的定理是什么, [2]但我想强调一点: 戴德金的广义因子分解定理总是用数集和不同数集之间 (特别是理想) 的运算来表示, 而不是用单个数和数集中单个数之间的运算来表示。他考虑的是数集及其作为数集的性质, 而不是数集中单个数的性质。这是戴德金的方法的关键。根据这种方法, 对于特定类型的数的性质, 如果一个人想深刻研究它背后的根本原因 (例如, 素数能够构建整个自然数系的原因), 那么他就不能仅仅考虑单独的数, 而是必须考虑这个数所属的某个数集。

229

因此戴德金提出, 唯一因子分解定律可以重新表述, 它不再用唯一的方式将一个数表示为素数的乘积, 而是把这个数所属的理想表示为 “素理想” 的乘积。前面说过, 算术基本定理的经典版本在戴德金的方法中作为广义版本的一个特例出现了。经典的算术基本定理只不过是戴德金的唯一因式分解的一个特殊实例, 即有理数域 (戴德金没有表示成代数数的一般域) 和普通整数 (而不是给定域的代数整数) 的情况。

在 19 世纪后三分之一的时间里, 戴德金通过选择特定的数集来找到充分的、非常普遍的和抽象的概念来解决与数有关的问题, 这种方法不易被数学家接受。一开始, 他们中很少有人愿意去关注戴德金的想法。但在 20 世纪末, 当他的方法成为一本关于数论的新书的指导方针时, 情况发生了戏剧性的变化, 这本书为未来几十年的数论研究制定了议程。这本书就是大卫 · 希尔伯特 (David Hilbert, 1862—1943) 于 1897 年出版的《数论报告》(*Zahlbericht*)。

大卫 · 希尔伯特是 20 世纪早期最具影响力的数学家, 和前述的许多杰出数学家一样, 他 (从 1895 年开始) 也是哥廷根的活跃分子。数论是希尔伯特留下深刻印记的领域之一。《数论报告》从代数数域的角度总结了当时该学科的

[1]参见 (Corry 1996 [2004], Section 2.2.2)。

[2]参见 (Corry 1996 [2004], Section 2.2.3)。

技术状态, 而在大约 100 年前, 高斯的《算术研究》开启了这一重要的 (当时主要是德国人的) 研究传统。在希尔伯特著作的广泛影响下, 不仅戴德金的方法和风格在该学科中占据了主导地位, 而且他的基本概念和方法论原则也占据了主导地位。它们成为许多数学家的关注焦点, 尤其是那些在 20 世纪初就开始从事数学工作的年轻人。

在这一过程中达到顶峰的是埃米·阿玛丽·诺特 (Emmy Amalie Noether, 1882—1935), 她也在哥廷根工作。作为一名女性, 诺特在 20 世纪初的德国试图建立学术生涯的过程中遇到了许多困难, 但她被认为是新的 "结构性" 代数方法的主要创始人和推动者。从 20 世纪 20 年代开始, 她的思想在改变数学许多核心领域的研究面貌方面起到了重要作用。诺特总是喜欢强调戴德金对她自己研究的决定性影响, 当人们称赞她的成就时, 她总是真诚而谦逊地重复着: "所有这些在戴德金身上都已经找到了 (*Es steht alles schon bei Dedekind*)。" 230

10.4 数应该是什么?

代数数域理论是戴德金最重要的成就之一, 就其内容 (当然也包括其技术细节) 而言, 它与数的概念基础及其本质问题没有直接关系。然而, 该理论所体现的整体方法论确实与我们这里的讨论高度相关, 因为它强烈地反映了他对数的世界的整体观点。让我们回到哈密顿用实数的有序对来定义复数的观点, 正如前面所说, 1857 年左右, 这个观点给年轻的戴德金留下了深刻的印象。

1854 年, 即戴德金获得博士学位几年之后, 他在哥廷根发表了一个演讲, 这在当时的德国大学体系中是一种惯例, 这是获得 "教师资格" (venia legendi) 所必需的。他选择讨论数学进步的独特特征, 并将其描述为人类精神的自由创造和逻辑必然性所强加的约束的混合产物。他在演讲中说, 在这个过程中, 新的概念和数学对象不断出现, 但它们必须总是从给定时刻的数学知识的当前状态中自然地出现。他强调, 数和与之相关的概念尤其如此。发展有关数的新概念所受的束缚与这一点密切相关, 即需要无条件地完成已知数域中的算术运算 (回想一下, 我在第 1 章按照同样的方式引入了各种数系, 因此我们在这里把它们补充完整)。通向无理数和复数的道路尤其有问题, 如戴德金所说, 到目前为止, 还没有人找到正确的方法来构造它们, 使得所有的算术运算都能得到充分的定义。

根据这些断言的背景, 我们很容易知道为什么哈密顿的著作引起了戴德金的强烈关注。哈密顿的定义不仅回答了戴德金对于复数系的具体顾虑, 而且其中用以前定义的系统来定义给定系统的整体方法也成为戴德金自己纲领的基础。与任何其他人相比, 戴德金把数的世界建立在更牢固的基础上面。现在让我们更仔细地看一下他的顾虑是什么, 以及他是如何处理它们的。

我从有理数开始。分数的概念似乎没有引起任何特定的概念问题, 而且我们在历史回顾中已经看到, 分数的使用从来没有伴随着负数和复数引起的那些顾虑。很容易解释分数的意义, 例如 $\frac{p}{q}$ $(q \neq 0)$, 将单位 (或蛋糕) 划分成 q 等份, 然后选择 p 份 (我们假设 $p < q$, 但如果 $p > q$, 那么我们很容易将前述想法扩展)。我们也知道如何将两个分数相乘: $\frac{p}{q} \cdot \frac{r}{s} = \frac{p \cdot r}{q \cdot s}$; 或将它们相加: $\frac{p}{q} + \frac{r}{s} = \frac{p \cdot s + q \cdot r}{q \cdot s}$。基于分数的概念来证明这些操作的正确性是简单的问题。

但戴德金是一个非常谨慎的数学家 (事实上, 他的许多同事都认为他的工作没必要那么冗长)。即使像这样一个看似不成问题的问题, 对他来说也是一个问题, 因为它包含了一个对他来说远不清楚的想法。我们如何 “划分” 给定的单位? 我们划分的单位是什么?我们如何选择 p 部分? 还有许多其他主流数学家似乎并不在意的问题。而且, 这种基于有理数概念的分数定义方法对于戴德金来说太特殊了。他希望有一个统一的概念, 可以在现有的数的基础上定义任何新的数系。

231

戴德金利用哈密顿的方法从实数开始构造复数, 根据整数的存在性, 通过整数对的使用以及整数中加、减、乘运算的知识来定义有理数。在整数中这三种运算有很好的定义, 但除法运算则不然。在某些情况下, 例如 7 除以 3, 结果不是整数。这就是为什么首先需要定义有理数的原因, 也就是说, 为了使运算的定义一致。

沿着哈密顿的方向, 戴德金将有理数简单地定义为整数对 (p, q) (其中 $q \neq 0$)。这里不需要借助于直观, 例如分割一个单位 (或一块蛋糕), 也不需要挑选其中的一部分。所涉及的只是一对无意义的整数 (p, q)。此外, 我们也很容易对这些数对的系统正式地定义运算, 而不必诉诸分数、单位的任何特殊意义, 或者将单位分解为多个部分。因此, 数对的加法和乘法可以纯形式地定义为:

$$(p, q) + (r, s) = (ps + qr, q \cdot s), \quad (p, q) \cdot (r, s) = (p \cdot r, q \cdot s)。$$

很明显, 一方面我可以强调, 这个定义是形式的, 它不基于赋予数对任何实际意义, 这种特殊的定义方式是为了模拟已知的分数运算 (我们可以简单地改写数对, 例如, 把 (p, q) 写成 $\frac{p}{q}$, 这种改写是显而易见的)。例如, 注意到数对 $(0, 1)$ 有一个有趣的性质

$$(p, q) + (0, 1) = (p, q)。$$

换句话说, 数对 $(0, 1)$ 和 0 在有理数中的作用是一样的。我们在戴德金的定义

之前就知道了, 因为 $(0,1)$ 相当于分数 $\frac{0}{1}$。此外, 每个数对 (p,q) 关于运算都有一个 "逆元", 即 $(-p,q)$, 这是因为 $(p,q)+(-p,q)=(0,1)$。乘法的情况与此类似, $(1,1)$ 将 "1" 作为 "中性" 元素用于乘法。此外, 对于每个数对 (p,q), 我们可以获得乘法逆元 (q,p), 因为 $(p,q)\cdot(q,p)=(1,1)$。(你可能想检验这些论述的正确性, 只需应用运算的定义即可; 请注意, 当我们谈到有理数的乘法逆元时, 总是指非零有理数的逆元。)

这样, 仿照哈密顿用实数对来定义 $\mathbb{C}$ 的方法, 戴德金就可以用整数对来纯形式地建立整个有理数系 $\mathbb{Q}$。哈密顿的构造允许在新系统中执行一个操作 (对一个负数求平方根),这个操作在以前的系统中并不总是可以执行。戴德金也是如此: 在 $\mathbb{Z}$ 内不能彻底做除法, 但在 $\mathbb{Q}$ 内总是可以。而且, 就像哈密顿对虚数所做的那样, 戴德金也不需要对有理数的属性或本质做任何解释, 因为我们在算术地证明有理数的运算法则时并不需要理解这个本质。事实恰恰相反: 有理数系是整数对系统, 它的算术是由结构中规定的形式规则完全定义的。因此, 如何定义有理数的问题并不是一个真正紧迫的问题 (即使对戴德金来说), 而这种构造为如何在其他情况下前进提供了有用的线索。

232

于是, 下一个问题是: 我们在构造有理数时所基于的整数又是如何呢? 它们是如何构成的? 戴德金展示了如何简单地构建它们, 只需要假设我们手头有自然数, 并且我们知道如何把任意两个给定的这种数相加或相乘。反之, 我们并不总是知道如何在自然数系中把任意两个自然数相减或相除。例如, 我们不能用 3 减去 7 或用 3 除以 2。现在的任务是构建一个新的系统, 在这个系统中减法可以不受限制地执行。在这一点上, 回想一下数学家们为解释负数 (账户中的债务, 向相反的方向走一段距离, 等等) 而提出的许多类比。这些对戴德金来说显然没有数学意义, 他开始定义新的系统, 并再一次借助有序数, 并在它们上面形式地定义运算 (这一次是自然数对, 因为这个数系是我们这个步骤最初的假设)。

戴德金将整数简单地定义为自然数 m, n 的数对 (m,n), 并且在它们上面定义了以下运算:

$$(m,n)+(o,p)=(m+o,n+p),\quad (m,n)\cdot(o,p)=(m\cdot o+n\cdot p,m\cdot p+n\cdot o)。$$

他用这种方式定义数对时, 想法比对有理数的定义更简单 (尽管这一点并不显然)。(m,n) 表示差值 $m-n$。例如, $(7,3)$ 表示整数 4, 而 $(3,7)$ 表示整数 -4。用这种方法, 戴德金为每一个自然数引入了另一个与加法相对的 "逆元", 但却没有提到 "负" 的含义。我们只有一些 $m>n$ 时的数对 (m,n) 和一些 $m<n$ 时的数对 (m,n)。另外, 这些数对之间的加减运算现在可以无限制地进行了。

但是, 请注意, 并不是所有的数对关于乘法都有逆元。这确实是我们期望的整数的情况。

你可以检查上述定义的整数乘法对于 “正负号的乘法” 这个问题仍然正确。如果我们把两个数对 (m, n) 和 (m', n') 按照上述法则相乘, 其中 $m < n$, $m' < n'$(也就是说, 它们是两个 “负数”), 我们将获得一个第一个元素大于第二个元素的数对, 也就是说, 一个 “正” 数。(例如, 你可以举两个这种具体的数对来验证这一点。) 这正是戴德金想要的,他仿照哈密顿关于复数的定义得到的系统不仅体现了负数的概念, 也正确定义了所有的算术, 而且所有这一切除了固有的形式法则定义之外, 无须诉诸外部的形而上学、伪经验主义或者类比解释。

233

在继续像戴德金那样构建其他数系之前, 我们有必要指出到目前为止两个体系之间一个有趣的区别。我们知道分数可以有多种表示方式。例如, $\frac{3}{5} = \frac{6}{10} = \frac{-18}{-30} = \cdots$。然而, 其中只有一个是最简分数。戴德金实际上并没有说 “整数对”, 而是说 “整数对的类”, 意思是每个有理数以多于一对的形式等价地出现, 而我们只在一类等价的整数对中取一个代表。然而, 他不能像我们那样把分数 “分解”, 因为他不想假设分数代表单位的分割等实际意义。因此, 他纯形式地定义了两个数对 (或两个分数) 的等价性: 当且仅当 $r \cdot q = s \cdot p$ 时, 两数对 (p, q) 和 (r, s) 是等价的。例如, $(3, 5)$ 和 $(6, 10)$ 表示同一个有理数, 并不是因为 $\frac{3}{5}$ 和 $\frac{6}{10}$ 表示同一个分数, 也不是因为第二个分数可以约分为第一个分数, 而是因为 $6 \cdot 5 = 10 \cdot 3$。根据这个定义, 数对 (p, q) 表示与它等价的所有其他数对。

关于整数, 也有必要定义一种类似的等价关系, 因为按照上面所说的, 我们可以将数字 -4 表示为 $(3, 7)$ 或 $(10, 14)$ 或 $(110, 114)$。其形式法则是: 两个数对 (m, n) 和 (o, p) 等价, 当且仅当 $m + p = n + o$。请注意, 整数对的等价只是通过整数的乘法来定义的 (因为并不总是能定义两个整数的除法), 而自然数对的等价是通过自然数之和来定义的 (因为如果自然数对中的第一个数比第二个数小, 那么自然数对的差在自然数中没有定义)。

10.5 数与微积分基础

基于戴德金的工作, 至此我们已经知道如何用自然数构造整数 $\mathbb{Z}$, 以及如何用整数构造有理数 $\mathbb{Q}$。感谢哈密顿, 我们也知道了如何用实数 $\mathbb{R}$ 构造复数 $\mathbb{C}$。因此, 为了构造整个数系, 我们只需要完成两个步骤: (1) 用 $\mathbb{Q}$ 构造出 $\mathbb{R}$, (2) 以某种方式定义自然数, 作为所有这些结构的起点 (或者也可以用其他东

西构造它们, 尽管目前还不清楚那可能是什么)。下面的图表概括了这种情况:

$$? \longrightarrow \mathbb{N} \xrightarrow{(m,n)} \mathbb{Z} \xrightarrow{(p,q)} \mathbb{Q} \xrightarrow{??} \mathbb{R} \xrightarrow{(a,b)} \mathbb{C}$$

前面已经论述了图中每一步中箭头上方的数对的含义, 它们在每个阶段都不相同:

$$(m,n) \Leftrightarrow m-n, \quad (p,q) \Leftrightarrow \frac{p}{q}\ (q \neq 0), \quad (a,b) \Leftrightarrow a+b\mathrm{i}。$$

234

对于戴德金来说, 这两个缺失的步骤与已经完成的步骤有着本质的区别 (它们彼此也不相同), 并且在数学上更具挑战性。它们也是这个故事中最重要的部分。尽管如此, 在解决这些问题时, 戴德金遵循了与简单问题相似的方法论原则。我上面提到的 “简单” 阶段只是后人在戴德金遗留的草稿中发现的。在构建实数和自然数的两个 “困难” 阶段, 他写了两本独立的小册子, 这是他最著名和最有影响力的两本出版物。下一章我们将回到戴德金的自然数构造。本章余下的部分, 我将讨论戴德金的无理数构造, 以及这种构造与尝试处理无穷小微积分基础之间的紧密联系。

微积分的基础问题自 17 世纪以来一直悬而未决。它涉及精确地定义由牛顿和莱布尼茨创造的微积分的两个主要概念和工具, 即导数和积分, 以及它们之间关系的本质。积分是一个通用的工具, 用于计算有关面积、体积、弧长和其他相关问题。反过来, 导数可以非常有效地解决与切线、变化率、极大值和极小值等相关的问题。这两种工具结合在一起, 从 17 世纪后半叶开始, 开启了通向一个全新数学世界的道路, 并解决了大量数学和物理中的重要问题。当然, 牛顿和莱布尼茨的前辈们已经发展出有趣而复杂的方法来处理与面积、切线、极大值和极小值等相关的问题, 但这通常是用与具体例子相关的技术来完成的。

微积分蕴含着深远的创造, 能够将各种问题和情形表达为一个单一、庞大的问题族的一部分, 可以从统一的角度来解决这些问题, 并使用新的工具取得更大的成功。与算术和代数类似, 微积分中也有一个 “基本定理”, 它的证明成为一个主要的理论挑战。微积分基本定理是牛顿和莱布尼茨贡献的核心, 它指出求导 (或微分) 和积分的运算是互逆的。这个重要关系并非显然, 它是微积分的核心, 但奇怪的是 (或者应该说 “不奇怪的是”, 因为在我们的论述里已经有类似的情况出现), 直到 19 世纪的最后三分之一时间, 该定理才获得证明。对无理数的精确定义和对有理数与实数之间区别的透彻理解是完成这个证明所需要的主要因素。戴德金以及一些其他人的工作, 提供了获得这些洞见的关键因素。

戴德金从有理数构建实数, 他的驱动力不仅是希望获得数的世界完整、系统的图景 (该愿望本身也很充分), 也是来自当时数学前沿研究核心的迫切需要 235 (尽管我们需要指出,并不是所有的数学家都认为自己像戴德金那样迫切地去解决这个问题, 大多数人也不认为在那个时候基本定理的证明方式有任何问题)。戴德金对无理数的构造建立在一个一般、抽象的概念之上, 这是他为任何数学学科的基础而努力引入的概念。在其构造中, 上述的中心概念是 "分割"。我们简要地考察这个概念是如何起作用的, 这真的很重要。

微积分的主要概念之一是 "极限" 概念。它是定义导数和积分的基础, 运用该概念可以证明基本定理的经典公式。在微积分诞生之初, 在极限概念作为微积分的基础之前, 牛顿和莱布尼茨都提出了他们自己的概念, 并且它们分别遇到了严重的概念性困难。"流数" "流量" "无穷小", 以及其他类似的概念早已不是微积分的标准术语, 但它们曾经是牛顿和莱布尼茨方法的核心, 它们都遇到了困难。

这丝毫没有阻挡 18、19 世纪微积分的迅速发展。新技术和新工具继续出现, 并被用于越来越多的问题, 甚至在基本概念不严格的情况下也是如此。只有少数的数学家真正关心微积分的基础问题, 而且只有在学习和研究的高等机构中讲授微积分时, 人们才开始认真地关注它。在 1789 年大革命之后, 法国建立了巴黎高等师范学院 (Parisian École Normale Superieur) 和巴黎高等理工学院 (École Polytechnique) 等机构之后, 这种情况尤其明显。

奥古斯丁 · 路易斯 · 柯西 (Augustin-Louis Cauchy, 1789—1857) 是在澄清微积分基础方面做出努力的代表人物之一。他在巴黎综合理工学院的著名讲座中, 用非常精确的术语表述了极限的概念, 并令人满意地将整个微积分建立在这个概念的基础上。(对于那些有一些本科数学课程背景的读者, 我需要在这里指出, 正是在这些讲座中, 柯西向世界介绍了 ε–δ 语言, 令许多初学者难以忘怀地感到害怕。)

牛顿和莱布尼茨与柯西研究基础问题的方法有一个根本区别, 前者本质上是几何的, 而后者是纯算术的。柯西的极限概念是基于实数系的性质和它的算术, 正如柯西和他的同时代人设想的那样。这些性质一般被认为是显然的, 不存在任何需要进一步澄清的问题。戴德金则不这样认为。作为哥廷根的一个年轻老师, 戴德金从 1854 年开始仔细阅读了所有可用的微积分教科书, 他得到结论: 当时基本定理的所有证明都是基于几何类比。在他看来, 这些证明是不充分的, 并且在逻辑上无法接受。他认为, 实数的算术法则从来没有得到过充分 236 的解释和证明, 因此微积分基本定理从来没有得到过充分的证明。

戴德金从有理数出发, 基于对无理数的纯算术构造进行必要的论证。这意味着他需要避免任何形式的几何定理以及对几何类比的依赖。相反, 他努力仅仅依赖于逻辑法则, 并按照他自己的方法论原则, 即依赖于数集的属性。为此, 他设计了一个新的抽象的一般概念, 并以此为基础构建了整个实数理论。这就是 “分割” 的概念。戴德金在职业生涯的早期就开始发展这一理论, 但出于对其完善和进一步发展的渴望, 他不断推迟对它的发表。最后, 在 1872 年, 这个理论被出版在一本名为《连续性与无理数》(*Stetigkeit und irrationale Zahlen*) 的小册子里。

10.6 连续性与无理数

在 1872 年戴德金的分割理论发表的那一年, 另外两部著作也出现了, 它们分别提出了构造无理数的另一种方法, 并基于严格的定义推导出它们的性质, 其目的也是完成微积分基本定理的证明。一部著作是由数学家乔治・康托尔 (Georg Cantor, 1845—1918) 撰写的, 当时他还默默无闻。另一部著作由卡尔・维尔斯特拉斯 (Karl Weierstrass, 1815—1897) 撰写, 他是当时柏林的数学领袖, 也是当时在世的对微积分贡献最大的人。(还有第三位数学家在大致相同的时间研究实数理论, 他是法国数学家查尔斯・梅雷 (Charles Méray, 1835—1911), 但他的作品几乎没有引起反响。)

康托尔和维尔斯特拉斯提出了建立无理数的想法, 这些想法与当时已知的微积分技巧有关, 尤其是无穷序列和级数。相比之下, 戴德金的方法则与这种方法完全不同, 他完全独立于微积分的概念, 仅仅以有理数的算术为基础来构造无理数。康托尔和维尔斯特拉斯关注与微积分领域相关的具体问题, 并提出理论来解决该问题, 戴德金的分割理论也在解决同样的问题 (戴德金当然认为这是一个重要问题), 但与此同时, 它是一个更广泛和雄心勃勃的计划的一部分, 旨在澄清数的一般概念。

如果讲一些在戴德金时代的课本上关于微积分基本定理的证明, 可能会有所裨益。在已有的微积分基本定理的证明过程中, 在关键阶段会使用不同的定理。例如, 有一个 “中值定理” (IVT), 它的一个版本可以表述为:

> 如果一个 “连续” 函数在点 a 处取负值, 在不同点 b 处取正值 $(a < b)$, 那么至少存在一个中间点 $c(a < c < b)$, 使得 $f(c) = 0$。

这种情形如图 10.3 所示。

237

从这个定理出发, 可以建立微积分基本定理的一个充分的证明 (参见附录

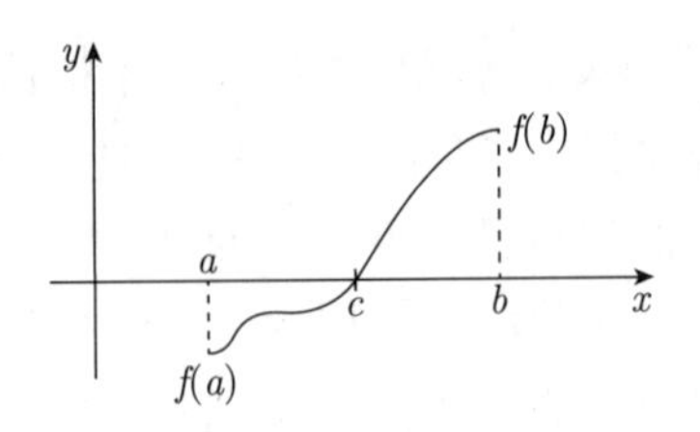

图 10.3 中值定理: 连续函数 f 在 a 处取负值, 在 b 处取正值, 则存在某个数 c, 使得 $f(c)=0$

10.2)。但是, 在证明这个定理的大多数书中, 戴德金从来没有找到一个令人信服的论证, 它们都是基于一些不严格的几何推理。这些书中出现的其他一些附加定理的证明也是如此。通过这些定理中的一个可以证明其他定理 (包括 IVT), 从而也可以证明微积分基本定理。每个作者都有理由来选择这个或那个定理作为出发点, 但在戴德金看来, 没有一个定理被严格地证明了。

另一个著名的定理以法国数学家米歇尔·罗尔 (Michel Rolle, 1652—1719) 的名字命名: 如果一个连续函数在两个不同的点 a 和 b 有相同的值, 那么在 a 和 b 之间至少存在一个点 c, 使得在该点处的切线是水平的。这种情况如图 10.4 所示。

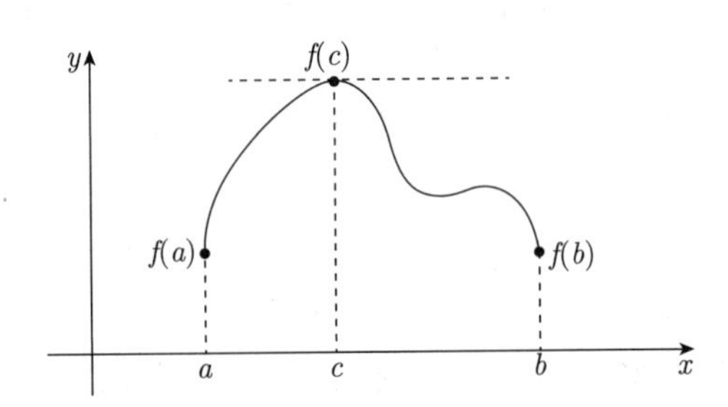

图 10.4 罗尔定理: 如果连续函数 f 在 a 和 b 处取相同的值, 那么存在一个数 c, 使得函数图在 c 处的切线是水平的

我们在这里表述这两个定理时使用了 “连续函数” 这个术语。粗略地 (而且非常不精确地) 说, 这一特性体现在这两个定理的图像中, 即没有跳跃或间隙、“一笔” 就能画出的图。基于 “极限” 概念, 连续性有一个非常精确和普遍接受的数学定义。(在罗尔定理的情况下, 需要一个附加条件, 即函数在区间 $[a,b]$ 内是可微的; 也就是说, 图像必须是平滑的,没有任何 “尖点”。但这个条件也可以用 “极限” 来非常精确地定义。)

238

戴德金认为, 需要独立于几何来定义实数的性质, 这是为微积分基本定理提供合理证明的必要条件, 从而可以为整个微积分学奠定坚实的基础。在他的讲稿和后来的书中, 戴德金重点讨论了这些定理中的另一个定理, 该定理广泛出现在现有的课本中。该定理是说, 每一个单调递增且有上界的有理数序列, 都收敛于某一个极限 (如图 10.5 所示)。

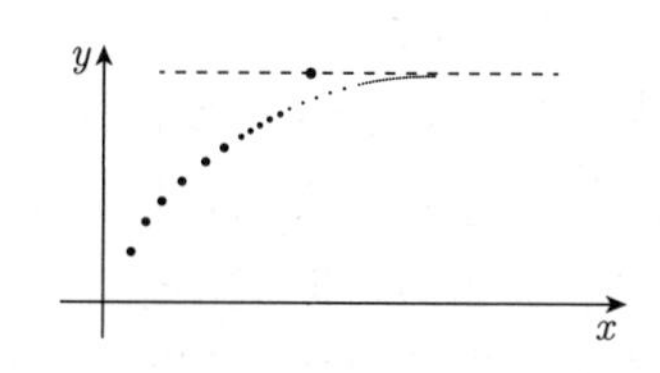

图 10.5 单调有界序列必收敛

戴德金 1872 年关于无理数的著作以这个定理的证明结束, 这个定理建立在分割理论的基础上, 没有诉诸任何几何直观或几何类比。当然, 其证明本身超出了本书的范围, [3] 但我想在这里非常简短地介绍戴德金分割背后的一些主要思想, 它与我们讨论的内容密切相关。

正如书名那样, 戴德金想要阐明的是连续性概念背后的秘密。我们知道, 有理数满足现在称为 "稠密" 的性质, 即在任意两个给定的有理数 a 和 b 之间, 总存在另一个有理数 c (参见图 1.4)。很明显, 无理数也是一个稠密的数系, 但戴德金提出的重要问题是: 是否存在一些实数满足而有理数不满足的性质? 为了找到答案, 戴德金将注意力集中在直线上, 并询问是什么性质使得直线成为 "连续" 的数学实体。他对这个问题的回答非常简单。事实上, 如果我们在直线上任取一个点 P, 那么我们会看到这个点将直线分成两部分, 即在 P 右边的 A_1, 以及在 P 左边的 A_2 (参见图 10.6)。这两个部分满足三个简单的性质:

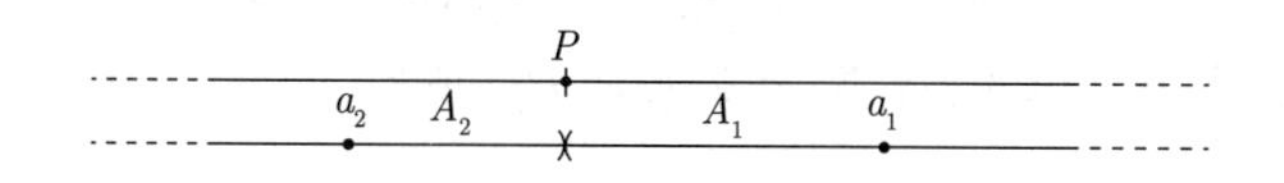

图 10.6 作为连续统的直线

(L1) A_1 和 A_2 是不相交的集合 (即它们没有公共点)。

(L2) 如果我们取 A_1 和 A_2 的并再加上点 P, 那么我们就得到了整条直线。

(L3) 属于 A_2 的任意点 a_2 总是在属于 A_1 的任意点 a_1 的左边。

239

戴德金认为, 这三个性质完全蕴含了连续的秘密。在他的所有重要的工作中都有以下巧妙的步骤 (他定义理想时也是如此): 他把某些性质变成了定义,

[3] 参见 (Dedekind 1963, pp.24 – 30)。

在本情况下是定义“分割”。也就是说, 给定任何一个数系, 并在其上定义了有序关系, 该数系上的分割是指该数系中元素的子集对 (A_1, A_2), 满足以下三个条件:

(C1) A_1 和 A_2 不相交。

(C2) A_1 和 A_2 加起来产生整个系统。

(C3) 任何属于 A_2 的数字 a_2 总是小于属于 A_1 的数字 a_1。

那么, 这个定义 (从表面上看, 它没有蕴含任何重要发现, 特别是没有直接含有关于无理数的具体发现) 是如何帮助戴德金从有理数中构建出实数的呢? 为了解释此问题, 让我们考察分割思想在有理数系统 $\mathbb{Q}$ 中是如何运作的。对 $\mathbb{Q}$ 进行第一个分割 (A_1, A_2), 其定义如下:

$$A_1 = \{x \in \mathbb{Q} | x > 2\}, \quad A_2 = \{x \in \mathbb{Q} | x \leqslant 2\}。$$

换句话说, A_1 是所有大于 2 的有理数的集合, 而 A_2 是所有小于等于 2 的有理数的集合。很容易检查 (A_1, A_2) 满足 (C1) —(C3) 的条件, 因此这一对集合是有理数的分割。

现在我们取 $\mathbb{Q}$ 的第二个分割 (B_1, B_2), 其定义如下:

$$B_1 = \{x \in \mathbb{Q} | x > 0 \text{ 且 } x^2 > 2\}, \quad B_2 = \{x \in \mathbb{Q} | x > 0 \text{ 且 } x^2 \leqslant 2, \text{ 或 } x \leqslant 0\}。$$

这个定义比前一个稍微复杂一点, 但经过思考后, 我们看到它涉及两组容易理解的有理数: B_1 是所有平方大于 2 的正有理数的集合, 而 B_2 是所有平方小于或等于 2 的正有理数以及所有的负有理数的集合。同样, 容易检验 (B_1, B_2) 满足条件 (C1)—(C3), 因此它是有理数的分割。但是, (A_1, A_2) 和 (B_1, B_2) 的不同定义方式引起了一些问题。一方面, 为什么不模仿 (A_1, A_2) 的定义, 用下面等价的、看起来更简单的方法来定义 (B_1, B_2) 呢?

240

$$B'_1 = \{x \in \mathbb{Q} | x > \sqrt{2}\}, \quad B'_2 = \{x \in \mathbb{Q} | x \leqslant \sqrt{2}\}。$$

原因是, 虽然在表面上 (B_1, B_2) 和 (B'_1, B'_2) 定义了相同的分割, 但它们之间有根本的区别。(B'_1, B'_2) 的定义假设存在数 $\sqrt{2}$, 但它是一个无理数。请记住, 戴德金的意图是从有理数中构造出无理数, 因此在我们“构造” $\sqrt{2}$ 之前它实际上是“不存在的”。“构造”在这里的意思是, 借助于一组有理数进行构造。这就是我们在 (B_1, B_2) 的帮助下所做的, 它纯粹由有理数和有理数的顺序关系来定义。戴德金不愿假设无理数 $\sqrt{2}$ 的存在, 而是让它从现有的有理数中产生出来。他的主要观点是, 有理数体系中可以定义两种根本不同的分割方式:

• 类型 1 的分割类似 (A_1, A_2), 它由 2 这个数定义, 而 2 一开始就是 $\mathbb{Q}$ 的一部分。

• 类型 2 的分割: 例如 (B_1, B_2), 它们与类型 1 一样满足关系 (C1)—(C3), 但不同的是, 它们的定义不是通过用已经存在于 $\mathbb{Q}$ 中的数对 $\mathbb{Q}$ 进行分割。

图 10.7 中说明了这两种分割类型的区别。在图 10.7 中可以看到, 如何由分割 (B_1, B_2) 本身 "无中生有地" 产生与之对应的点, 而这个点最初并不在 $\mathbb{Q}$ 中。

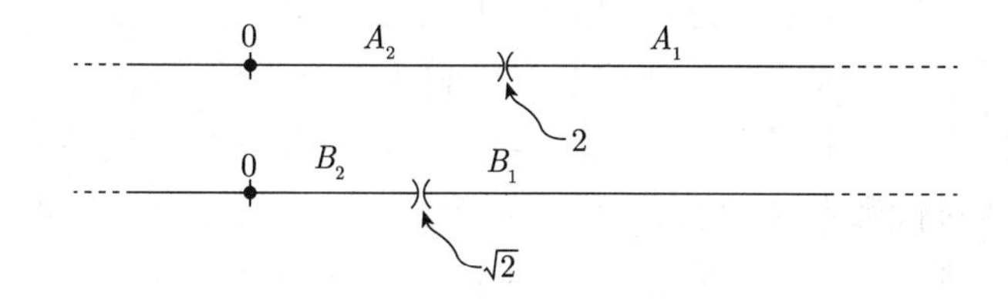

图 10.7 有理数的两种分割

定义 "分割" 之后, 戴德金继续指出如何严谨地定义它们的加法和乘法。他证明了这两种运算具有明确定义的逆, 即减法和除法。此外, 他还定义了分割之间的序关系。这里不会给出这些定义的细节, 这些细节也不是特别困难或有趣。[4]重要的是, 戴德金完成这个过程后, 采取了以下简单的步骤: 将实数系 $\mathbb{R}$ 定义为有理数系上所有的分割, 并定义四则运算和序关系。上述两类分割都存在意味着, 某些分割无法与有理数对应。因此, 所有分割的集合包含一些新的数学对象, 也就是无理数, 如 (B_1, B_2)。

241

这些新创造出来的无理数, 加上已经存在的有理数, 就产生了实数。这样创建的系统恰好也是一个 "有序域"。它是戴德金意义上的 "域", 因为加法和乘法运算对所有数都有逆。它是 "有序的", 因为对于数定义的顺序与运算的关系 "良好"。例如, 如果 $a < b$, c 是任意实数, 那么 $a + c < b + c$。人们当然会期望这些性质在实数系 $\mathbb{R}$ 中都成立。

戴德金在最后增加了一个非常重要的步骤, 通过与定义 $\mathbb{Q}$ 的分割类似的方式, 他构造了 $\mathbb{R}$ 的分割。这两个过程类似, 但结果完全不同: 实数系的分割没有类型 2。换句话说, $\mathbb{R}$ 的任何分割都无法创造出 $\mathbb{R}$ 中不存在的元素。最终, 尽管听起来很奇怪, 戴德金分割的概念揭示了连续的秘密: 如果一个数系的所有分割都属于类型 1, 那么它就是连续的, 也就是说, 所有分割都可以通过已经存在的数来定义。因此, 系统 $\mathbb{Q}$ 不是连续的, 因为如我们看到的那样, 有些分

[4]参见 (Dedekind, 1963, pp.21 – 24)。

割属于类型 2。作为比较, 根据这个定义, 数系 $\mathbb{R}$ 是连续的, 如戴德金所示。

戴德金的观点中最令人惊讶的是, 与人们的预期相反 (也与维尔斯特拉斯和康托尔构造 $\mathbb{R}$ 的方法相反), 连续性并不是由接近或者距离的考量 (即数学家所称的 “拓扑的考量”) 定义的性质, 而是仅仅由顺序的考量来定义! 分割纯粹是由数系中数的顺序来定义的, 而在戴德金的方法中, 连续性纯粹由分割来定义。

戴德金的观点在当时的数学界不容易被接受, 它最初并不被认为是有趣的或重要的。他提出理想概念时也是如此, 现在轮到了分割。在《连续性与无理数》出版后不久, 戴德金从他的朋友鲁道夫 · 李普希茨 (Rudolf Lipschitz, 1832 — 1903) 那里收到了一封有批评意见的信, 这是一个有趣的例子。当戴德金开始发表他对代数数域的研究时, 李普希茨是少数几个立即意识到理想重要性的人之一。现在, 李普希茨写道, 他无法理解戴德金的新作品的要点。在他看来, 戴德金是在用一个复杂、晦涩、难以理解的概念 “分割” 来解释另一个简单且易于理解的概念 “数量”。

戴德金当然不同意, 为了强调他在当时的数学知识现状中发现的困难, 他请他的朋友解释人们普遍接受的无理数运算, 比如 $\sqrt{2} \times \sqrt{3} = \sqrt{6}$。在李普希茨看来, 欧几里得的《几何原本》为这个观点提供了足够的理由。当然, 他指的是第 5 卷的内容, 也就是欧多克索斯的比例理论。前面我们已经讲到, 自从 17 世纪斯蒂文的著作以来, 人们明确或隐含地把比例的概念作为一个新的和更广泛的数的概念的基础, 此时数被视为一个抽象的量。在该观点所涵盖的量中也包括无理数, 似乎无理数是由不可公度量表示的, 例如我们在牛顿的例子中看到的。李普希茨当时的观点在他的同时代人中被广泛接受 (事实上, 进入 20 世纪后, 许多人仍然认为戴德金分割完全等同于欧多克索斯的比例, 见附录 10.1)。

242

但是戴德金的观点非常明确, 即使我们接受了有理数可以用不可公度量来表示的假设, 也无法证明这些量穷尽了所有可能的实数, 因此, 需要一个严格而全面的理论来为这些有些难以捉摸的实体的系统提供坚实的基础。此外, 戴德金在《几何原本》中没有发现对空间连续性概念的明确论述 (尽管我们似乎可以合理地假设欧几里得和任何使用他的书的人都想当然地认为空间是连续的)。对戴德金来说, 连续性的定义是正确定义实数的关键和必要任务。

戴德金向李普希茨指出, 数学家通常承认根的乘法 $\sqrt{2} \times \sqrt{3} = \sqrt{6}$ 是正确的, 但这并没有充分的理由。他们使用了一个代数恒等式 $(a \times b)^2 = a^2 \times b^2$, 但是戴德金认为, 这个等式对于无理数的有效性从来没有被证实过, 也就是说, 在他引入分割和定义实数及其相应的算术之前从来没有被证实过。他在给李普希茨的信中写道，当我们对恒等式两边平方时，我们得到了结果 $2\times3=6$。由于后一个结果被认为是正确的，数学家们得出的结论是，初始恒等式 $\sqrt{2}\times\sqrt{3}=\sqrt{6}$ 本身必然是正确的。戴德金发现这个推理是错误的，原因是，代数恒等式在有理数中被证明是正确的，但对于无理数也同样适用的结论却从来没有确凿的论证。戴德金强调道，将无理数当成抽象的量，绝不能被认为是对这一数学论断的严格证明。因此，戴德金总结道，他的分割理论是第一次认真而成功地提供严格证明的努力。此外，他认为，他的理论是对连续性概念的第一个在纯算术基础上的成功解释，它并不借助于几何类比或物理类比。戴德金将实数定义为有理数的分割确实是数字史上的一个重要里程碑，也是我们故事的一个转折点。为了完成整幅图景，我们需要转向戴德金对自然数的定义，我们将在下一章进行论述。

附录 10.1 戴德金的分割理论与欧多克索斯的比例理论

戴德金有关分割的数学思想过了一段时间才开始引起同行们的注意。如上所述，他的朋友李普希茨甚至认为这个概念根本没有创新。其他人则认为 (也许这也是李普希茨的想法)，戴德金的分割与欧多克索斯的比例等价。这一论断的基础是,如果四个整数 a, b, c, d 在欧多克索斯意义上成比例，即 $a:b::c:d$，写成分数的形式即 $a/b=c/d$，那么这两个分数定义了戴德金意义上的分割。换句话说，根据这个说法，分割和有理分数定义了相同的数系。为了判断这个观点的有效性，现在给出上述等价性的一个证明。取分数 a/b，定义两组有理数 A_1 和 A_2 如下:

243

$$A_1=\{\text{所有使得 } n/m\leqslant a/b \text{ 的有理数 } n/m\},$$
$$A_2=\{\text{所有使得 } n/m>a/b \text{ 的有理数 } n/m\}。$$

很容易看出，A_1 和 A_2 这两个集合构成了戴德金所定义的有理数的分割，因为它们符合以下条件:

(1) A_1 和 A_2 不相交。

(2) A_1 和 A_2 并在一起得到了整个有理数集。

(3) A_2 中任意有理数 n/m 总是小于 A_1 中任意有理数 n'/m'。

同样可以用 c/d 定义相应的分割 C_1 与 C_2，如下所示:

$$C_1 = \{\text{所有使得 } n/m \leqslant c/d \text{ 的有理数} n/m\},$$
$$C_2 = \{\text{所有使得 } n/m > c/d \text{ 的有理数} n/m\}。$$

现在需要证明的是, 当且仅当对应的分割相等时这两个分数相等, 或者用符号表示为:

$$a/b = c/d \Leftrightarrow (A_1, A_2) = (C_1, C_2)。$$

为了证明后一个条件, 我们取属于集合 A_1 的任意有理数 n/m。由 A_1 的定义可知, $n/m \leqslant a/b$, 因此 $nb \leqslant ma$。(为了简单起见, 并保持符号 “$\leqslant$”, 不妨取 m 和 b 都为正整数或都为负整数。如果不是这样, 可以很容易通过添加几个步骤来修正这个证明。) 现在, 如果我们采用欧多克索斯在附录 3.2 中给出的符号形式的定义, 那么根据比例 $a:b::c:d$ 可得, 给定任意两个整数 n 和 m, 都有

$$ma >=< nb \text{ 当且仅当 } mc >=< nd。$$

在本例中, 我们有 $nb \leqslant ma$, 于是由上述条件得到 $nd \leqslant mc$。根据 C_1 的定义知道, 任何在 A_1 中的有理数 n/m 也总是在 C_1 中。用集合论的语言表示, 我们已经证明了 A_1 是 C_1 的一个子集, 即 $A_1 \subseteq C_1$。同样, 我们也可以证明相反的包含关系, 即 $C_1 \subseteq A_1$。这两个结论合在一起直接意味着 $A_1 = C_1$。用同样的方法, 我们也可以证明 $A_2 = C_2$。因此, 我们证明了 (A_1, A_2) 和 (C_1, C_2) 这两个分割相同, 或者说, 表示同一个有理数的两个不同分数产生相同的分割。

244

但是, 这个数学事实是否意味着戴德金的分割没有涉及真正的概念创新? 当然不是。一方面, 即使每个比例都使得两个分割相等, 我们仍需要记住, 并非有理数系的每一个分割都是由这样一个比例产生的。事实上, 我们已经看到了一些不是由有理数产生的分割, 例如:

$$B_1 = \{x \in \mathbb{Q} | x > 0 \text{ 且 } x^2 > 2\}, \quad B_2 = \{x \in \mathbb{Q} | (x > 0 \text{ 且 } x^2 \leqslant 2) \text{ 或 } x < 0\}。$$

除了这个重要的技术环节以外, 概念上的区别也很重要。在我们所关注的历史中, 对欧多克索斯 (以及所有他直至 17 世纪的追随者) 来说, 比和比例都不应被当成数。特别是, 欧多克索斯的理论没有说明如何定义比率或比例的算术运算。相比之下, 戴德金则非常明确地阐述了他的理论目标, 在历史上第一次为实数系及其所有算术提供了完整的基础。其基本思想也能够很自然地回答为什么实数系是一个 “连续” 的数系, 而有理数系不是。这是李普希茨在与戴德金的通信中没有认识到的重要一点。

附录 10.2　中值定理 (IVT) 与微积分基本定理

这个附录将提供一个基于中值定理 (IVT) 证明微积分基本定理的思路。所使用的中值定理是以下更一般的版本: 如果一个连续函数有两个不同的值 $f(p)$ 和 $f(q)$, $p<q$ (不失一般性, 不妨设 $f(p)<f(q)$), 设 K 是满足 $f(p)<K<f(q)$ 的任意实数, 那么至少存在一个中间点 c ($p<c<q$), 使得 $f(c)=K$。该定理的基本想法如图 10.8 所示。这里还引用了另一个密切相关的定理, 称为最值定理 (EVT): 如果一个函数 f 在一个闭区间 $[a,b]$ 上连续, 那么 f 在该区间上会取到一个最大值和一个最小值。

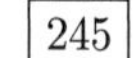

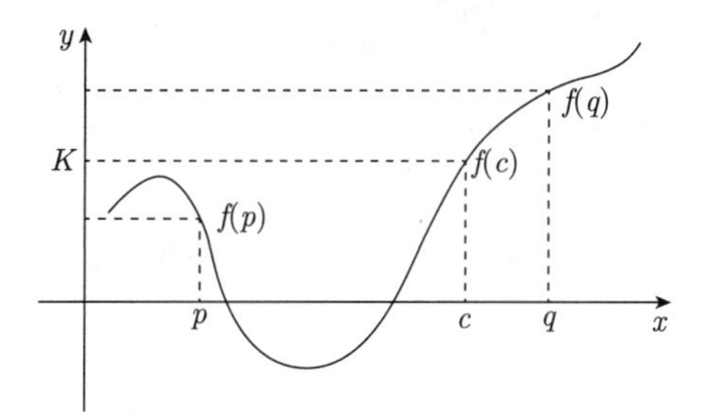

图 10.8　更一般的中值定理

函数 f 在 x 点的导数由以下表达式给出:

$$\frac{\mathrm{d}}{\mathrm{d}x}f(x)=\lim_{h\to 0}\frac{f(x+h)-f(x)}{h}。$$

微积分基本定理指出, 对于任何满足特定的可导、可积条件的函数 f, 其微分和积分过程是互逆的。用公式表示为, 对于区间 $[a,b]$ 上的任意点 x, 我们都有

$$\frac{\mathrm{d}}{\mathrm{d}x}\left(\int_a^x f(t)\mathrm{d}t\right)=f(x)。$$

为了证明这个恒等式, 利用导数的定义可得

$$\frac{\mathrm{d}}{\mathrm{d}x}\left(\int_a^x f(t)\mathrm{d}t\right)=\lim_{h\to 0}\frac{\displaystyle\int_a^{x+h} f(t)\mathrm{d}t-\int_a^x f(t)\mathrm{d}t}{h}。$$

然后利用基本积分法则可得, 方程右边变成

$$\lim_{h\to 0}\frac{1}{h}\int_x^{x+h} f(t)\mathrm{d}t。$$

现在, 根据最值定理可得, 对任意 $h>0$, f 都在闭区间 $[x,x+h]$ 取到某个最大值 M 和最小值 m。显然, f 在该区间上的积分表示的是 f 的曲线之下从 x 到 $x+h$ 的面积, 它介于两个矩形之间, 如图 10.9 所示:

$$h\cdot m\leqslant\int_x^{x+h}f(t)\mathrm{d}t\leqslant h\cdot M。$$

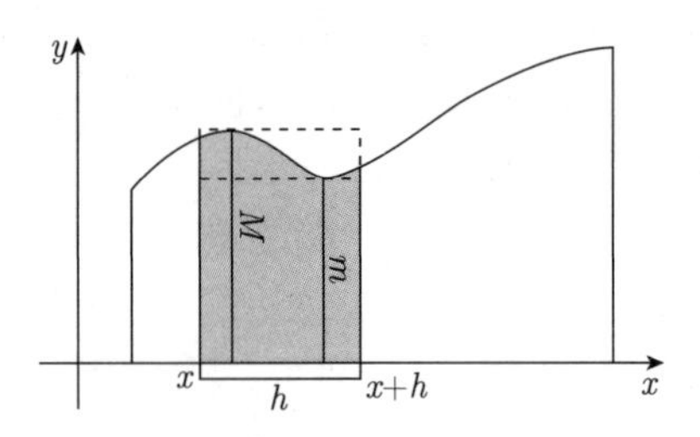

图 10.9　微积分基本定理的证明

于是有

$$m\leqslant\frac{1}{h}\int_x^{x+h}f(t)\mathrm{d}t\leqslant M。$$

但是 M 和 m 的值分别是函数在区间 $[x,x+h]$ 上的点 p 和点 q 的函数值, 比如设 $m=f(p)$, $M=f(q)$, 因此

246

$$f(p)\leqslant\frac{1}{h}\int_x^{x+h}f(t)\mathrm{d}t\leqslant f(q)。$$

此时即可对该图形使用中值定理, 因为它保证了存在 c 在 p 和 q 之间, 从而属于区间 $[x,x+h]$, 使得

$$f(c)=\frac{1}{h}\int_x^{x+h}f(t)\mathrm{d}t。$$

根据 f 的连续性, $\lim\limits_{h\to 0}f(c)=f(x)$, 因此

$$\begin{aligned}\frac{\mathrm{d}}{\mathrm{d}x}\left(\int_a^x f(t)\mathrm{d}t\right)&=\lim_{h\to 0}\frac{\displaystyle\int_a^{x+h}f(t)\mathrm{d}t-\int_a^x f(t)\mathrm{d}t}{h}\\&=\lim_{h\to 0}\frac{1}{h}\int_x^{x+h}f(t)\mathrm{d}t=\lim_{h\to 0}f(c)=f(x)。\end{aligned}$$

247　这便是我们的证明。

第 11 章　自然数的精确定义：戴德金、皮亚诺和弗雷格

戴德金系统地阐释了分割理论，并且利用它由有理数构造出了无理数，这样他就得到了各种数系的整体图景，从自然数系开始，每一个数系都以纯算术的方式由前一个数系构造而成：

$$\mathbb{N} \xrightarrow{(m,n)} \mathbb{Z} \xrightarrow{(p,q)} \mathbb{Q} \xrightarrow{(A_1,A_2)} \mathbb{R} \xrightarrow{(a,b)} \mathbb{C}。$$

这个图精确地强调了自然数的根本作用，它是数的整体世界的基础；它还强调，各种数系的依次创建并不需要任何形式的几何类比或物理类比。因此，戴德金的思想说明：到 19 世纪末，关于数的性质的所有辩论已经集中到关于自然数的性质的辩论。这场辩论本质上不同于之前关于这个议题的所有辩论，而这个议题我们在本书中一直在讨论着。在哈密顿和戴德金等数学家对基础问题做出具体贡献之后，一种与以前流行的、古老的观点截然不同的视角也随之出现了。同时，这也是由于整个数学学科发生了更加全局性的变化，例如在分析学和几何学中的相关发展所引起的变化。

戴德金 1888 年的《数是什么，数应该是什么？》(*What are numbers and what should they be?*) 正是通过探讨自然数系的基础这个问题，而力图完全理解数的世界的架构。正如他以前对代数数系和实数系的基础所做的研究那样，戴德金在这里也在寻找一个统一、抽象而一般的概念，以便可以从中推导出自然数的全部算术。为什么 $1+1=2$ 是一个真命题，其有效性的来源是什么？为什么自然数的加法运算和乘法运算是可交换的与可结合的？戴德金想为这些

问题提供一个数学上合理的答案。事实上, 以前并没有人问过类似的问题 (无论如何, 这些问题以前从未得到过正确的回答), 这似乎有些奇怪; 同样可能有些奇怪的是, 戴德金现在在问这些问题。

但是, 这当然并不是说戴德金在质疑所有已知的算术结果的真实性。戴德金所追求的是这些真实性的来源和可能的理由。更具体地说, 戴德金并不希望像他的许多前辈那样通过哲学辩论来解决这些问题 (尽管他确实从明确的哲学视角处理了这个问题), 而是希望通过数学方法来解决, 即类似于他在建立所有其他数系 (即他利用分割所建立的实数系和利用理想所建立的代数数系) 的基础时所遵循的方法。换言之, 戴德金坚持通过一种统一的一般概念来一劳永逸地定义自然数系及其算术法则。

11.1 数学归纳原理

戴德金关于代数数和实数的工作各自围绕着需要阐明的中心问题而展开, 它们分别是因式唯一分解性和连续性。同样, 在自然数情形, 戴德金也在关注一个中心问题: 数学归纳法的有效性。在继续讨论之前, 我们需要花一些精力讨论一下这一点。当一般的数学定理中具有自然数的指标或变量时, 数学归纳法是证明这些定理的极其重要和极为有效的工具。以从 1 到 n 的所有自然数之和这个著名公式为例:

$$1+2+3+\cdots+n=\frac{n\cdot(n+1)}{2}。$$

这个公式通常用归纳法来证明, 这意味着我们需要遵循两个步骤:

(I1) 证明该公式对 $n=1$ 成立。即证明

$$1=\frac{1\cdot(1+1)}{2}。$$

(I2) 假设公式对 $n=k$ 成立, 并由此推断公式对 $n=k+1$ 成立。也就是说, 假设

250

$$1+2+3+\cdots+k=\frac{k\cdot(k+1)}{2},$$

并由此推导

$$1+2+3+\cdots+k+(k+1)=\frac{(k+1)\cdot(k+1+1)}{2}。$$

现在, 只需要用一点点代数知识和技巧, 每个读者都可以轻松地完成 (I2) 这个步骤。然而, 我想提醒大家注意以下的基本问题: 如果我们遵循了步骤 (I1)

和 (I2), 那么我们就可以认为已经对所有的自然数证明了所讨论的定理, 但是为什么数学家普遍接受这一点? 我们是否有任何坚实的基础来为这种自然数的推理方式提供充分的理由? 我在第 5.9 节中曾经提到, 热尔松尼德斯使用详细的归纳论证来证明一般的算术命题, 但他是一个相当孤立的早期个案, 并且其论证结构也不如现在的形式。归纳论证从 16 世纪开始在欧洲使用, 并逐渐被普遍接受。但在戴德金之前, 从来没有人系统地询问过 (更不用说正确地处理过) 这个问题, 即我们是基于什么理由而接受了这种数学推理的合法性。

戴德金定义自然数系以及证明使用归纳法的合法性的方法是: 他把这个数系看作是按照顺序原则构建的。对于戴德金来说, 自然数首先是一个序数系, 而它们作为基数的性质是由前者推导出来的。这是戴德金研究自然数时的第一个非凡的创新。我们已经看到, 在解释连续统的问题时, 戴德金的方法是将连续性视为基于顺序, 而不是基于自然数之间的距离的一种性质。在自然数的情形, 他遵循了非常简单的想法: 比如说 4 这个数的定义是, 它正好位于 3 这个数之后, 并且正好位于 5 这个数之前。对于 4 也以某种方式来表示一个量, 戴德金认为这是从自然数更基本的顺序本质中派生出来的。

戴德金的一个统一的、一般的抽象概念是 "链" 的概念, 围绕着这个概念, 他构建了其自然数的序数理论。我这里先不解释这个概念以及它是如何实现了戴德金心目中的目标, 而是首先要简略地描述一下第二个同时代的工作, 它从一个不同但密切相关的角度处理了同一个问题, 这就是所谓的皮亚诺公设。皮亚诺的观点使人们更容易理解这个问题的要害, 这也是迄今仍在使用的观点。我以后再回到戴德金和他的工作上来。

11.2 皮亚诺公设

朱塞佩 · 皮亚诺 (Giuseppe Peano, 1858 — 1932) 是一位才华横溢的意大利数学家, 他 20 世纪初在都灵工作。他既掌握了很多方面的数学知识, 也倾注了巨大的精力来开发和传播他所发明的一种通用的人工语言, 即不变格的拉丁语 (*Latino sine flexione*), 在这方面他遵循了世界语的传统, 这种语言当时在欧洲知识界很流行。皮亚诺对语言问题的敏感性也体现在他的数学工作中, 他对数学论证的符号和形式方面的问题做出了重要贡献。 251

1889 年, 皮亚诺出版了一本小册子, 题为《用新方法展现的算术原理》(*Arithmetices principia, nova methodo exposita*), 其中包含了算术的基本公设, 这些公设自那时起就一直与他的名字相关联。皮亚诺明确地宣称, 戴德金的《数是什么, 数应该是什么?》在他自己工作的最后阶段发挥了至关重要的作用。事实上, 这两位数学家以等价的方式定义了自然数, 即使这种等价第一眼看上去并不明显。皮亚诺的方法更容易理解, 也更清楚, 并且最终被普遍采用。

皮亚诺对自然数的定义首先假设存在一个集合 N, 其元素称为 “数”。人们一开始对这些 “数” 一无所知, 它们的性质将由一组抽象定义的公设决定。因此, 在这一点上, 我们既不应该把 N 当成 $\mathbb{N}$, 也不应该把这些 “数” 当成我们已经知道的 (或者我们认为已经知道的) 自然数, 因为已有的算术基本知识已经告诉我们一些自然数的性质。我要强调的是, 数的所有性质都要由这些公设本身推导出来。皮亚诺在最初的版本中提出了 9 条公设, 但它们后来被简化了, 并且合并成了 4 条。我将以现在的标准方式来展示这些公设。我从前三个开始, 它们可以表述如下:

(P1) 对于 N 中的每个数 n, 我们可以关联 N 中的另一个数, 并称之为 n 的 “后继元素”, 表示为 n'。

(P2) 如果 $n \neq m$, 则 $n' \neq m'$ (即不同的数有不同的后继元素)。

(P3) N 中有且只有一个数满足这样的性质, 即它不是 N 中任何数的后继元素, 我们用 1 来表示这个数。

对于在第一次听说皮亚诺之前就已经知道的序数系, 我们现在很容易看出这些序数确实满足上述的三条公设 (你可能想验证一下情况的确如此)。但问题马上就出现了: 仅由这三个条件是否足以定义这个序数系, 或者说是否需要附加的条件才能够完整地描述它们。表面上看, 人们可能会认为也可能存在其他系统, 它们满足相同的三个条件, 但是在其他方面与我们所知的序数系具有本质的不同。这个问题用更专业的术语可以表达成: 这个系统是否有两个或两个以上的不等价的模型? 当我们思考归纳原理时, 这个问题特别重要: 在由公设 (P1)—(P3) 所定义的任何系统中, 归纳原理证明了吗? 我们能放心地把它作为算术证明的基础吗?

戴德金和皮亚诺在他们自己的理论框架内都已经理解, 确实存在既满足这三条公设但是又与自然数本质上不同的系统, 当涉及归纳原理的时候, 这种不同会更加明显 (有关的详细示例参见附录 11.1)。因此, 如果要在满足 (P1)—(P3) 的序数系中确保归纳原理的有效性, 并把这三条公设转化成对其所有模型都等价的公设系统, 那么唯一的方法是添加体现该原则本身的第四条公设。除此之外, 别无他法。

252

皮亚诺自己对第四条公设 (即归纳公设) 的表述大致如下。

(P4) 如果 A 是 N 中一些元素的集合, 并且满足以下两个条件:

(P4-a) 1 属于 A (1 是 P3 中定义的特殊元素);

(P4-b) 如果 n 属于 A, 则 n' 也属于 A (也就是说, 如果某元素属于 A, 则其后继元素也属于 A);

那么集合 A 实际上就是整个集合 N。

为了理解这条公设在什么意义上体现了我们通常所知道的归纳原理, 我们假设要证明一个公式对所有自然数都成立。于是, 我们只需要把 A 取成满足这个公式的所有自然数的集合。然后我们要证明 1 属于集合 A (即我们要证明 1 满足这个公式), 接下来我们要证明: 如果某个数 n 属于 A, 那么它的后继元素 n' 也属于 A (也就是说, 我们要证明: 如果公式对 n 成立, 那么它对后继元素也成立)。如果它们都成立, 那么 (P4) 能够保证集合 A 确实是全体自然数的集合。

这四条简单的公设 (实际上是: 前三条非常简单, 第四条不太简单) 合理地定义了我们已知的自然数系

$$\mathbb{N} = \{1, 2, 3, 4, 5, 6, 7, 8, \cdots\},$$

特别是它们保证了在证明数论命题时可以合法地使用归纳原理。而且, 在这里还产生了一个主要观点, 即这种合法性只能通过公理化来提供! 正如皮亚诺和戴德金所设想的那样, 这些公设应该定义一种现在称为范畴式的系统, 也就是说, 任何本质上与 $\mathbb{N}$ 不同的系统都不满足这些公设。但是最后这个说法立即引起了人们的担心, 因为很容易提出看起来与 $\mathbb{N}$ 不同, 但又确实满足这些公设的系统。事实上, 你可以验证以下八个系统 $\mathbb{N}_1$ — $\mathbb{N}_8$ 都满足这些公设, 这只要假设每个序列中任何元素的后继元素都是它右侧的相邻元素, 并且 (P3) 中定义的特殊元素是每个序列中最左边的元素:

$\mathbb{N}_1 = \{0, 1, 2, 3, 4, 5, 6, 7, 8, \cdots\}$,

$\mathbb{N}_2 = \{-2, -1, 0, 1, 2, 3, 4, 5, 6, 7, 8, \cdots\}$,

$\mathbb{N}_3 = \{4, 5, 6, 7, 8, 9, 10, 11, \cdots\}$,

$\mathbb{N}_4 = \{1, 10, 100, 1000, 10000, 100000, 1000000, \cdots\}$,

$\mathbb{N}_5 = \{-1, -2, -3, -4, -5, -6, -7, -8, \cdots\}$,

$\mathbb{N}_6 = \{1, 1/2, 1/3, 1/4, 1/5, 1/6, 1/7, 1/8, \cdots\}$,

$\mathbb{N}_7 = \{\&, ?, v, \aleph, 535, 0, \alpha, -3, \cdots\}$,

$\mathbb{N}_8 = \{!, @, \mathrm{X}, \$, \%, 8, \&, *, \cdots\}$。

253

那么, 我们在这里到底在说什么呢? 如果我们能写下这么多满足这些公设的不同系统, 那么皮亚诺公设 (P1) — (P4) 究竟是否达到了明确定义自然数的目的? 嗯, 答案其实很简单, 理解这一点对于我们掌握戴德金和皮亚诺理论背后的基本思想至关重要。在上述的系统 $\mathbb{N}_1$ — $\mathbb{N}_8$ 中的符号 (事实上也包括 $\mathbb{N}$

中的符号) 本身没有意义, 我们也不是根据它们的意义而把它们放在这些序列中。它们甚至并不表示抽象的量, 因此我们也无法根据它们的值来对其进行排序。恰恰相反, 我们是根据这些数在这些序列中的位置来赋予它们意义的。

在系统 $\mathbb{N}$ 中, 符号 1 表示公设 (P3) 对 N 所定义的特殊元素 1。因此, 按照这种观点, 数字 1 并不体现单位、一个苹果、一厘米或者任何其他关于数量的思想。相反, 它表示在一个按照特定方式进行排序的序列中具有确定位置的元素: 在这个序列中, 正是这个元素不是任何其他元素的后继元素。序列 $\mathbb{N}_1$ 中的符号 0, 序列 $\mathbb{N}_3$ 中的符号 4, 序列 $\mathbb{N}_5$ 中的符号 -1, 以及序列 $\mathbb{N}_7$ 中的符号 &, 也都是如此。基于同样的原因, 处于这些序列中第三个位置的所有符号 (它们分别是 3, 2, 0, 6, 100, -3, 1/3, v, X) 也都表示完全相同的想法, 即不是任何元素的后继元素的元素的后继元素的后继元素。的确, 几个世纪以来, 我们一直遵循着一个惯例, 其中该元素由符号 3 表示, 但是这只不过是一个惯例, 也就是说, 这是一个历史进程的偶然结果。这里的数学真相是, 什么会关系到这个数在这个序列中的位置以及由此可以推导出的任何东西, 但绝不是传统上用来表示该数的特定符号, 即此时的 “3”。

无论我们选择使用什么符号, 只有自然数整体的有序结构才能对这些符号赋予意义, 它根据的是每个采用的符号在该序列中的位置。这个结构是充分的, 并且它的确是由这 4 条公设定义的。事实上, 上述序列中的每一个都代表了同一种抽象思想, 它可以如下表示:

$$\mathbb{N} = \{T, T', T'', T''', T'''', T''''', T'''''', T''''''', T'''''''', \cdots\}。$$

换句话说, 如果人们取一个数 T (这个数不是任何数的后继元素), 然后取 T 的后继元素、T 的后继元素的后继元素, 以此类推, 那么他们就得到了整个自然数系。而且, 正如戴德金之前提出的另外两种数的理论 (代数数和无理数) 那样, 是自然数系的整体结构对其中每一个数赋予意义, 而不是反过来。

但是, 按这种方式定义自然数系的真正意义在于, 它不仅能让我们理解其本质是序数序列, 而且也能让我们认识到使归纳原理合法化的唯一方法是以公理化的方式来假定它。而且, 它还能让我们重建我们所知道的自然数的全部算术。事实上, 戴德金和皮亚诺都通过以下两条法则在他们定义的系统中定义了

254

自然数的加法:

(PA1) 对于任意数 n, 我们有 $n + 1 = n'$;

(PA2) 对于任意两个数 m 和 n, 我们有 $(m + n)' = m + n'$。

我们此时还要着重强调, 我们的定义比它开始看上去要复杂。请注意, 加法化成了这样一种运算, 它依赖于自然数的序数特征而不是依赖于任何量的概

念。特别是, 在法则 (PA1) 中, 符号 1 表示一个特殊元素, 它不是任何其他数的后继元素, 而不是用来表示数量意义上的单位。事实正好相反: 通过 (PA1) 和 (PA2) 来定义加法 (以及借助下面将要看到的公理来类似地定义乘法), 我们最终也能给出元素 1 的数量意义, 而这个理论最初把它定义成了一个序数。换句话说, 我们并不是通过用 n 这个数加上 1 这个量而得到了后继元素 n', 而是通过用 n 这个数加上不是任何数的后继元素的数 (即 1) 而得到了后继元素 n'。

于是, 皮亚诺对加法的公理化定义是一种形式化方法, 它不考虑相关术语的意义, 这种加法当然也不是指用于表示它们的符号的相加。用现在的常见术语来说, 我们可以把法则 (PA1) 和 (PA2) 看作可在机器中编程的指令, 机器每次遇到 $n+m$ 这一类情况时都应遵循这些指令。机器执行指令时并不知道相关的数的意义, 当然也不知道其量的意义。如果我们使用 $\mathbb{N}$ 中的常用符号, 那么当面对像 $6+1$ 这样的表达式时, 机器将根据指令 (PA1) 进行操作, 并相应地在序数列中查找 6 的后继元素, 此时它把序数列看成了无意义的符号的序列。因此, 这个操作的结果会得到 7 这个符号。接下来的指令 (PA2) 稍微复杂一些, 但它允许 (以本书大多数读者都容易理解的方式) 对像 $2+3$ 这样的表达式进行 "递归的" 计算, 如下所示:

- 3 是 2 的后继元素; 于是 $3=2'$。因此 $2+3=2+2'$。
- 根据 (PA2), $2+2'=(2+2)'$。因此, 如果我们知道 $(2+2)$ 的后继元素, 我们就能得到 $2+3$ 的结果。
- 但 2 是 1 的后继元素; 于是 $2=1'$。因此 $2+2=2+1'$。
- 根据 (PA2), $2+1'=(2+1)'$。因此, 如果我们知道 $(2+1)$ 的后继元素, 我们就能得到 $2+2$ 的结果。
- 现在, 根据 (PA1), $2+1=2'$。因此 $2+1=3$, 并且 $(2+1)'=3'=4$。
- 但 $(2+1)'=2+1'$, 于是 $2+1'=4$, 因此 $2+2=4$, 从而 $2+2'=4'$, 因此 $2+3=5$。

按照这种方式可以计算任意两个其他自然数的加法。然而, 这个定义并不是要让我们通过这个过程来确认比如 $8+7=15$ 或者来重建加法表。相反, 以这种方式定义加法是为了对自然数的全部算术提供合理的理由。

当然, 这种算术在皮亚诺和戴德金之前是众所周知的, 但他们俩所寻找的是支撑或者解释这种算术的公理基础, 而它不需要依赖任何方式的几何类比或物理类比。此外, 这些公设还可以为证明自然数算术背后的一般法则 (比如 $a+b=b+a$) 提供坚实的基础, 而这些法则的证明以前仅仅基于相当牵强的常规论述。

255

回到我们上面的例子, 我们应该注意, 对于用其他符号表示的满足皮亚诺公设的其他序列, 指令 (PA1) 和 (PA2) 的工作方式完全相同。例如, 我们在 $\mathbb{N}_1$ 中将得到 $1+2=4$。让我们一步一步地来看这是什么原因 (要记住, 我们只需要盲目地遵循指令, 同时要完全忽略相关符号通常被赋予的意义):

• $1+2=1+1'$。因此, 根据 (PA2), $1+2=(1+1)'$。

• $1+1=1+0'$。因此, 根据 (PA2), $1+1=(1+0)'$。

• 但是根据 (PA1), $1+0=1'$。因此 $1+0=2$ (要记住, 在 $\mathbb{N}_1$ 中,0 是由 (P3) 定义的特殊的数)。

• 因此, $1+1=(1+0)'=2'=3$。

• 最后, $1+2=(1+1)'=3'=4$。

你可能想要详细地计算一下其他系统中的另外一些例子, 比如下面这些:

$\mathbb{N}_2: -1+0=2;$

$\mathbb{N}_3: 5+6=8;$

$\mathbb{N}_4: 10+100=10000;$

$\mathbb{N}_5: -2+(-3)=-5;$

$\mathbb{N}_6: 1/2+1/3=1/5;$

$\mathbb{N}_7: ?+v=0;$

$\mathbb{N}_8: @+X=\%$。

这些例子强调了这些运算的非定量特征。例如, 在 $\mathbb{N}_3$ 中, 我们说 $5+6=8$。这与这些符号通常表示量无关, 而是与它们在序列 $\mathbb{N}_3$ 中出现的位置有关: 第二个位置的符号加上第三个位置的符号得到第五个位置的符号。更一般地说, $T''+T'''=T'''''$。对于上述的所有序列都是如此。

为了完成这幅图景, 我们有必要以类似的方式定义两个自然数的乘法运算, 这是通过以下两个定义实现的:

(PM1) 对任意数 n, 我们有 $n\cdot 1=n$。

(PM2) 对任意两个数 m 和 n, 我们有 $(m\cdot n)'=m\cdot n+m$。

和加法情形一样, 我要强调, 这是两个形式的法则, 其中 1 的意义并不是 “单位” 这个量, 其他符号也不具有任何数量意义。例如, 我们可以简单地利用法则 (PM1) 和 (PM2) 求出 $\mathbb{N}_1$ 中的乘积 $1\cdot 2$ 的值。当然, 我们必须记住, 在 (P3) 中定义的特殊元素, 即 (PM1) 中的 “1” 在这里是 “0”, 因为它不是 $\mathbb{N}_1$ 中任何元素的后继元素。我们会得到以下结果:

256

• $1\cdot 2=1\cdot 1'$。因此, 根据 (PM2), $1\cdot 2=1\cdot 1+1$。

• 但 $1\cdot 1=1\cdot 0'$。因此, 根据 (PM2), $1\cdot 1=1\cdot 0+1$。

- 但是根据 (PM2), $1 \cdot 0 = 1$。因此 $1 \cdot 1 = 1 + 1$。
- 因此, $1 \cdot 2 = 1 \cdot 1 + 1 = 3 + 1 = 3 + 0' = (3 + 0)' = (3')' = 4' = 5$。

你可以尝试使用序列 $\mathbb{N}_1$ — $\mathbb{N}_8$ 中的符号进行一些特定的乘法, 并应用这些形式法则得出结果。事实上, 这些结果确实取决于这些符号在序列中的位置, 如上面的例子所示; 也就是说, 序列中的第三个符号乘以序列中的第二个符号总是得到序列中的第六个符号。

11.3 戴德金的自然数链

我们已经提到, 戴德金定义自然数系的方式与皮亚诺的定义实质上并无不同, 其不同之处有两点, 一是定义的表述方式不同, 二是以下的重要事实: 戴德金更庞大的计划是系统地描述整个数的世界, 而他的定义只是该计划的一部分。是皮亚诺的而不是戴德金的定义最终成为标准的和更为人知的定义, 但是在我们的历史解释中, 简要地评论一下戴德金的某些具体的方法论, 这一点也很重要。与这些方法论密切相关的是, 数学家在 20 世纪初全面接受了集合的抽象概念, 并用它作为所有数学的整体基础, 这个概念使当时的数学家能够系统地并且在数学上合理地处理难以捉摸但又非常重要的无限思想, 我们将会在下面看到这些。

戴德金围绕着两个集合之间的 "映射" 这个基本概念而建立了他的自然数理论。我们可以粗略地说, 从集合 A 到集合 B 的映射能够把 A 中的每个元素通过某种方式与 B 中唯一的确定元素联系起来。此外, 如果这个映射满足这样的性质, 即 A 的任意两个不同的元素映射到 B 的两个不同的元素, 那么我们说这是一个一一映射 (如图 11.1 所示)。

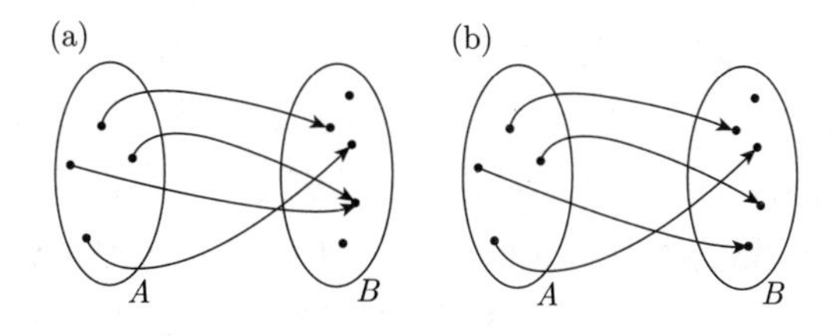

图 11.1 从 A 到 B 的映射 (a) 和从 A 到 B 的一一映射 (b)

257

戴德金用这些术语来表达存在从 N 到 N 的映射, 他并没有说过皮亚诺在公设 (P1) 中所说的话, 即 N 中的每一个数都有一个后继元素, 不过这个映射隐含着我们可以对每一个数都关联一个后继元素。类似地, 戴德金也说过皮亚诺在公设 (P2) 中所说的话, 即两个不同的数有不同的后继元素, 他说的是, 所

说的从 N 到 N 的映射是一对一的。最后, 对于皮亚诺 (P3) 中的那个不是任何其他数的后继元素的数的存在性, 戴德金也是用映射来表述的: "N 中有且只有一个元素使得 N 中没有元素能映射到它。" 只要存在具有这三个属性的映射, 戴德金就会说集合 N 是一个 "链" (Kette)。"链" 是一个抽象概念, 它定义为一个具有某些一般性质的集合, 戴德金在此背景下试图用这个概念处理 "自然数系的构成" 这个核心问题 (即归纳法的合法性问题)。在这个意义上, 链在戴德金的自然数理论中的作用类似于理想和分割在他之前理论中的作用。

关于戴德金如何使用这些链来阐述归纳原理, 需要着重强调的一点是, 他表明: 每个满足其公设的元素系统都是一个无限系统, 而且是一个非常独特的无限系统, 他称之为 "简单无限系统"。但是, 首先, 一个数的系统以一种独特的方式是无限的, 这种说法意味着什么呢? 将这种说法赋予真正的数学意义的想法本身就是戴德金的一项突破性创新。他想强调的是, 本质上只有一种模型能满足这些公设 (或者, 我们现在会说, 这一组公理是范畴式的)。但是, 在此过程中, 他也为系统地并且在数学上合理地讨论无穷大与无穷集开辟了道路。在数学史上, 无限集理论的产生通常与乔治 · 康托尔这个名字联系在一起, 当然, 这种联系并非完全没有道理。然而, 真实的故事要复杂得多, 其中戴德金和康托尔这两位极具独创性的数学家进行了卓有成效的、有时还很紧张的批判性对话与合作。在本书的下一章, 即最后一章, 我将再次回到这个故事。

此时我想强调戴德金用公理化方法定义自然数的另一个重要观点, 这关系到他对所有数学事物的方法论和哲学方面的总体立场。戴德金认为数的世界是给定的数值领域的依次扩张: 从自然到整数, 从整数到有理数, 从有理数到实数。因此, 当我们处理自然数时, 我们其实处于数的整个世界的背景中。在这一点上, 我们需要在数的领域之外来寻找自然数系的基础。

戴德金认为这个基础不仅支撑着数的世界, 而且确实也支撑着整个数学, 因为他认为几何学和分析学都只是由算术建立起来的。因此他的想法是, 这个整体的、深层的基础应该使用比数更一般的概念, 而它们属于思维的活动, 如果没有这些概念, 人类的思维将无法想象。他想发展一种完全独立于空间直觉和时间直觉的数的概念, 而它可以直接由纯粹思维的定律推导出来。换言之, 除了从最简单的思想中发展出精确的算术技巧以外, 戴德金还具有明确而详尽的哲学议程。

258

戴德金的哲学议程后来被称为 "逻辑主义", 它认为数和算术都是逻辑的基本概念和理论的直接产物。一方面, 它反对认为数学来自感官证据的任何经验主义观点; 另一方面, 它也反对任何与康德相近的立场, 对康德来说, "空间和时间的纯粹直觉”是基本概念 (我们已经看到, 哈密顿曾经试图按照康德的方法来定义自然数)。戴德金推导数的概念只使用了逻辑方法, 尽管今天我们理所当然地认为算术和逻辑有联系。站在历史的视角, 本书的读者现在应该赞赏其高度原创性的革新。

11.4 弗雷格对基数的定义

在皮亚诺和戴德金将自然数定义为序数系的同时, 有些人则尝试发展这样一种观点, 即把基数看成主要概念, 而序数只是从属于它们。这些工作是戈特洛布・弗雷格 (Gottlob Frege, 1848—1925) 在 19 世纪后三分之一的时期做出的, 而伯特兰・罗素 (Bertrand Russell, 1872—1970) 对其提出了批评。与笛卡儿很相似, 这两位重要思想家的数学贡献与其深刻的哲学思想紧密地交织在一起, 而这些思想也与逻辑、语言和形而上学等其他思想领域相关。当然, 这里不是详细描述其思想发展的地方, 但我们要着重强调其中的某些思想, 因为当他们把自然数理解成基数时, 这些思想发挥了重要影响。我在本章的最后一部分专门讨论这一点。

弗雷格首先力图解释数是用来枚举有限集的这种基本思想。例如, 一个集合有比如 5 个元素意味着什么? 我们可以说, 对于包含这么多元素的所有集合而言, “5” 的概念体现了它们的共同性质。事实上, 这也是这些集合唯一的共同性质。从表面上看, 这似乎是一种请求原则 (petitio principi), 也就是说, 它预先假定了需要解释的内容。事实上, 我们如何根据 5 这个数本身的性质来定义 5 这个数? 但是, 如果更仔细地观察, 我们就能意识到这里并没有出现这样的问题, 因为我们确实可以确定两个集合具有同样多的元素, 而不必对其中任何一个集合进行计数。例如, 设想一群学生走进教室就座。我们不需要对学生或椅子进行计数就可以确定, 是否有足够的椅子供所有学生使用, 或者反过来说, 是否仍有一些椅子未使用或仍有一些学生没有椅子。显然, 如果既没有学生没有就座, 也没有座位空闲, 那么学生数和椅子数就是相同的。如果一些学生没有座位, 我们就会知道他们的数量大于椅子的数量, 当然反过来也是如此。

它的基本意义是, 弗雷格试图由两个集合之间的一一对应这个概念推导出基数概念, 这也是我们确定两个这样的集合具有共同性质的方法, 尽管我们甚至不知道如何对它们进行计数。给定两个集合 A 和 B, 使得从 A 到 B 和从 B 到 A 都可以建立一一对应, 那么我们说这两个集合等价或者“等势”, 或者说它们具有相同的势。例如, 给定集合 $\{a,b,c,d,e\}$ 和 $\{2,4,6,11,7\}$, 我们可以肯定地说, 5 的概念代表了二者的共同性质, 并且这个概念来自它们等势, 而

259

不是反过来。和戴德金一样, 弗雷格也认为逻辑是构建所有算术的必要而坚实的基础 (尽管他们在贯彻这个想法时遵循了不同的路径), 他提出了一个非常具体的程序, 以便在集合等势的基础上来构建自然数。我现在要描述其中的一些想法。

考虑一个集合, 其特征是: 没有任何元素属于它。这样的集合称为 "空集", 通常用符号 $\varnothing$ 来表示。一些读者可能会觉得这种没有元素的集合读起来很奇怪。但是, 严格地说, 这种定义并没有逻辑上的问题, 通过以下的方式来表述它, 我们就可以看出这一点:

$$\varnothing = \{x \big| x \neq x\}。$$

这个形式表达式的含义是, 在集合 $\varnothing$ 中我们只是将所有具有 $x \neq x$ 的性质的元素 x 聚集在一起。以这种方式定义这个集合没有逻辑缺陷, 显然并没有元素 x 可以满足这种性质。既然如此, 我们把零这个数定义成与集合 $\varnothing$ 等势的所有集合的唯一的共同性质, 并像往常一样用 0 表示它。当然, 此时只有一个这样的集合, 即 $\varnothing$ 本身, 但是这个定义的表述很明确, 并且也确实成立。此外, 我们马上会看到, 我们仍然按照这种方式继续定义序列中的下一个数。

用纯逻辑术语来说 (也就是说, 不借助我们的感官, 也不借助某种特殊的 "直觉" 或几何类比), 下一个步骤定义了一个新的集合 $\{\varnothing\}$:

$$\varnothing = \{x \big| x = \varnothing\}。$$

我们在这里说的是由与集合 $\varnothing$ 相等这条性质定义的所有元素 x 的集合。当然, 这个集合只包含元素 $\varnothing$, 而 $\varnothing$ 这个实体在上一步中也是用纯逻辑术语严格定义的。请注意, 这是这个集合中的唯一元素, 但是我们并不想借助 "唯一元素" 的概念, 也不想借助能提醒我们 1 的概念的任何想法, 因为到目前为止, 我们在这个程序中只定义了 $\varnothing$ 和 0。但我们现在也可以定义 1: 它是与 $\{\varnothing\}$ 等势的所有集合的共同性质。要注意, 在迄今为止所采取的两个步骤中, 我们没有借助任何量或者顺序的想法。我们援引的概念只有集合、等势以及逻辑规则。当然, 我们自己可以作为一个 "外部" 观察者来监控这个过程, 并且已经知道什么是自然数以及它的算术是什么样子。这样的观察者拥有自然数算术的以前的知识, 他当然能意识到我们前进的方向, 也当然知道我们在这个程序中依次采取这些步骤的原因。

260

但是这并不意味着这些以前的知识是这个程序本身的一部分。例如, 我们知道所有与 $\{\varnothing\}$ 等势的集合是什么样子。我们在其中可以找到 {X}、{%} 与

$\{8\}$, 以及很多其他集合。我们以前的知识告诉我们, 所有这些集合都有一个元素, 但是, 在弗雷格定义的程序中, 我们需要知道的是, 我们可以抽象地建立它们和 $\{\varnothing\}$ 之间的一一对应, 而不必援引我们以前的知识。这样, 到目前为止, 我们在这个程序中引入了 0 和 1 这两个数, 并且仅仅基于逻辑法则和一一对应的概念。

我们现在很清楚在这个构造中的下一个步骤是什么。我们可以使用已经构造的元素来进一步定义一个集合, 即集合 $\{\varnothing,\{\varnothing\}\}$, 它包含两个元素 $\varnothing$ 与 $\{\varnothing\}$; 相应地, 我们把 2 这个数定义为与 $\{\varnothing,\{\varnothing\}\}$ 等势的所有集合的共同性质。显然, 为了定义 3 这个数, 我们要进一步引入另一个集合 $\{\varnothing,\{\varnothing\},\{\varnothing,\{\varnothing\}\}\}$。然后, 这个程序可以按照同样的方式无限进行下去, 从而创造出所有作为基数的自然数。

与戴德金和皮亚诺一样, 如果不能定义自然数的算术及其顺序关系, 所有这些努力都将是徒劳的。这一点很容易做到。如果我们想知道比如 2+3 的值, 我们需要在定义 2 的集合类中选择某个集合, 并在定义 3 的集合类中选择第二个集合。我们对所选的两个集合施加一个简单的、其实不算限制的条件, 即它们没有公共元素。例如: 我们可以选择 $\{a,x\}$ 和 $\{1,\#,p\}$, 然后构建这两个集合的并集 (即包含这两个集合的所有元素的集合)$\{a,x,1,\#,p\}$。于是, $2+3$ 这个和是一个集合类, 而 $\{a,x,1,\#,p\}$ 是这些集合的一个代表。然后我们可以在上面的程序中已经构建的类表中查找, 并且很容易看到这个类是用 5 表示的那一个。

对于 $2+3=5$ 这个结果, 我们没有学到任何以前不知道的新东西, 但我们已经知道, 可以用纯逻辑术语来证明一个程序的合理性, 而这个程序为这个结果提供了坚实的基础。这个程序是独立的, 它不是任何经验证据的推广, 这种证据比如: “如果我们篮子里有 2 个苹果, 再添加 3 个, 我们就得到 5 个苹果。” 此外, 利用基数加法的这个定义, 我们还可以解释像交换性与结合性这样的其他性质。

通过类似的方式, 两个自然数的乘积可以用集合的不同运算来定义, 这种运算称为 “笛卡儿积”。基于这个定义, 我们又一次只通过逻辑法则即可得到乘积的基本性质 (即交换性和结合性)。两个集合 A 和 B 的笛卡儿积得到第三个集合 $A\times B$, 其元素是有序对 (a,b), 其中第一个元素 a 属于 A, 第二个元素 b 属于 B。如果我们想知道比如 $2\cdot 3$ 的值, 我们需要在定义 2 的集合类中选择某个集合, 并且在定义 3 的集合类中选择第二个集合。例如, 我们可以再次选择 $\{a,x\}$ 和 $\{1,\#,p\}$, 然后构建一个新集合, 其元素是由这些元素构成的所有

的有序对:

$$\{(a,1),(a,\#),(a,p),(x,1),(x,\#),(x,p)\}。$$

261

$2\cdot3$ 这个乘积是一个集合类, 而后面这个集合就是这些集合的一个代表。

最后, 利用给定集合的子集的思想, 我们也很容易定义基数之间的顺序。例如, 2 小于 3, 因为如果我们取一组表示 3 的类, 比如 $\{a,b,c\}$, 那么它至少有一个子集, 比如 $\{b,c\}$, 它属于表示 2 的类。按照这种方式, 序数概念很容易从基数概念中推导出来。我略过了如何做到这一点的所有细节, 但大多数读者自己做这件事时不会遇到任何困难。

基于集合等势来定义数使我们只依靠逻辑法则就可以重建整个自然数系及其算术。弗雷格在他的构造中暗中使用了一个基本概念, 这就是所谓的概括公理或概括原则, 它是指, 我们能想到的任何性质都定义了一个集合。例如, "是素数" 这条性质清楚地定义了一个集合 (即所有素数的集合), 而 "是拉丁美洲的一个国家" 这条性质也是如此。戴德金自己在构造无理数时也依赖于这个看似无伤大雅的假设。然而, 我们很快就会发现, 这个原则是有问题的, 事实上, 它导致了一个逻辑悖论。罗素阅读了弗雷格关于自然数的构造的书, 稍后他致信弗雷格, 在这封著名的信中罗素指出了这个悖论。罗素也支持认为算术完全来自逻辑的观点, 然而, 利用这条从那时起就与他的名字相关联的悖论, 他注意到弗雷格的体系有一个致命的缺陷。我们在第 12 章的最后几段简要地讨论了这个悖论。

在结束本章时, 我想提出一个额外的次要观点, 它来自将皮亚诺与戴德金的定义和弗雷格的定义进行比较。在上面用公设 (P1) — (P4) 定义的序数系中, 序数序列中的第一个数是 1。在弗雷格的定义中, 我们是从 0 开始的。这种差别并未带来真正的问题, 我们只需稍加修改就可以从一个转换到另一个。我们可以回想一下根据戴德金的方法把自然数转换到整数的过程: 其中戴德金毫不费力地添加了数字 0。事实上, 在皮亚诺的原著中, 以及在现代课本中的许多版本中, 由公设 (P3) 定义的特殊元素被指定为 0, 而不是 1。定义加法和乘法的公设也可以相应地修改。这最终只是一个习惯问题, 无论你希望从 1 开始还是从 0 开始, 这个系统都很容易进行修改。在对算术法则做出一些调整之后, 无论我们是否把 0 取成自然数, 这里涉及的更广泛的思想框架都没有什么区别。

附录 11.1 归纳原理和皮亚诺公设

在本附录中, 我提出了一个满足皮亚诺前三条公设但不满足归纳原理的系统。这种系统的存在意味着归纳原理在逻辑上独立于前三个假设, 因此, 一组

旨在定义自然数及其所有基本性质的公设系统必须明确地包含这个原理, 正如皮亚诺和戴德金确实认识到的那样。 262

考虑由两个集合的并定义的系统 K: $K = N \bigcup T$。设集合 N 为我们所知的所有自然数的集合, T 定义为所有小于 0 的有理数 (我们把它们写成 $\frac{-p}{q}$) 的集合。现在, 对于 K 中的任何元素 x, 我们如下定义 “后继元素” x':

(K1) 若 x 是 N 中的元素, 则 $x' = x + 1$。

(K2) 若 x 是 T 中的元素, 比如 $\frac{-p}{q}$, 则 $x' = \frac{-2p}{q}$。

在这个人为的定义下, 我们会得到比如 $7' = 8$, 或 $\left(\frac{-5}{7}\right)' = \frac{-10}{7}$。验证 K 满足三条皮亚诺公设 (P1)—(P3) 是非常简单的。事实上,

(P1) K 中的每个元素都有一个后继元素: 因为 K 中的每个数或者在 N 中, 或者在 T 中, 并且在这两种情况下后继元素都是 K 中已经定义的数。

(P2) K 中任何两个不同的数 x 和 y 都有不同的后继元素 x' 和 y': 事实上, 如果 x 和 y 都在 N 中, 那么 $x+1$ 和 $y+1$ 显然是不同的; 如果 x 和 y 都在 T 中, 那么 $2x$ 和 $2y$ 显然是不同的; 当然, 如果 x 在 N 中, y 在 T 中, 那么, 根据此处后继元素的定义可知, x' 在 N 中, y' 在 T 中, 因此它们是不同的。

(P3) K 中只有一个元素不是任何其他元素的后继元素: 因为 N 中有一个这样的元素 1, 它不是任何元素的后继元素, 而 T 中没有这样的元素 (注意, 如果我们取任何一个形如 $x = \frac{-p}{q}$ 的元素, 那么它总是 T 中另一个元素 $\frac{-p}{2q}$ 的后继元素)。

现在剩下要做的就是验证系统 K 不满足上面 (P4) 中所定义的归纳原理。为了证明这一点, 我们取 K 的子集 A, 并且可以验证它满足定义 (P4) 的两个性质, 但是, 尽管如此, 它并不能构成 (P4) 所规定的整个集合 K。如果我们选择集合 A 为 N, 就会发生这种情况。事实上, 此时很容易看出:

(a) 元素 1 属于 A, 其中 1 不是 N 中任何元素的后继元素 (这显然是正确的, 因为 1 在 A 中, 而 A 是 N)。

(b) 如果元素 x 属于 A, 那么它的后继元素 x' 也属于 A (这显然也是正确的, 并且其原因相同, 即 A 是 N)。

但是, 尽管如此, 满足条件 (a) 和 (b) 的子集 A 并不是整个 K, 这与 (P4) 的要求相反。因此, 这里定义的集合 K 满足 (P1)—(P3), 但不满足 (P4)。 263

第 12 章　数、集合与无穷：20 世纪初的概念突破

在第 11 章中，我们讨论了解决算术基础问题的两种尝试，它们出现在戴德金和弗雷格的著作中。对他们俩来说，最重要的是集合的概念以及理解两个给定集合之间的一一对应。但是，戴德金比其他任何人更专注、更系统地借助于集合的想法而在一般数学中富有成效地引入了抽象的概念。

戴德金所说的新概念绝不是为其本身而讨论的模糊的抽象概念。相反，他是在寻找解决不同学科高等研究中的基本问题的工具，特别是 (但不仅仅是) 与数相关的问题。为了给自然数的算术提供坚实的基础，他引入链作为基本概念；为了处理代数数域中的唯一因式分解问题，他引入理想作为基本工具；为了从有理数中构造实数并且澄清连续性的谜团，他引入分割作为基本工具。

戴德金在引入这些概念时提倡的思想对 20 世纪初以来的数学实践产生了重大影响，并且这种影响与一个重要的一般原则有关：虽然这三个概念中的每一个都要专注于由一些一般性质定义的某些数集，但是它们要解决的问题是通过数集之间的运算来讨论的，而不是通过构成数集的单个数字之间的运算。

关于戴德金和集合的这种确定的表述可能让一些读者听起来很奇怪，因为他们更经常把乔治 · 康托尔的名字与数学中集合论方法的引入和 19 世纪末系统处理集合的起源联系起来。当然，这种联系本身是有道理的，但它往往削弱或完全忽略了戴德金在这方面的基本贡献。戴德金和康托尔之间的个人和职

265

业关系非常复杂, 其细节超出了本书的范围。[1] 他们在数学中都关注集合的思想, 但他们研究它的角度和动机都不相同, 在这个意义上来说, 他们相互补充了对方的兴趣范围。我们可以粗略地说, 康托尔更加关注集合本身, 他把集合作为自洽的数学研究主题, 并系统地处理了无穷集合; 而戴德金则看到了使用集合的抽象概念的巨大潜力, 他把它作为许多主流数学领域的基本的、统一的语言。1872 年, 他们俩很偶然地第一次相遇, 当时他们都已经开始独立地发展各自关于集合和无穷的想法。他们保持了多年的密集通信 (但也有完全不联系的间歇期), 这使他们能够理解对方的进展。在这一章, 我将关注无穷集合的思想, 以及这一思想如何在 20 世纪之初使我们的数的概念有了根本性的突破。

12.1 戴德金、康托尔和无穷

1880 年, 戴德金在他的书《数是什么, 数应该是什么?》中把自然数定义成一个 "简单无穷系统"。然而, 他开始发展这个想法要比这早得多, 它可以追溯到 19 世纪 50 年代, 当时他还是哥廷根的一名年轻教师。那时候他也开始思考连续统和无理数的问题。当时他注意到: 我们可以在一个无穷数集和它的一个真子集之间定义一个一一对应, 因而他把一一对应作为理解数学的无穷思想的关键。一个典型的例子是自然数集与偶数集之间的对应关系:

$$1 \to 2, 2 \to 4, 3 \to 6, \cdots 。$$

显然, 对一个有限集, 我们永远无法在这个集合和它的一部分之间建立起一一对应 (你通过一些例子就能明白这一点)。

在思考数学的无穷时, 戴德金当然不是第一个注意到这种差别的人。在 17 世纪, 伽利略、沃利斯和博纳文图拉 · 卡瓦列里 (Bonaventura Cavalieri, 1598—1647) 等数学家都以各种方式提到了这一点。然而, 关于这个话题最有趣的见解是后来在波西米亚天主教牧师伯纳德 · 波尔查诺 (Bernard Bolzano, 1781—1848) 的工作中出现的, 他在柯西之前也原创性地处理了微积分的基础问题。在他死后出版的书《无穷的悖论》(*Paradoxes of the Infinite*) 中, 波尔查诺明确展示了如何在实数的无穷集合和它的真子集之间建立一一对应, 如图 12.1 所示。

266

但波尔查诺之所以提出这个例子, 是为了说明数学的无穷概念其实是自相矛盾的, 因为它导致了他认为是自相矛盾的情况, 因此这个概念不能接受。特别是, 无穷看起来与欧几里得《几何原本》中明确说明的看似显而易见的基

[1] 参见 (Ferreiros 1999, pp. 172—176)。

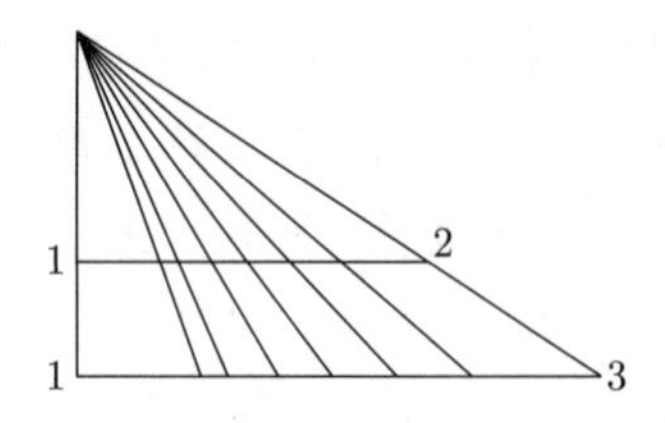

图 12.1 实数的一个集合 (1 和 3 之间) 与它的真子集 (1 和 2 之间的数) 之间的一一对应。虚线将较短线段上的点与较长线段上的点连接起来, 使得上面线段上的每一个点都对应着下面线段上的一个点, 反之亦然

本原则相矛盾, 历代数学家毫无疑问地尊崇这个原则, 而根据这一原则可以得出 "整体大于部分"。在波尔查诺看来, 上述例子以及许多其他例子违背了这个原则, 这只是强调了通常与数学中的无穷思想相关联的已知困难。康托尔和戴德金都对波尔查诺的例子印象深刻, 但他们并不认为这些例子是矛盾的, 也不认为它们是在严肃的数学研究中禁止无穷的理由, 而是从这些例子中看到了一个具有挑战性的通道, 而通过它有可能对这个迷人的、常常又很神秘的问题取得突破。

戴德金特别回应了波尔查诺的观点, 而这种回应也带有其数学创新的印记: 在波尔查诺看来这是无穷集合的一条性质 (此时波尔查诺认为这是一个矛盾的性质), 而戴德金却认为这是一个一般的抽象定义。这样一来, 看似矛盾的东西已经被抛在脑后, 而戴德金也由此简单地定义了无穷集合:

无穷集合是包含一个真子集 S 的集合 A, 使得可以在 A 和 S 之间建立起一一对应。

就是这么简单! 我们可以看到, 这个定义在自然数的简单例子中很有效, 通过把偶数作为所需的真子集, 可以建立以下的一一对应:

$$\begin{array}{cccccccc} 1 & 2 & 3 & 4 & 5 & \cdots & n & \cdots \\ \updownarrow & \updownarrow & \updownarrow & \updownarrow & \updownarrow & & \updownarrow & \\ 2 & 4 & 6 & 8 & 10 & \cdots & 2n & \cdots \end{array}$$

按照要求, 上一行中的每一个数都与下一行中的唯一的数相关联, 反之亦然。戴德金在把自然数定义为一个简单无穷系统时十分关注这种性质。另一方面, 康托尔更关注的问题是是否具有不同势的数系。这个问题最初出现于对 $\mathbb{N}$ 和 $\mathbb{Z}$ 的势的考虑。乍一看, 人们可能仅仅基于这两个集合都是无穷的而认为它们具有相同的势。但是, 如果我们更准确地把势的概念建立在一一对应上, 那么就会出现一个显而易见的困难, 因为在标准的排序方式中, $\mathbb{Z}$ 带有两个 "无穷的

267

尾巴”, 一个在左边, 另一个在右边:

$$\mathbb{Z} = \{\cdots, -4, -3, -2, -1, 0, 1, 2, 3, 4, \cdots\}\text{。}$$

然而, 如果我们采用一种不同的顺序, 其中只有一个无穷的尾巴, 那么我们就能轻易地克服这个表面上的困难。实际上, 通过下面的关系可以很容易理解自然数和整数的一一对应:

$$\begin{array}{cccccccc} 1 & 2 & 3 & 4 & 5 & 6 & 7 & \cdots \\ \updownarrow & \updownarrow & \updownarrow & \updownarrow & \updownarrow & \updownarrow & \updownarrow & \\ 0 & 1 & -1 & 2 & -2 & 3 & -3 & \cdots \end{array}$$

如果我们进一步询问自己 $\mathbb{N}$ 和 $\mathbb{Q}$ 的势, 那么会发生什么? 之前关于 $\mathbb{Z}$ 的例子表明, 要想建立任何一个数集与 $\mathbb{N}$ 的一一对应, 我们可以考虑对整个集合进行重新排序, 使得我们只能看到一个无穷的尾巴, 而这种排序本身就能定义这种对应关系。在 $\mathbb{Z}$ 的情形, 重新排序并不是特别困难。但在 $\mathbb{Q}$ 的情形, 这个任务显然更加棘手。戴德金和康托尔经过思考都完成了这种重新排序, 并且得到了一个出乎意料的技巧, 而这种技巧也经常在其他场合使用。要想理解这种重新排序, 我们首先要把有理数排成有无穷多行和无穷多列的数阵, 如图 12.2 所示。我们很容易看到, 这个数阵的确包含了 $\mathbb{Q}$ 的所有元素, 因为每一个形如 $\frac{p}{q}$ 的数都肯定出现在第 q 行、第 p 列。要注意, 由于分数并未化成最简分数, 有些数确实出现了很多次, 如 -2, $-4/2$, $-6/3$, 等等。但是, 我们将会看到, 这并不是定义所需的一一对应关系的障碍。

$$\begin{array}{cccccccccccc} 0 & 1 & -1 & 2 & -2 & 3 & -3 & 4 & -4 & 5 & -5 & \cdots \\ & 1/2 & -1/2 & 2/2 & -2/2 & 3/2 & -3/2 & 4/2 & -4/2 & 5/2 & -5/2 & \cdots \\ & 1/3 & -1/3 & 2/3 & -2/3 & 3/3 & -3/3 & 4/3 & -4/3 & 5/3 & -5/3 & \cdots \\ & 1/4 & -1/4 & 2/4 & -2/4 & 3/4 & -3/4 & 4/4 & -4/4 & 5/4 & -5/4 & \cdots \\ & 1/5 & -1/5 & 2/5 & -2/5 & 3/5 & -3/5 & 4/5 & -4/5 & 5/5 & -5/5 & \cdots \\ & \vdots & \vdots & \vdots & \vdots & \vdots & \vdots & \vdots & \vdots & \vdots & \vdots & \end{array}$$

图 12.2 有理数排在一个无穷数阵的行和列中

无论如何, 在这个数阵中, 我们还没有建立起所期望的重新排序, 其中只有一个无穷的尾巴。事实上, 我们仍然有无穷多个无穷的尾巴, 它们有些在右边, 有些在下边, 因此我们似乎离目标还很遥远。但原创性的见解正是在这里产生的, 它从最右上角开始沿着右上角到左下角的方向画对角线。这些对角线逐渐

268

延长，最终覆盖整个无穷数阵 (如图 12.3 所示)。现在我们沿着对角线建立起了这种一一对应，在此过程中要跳过那些重复出现的数 (如 $\frac{2}{2}$，它最开始出现的形式是 1)。

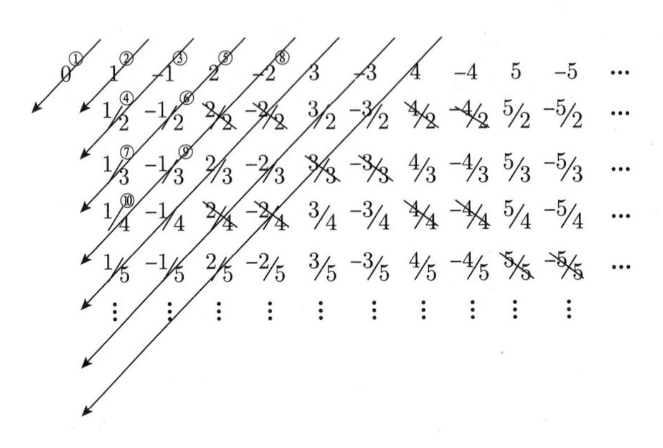

图 12.3 有理数和自然数之间的一一对应

图 12.3 中的对角线帮助我们定义了这两个集合之间的一一对应，我们得到的对应是：

$$\begin{array}{ccccccccccc} 1 & 2 & 3 & 4 & 5 & 6 & 7 & 8 & 9 & 10 & \cdots \\ \updownarrow & \updownarrow & \updownarrow & \updownarrow & \updownarrow & \updownarrow & \updownarrow & \updownarrow & \updownarrow & \updownarrow & \\ 0 & 1 & -1 & \frac{1}{2} & 2 & \frac{-1}{2} & \frac{1}{3} & -2 & \frac{-1}{3} & \frac{1}{4} & \cdots \end{array}$$

以这种数学方式可以精确地证明 $\mathbb{N}$ 和 $\mathbb{Q}$ 是两个等势的集合，尽管前者是后者的一个真子集，这是新的方法对无穷集合思想做出的第一个有意义的贡献。不过，这个观念本身 (即这三个系统有 “相同数量的元素”) 也许并不令人惊讶，因为我们是在数学的无穷概念中来讨论三个集合 $\mathbb{N}$、$\mathbb{Z}$ 和 $\mathbb{Q}$，而它们首先是无穷的，所以为什么它们的 “大小” (无穷集合的 “大小” 这个术语是根据康托尔和戴德金之前的意义) 可能会不相同呢?

但是，如果我们带着这个天真的观点走下去，那么我们同样可能会期望实数集 $\mathbb{R}$ 和其他数集的大小也相同。正是在这里，在戴德金和康托尔的著作中出现了第一个真正的惊奇之处，因为我们现在可以证明，$\mathbb{N}$ 和 $\mathbb{R}$ 不等势。因此，我们在数学史上第一次意识到，确实有好几种无穷! 难怪当康托尔第一次公布这些新观点时，许多数学家本能地反对这些观点。

12.2 具有各种大小的无穷

在他们早期的通信中, 戴德金向康托尔承认, 他不能确定 $\mathbb{N}$ 和 $\mathbb{R}$ 是否等势。康托尔则在 1873 年证明了它们不等势, 但这个证明相当复杂, 也相当牵强。直到 1890 年, 康托尔才完成他最著名的证明之一, 即所谓的康托尔对角线证明。这个证明对 20 世纪的数学产生了巨大影响, 这不仅是因为它得到了令人惊讶的结果, 而且还因为它引入了一种新的推理, 而这种推理也经常用来证明数学、逻辑和计算机科学各分支中的许多其他重要结果。我现在要介绍一下康托尔的证明。它并不特别冗长, 理解其细节也不需要任何特别的数学背景。如果你觉得我的解释有点儿难懂, 我希望你还是要勇敢地坚持到最后, 哪怕只是为了掌握这个著名论证背后的主要思想。

269

让我们从一些预备事项开始。我并不打算直接证明 $\mathbb{N}$ 和 $\mathbb{R}$ 不等势, 我只需要证明 $\mathbb{R}$ 的一小部分与 $\mathbb{N}$ 不等势就足够了。我将专注于集合 $(0,1)$, 即 0 和 1 之间的所有实数构成的集合 (但它不包含 0 和 1)。这个证明首先假设 $\mathbb{N}$ 和 $(0,1)$ 之间有一个一一对应, 然后证明这会导致矛盾。现在回想一下, 0 和 1 之间的一个实数 α 总是可以写成一个小数, 它的小数点之前是 0。我们可以用符号来如下表示任何这样的数:

$$\alpha = 0.\alpha^1\alpha^2\alpha^3\alpha^4\alpha^5\alpha^6\alpha^7\cdots。$$

这个符号初读起来可能会让人困惑, 但它实际上很简单: 每个符号 α^i 在这里代表 0 到 9 之间的一个数字; 上标 i 是一个指标, 而不是我们在书写幂时通常使用的指数。例如, 如果我们取

$$\alpha = \frac{31}{99} = 0.3131\cdots,$$

那么小数点后的第一个数字 3 对应于 α^1; 第二个数字 1 对应于 α^2, 同样我们有 $\alpha^3 = 3$, $\alpha^4 = 1$, 等等。这是一个当 α 是有理数时的例子, 因此这些数字在小数展式中是周期性的, 即它们在某个数位之后会无限地自我重复。一个类似的例子是

$$\alpha = \frac{23}{56} = 0.41071428571428571\cdots,$$

数字序列 714285 在这里是展式的周期。但因为我们考虑的是 $(0,1)$ 中的所有实数, 所以我们的数字 α 也可能是无理数, 此时在展式的尾部不会出现这样的周期。例如, 考虑一下 π 这个数。它是一个无理数, 其小数展式为 $3.1415\cdots$, 无论我们取多少位数字, 它都不是周期性的。

第二个预备性的评注可以追溯到我们在第 1 章中已经提到的话题: 我们可以用两种看起来不同的形式来书写一个数, 例如 $0.4999\cdots$ 和 0.5 的情形。为了我们的证明, 并且为了避免误解, 我们将认为其中只有一种形式是有效的, 例如 $0.4999\cdots$。最后, 为了使事情变得更简单, 我们将使用二进制表示, 因此展式

$$\alpha = 0.\alpha^1\alpha^2\alpha^3\alpha^4\alpha^5\alpha^6\alpha^7\cdots$$

中的所有数字都是 0 或 1。

如前所述, 我们首先假设在 $(0,1)$ 和 $\mathbb{N}$ 之间已经定义了一个一一对应。我们在前面的例子中已经看到, 如果存在这样的对应关系, 那么我们可以把 $(0,1)$ 中的所有数都写成一个序列

$$\alpha_1,\ \alpha_2,\ \alpha_3,\ \alpha_4,\ \alpha_5,\cdots,\ \alpha_n,\cdots。$$

注意, 现在我使用的是下标, 而不是上面介绍的上标。假如我们已经对 0 和 1 之间的所有实数排好了序, 那么每个下标表示的是这个实数在这个序列中的位置。另一方面, 在某个给定的数 α 的小数展式

$$\alpha = 0.\alpha^1\alpha^2\alpha^3\alpha^4\alpha^5\alpha^6\alpha^7\cdots$$

中, 上标用来表示某个数字在该展式中的位置。重要的是, 我们在整个证明过程中都要牢记这个区别。

270

现在, 通过将下标和上标结合起来, 如图 12.4 所示, 我们可以在表格中写出 0 和 1 之间的所有实数, 并且把它们按照假定的顺序 $\alpha_1, \alpha_2, \alpha_3, \cdots$ 逐个排列, 而在这些符号的右边, 我们可以看到它们的小数展式:

$$\begin{array}{l}
\alpha_1 = 0.\ \alpha_1^1\ \alpha_1^2\ \alpha_1^3\ \alpha_1^4\ \alpha_1^5\ \alpha_1^6\ \alpha_1^7\ \alpha_1^8\ \alpha_1^9\ \cdots \\
\alpha_2 = 0.\ \alpha_2^1\ \alpha_2^2\ \alpha_2^3\ \alpha_2^4\ \alpha_2^5\ \alpha_2^6\ \alpha_2^7\ \alpha_2^8\ \alpha_2^9\ \cdots \\
\alpha_3 = 0.\ \alpha_3^1\ \alpha_3^2\ \alpha_3^3\ \alpha_3^4\ \alpha_3^5\ \alpha_3^6\ \alpha_3^7\ \alpha_3^8\ \alpha_3^9\ \cdots \\
\alpha_4 = 0.\ \alpha_4^1\ \alpha_4^2\ \alpha_4^3\ \alpha_4^4\ \alpha_4^5\ \alpha_4^6\ \alpha_4^7\ \alpha_4^8\ \alpha_4^9\ \cdots \\
\alpha_5 = 0.\ \alpha_5^1\ \alpha_5^2\ \alpha_5^3\ \alpha_5^4\ \alpha_5^5\ \alpha_5^6\ \alpha_5^7\ \alpha_5^8\ \alpha_5^9\ \cdots \\
\qquad\qquad\qquad\vdots \\
\alpha_n = 0.\ \alpha_n^1\ \alpha_n^2\ \alpha_n^3\ \alpha_n^4\ \alpha_n^5\ \alpha_n^6\ \alpha_n^7\ \alpha_n^8\ \alpha_n^9\ \cdots \\
\qquad\qquad\qquad\vdots
\end{array}$$

图 12.4　$(0,1)$ 和 $\mathbb{N}$ 之间的一一对应

任何读者第一次看这张表时都可能会被这么多的指标吓倒, 但只要稍加练习, 它就很容易阅读。例如, 符号 α_3^4 代表数 α_3 的小数展式中的第四位, 而 α_3

表示我们假定的全部列表中的第三个数。如前所述, α_3^4 既可以是 0, 也可以是 1, 因为我们已经决定要把所有的数都写成二进制表达式, 而这样做毫不影响论证的一般性。再具体一点儿, 如果我们列表中的第 7 个数 (也就是假定的与 7 对应的数) 是

$$\alpha_7 = 0.101001000100001\cdots,$$

那么, 在表格的第七行, 我们将有

$$\alpha_7^1 = 1, \alpha_7^2 = 0, \alpha_7^3 = 1, \alpha_7^4 = 0, \alpha_7^5 = 0, \alpha_7^6 = 1, \alpha_7^7 = 0, \alpha_7^8 = 0, \cdots。$$

现在到了康托尔证明的决定性一步, 而这个证明也是由于这一步而命名的。我将构造一个特殊的实数 β, 它本身是 0 和 1 之间的一个实数。根据定义, 上述列表应该是完备的。这意味着, 由于 β 是 0 和 1 之间的一个数, 因此它也应该是这个列表中的一个数, 即对于某个指标 r, 我们有 $\beta = \alpha_r$。但是我对这个特殊的数 β 的构造方式表明, 无论我把指标 r 取成什么, 都不可能有 $\beta = \alpha_r$。这乍一看可能很奇怪, 但是经过简单的推理我们即可表明确实如此。现在, 和区间 $(0,1)$ 中的任何其他数一样, β 也可以表示成由 0 和 1 构成的一串二进制展式:

$$\beta = 0.\beta^1\beta^2\beta^3\beta^4\beta^5\beta^6\beta^7\cdots。$$

同样, 在这里每个 β^i 都是 0 或 1。为了构造特殊数 β, 我们可以按以下步骤进行:

• 在图 12.4 中, 查看 α_1^1 是什么。它可能是 0 或 1。

• 如果 α_1^1 是 0, 那么令 β_1 是 1; 而如果 α_1^1 是 1, 那么令 β_1 是 0。换句话说, 我们保证 $\beta_1 \neq \alpha_1^1$, 因此 $\beta \neq \alpha_1$, 因为它们各自展式的第一个数字不同。

271

• 对 β_2 和 α_2^2 做同样操作: 如果 α_2^2 是 0, 那么令 β_2 是 1; 如果 α_2^2 是 1, 那么令 β_2 是 0。换句话说, 我们保证 $\beta_2 \neq \alpha_2^2$, 因此 $\beta \neq \alpha_2$, 因为它们各自展式的第二个数字不同。

• 对每个指标 i 继续相同的程序。其结果将是: 对所有的指数 i, 我们确保 $\beta_i \neq \alpha_i^i$, 因此 $\beta \neq \alpha_i$, 因为它们各自展式的第 i 个数字不同。

图 12.5 形象地显示了康托尔对角线程序的意义, 这是对图 12.4 中表格的修正, 其中对角线上的元素现在用黑体表示。在 β 的小数展式中, 每个数字 β_i 与对角线上的每个对应数字都不相同, 这就是上述的没有指标 r 使得 $\beta = \alpha_r$ 的原因。这样, 我们首先假设这个列表是完备的, 然后对角化的结果是我们找

到了区间 $(0,1)$ 内的一个元素, 而它一定不在这个列表中! 嗯, 这就是我们要找的矛盾。这使我们可以得出结论: $(0,1)$ 和 $\mathbb{N}$ 之间没有之前所假定的那种一一对应。

$$
\begin{array}{llllllllll}
\alpha_1=0. & \boldsymbol{\alpha_1^1} & \alpha_1^2 & \alpha_1^3 & \alpha_1^4 & \alpha_1^5 & \alpha_1^6 & \alpha_1^7 & \alpha_1^8 & \alpha_1^9 \cdots \\
\alpha_2=0. & \alpha_2^1 & \boldsymbol{\alpha_2^2} & \alpha_2^3 & \alpha_2^4 & \alpha_2^5 & \alpha_2^6 & \alpha_2^7 & \alpha_2^8 & \alpha_2^9 \cdots \\
\alpha_3=0. & \alpha_3^1 & \alpha_3^2 & \boldsymbol{\alpha_3^3} & \alpha_3^4 & \alpha_3^5 & \alpha_3^6 & \alpha_3^7 & \alpha_3^8 & \alpha_3^9 \cdots \\
\alpha_4=0. & \alpha_4^1 & \alpha_4^2 & \alpha_4^3 & \boldsymbol{\alpha_4^4} & \alpha_4^5 & \alpha_4^6 & \alpha_4^7 & \alpha_4^8 & \alpha_4^9 \cdots \\
\alpha_5=0. & \alpha_5^1 & \alpha_5^2 & \alpha_5^3 & \alpha_5^4 & \boldsymbol{\alpha_5^5} & \alpha_5^6 & \alpha_5^7 & \alpha_5^8 & \alpha_5^9 \cdots \\
 & & & & & \vdots & & & & \\
\alpha_n=0. & \alpha_n^1 & \alpha_n^2 & \alpha_n^3 & \alpha_n^4 & \alpha_n^5 & \alpha_n^6 & \alpha_n^7 & \alpha_n^8 & \alpha_n^9 \cdots \\
 & & & & & \vdots & & & &
\end{array}
$$

图 12.5　$(0,1)$ 和 $\mathbb{N}$ 之间假定的一一对应中的对角线

现在, 即使这个证明的合理性无可争议, 持怀疑态度的读者可能仍然会声称 β 只是一个小小的 "数学意外"。这些怀疑的人可能会说, 我们是在讨论无穷, 并且我们认为列表

$$\alpha_1, \alpha_2, \alpha_3, \alpha_4, \alpha_5, \cdots, \alpha_n, \cdots$$

是完备的, 虽然我们发现有一个本应出现的数并未出现在这个列表中, 但是这种情况很容易改正, 只需要在列表的开头加上 β 即可。改正后的假定的完备列表和我们原来想象的不同, 它现在可以简单地读作

$$\beta, \alpha_1, \alpha_2, \alpha_3, \alpha_4, \alpha_5, \cdots, \alpha_n, \cdots,$$

仅此而已。但是, 对这个证明的这种看似巧妙的反驳并不成立。实际上, 我们可以对这个新列表再次应用康托尔的对角线论证, 从而会在区间 $(0,1)$ 内得到另一个数 β_1, 它并不在这个新列表中。这个数的小数展式是

$$\beta_1 = 0.\beta_1^1\beta_1^2\beta_1^3\beta_1^4\beta_1^5\beta_1^6\beta_1^7\beta_1^8\beta_1^9\cdots,$$

这个展式所取的数字与包含 β 的新列表的对角线上的对应数字不同, 如图 12.6 所示。

272

因此, 我们通过取 $\beta_1^1 \neq \beta^1$, $\beta_1^2 \neq \alpha_1^2$, $\beta_1^3 \neq \alpha_2^3$, $\beta_1^4 \neq \alpha_3^4$ 等来构造 β_1。如上所述, 我们可以得到结论: 对所有指标 i, 都有 $\beta_1^i \neq \alpha_{i-1}^i$, 因此 $\beta_1 \neq \alpha_i$, 因为它们各自展式的第 $i+1$ 个数字不同。

将新发现的数加入已有的列表中, 然后再找到另一个不在新列表中的数, 这个过程可以无限地继续下去。此外还要注意, 假定的一一对应的定义方式并

$$
\begin{array}{llllllllll}
\beta=0. & \boldsymbol{\beta^1} & \beta^2 & \beta^3 & \beta^4 & \beta^5 & \beta^6 & \beta^7 & \beta^8 & \beta^9 \ \cdots \\
\alpha_1=0. & \alpha_1^1 & \boldsymbol{\alpha_1^2} & \alpha_1^3 & \alpha_1^4 & \alpha_1^5 & \alpha_1^6 & \alpha_1^7 & \alpha_1^8 & \alpha_1^9 \ \cdots \\
\alpha_2=0. & \alpha_2^1 & \alpha_2^2 & \boldsymbol{\alpha_2^3} & \alpha_2^4 & \alpha_2^5 & \alpha_2^6 & \alpha_2^7 & \alpha_2^8 & \alpha_2^9 \ \cdots \\
\alpha_3=0. & \alpha_3^1 & \alpha_3^2 & \alpha_3^3 & \boldsymbol{\alpha_3^4} & \alpha_3^5 & \alpha_3^6 & \alpha_3^7 & \alpha_3^8 & \alpha_3^9 \ \cdots \\
\alpha_4=0. & \alpha_4^1 & \alpha_4^2 & \alpha_4^3 & \alpha_4^4 & \boldsymbol{\alpha_4^5} & \alpha_4^6 & \alpha_4^7 & \alpha_4^8 & \alpha_4^9 \ \cdots \\
\alpha_5=0. & \alpha_5^1 & \alpha_5^2 & \alpha_5^3 & \alpha_5^4 & \alpha_5^5 & \boldsymbol{\alpha_5^6} & \alpha_5^7 & \alpha_5^8 & \alpha_5^9 \ \cdots \\
 & & & & & \vdots & & & & \\
\alpha_n=0. & \alpha_n^1 & \alpha_n^2 & \alpha_n^3 & \alpha_n^4 & \alpha_n^5 & \alpha_n^6 & \alpha_n^7 & \alpha_n^8 & \alpha_n^9 \ \cdots \\
 & & & & & \vdots & & & &
\end{array}
$$

图 12.6 (0,1) 和 $\mathbb{N}$ 之间扩展后的、假定的一一对应中的对角线

没有任何特别之处, 因此康托尔的对角线论证否定了所有可能的一一对应, 而不是仅仅否定了一个特别定义的对应关系。因此, 它明确地证明了假定的列表永远不可能像假设所要求的那样真正的完备。因此我们的结论是, 这两个无穷集合 $\mathbb{N}$ 和 $\mathbb{R}$ 不等势。

康托尔的惊人发现标志着一个真正的重大突破, 它对数学基础产生了长期的影响。除此之外, 它将数的概念迅速扩大到前所未有的程度, 并促使它朝着完全出乎意料的方向发展。超限基数的新世界包含了极其丰富的数学思想, 并且直到今天, 它仍然是一个活跃的高等数学研究领域。在 (有限) 数的等级体系中, 新的数系是从已有数系中逐次构造出来的; 与此类似, 通往超限基数领域的过程也很有趣, 因为它需要对新生的基数创建一整套算术 (它和有限基数的算术大相径庭)。对于这个超限基数的世界我们在这里只能走马观花地看一眼。

第一个引人注目的结果是, 无穷的大小并非只有两个 (即集合 $\mathbb{N}$ 和 $\mathbb{R}$ 的大小), 实际上有无穷多个不同的大小。这可以通过康托尔提出的另一个重要概念来理解, 即任何给定集合的 "幂集" 的势。事实上, 如果给定一个集合, 比如 $A=\{a,b,c\}$, 那么 A 的幂集 $P(A)$ 是以 A 的所有子集为元素的集合。因此我们很容易看出, 在这个例子中, 集合 $P(A)$ 有 8 个元素:

273

$$P(A)=\{\{a,b,c\},\{a,b\},\{a,c\},\{b,c\},\{a\},\{b\},\{c\},\varnothing\}。$$

也就是说, 给定一个有 3 个元素的集合 A, 它的幂集 $P(A)$ 有 8 个元素, $8=2^3$。更一般地说, 我们容易知道, 对于一个有限集 A, 如果 A 有 n 个元素, 那么集合 $P(A)$ 有 2^n 个元素 (你可以检查一下确实如此, 例如 $n=2$ 和 $n=4$)。特别地, 如果我们用 $\#X$ 表示集合 X 的势, 那么很明显, 在有限集的情况下 $\#P(A)>\#A$。当然, 问题马上就出现了: 这个不等式对超限基数是否仍然成立? 如果 A 是无穷的, 那么显然 $P(A)$ 也是无穷的, 但没有先验的理由确定此

时是否仍然有 $\#P(A) > \#A$。康托尔证明的一个有趣的结果是 (它其实经常被称为康托尔定理)：实际上，同样的不等式对超限基数也成立。特别地，康托尔定理的一个结论是：给定任意一个超限基数，总是有一个集合，使得它的势大于给定集合的势，因此有一个无穷的、不断增加的不同超限基数的序列，比如这个例子：

$$\#\mathbb{N} < \#P(\mathbb{N}) < \#P(P(\mathbb{N})) < \cdots。$$

现在，最小的超限基数显然是自然数集 $\mathbb{N}$ 的势，而且它和 $\mathbb{Z}$ 与 $\mathbb{Q}$ 的势都相同。与 $\mathbb{N}$ 等势的集合称为“可数无穷”，即它是可数的。康托尔引入了一个新的符号 “א” 来表示超限数的势，这是希伯来语的第一个字母 “阿列夫” (aleph)，这也是希伯来语中表示无穷的词语 (einsoph) 的第一个字母。$\mathbb{N}$ (以及所有可数的无穷集合) 的势记作 $\aleph_0$ (alephnought)。弗雷格所定义的自然数的算术可以自然地扩展成超限基数的算术，此时我们会得到一些与有限基数不同的规则。例如，$\aleph_0 + 1 = \aleph_0$，因为如果我们把单个元素添加到可数集合中，我们会得到一个仍然可数的集合，如以下的对应关系所示：

$$\begin{array}{ccccccccccc} 1 & 2 & 3 & 4 & 5 & 6 & 7 & 8 & 9 & 10 & \cdots \\ \updownarrow & \updownarrow & \updownarrow & \updownarrow & \updownarrow & \updownarrow & \updownarrow & \updownarrow & \updownarrow & \updownarrow & \\ 0 & 1 & 2 & 3 & 4 & 5 & 6 & 7 & 8 & 9 & \cdots \end{array}$$

更一般地说，基于同样的原因，对任何有限基数 n，我们都有 $\aleph_0 + n = \aleph_0$，实际上我们还有 $\aleph_0 + \aleph_0 = \aleph_0$。而且，如果我们有可数个可数集合，那么我们很容易看出：所有集合的并集也是可数的 (其详细证明参见附录 12.1)。因此，我们还有以下的结果：对于有限个加数，我们有

$$\aleph_0 + \aleph_0 + \aleph_0 + \cdots + \aleph_0 = \aleph_0;$$

对于可数无穷多个加数，我们仍然有

274

$$\aleph_0 + \aleph_0 + \aleph_0 + \cdots = \aleph_0。$$

大卫·希尔伯特曾经借助 “旅馆隐喻” 来解释使用超限基数产生的这种特殊情况，该隐喻可表述如下：如果一个人来到一个已经客满的旅馆并要求开房，那么在一个正常的旅馆里，接待员只能选择拒绝这个要求；但是，如果旅馆有可数无穷多个房间，那么接待员可以很容易地为新客人找到一个空房间，其方法是：把现有的每个客人都从他现在居住的房间 (比如房间 n) 转移到列表中的

下一个房间 (比如 $n+1$)。当所有客人都进入他们的新房间后, 1 号房间就可以空下来供新客人使用了, 而且没有其他客人没有房间。同样, 如果在某一时刻有 k 位新客人到来, 那么在预订满的可数个房间的旅馆中, 接待员也可以为所有新客人都腾出房间, 只要把每位客人从他现在居住的 n 号房间转移到 $n+k$ 号房间即可。事实上, 真正有趣的是: 即使有可数无穷多个新客人到来, 接待员仍然可以毫不费力地为他们每一个人都腾出一个房间, 他只需要把现在住在 n 号房间的客人移到 $2n$ 号房间即可。这样将空出所有奇数号的房间, 从而可供可数无穷多个新客人入住。

一旦知道了超限基数的算术及其无穷序列, 就会出现许多耐人寻味的问题, 自康托尔和戴德金的时代以来, 数学家一直在研究它们。康托尔本人在这方面第一个提出了真正重要的问题, 他的推理思路如下。如果 $\aleph_0$ 是 $\mathbb{N}$ 的势, 那么似乎可以把 $P(\mathbb{N})$ 的势自然地表示成 $2^{\aleph_0}$。请注意, 这只是一个方便的符号, 它并不表示我们真的要把 2 升到 $\aleph_0$ 次的幂, 因为那种运算没有意义。进而, 我们可以用 $\mathfrak{c}$ (它表示连续统) 来表示 $\mathbb{R}$ 的势。现在我们知道, $\mathfrak{c}$ 和 $2^{\aleph_0}$ 这两个势都大于 $\aleph_0$ (基于不同的原因)。康托尔证明了 $\mathfrak{c}=2^{\aleph_0}$, 或者换句话说, $\#P(\mathbb{N})=\#\mathbb{R}$。这个证明并不是很难, 但还是超出了本书的范围, 我不在这里展示它。但关键是, 在这种情况下, 康托尔提出了这样的问题: 阿列夫的序列是否可以完全排序并且这个顺序是什么样子?

在尝试对阿列夫进行排序时, 康托尔提出了一个关于 $\aleph_1$ 的非常强的猜想, 即这个超限基数在阿列夫的有序序列中紧跟在 $\aleph_0$ 之后。这个猜想如下 (虽然他不能证明, 但是他确坚信它是正确的):

不存在包含 $\mathbb{N}$ 的数集 X, 使得 X 同时也包含在 $\mathbb{R}$ 中, 并且 $\aleph_0<\#X<\mathfrak{c}$。

换句话说, 康托尔猜想: 实数的任何不可数无穷集合的势都是 $\mathfrak{c}$, 即整个实数集的势。或者直接用超限基数的语言表达, $\aleph_1=2^{\aleph_0}$。也就是说, 在超限基数序列中, 紧跟在 $\aleph_0$ 之后的势是 $2^{\aleph_0}$。

随着时间的推移, 这个猜想被称为康托尔连续统假设 (CH)。从 20 世纪初开始, 一直持续到 20 世纪 60 年代, 证明它或者反驳它的尝试都产生了集合论中的许多重要见解。值得注意的是, 由于库尔特 · 哥德尔 (Kurt Gödel, 1906—1978) 和保罗 · 科恩 (Paul Cohen, 1934—2007) 等杰出数学家的工作, 人们清楚地认识到, CH 这个声明与人们通常理解的集合论是相互独立的。这意味着: 数学家可以在集合论的基础上建立数学世界, 其中 CH 为真; 但他们同样也可以基于集合论建立另一个数学世界, 但其中 CH 的否定为真。数学哲学家们至今仍在辩论这个惊人结果的意义。

275

在 $\mathbb{N}$ 和 $\mathbb{R}$ 之间有一个独特集合的势值得考虑, 它是代数数集, 我在这里用 $\mathbb{A}$ 表示它。这个集合在第 1 章中已经提到过, 它是数系的整个等级体系的一部分 (参见图 1.1)。它由有理系数多项式方程的所有实数解组成。显然, 这个集合包含了所有有理数, 原因很简单: 任何给定的有理数, 比如 $\frac{p}{q}$, 都是多项式方程 $x-\frac{p}{q}=0$ 的解。但这个集合还包含其他数, 例如 $\sqrt{2}$, 它是方程 $x^2-2=0$ 的解。我们可以通俗地说, 集合 $\mathbb{A}$ 包含所有有理数, 还包含一些无理数, 它们是这些有理数的各种幂次的方根, 或者这些方根的和或比率, 它还包含一些其他的数。由于 $\mathbb{Q}$ 是 $\mathbb{A}$ 的一个真子集, 因此集合 $\mathbb{A}$ 成为阿列夫序列问题的主要兴趣点。在处理超限基数的时候, 戴德金和康托尔都仔细研究了 $\mathbb{A}$ 的势, 并且证明了这个集合是可数的 (这个证明参见附录 12.1)。这为康托尔的猜想提供了直接的支持。

康托尔在 1873 年发表了他的证明, 他在出版时没有提到戴德金的名字, 尽管他们曾经明确讨论过这个话题, 而且其证明中的一些重要思想来自戴德金。这也是他们的通信中断了好几年的原因之一。还有另外两个原因导致了这种中断: (a) 戴德金对超限数理论的细节不如康托尔感兴趣; (b) 康托尔几度精神崩溃, 这也导致了他自己工作的长期中断。不管怎样, 康托尔正是通过对各种数系的势的研究, 特别是通过对 $\mathbb{A}$ 的研究, 而提出了连续统假设。

现在, 由于 $\mathbb{A}$ 的势是 $\aleph_0$, $\mathbb{R}$ 的势是 $\mathfrak{c}$, 并且 $\aleph_0<\mathfrak{c}$, 因此我们可以推断出一定存在不是代数数的实数。虽然这个结论看起来简单明了, 但是对于这种数学存在性的论证进行进一步思考还是很重要的。回想一下, 我在第 1 章中曾经提到数字 e 和 π, 它们是非代数数的两个例子 (我称这种数为 "超越的")。我还说过: 证明 e 或 π 不是任何有理系数多项式方程的解是一项非常艰巨的数学任务。因此, 就我们此处的解释而言, 可以说我们还没有看到任何真正的、具体的数, 我们清楚地知道它不是有理系数多项式方程的解。

另一方面, 我们刚刚对两个无穷实体 $\mathbb{A}$ 和 $\mathbb{R}$ 的元素进行了 "计数" (它们本质上都不能根据其字面意义进行计数), 由于它们的计数结果是不同的 $\aleph_0$ 和 $\mathfrak{c}$, 因此我们推断出: 某些数学实体确实存在, 尽管我们并未直接看到它们的任何实例 (即超越数)。此外, 即使我们没有看到任何单独的数, 我们也能确切地知道它们所属集合的某些性质, 例如, 这些超越数的集合的势大于代数数的势 (实际上, $\mathbb{R}$ 是超越数集和 $\mathbb{A}$ 的并集, 由于 $\#\mathbb{A}=\aleph_0$ 和 $\#\mathbb{R}=\mathfrak{c}$, 因此超越数集不可数)。我在下面还会继续讨论这个有趣论证的含义。

276

12.3 康托尔超限序数

康托尔不但从势的角度讨论了超限数的集合, 而且还从这些数作为序数的角度讨论了它们的性质, 这一点看起来也很有趣, 并且也很令人惊讶。我们在前几章已经暗示过, 当我们考虑有限集时, 把它们称为基数或者序数并没有实质的区别。如果我们有两个包含 4 个元素的集合, 那么它们显然等势, 因为很容易在它们之间建立起一一对应。与此同时, 它们的顺序也是等价的, 不管我们如何来定义这些顺序。如果我们对 4 个元素进行两种不同的排序, 比如 a, b, c, d 和 b, c, d, a, 那么抽象地看, 它们显然是一样的: 这两种排序中的第二个元素 (它们分别是 b 和 c) 前面都有一个元素, 后面都有两个元素。同样, 与其顺序有关的任何其他性质在这两种排序中也总是同时出现, 因此我们可以说, 实质上只有一种方法来对这 4 个元素进行排序。

但是, 当我们谈论超限的情况时, 这一点发生了明显的改变。我们已经看到, 如果我们取集合 $\mathbb{N}$, 并在 1 这个数之前加上 0 这个数, 那么我们得到的集合与原来的集合等势, 也就是说, 我们可以在它们之间建立起一个一一对应:

$$\begin{array}{ccccccccccc} 1 & 2 & 3 & 4 & 5 & 6 & 7 & 8 & 9 & 10 & \cdots \\ \updownarrow & \updownarrow & \updownarrow & \updownarrow & \updownarrow & \updownarrow & \updownarrow & \updownarrow & \updownarrow & \updownarrow & \\ 0 & 1 & 2 & 3 & 4 & 5 & 6 & 7 & 8 & 9 & \cdots \end{array}$$

从其顺序的角度来看, 以这种方式获得的新集合与原集合也是等价的。实际上, 在这两个集合中, 每个元素都有一个后继元素, 并且只有一个元素不是任何其他元素的后继元素 (在第一个集合中它是 1, 在第二个集合中它是 0)。但是现在我们可以考虑用另一种方法来添加这个额外的元素 0, 这样就会出现本质上不同的顺序。这种不同的顺序可能看起来很做作或者很奇怪, 甚至还可能有误导性, 但此时你应该知道, 数学家会从每个角度来检查某些思想, 有时他们可能会采取看似非正统的方法。

在这种情况下, 唯一需要注意的是我们要避免在系统中引入逻辑矛盾, 只要我们没有带来这种矛盾, 我们就可以随心所欲地进行思想探索了。按照这种原则, 举例来说, 我们可以考虑用下面的方法在已知的自然数序列中添加额外的元素 0:

$$1, 2, 3, 4, 5, 6, 7, 8, 9, 10, \cdots, 0。$$

277

在这种排列下, 新元素 0 被定义为比所有其他数都大, 或者用更朴素的术语来说, 它出现在这个序列中所有其他数之后。请注意, 现在我们不是有一个而是有两个元素, 1 和 0, 它们不是这个序列中任何其他数的后续元素 (因此, 以这种方式排列的自然数并不满足所有的皮亚诺公设)。此外, 在这两个元素中, 只有一个有后继元素, 而另一个没有。抽象地看, 下面的排列与前面的排列也等价:

$$2, 3, 4, 5, 6, 7, 8, 9, 10, \cdots, 1。$$

在这里, 1 被定义为这个序列中所有其他数之后的数, 但再次抽象地看, 我们有两个数, 1 和 2, 它们不是任何其他数的后继元素。并且在这里 2 有一个后继元素, 而 1 没有。我们在第 11.2 节中已经看到, 在处理皮亚诺公设及其可能的模型时, 重要的不是元素的任何具体数值或者表示它们的符号, 而是定义序列顺序的抽象性质。一个具有给定势的集合可以有各种排序方式, 基于这种想法, 康托尔研究了超限序数。他曾经用符号 $\aleph_0$ 表示 $\mathbb{N}$ 的基数, 现在他也引入了一个新符号 ω 来表示自然数的标准排序 $1, 2, 3, 4, \cdots$ 中所体现的序数, 并称之为 "第一个超限序数"。按照上面已经暗示过的方式, 康托尔进一步利用这种思想规范地定义了可数集的新序数。其中的一个例子是我在上面已经定义过的

$$1, 2, 3, 4, 5, 6, 7, 8, 9, 10, \cdots, 0$$

的序数。

康托尔将其定义为

$$1, 2, 3, 4, 5, 6, 7, 8, 9, 10, \cdots, \omega。$$

这个序数显然与 ω 不同, 原因如上所述 (其中的两个数, 1 和 ω, 不是任何数的后继元素)。康托尔用 $\omega + 1$ 来表示这个新序数。由此出发, 他继续把另一个可数序数 $\omega + 2$ 自然地定义如下:

$$1, 2, 3, 4, 5, 6, 7, 8, 9, 10, \cdots, \omega, \omega + 1。$$

我们很容易看出, 对任何自然数 n, 这种定义都可以推广到其他序数 $\omega + n$。但这个过程未止于此。下一个步骤是引入称为 2ω 或 $\omega + \omega$ 的序数, 它表示以下的排列:

$$1, 3, 5, 7, 9, 11, \cdots, 2, 4, 6, 8, 10, \cdots。$$

要注意, 在这个排列中, 有两个数不是任何其他数的后继元素, 并且这里有两个子序列, 它们都等价于 ω。于是我们可以考虑另外的序数, 比如

$$2\omega + 1, 2\omega + 2, \cdots, 2\omega + n, \cdots, 3\omega, 3\omega + 1, \cdots, m\omega + n, \cdots$$

278

(m 和 n 为任意自然数)。但是, 即使在所有这些序数之外, 我们仍然可以添加一个新序数, 它被定义为比所有之前的 $m\omega+n$ 类型的序数都大。我们称这个新序数为 ω^2, 紧接着我们还可以定义 ω^2+1 以及许多其他序数, 如 $\omega^2+7\omega+5$ 和 $5\omega^3+4\omega^2+32$, 以及任何你能想到的这种序数。而事实证明, 康托尔在这方面的想象力是非常丰富的! 例如, 他提出对自然数的一部分按照序数 ω 进行排序, 紧接着对另一部分按照 ω^2 进行排序, 然后对另一部分按照 ω^3 进行排序, 以此类推到对每个自然数 n 按照 ω^n 进行排序, 这样得到的相当复杂的序数称为 ω^ω。我们由此可以继续定义一个序数 ω^{ω^2}, 然后进一步定义 ω^{ω^ω}。我们可以沿着同一个方向无限进行下去。如果再进一步, 我们将对自然数的一部分按照 ω 进行排序, 然后对另一部分按照 ω^ω 进行排序, 再对另一部分按照 ω^{ω^ω} 进行排序, 如此等等, 以至无穷。按照这种方式, 我们得到了一个非常复杂和有趣的序数, 它称作 ε_0。无须多言, 我们可以通过类似的组合继续建立更多 $\mathbb{N}$ 的序数。

康托尔进一步注意到, 上面所有的序数合在一起会形成一个本身就有趣的集合。一方面, 我们可以询问所有序数的集合的势, 结果表明它大于 $\aleph_0$。我不想探究关于它的太多细节, 我只想说: 康托尔再次使用上面描述的对角线方法证明了这个事实。那么所有序数的集合的序数又是什么呢? 好吧, 如果我们用希腊字母 Ω 来表示这个序数, 那么和之前的所有情形一样, 我们可以建立一个紧跟在 Ω 之后的序数。用 $\Omega+1$ 来表示这个新序数看起来是合理的。它可以看成也出现在所有序数的序列中, 根据定义, 它恰好在 Ω 之后。但是, 另一方面, 既然 Ω 是所有序数序列的序数, 那么仍然根据定义可知, 它不能小于 $\Omega+1$, 因为后者只是另一个序数。如果用符号表示, 我们意识到: 这里有一个明显的逻辑悖论, 因为我们得到了

$$\Omega<\Omega+1<\Omega。$$

意大利数学家切萨雷・布拉利–福蒂 (Cesare Burali-Forti, 1861—1931) 是皮亚诺的学生, 他在 1897 年发表的一篇论文中首先提醒人们注意这种令人困惑的情况 (它最终被称为与他的名字相关联的 “悖论”)。他在详细研究康托尔的新理论时意识到了这一点。可以肯定的是, 当时许多著名数学家都很不信任康托尔的工作。它很晚才被严肃地承认, 但从 20 世纪初开始, 它逐渐被年轻的数学家认可。它最终成为很多主流数学领域的统一语言。布拉利–福蒂是少数几个早期支持者之一, 但他并不是对这个理论感兴趣并且遇到困难的唯一的人。希尔伯特也是早期的推动者, 并且他很早就意识到, 超限数的新理论包含着概念上的困难, 它们需要进一步澄清。但是因为这些数学家也看到康托尔的理论

可以导向极其丰富而诱人的新数学, 所以他们并没有把这些困难视为不可克服的障碍。相反, 就像我们在许多刚起步的数学学科中经常发现的那样, 他们认为这些困难是需要应对的挑战。

279

12.4 伊甸园中的麻烦

对于康托尔超限数理论的批评者来说, 诸如希尔伯特或布拉利–福蒂所指出的那些困难并不令人意外。对该理论的批判集中在它把无穷集合看成是真实的、完整的集合。这与人们长期以来持有的观点相反, 即人们把无穷作为一个过程, 而不是一种现实。传统的 "潜无穷" 的观点使人们可以向任何给定的集合无限地添加新的自然数。从这个角度来看, 完整的、无穷的自然数集的存在性会被看作数学上的无稽之谈。法国著名数学家朱尔斯 · 亨利 · 庞加莱 (Jules Henri Poincaré, 1854 — 1912) 形容这个理论是一种 "疾病", 总有一天数学会因其而被治愈。但是康托尔及其革新思想的最强烈的反对者是利奥波德 · 克罗内克。

我已经提到过, 克罗内克是 19 世纪后三分之一德国数学的领军人物之一。他和戴德金对代数数域新理论的创立都发挥了关键作用, 对于与数论有关的所有问题而言, 人们更普遍地认为他是世界权威。克罗内克研究数的基础体现在经常引用的格言中: "上帝创造了整数, 其他一切都是人类的工作。" 他认为, 康托尔或戴德金的方法所暗示的整体的、抽象的实数理论在数学中并无必要。相反, 人们之所以能合法地讨论具体的数 (例如 π), 只是因为有一个具体而明确的程序来构造它们。

克罗内克与康托尔的争论除了实质性的数学辩论之外, 还带有强烈的个人色彩。克罗内克在柏林曾经是康托尔的老师, 他强烈地批评他以前的学生, 称他是江湖郎中和 "年轻人的腐蚀剂"。1879 年, 康托尔很希望在柏林获得一个理想的职位, 但克罗内克努力阻止了他。康托尔对克罗内克的反应深感失望, 此刻他与戴金德的长期友谊也走向了终点。他一生都在遭受着严重的神经衰弱, 现在它变得越来越严重和频繁。他生命的最后几年是在精神病院度过的。除了发表在专业数学期刊上的文本之外, 康托尔还愿意把他的思想与各种神秘的和神学的论点混在一起。他选择希伯来字母阿列夫来表示他的集合就带有明显的卡巴拉色彩。他在某种程度上坚信超限数是上帝传达给他的信息。他与那些对他的理论及其哲学含义感兴趣的神学家通信。他还给教皇利奥十三世寄了一封信以及他的一些小册子。

回到代数数集 $\mathbb{A}$ 的势这个议题, 我们可以更确切地理解最初反对康托尔关于无穷的新思想背后的数学原因。回想一下, 在证明了 $\mathbb{A}$ 和 $\mathbb{R}$ 的势不同之后, 我说过我们可以推导出超越数的存在性 (以及这些数的集合的一些性质)。我强调过, 我们甚至不用展示这种数的任何实例就可以做到这一点。这种论证通常称为基于矛盾的数学存在性证明, 它与克罗内克当时所支持的那种构造性论证相反。在这种特殊情形, 这个矛盾是康托尔证明 $\mathbb{N}$ 与 $\mathbb{R}$ 不等势的核心。这个证明先假设这两个集合之间存在一一对应, 然后证明这个假设导致了矛盾。然后, 根据 $\mathbb{A}$ 和 $\mathbb{R}$ 的势不同, 我们可以推导出超限数的存在性。

280

对于像克罗内克这样具有强烈构造主义观点的数学家来说, 这种观点是完全不能接受的。首先, $\mathbb{N}$ 与 $\mathbb{R}$ 之间一一对应的想法对他来说没有意义, 因为他并不承认这两个集合是完整的实体。相反, 他会谈论特定数的具体产生过程, 这些数又可以转而分成代数的或超越的。要注意, 对于克罗内克来说, 矛盾论证本身并没有问题 (例如, 在附录 3.1 中证明 $\sqrt{2}$ 的无理性时, 我们在那里证明了不存在具有特定性质的两个整数)。他的问题针对的是利用矛盾论证来证明某种数学实体确实存在。

因此, 在康托尔开始出版他关于势的结果时, 一方面, 一些顶尖数学家强烈地反对它们, 如克罗内克和庞加莱; 另一方面, 一些数学家对他的观点则越来越感兴趣, 尤其是年轻的数学家。然而, 与此同时, 即使是该理论的热情推动者也意识到一些特定的困难, 即布拉利–福蒂的辩论所提出的那种困难。但是, 我们已经强调过, 他们最初并不认为这些困难真的会完全阻止该理论的进一步发展。然而, 当罗素于 1903 年出版他极具影响力的著作《数学原理》(*The Principles of Mathematics*) 时, 人们才明确认识到: 这些困难并不是暂时的, 还有一些更深层的问题需要仔细考虑。可以肯定的是, 这本书在帮助传播集合论的新思想方面发挥了至关重要的作用, 这是为整个数学建立坚实的逻辑基础的重要一步。但与此同时, 罗素在书中发表了现在与其名字相关联的悖论, 它提醒人们注意康托尔理论中固有的一个基本逻辑困难。

我们在第 11 章的 11.4 节已经看到, 弗雷格定义基数的基础是隐含地、彻底地采用了 “概括原则”, 事实上这也是其所有算术方法的基础; 这个原则假定: 我们所能想到的任何性质都确定了一个明确定义的集合。戴德金在他自己的工作中也隐含地假定了这个原则, 对当时的数学家和逻辑学家来说, 这个原则是不言而喻的。现在罗素出现了, 他表明这个假定包含了一个严重的逻辑谬误, 它破坏了弗雷格努力建造的整座大厦。罗素的论点简单而大胆, 也许正是这种简单性迫使一些研究数学基础的数学家重新思考一些基本概念, 而在此之前它们被认为是完全没有问题的。

为了理解这个悖论, 我们首先要指出: 通常情况下, 如果我们看一个集合的元素列表, 我们在这个列表中并不会找到这个集合本身, 事实上, 考虑这种可能性看起来甚至是不自然的。例如, 如果我们有集合 $X = \{1, b, \&, X\}$, 那么 X 是集合 X 的一个元素, 乍一看这似乎很奇怪, 但是我们并没有直接的数学理由来拒绝这种可能性。毕竟, 我们有集合 X 的清晰的元素列表, 并且对于所有的元素, 我们都能明确地回答它是否属于 X。例如, 1 属于 X, 2 不属于 X, a 不属于 X, Y 不属于 X, X 属于 X, 等等。特别是, 如果我们从概括原则的角度来考虑这种情况, 那么我们并不能找到直接的理由来排除一个集合可能是其自身的一个成员。例如, 如果我们考虑所有集合的集合 A, 那么 A 显然是集合 A 的一个元素, 因为 A 也是一个集合。此外, 我们还可以把集合 A 分成两个明显不同的类别, 如下所示:

281

G ={不是该集合本身的元素的所有集合},

B ={是该集合本身的元素的所有集合}。

当然, 我们通常处理的大多数集合都属于类别 G, 而像 X 或 A(即所有集合的集合) 这样的集合则属于类别 B。无论如何, 任何给定的集合显然或者属于 G 或者属于 B, 没有集合同时属于 B 和 G。现在, 当我们问自己关于集合 G 的以下问题时, 罗素悖论就出现了: G 属于类别 G 还是类别 B? 让我们和罗素一起考虑一下, 在这两种情况下都会发生什么:

- 让我们假设 "G 是 G 中的一个元素", 那么根据 G 的定义, 这将意味着 G 不能属于类别 G (因为在类别 G 中, 我们永远找不到这样的集合, 它是该集合本身的一个元素)。但这与我们的假设相矛盾, 即 "G 是 G 中的一个元素"。因此, "G 是 G 中的一个元素" 这个假设站不住脚。

- 让我们假设 "G 是 B 中的一个元素", 那么根据 B 的定义, 这将意味着 G 属于类别 G (因为在类别 B 中, 我们可以找到所有这样的集合, 它们都是该集合本身的元素)。但这与我们的假设相矛盾, 即 "G 是 B 中的一个元素"。因此, "G 是 B 中的一个元素" 这个假设也站不住脚。

这里就产生了悖论: 和任何其他集合一样, G 是集合 A 中的一个元素, 因此它应该属于 G 或者属于 B; 但事实表明, 这两种情况都会导致否定的结论, 从而它们在逻辑上都是不可能的; 因此 G 不属于 A! 罗素自己创造了一个经常被引用的比喻来说明这个悖论的核心。他说, 在某个村庄里, 理发师这个人为所有不给自己刮胡子的那些人刮胡子, 那么谁给理发师刮胡子呢?

这里到底有什么问题? 是什么导致了这种逻辑上不可能出现的情况? 事实表明, 这个问题是由于对概括原则的彻底采用。例如, 按照这个原则, 我们可以

假定 “是一个集合” 是一条性质, 而它可以生成一个定义明确的集合。罗素总结道, 有些性质并不会生成集合。顺便说一下, 正是由于这个原因, 我们在上面定义 G 和 B 时小心地使用了术语 “类别”, 而不是集合。虽然在定义它们时, 我们并未直接意识到它们确实是有问题的, 但这个悖论最终表明, 人们不能立即把它们当作集合来对待。

我们需要限制概括原则的范围吗? 哪些性质不能生成集合呢? 这些有趣的问题在罗素悖论发表后仍未得到解决, 而事实证明, 回答这些问题并不是一件容易的事。特别地, 让我们不要假定: 这个悖论可以通过简单地禁止属于上述类别 B 的所有集合来解决。这个禁令确实排除了集合 A, 这也是罗素悖论的直接原因, 但与此同时, 在此意义上, 它也排除了很多类并没有逻辑缺陷的集合, 事实上, 没有理由禁止这些集合的数学应用。在数学哲学中, 处理罗素悖论的意义和方法一直是许多关键讨论的核心。 282

在 20 世纪之交, 另外两个与新的集合论紧密相连的重要观点也是激烈争论的焦点: 良序原理 (WO) 和选择公理 (AC)。我想简单地评论一下它们。

如果集合 A 的每个非空子集在给定的顺序下都有一个最小元素, 那么我们说集合 A 是良序的。自然数集 $\mathbb{N}$ 是良序无限集合的最基本的例子。在它通常的顺序中, $\mathbb{N}$ 的每个子集确实都有一个最小元素。相比之下, 整数集 $\mathbb{Z}$ 按照其通常的顺序就不是良序的:

$$\mathbb{Z}=\{\cdots,-4,-3,-2,-1,0,1,2,3,4,\cdots\}。$$

例如, 考虑 2 的倍数的集合。它在两个方向上都无限延伸, 因此我们不能说它有最小元素。然而, 我们很容易找到一个不同的顺序, 在这个顺序下, $\mathbb{Z}$ 变成一个良序集。事实上, 我们已经知道该怎么做了:

$$\mathbb{Z}=\{0,1,-1,2,-2,3,-3,4,-4,\cdots\}。$$

根据同样的逻辑, 任何可数集合显然都可以良序化, 这只需要借助与 $\mathbb{N}$ 的一一对应, 而这个对应使得该集合是可数的。因此, 在有理数 $\mathbb{Q}$ 的情形, 我们已经看到如何对这个集合进行排序, 以便能够建立起这种对应关系。这个备选的顺序如下:

$$\mathbb{Q}=\left\{0,1,-1,\frac{1}{2},2,\frac{-1}{2},\frac{1}{3},-2,\frac{-1}{3},\frac{1}{4},3,\frac{2}{3},\frac{-1}{4},\frac{1}{5},\cdots\right\}。$$

真正有趣的问题是: 是否可能把任何集合良序化, 特别是那些不可数的集合, 比如 $\mathbb{R}$。

良序问题早在康托尔的工作中就出现了。例如, 康托尔在 1878 年提出的一个重要的相关结果涉及势的可比性。其内容如下:

如果 M 和 N 不具有相同的势, 那么 M 与 N 的一部分等势 (即 M 的势小于 N 的势), 或者 N 与 M 的一部分等势 (即 N 的势小于 M 的势)。

这个结果在直觉上是不言而喻的, 康托尔确实没有证明就陈述了它。然而, 283 人们越来越清楚, 这个结果需要一个证明, 而这个证明需要假定 WO。1884 年, 康托尔已经意识到良序在其整个理论中的中心地位, 但他并不认为这个原理本身需要证明。在他看来, 这是一个 "具有深远影响的基本思维定律, 它普遍的有效性尤其引人注目"。[2]这并不是说, 他知道能把实数集变成有序集的备选顺序。无论如何, 他逐渐明白, 这个原理并不像他最初看起来的那样明显, 并且它真的需要一个证明。

1900 年, 良序原理显著地成为数学关注的最前沿。在巴黎举行的国际数学家大会上, 希尔伯特做了一个演讲, 它成为现代数学史上最令人难忘的里程碑之一。他列举了数学各个领域的 23 个公开问题, 在他看来, 在即将开始的这个世纪, 这些问题应该提上整个数学界的研究议程。这个清单的影响是巨大的。当然, 我在这里不能详细讨论这个故事的细节。[3]我只想关注希尔伯特的清单对康托尔理论发展的巨大影响。他的清单中第一个公开问题是康托尔连续统假设 (CH) 的证明。希尔伯特认为康托尔的理论是整个数学大厦的核心, 除了这个做法, 他可能没有更直接的表达。不过, 此外, 他实际上还特别提议: 需要对实数情形证明 WO, 这可能是证明 CH 的第一步。

希尔伯特的演讲激励了他的许多学生、合作者以及许多不属于希尔伯特圈子的人开始研究一个复杂的理论, 到当前为止, 这个理论在很大程度上还处于主流数学研究的边缘。尽管如此, 无穷基数理论中的良序原理在随后几年里仍然没有解决。一个重要的转折点出现在 1904 年, 恩斯特 · 策梅洛 (Ernst Zermelo, 1871—1953) 最终发表了一个证明。1897 年, 策梅洛以统计力学和数学物理学专家的身份来到哥廷根, 但他很快在希尔伯特的影响下转向了集合论。他当时尽了最大努力来证明 WO, 因为在他看来, 这个原理必须被认为是 "整个数论的真正基础"。[4]

策梅洛 1904 年证明 WO 的主要思想是使用选择公理 (AC)。通俗地说, AC 是指: 任意给定一些非空集合, 总是有另一个集合 C, 使得 C 恰好包含其中每个集合中的一个元素 (一个 "代表")。如果这些集合有有限个, 那么这条公

[2]引自 (Ferreirós 1996, p. 277, note 2)。

[3]参见 (Corry 2004; Gray 2001)。

[4]引自 (Ebbinghaus and Peckhaus 2007, p. 63)。

理的有效性是不言而喻的。例如, 假设我们有以下四个集合:

$$A_1 = \{a, b, c\}, \quad A_2 = \{x, a, p, 5\},$$
$$A_3 = \{t, c, 3, U\}, \quad A_4 = \{5, t, d\},$$

284

那么这些集合的选择集合的两个不同例子如下所示:

$$C = \{b, p, U, 5\} \quad 或 \quad C = \{c, a, t, d\}。$$

即使当这些集合有无穷多个时, 对代表的选择有时候也完全没有问题。当存在某些明显的挑选规则时, 这种选择就会实现。然而我们能看到: 在某些场合选择集合 C 的存在性并不那么明显, 我们可以使用罗素提出的一个很好的示例, 它指的是鞋子或袜子的不同情况。给定无穷多双鞋子, 我们很容易构建选择集合 C, 例如取每双鞋子的左脚的鞋子。但是给定无穷多双袜子, 我们如何确切地知道如何构造选择集合 C 呢? 我们怎么知道 C 到底是什么样子, 哪一只袜子是一双袜子的代表而另一只不是? 选择公理这时候就发挥作用了, 它不是通过进一步的解释或论证, 而是直接规定: 即使我们不能明确地表达选择规则, 我们也可以直接确信给定的这些集合的选择集合 C 确实是存在的。

在策梅洛证明的那个时代, 对 AC 的争议并不比对 WO 本身的争议更少。一些数学家认为 AC 是不言而喻的, 因而可以在任何需要的地方自由使用。有些人认为它是错误的, 甚至是没有意义的, 因此在通常的数学中不能被接受。有些人认为 WO 比 AC 更加显而易见, 因而借助于后者来证明前者是没有意义的。在那些否认 AC 的人中, 有些人在他们自己的工作中不经意地使用了它 (或者与 AC 等价的某个其他结果), 但它对于其工作来说却是至关重要的。策梅洛提议用 AC 证明 WO 的一个主要贡献是: 它激发了关于这两种表述的热烈而富有成效的辩论, 这些辩论涉及它们之间的逻辑关系, 它们与其他类似数学表述的关系, 以及它们在各种数学分支的重要证明中明确或隐晦的使用方式。

人们很快就认识到, 首先, WO 和 AC 在逻辑上是等价的。它们可以互相导出, 因此没有哪个更加或者更不显而易见。人们也认识到: 微积分基本定理的所有已知的证明实际上都需要使用 AC 或者某个与之等价的结果。仅仅出于这个原因, AC 就不能被忽视成小众数学。策梅洛还为集合制定了一套详细的公理系统, 以便系统地阐明: 人们在连贯地应用康托尔理论时所依据的基本假设应该是什么。集合论的策梅洛–弗兰克尔公理系统 (即 ZF, 之所以这样称呼, 是因为策梅洛最初的系统在 20 世纪 20 年代被亚伯拉罕 · 哈勒维 · 弗兰克

尔 (Abraham Halevy Fraenkel, 1891—1965) 修正并略加改进) 很快成为进行集合研究时最广泛接受的概念框架之一。

例如, 在 ZF 系统中, 似乎可以找到一种绕过罗素悖论的方法。在这个系统中, 概括原则并非普遍有效, 它也有局限性。确切地说, 人们通过这种方式可以区分集合和 "类别" (后者是不适用于概括原则的一些集合)。用这些术语来表述, 例如, 所有集合的全体 A 本身是一个类别, 而不是一个集合, 这样, 就可以绕过罗素悖论。另一个重要的结果是: AC 总是可以作为一条独立的公理而添加到 ZF 中。更有趣的是, 这意味着 ¬AC (即 AC 的否定) 也总是可以添加到 ZF 中。因此, 我们可以设想这样的数学世界, 它的基础既可以是由 ZF+AC 定义的集合论, 也可以是由 ZF+(¬AC) 定义的集合论。我在上面已经说过一些关于 CH 的类似内容, 现在我们可以更精确地说: 我们可以设想这样的数学世界, 它的基础既可以是由 ZF+CH 定义的集合论, 也可以是由 ZF+(¬CH) 定义的集合论。

285

我不打算更深入地讨论集合论以及围绕它阐发的所有重要思想在 20 世纪的发展历程,[5]因为这真的远远超出了本书的主题。但是在本章的最后, 我确实希望提醒大家注意以下二者之间的直接联系, 一是克罗内克从构造主义视角对康托尔集合论进行批评的主要思想, 二是关于 WO 与 AC 的争议。正如我在上面所强调的, 克罗内克反对已完成的无穷, 他认为它在数学中并不必要, 并且会导致逻辑矛盾。克罗内克认为, 利用 AC 的思想进行推理对这门学科是极其有害的。AC 的本质是假定实无穷是存在的, 它不需要指定任何能明确定义或挑出其单个元素的程序。这条公理告诉我们, 这些集合确实存在, 但是它并不讨论每一个集合。任何类型的构造主义数学家都不希望把 AC 作为其知识领域的可靠基础。然而, 正如策梅洛的工作所表明的那样, 把 AC 作为一条有效的原理看起来又是必要的, 因为当时没有其他的替代选择。

在 20 世纪前几十年里, 数学的基础性辩论吸引了顶尖数学家的注意, 它们集中于集合论思想、逻辑悖论以及 AC 及其等价表述的地位。这些争论在 20 世纪 20 年代达到了顶峰, 表现为希尔伯特和鲁金 · 布劳威尔 (Luitzen E. J. Brouwer, 1881—1966) 之间的公开对抗。布劳威尔是数学构造主义的坚定支持者。他自己的构造主义学说称为 "数学直觉主义", 在整个 20 世纪, 它成为主流的康托尔无穷观点的最明显的替代理论。布劳威尔无论在个人方面还是在学术方面都不遗余力地强烈反对在数学中使用 AC 这样的思想。他提出了替代的方法来阐述微积分的基础, 而不需要依赖于 AC 或任何其他非构造性的

[5]参见 (Ferreirós 1996; Hesseling 2003; Moore 2013)。

原理。结果, 他获得了一些基本定理, 它们与整个数学界理所当然的认识和做法截然不同。希尔伯特对布劳威尔的提议毫不留情。他毫不犹豫地利用其道义和机构方面的权威性在这个行业的主要场合边缘化布劳威尔。在他与布劳威尔的对抗中, 希尔伯特提出了一条著名的、经常被引用的论述。对许多人来说, 这条论述表明, 20 世纪数学基础的核心是彻底地接受把无穷集合看成已完成的无穷。希尔伯特在 1926 年反驳布劳威尔的直觉主义时写道: “没有人能把我们赶出康托尔为我们创造的伊甸园。” 286

附录 12.1 证明代数数集是可数的

康托尔在 1873 年证明了代数数集是可数的。我在此概述一下他的证明。回想一下, 我们在这里用 $\mathbb{A}$ 表示的这个集合包含了所有具有有理系数多项式的实数解。首先要注意, 如果 q 是有理数, 那么 q 肯定是代数数, 因为 q 是以下的有理系数多项式方程的解: $x-q=0$。但是, 当然也有一些无理数是代数数。最简单的例子是 $\sqrt{2}$, 它是方程 $x^2-2=0$ 的解。现在, 为了证明我们关于 $\mathbb{A}$ 的势的论述, 我们从以下更一般的结果开始:

引理 12.1 *给定可数个集合 $A_1, A_2, A_3, \cdots, A_i, \cdots$, 其中每个集合 A_j 都是可数的, 如果我们定义集合 A 为所有这些集合的并集, 那么 A 是一个可数集合。*

这个一般结果的证明与 12.1 节中给出的 $\mathbb{Q}$ 是可数集的证明非常相似。和往常一样, 我们只需要找到一种方法来排列 A 中的所有元素, 使得它有第一个元素、第二个元素、第三个元素, 等等。因此, 我们在证明的开始把每个集合都写成这种序列, 并且根据假设, 这些集合本身都是可数的。例如, 我们可以把集合 A_n 的元素排成如下的序列:

$$A_n = a_1^n, a_2^n, a_3^n, a_4^n, a_5^n, \cdots, a_i^n, \cdots。$$

我在这里使用的格式类似于上面讨论 $\mathbb{R}$ 的势时的格式: 符号 a_i^j 表示集合 A_j 的第 i 个元素。我们现在可以把这些集合的所有元素排列成一个行阵列, 如图 12.7 所示。在这里, 每一行 i 都是 A_i 的元素排成的序列。现在, 就像我们对有理数所做的那样, 我们开始从右上角到左下角画对角线, 随着我们向右移动, 对角线也不断延长, 从而最终会覆盖所有集合, 如图 12.8 所示。 287

换句话说, 我们可以看到: 如果现在沿对角线取对这个阵列中的每个元素所分配的数, 那么该阵列中的所有元素 (即并集 A 中的所有元素) 可以如下

$$\begin{array}{llllllll}
a_1^1, & a_2^1, & a_3^1, & a_4^1, & a_5^1, & \dots, & a_i^1, & \dots \\
a_1^2, & a_2^2, & a_3^2, & a_4^2, & a_5^2, & \dots, & a_i^2, & \dots \\
a_1^3, & a_2^3, & a_3^3, & a_4^3, & a_5^3, & \dots, & a_i^3, & \dots \\
a_1^4, & a_2^4, & a_3^4, & a_4^4, & a_5^4, & \dots, & a_i^4, & \dots \\
a_1^5, & a_2^5, & a_3^5, & a_4^5, & a_5^5, & \dots, & a_i^5, & \dots \\
\vdots & \vdots & \vdots & \vdots & \vdots & & \vdots &
\end{array}$$

图 12.7 具有无穷多行和无穷多列的阵列中集合的元素

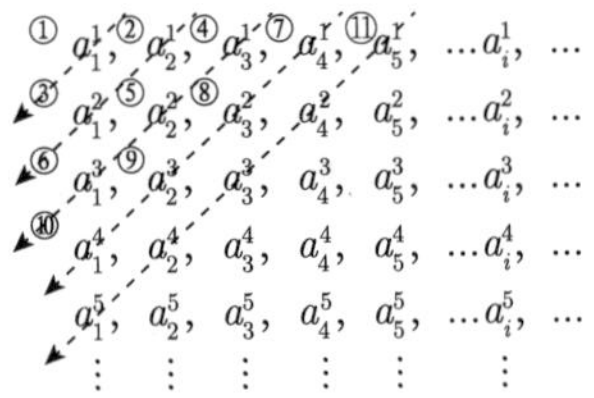

$$\begin{array}{llllllll}
① a_1^1, & ② a_2^1, & ④ a_3^1, & ⑦ a_4^1, & ⑪ a_5^1, & \dots a_i^1, & \dots \\
③ a_1^2, & ⑤ a_2^2, & ⑧ a_3^2, & a_4^2, & a_5^2, & \dots a_i^2, & \dots \\
⑥ a_1^3, & ⑨ a_2^3, & a_3^3, & a_4^3, & a_5^3, & \dots a_i^3, & \dots \\
⑩ a_1^4, & a_2^4, & a_3^4, & a_4^4, & a_5^4, & \dots a_i^4, & \dots \\
a_1^5, & a_2^5, & a_3^5, & a_4^5, & a_5^5, & \dots a_i^5, & \dots \\
\vdots & \vdots & \vdots & \vdots & \vdots & \vdots &
\end{array}$$

图 12.8 由无穷多行和无穷多列组成的阵列的对角线

排序:

$$A_n : a_1^1, a_2^1, a_1^2, a_3^1, a_2^2, a_1^3, a_4^1, a_3^2, a_2^3, a_1^4, a_5^1, \cdots 。$$

这实质上已经完成了证明, 因为根据要求, 这个并集的所有元素在这里都被排成了一个序列。不过, 以下两项说明还是很重要的:

• 某个元素可能出现在多个集合中。在这种情况下, 它将在上面的行和列的阵列中多次出现。然而, 这并不妨碍我们断言: 借助对角线构造的这个序列是穷尽的。例如, 如果出现在三个不同集合中的三个元素 a_5^1, a_2^2 和 a_1^3 实际上是相同的, 那么我们在建立元素序列时可以简单地跳过重复元素, 这样 A 中元素开始的顺序看起来如下所示:

$$a_1^1, a_2^1, a_1^2, a_3^1, a_2^2, a_4^1, a_3^2, a_2^3, a_1^4, \cdots 。$$

• 如果可数个集合中的一个或者多个集合 (事实上甚至是所有集合) 是有限集合而不是可数无穷集合, 那么同样的证明也成立。这条引理更精确的表述是:

给定可数个集合 $A_1, A_2, A_3, \cdots, A_i, \cdots$, 其中每个集合 A_j 是可数的或者有限的, 如果我们定义集合 A 为所有这些集合的并集, 那么 A 是可数集合。

现在我们回到代数数集 $\mathbb{A}$, 并根据引理 12.1 证明它是一个可数集合。我们实际上可以用 Q_1 表示所有的有理系数并且次数为 1 的多项式, 即形如 a_1x+a_0 的多项式, 其中 a_1 和 a_0 是有理数。对于一个固定的有理数 q, 设 Q_{q1} 是形如

$qx+a_0$ 的所有多项式, 其中 a_0 是有理数。显然 Q_{q1} 是一个可数集合, 因为每个有理数 a_0 在 Q_{q1} 中唯一定义了一个多项式, 反之亦然。因此, Q_{q1} 中多项式的个数和有理数一样多。但是当 q 取遍所有的有理数时, Q_1 现在是所有集合 Q_{q1} 的并集, 因此 Q_1 是可数个可数集合的并集, 于是根据引理 12.1 可知: Q_1 本身是可数的。现在用 P_1 表示 Q_1 中多项式的所有根的集合。因为 Q_1 中的多项式都是一次的, 所以 Q_1 中的每个多项式都有一个根, 因此我们可以得出结论: Q_1 是一个可数集合。

现在我们继续考虑形如 $a_2x^2+a_1x+a_0$ 的所有多项式的集合 Q_2, 其中 a_2, a_1 和 a_0 是有理数。和之前一样, 对于一个固定的有理数 q, 设 Q_{q2} 是形如 $qx^2+a_1x+a_0$ 的所有多项式的集合, 其中 a_1 和 a_0 是有理数。显然, Q_{q2} 是一个可数集, 因为每个多项式 a_1x+a_0 (其中 a_1 和 a_0 是有理数) 在 Q_{q1} 中唯一定义了一个多项式, 反之亦然。因此, 在 Q_{q2} 中的多项式和形如 a_1x+a_0 的多项式一样多。但是, 我们刚才已经看到, 所有那些多项式的集合是可数的, 因此 Q_{q2} 对于每个有理数 q 都是可数的。但是当 q 取遍所有的有理数时, Q_2 是所有集合 Q_{q2} 的并集, 因此 Q_2 是可数个可数集合的并集, 于是再次通过引理 12.1 可知, Q_2 本身是可数的。如果我们现在用 P_2 表示 Q_2 中的多项式的所有根的集合, 那么因为 Q_2 中的多项式是二次的, 所以 Q_2 中的每个多项式最多有两个实根, 因此我们可以得出结论: P_2 是一个可数集合。 288

我们很容易看出, 对于任意次数 n, 这种推理如何扩展到集合 Q_n 和 P_n。但是根据定义, $\mathbb{A}$ 是所有集合 P_n 的并集, 因此 $\mathbb{A}$ 是可数个可数集合的并集, 于是通过最后一次应用引理 12.1, 我们就能得出结论: $\mathbb{A}$ 本身是可数的。 289

第 13 章　后记: 历史视角下的数

数的简明历史的漫长旅程, 我们是从毕达哥拉斯学派开始的, 他们持有一种独特的观点: 把数作为宇宙中所有现象的基础。尽管他们的技术水平相当高, 但是随着不可公度量的发现, 他们的整个计划很快就遇到了严峻的困难。我们已经看到, 17 世纪是许多科学领域的真正分水岭, 但即使到了这个时候, 数的概念在许多重要方面仍然更接近于古希腊人的概念, 而不是接近于在 19 世纪末得到统一的那个概念。由于戴德金、康托尔、弗雷格和皮亚诺等数学家的工作以及我在前面几章中讨论的因素, 数系的所有等级的精美蓝图出现了, 而它本质上就是我们今天接受的这个蓝图。各种系统以及它们之间的关系都用严格的数学术语明确地定义下来了。这些系统 (包括代数数域) 的具体特征和它们与多项式、多项式系数以及多项式的根的关系, 都已经众所周知。

所有这些知识都经过了一个多世纪的详尽研究, 它们被仔细地组织成精心设计的先进的数学理论。尽管如此, 对于数及其性质的研究仍然是一个蓬勃发展的领域, 新生代的有天赋的数学家正在开发新的公开问题和新的方法论。令人着迷的是, 强大的计算与新颖的概念突破结合起来, 并且产生了重要的、有时还是意想不到的结果。

虽然那些使用各种数的合法性的问题在本书所讨论的发展中非常重要, 但是如今人们却认为这些问题毫无意义, 甚至还很愚蠢。如果没有前面章节中讨论的历史背景, 那么我们就会认为像 “牛顿否认负数的合法存在” 这样的陈述是荒谬的。否则, 对于像牛顿这样有才干的数学家, 你说他不能理解负数这样简单的概念, 这有什么意义呢? 我希望读者能在这些争论的历史背景下来理解它们的真正意义。

然而, 我在解释罗素悖论时已经提出, 关于引出数的现代概念的漫长而曲折的历史过程的结局, 以及我在最后呈现的看似和谐的画面, 它们本身并非没有问题和挑战。事实上, 对基础问题感兴趣的数学家很快就能认识到它们。关于使用无理数或虚数的合法性的争论逐渐退居幕后, 取而代之的新争论是: 关于使用实无穷和不受限制地依赖像选择公理这样的原理的合法性。克罗内克、布劳威尔和直觉主义者的追随者从实践和哲学的角度都主张在数学实践中完全取缔它们。

然而, 整个 20 世纪的主流基础观点仍然是希尔伯特推动的, 他呼吁人们要充分利用康托尔的伊甸园中的实无穷。按照这种观点解决这些挑战的努力始于 20 世纪早期, 并且在很大程度上受到了希尔伯特自己在这个领域的突破性研究的影响, 这些努力催生了一些新的数学学科, 它们通常统称为"元数学"。这些学科探讨各种各样的问题, 它们最初来自前几章中讨论的著作, 并且很快也扩展到一些令人相当惊讶的新方向。全体数系的层次视图使得数学中对基础问题的考虑大多都集中于关于集合、逻辑和公理系统的相当具体的技术性问题。关于逻辑系统的精确能力出现了深刻的新问题, 这些系统为各种数学理论的演绎大厦提供了底层的支撑基础。与库尔特 · 哥德尔和艾伦 · 图灵 (Alan Turing, 1912 — 1954) 这两个名字相联系的著名的不完全性定理开辟了新的研究途径, 在那里, 我们既可以详细分析任何公理系统的演绎能力, 也可以非常精确地确定它们的局限性。

自 20 世纪初以来, 大量有才华和勤奋的数学家在数学基础相关领域投入了全身心的研究, 而这种情况还会持续下去。他们得到的迷人的数学结果也保障了许多哲学家的工作, 因为他们也参与了对这些结果的解释和说明 (但有时他们也使这些结果更加晦涩难懂)。但是我们要着重强调: 在各种数学领域, 无论是经典领域还是 20 世纪新建立的领域, 高等研究都在继续发展和繁荣, 但人们几乎不会关心 (经常也不太了解) 元数学家对基础问题所做的重要工作。

与此同时, 过去几十年 (尤其是在 21 世纪初) 的重要发展导致了新的问题, 而它们有可能再次扭转局面。电子计算机在数学中的使用越来越普遍, 这个现象必然会对数是什么、数应该是什么这些基本观念产生深远的影响。在克罗内克构造主义体系中, 康托尔的实无穷的合法性又一次受到了质疑, 但这种质疑来自令人惊讶的、或许更强有力的新视角。 292

当然, 这种情况与我们在这本书中反复看到的情况并无二致。甚至在戴德金等人的工作之前, 当然之后也是如此, 数学各分支的发展和数学基础 (这里也包括数的概念) 的整体发展之间通常会有一种有趣的相互作用, 但前者并非一定要依赖于后者。从古希腊时代一直到今天, 研究的内部动力是数学新思想发展的主要驱动力, 即使当这些发展看起来与关于数的基本假设 (隐含的或明显的) 相矛盾时也是如此; 这些研究有时也与外部因素相互作用, 比如物理学的研究以及最近的生物学、经济学或计算机科学的研究。高等数学前沿学科的研究发展使这些假设不断受到挑战和质疑, 并最终进行了修改。

1905 年, 在哥廷根的一次演讲中, 希尔伯特对数学发展中固有的基本张力进行了有力的描述。引用他的话来结束本书非常合适。我在前面几章中已经强调, 希尔伯特在许多高等数学研究领域和基础的元数学领域都留下了足迹。他非常清楚这个知识层面之间的辩证关系。他用富有启发性的暗喻形式向他的学生传达了这条重要信息, 他说道:[1]

科学大厦的建造并不像住宅那样, 住宅首先要夯实地基, 然后才开始建造并扩大房间。科学更喜欢尽快获得舒适的空间来进行散步, 只有当以后的种种迹象表明疏松的地基无法承受房间的扩展时, 它才会着手支撑和加固它们。这不是缺点, 而是正确健康的发展道路。

在本书的各个章节中, 我们访问了一些主要的历史交汇点, 在这些地方, 关于数的流行观点所提供的基础和先进的研究正在推动的新的思想方向之间出现了巨大的差距。我希望我已经清晰地并且令人信服地说明了: 人们反复地修改流行的想法, 以便使摇晃的数学大厦得到强化并重新建立在坚实的基础上。但我还希望我已经表明, 它的房间和走廊会通过未知的新方式继续扩大, 而且, 由于它不断取得的所有成功和突破, 对其支柱的澄清和强化实际上是一个永无止境的进程。

293

[1]引自 (Corry 2004 [1996], p. 162)。

参考文献和进一步阅读建议

数学史是一个活跃而动态的学术研究领域, 历史学家在其中不断地添加创新的研究视角、未开发的档案文献以及对现有材料的新的解释。对已有的解释, 他们进行批判地分析并经常提出质疑; 对某些尚无定论的问题, 他们也会参与正在进行的学术辩论。对本书的内容感兴趣的读者可以通过阅读各种专业书刊来进一步发展和深化他们的知识, 这些书刊聚焦于研究数学文化、数学思想和数学家, 而这些数学家的著作我们在这里只能比较粗略地进行讨论。为此, 我从大量的现有出版物中挑选了一些书目, 包括与各章所讨论的主题直接相关的著作。数的概念发展这个问题是我们这本书讨论的核心, 但它在以下要引用的文本中通常只是其中的一部分, 而这些文本讨论的是关于一般数学的历史发展的其他更宽泛的主题。

数学史: 一般文献

不用说, 互联网上有很多信息丰富、设计精良的网站, 它们涉及数学史的各个方面。其中最流行、最丰富、最可靠的网站是 “数学史传记档案” (Mac Tutor History of Mathematics Archive), 它是由苏格兰圣安德鲁斯大学的约翰・奥康纳 (John J.O’Connor) 和埃德蒙・罗伯逊 (Edmund F. Robertson) 维护的。这个网站值得任何对数学史感兴趣的人进行访问。在其资源中, 它全面地收录了历史上著名的以及不太著名的数学家的传记。它的登录地址是:

http://www-history.mcs.st-and.ac.uk。

对于任何对数学史感兴趣的人, 甚至对任何从事数学研究和教学的人来说, 最好的一条建议简单地说就是 “阅读大师的著作”。直接阅读这些伟大思想最初被提出和探索的文本, 这不仅是理解这些思想内在之美的最佳方式, 也是

295

理解这些思想最初出现时所带有的内在困难的最佳方式。在这方面, 互联网也是一个宝贵的工具, 因为它不断地为任何感兴趣的人提供大量的扫描文本, 而这些文本涉及数学的所有时期和所有学科。我在这里只提到三个现有的网站, 你在其中可以找到很多这样的资源:

• DML, 数字图书馆:
http://www.mathematik.uni-bielefeld.de/~rehmann/DML/dml_links.html
• 数字化数学图书: http://sites.mathdoc.fr/LiNuM
• 古代自然科学文献: http://wilbourhall.org

本书的读者也会对原始文献的英译合集感兴趣。它们涵盖了各个历史时期和各个地方的文献。以下是其中的几种合集:

• Ewald, William (ed.) (1996), *From Kant to Hilbert: A Source Book in the Foundations of Mathematics*, Oxford: Clarendon Press.

• Fauvel, John and Jeremy Gray (eds.) (1988), *The History of Mathematics. A Reader*, London: Macmillan.

• Katz, Victor (ed.) (2007), *The Mathematics of Egypt, Mesopotamia, China, India, and Islam: A Sourcebook*, Princeton, NJ: Princeton University Press.

• Katz, Victor et al (ed.) (2016), *The Mathematics of Medieval Europe and North Africa: A Sourcebook*, Princeton, NJ: Princeton University Press.

• Mancosu, Paolo (ed.) (1998), *From Brouwer to Hilbert. The Debate on the Foundations of Mathematics in the 1920s*, Oxford: Oxford University Press.

• Smith, David E. (ed.) (1929), *A Source Book in Mathematics*, New York: Dover.

• Stedall, Jacqueline (ed.) (2008), *Mathematics Emerging: A Sourcebook (1540 – 1900)*, New York: Oxford University Press.

• van Heijenoort, Jean (1967), *From Frege To Gödel, A Source Book in Mathematical Logic, 1879 – 1931*, Cambridge, MA: Harvard University Press.

本书的读者也会对一些数学通史感兴趣。以下是最经常使用也最有名的几种:

• Grattan-Guinness, Ivor (1994), *Companion Encyclopedia of the History and Philosophy of the Mathematical Sciences* (2 vols.), London: Routledge.

• Katz, Victor J. (2008), *A History of Mathematics-An Introduction*, 3rd edn., Reading, MA: Addison-Wesley.

• Katz, Victor J. and Karen Hunger Parshall (2014), *Taming the Unknown: A History of Algebra from Antiquity to the Early Twentieth Century*, Princeton, NJ: Princeton University Press.

• Jahnke, Hans Niels (ed.) (2003), *A History of Analysis*, Providence, RI: American Mathematical Society.

• Kleiner, Israel (2006), *A History of Abstract Algebra*, Boston: Birkhäuser.

• Martinez, Alberto (2014), *Negative Math: How Mathematical Rules Can Be Positively Bent*, Princeton, NJ: Princeton University Press.

• Robson, Eleanor and Jacqueline Stedall (eds.) (2009), *The Oxford Handbook of the History of Mathematics*, Oxford: Oxford University Press.

• Stedall, Jacqueline (ed.) (2012), *The History of Mathematics: A Very Short Introduction*, Oxford: Oxford University Press.

• Stillwell, John (2010), *Mathematics and Its History*, 3rd edn., New York: Springer.

296

我还要提到一些书, 它们聚焦于数的概念或者讨论特殊类型的数的历史, 并且其总体方法和范围在很多方面都与我在本书中所做的有所不同:

• Benoit, Paul et al (eds.) (1992), *Historie de fractions / Fractions d'histoire*, Basel: Birkhäuser.

• Berggren, J. Len, Jonathan M. Borwein, and Peter Borwein (eds.) (2004), *Pi: A Source Book*, 3rd edn., New York: Springer.

• Clawson, Calvin C. (1994), *The Mathematical Traveler: Exploring the Grand History of Numbers*, Cambridge, MA: Perseus.

• Crossley, John N. (1987), *The Emergence of Number*, Singapore: World Scientific.

• du Sautoy, Marcus (2003), *The Music of the Primes: Searching to Solve the Greatest Mystery in Mathematics*, New York: HarperCollins.

• Flegg, Graham (2002), *Numbers: Their History and Meaning*, Mineola, NY: Dover.

• Higgins, Peter M. (2011), *Numbers: A Very Short Introduction*, Oxford: Oxford University Press.

• Mazur, Barry (2003), *Imagining Numbers (Particularly the Square Root of*

Minus Fifteen), New York: Farrar, Straus and Giroux.

• Sondheimer, Ernst and Alan Rogerson (2006), *Numbers and Infinity: A Historical Account of Mathematical Concepts*, Mineola, NY: Dover.

各章的进一步阅读建议

对于本书各章中涉及的任何主题, 读者如果对更专业的文本感兴趣, 那么他们可以参考以下的建议。我努力将最新的研究文献 (包括文章和书籍) 与原始文献的翻译一起收录进来。在某些情形, 我还包括了非英语的条目。无论如何, 这些文献并没有穷尽现有的所有相关文献。相反, 它只是一个有代表性的样本。当然, 我在本书中引用其段落的文献确实列在了其中。

第 1—2 章

• Chrisomalis, Stephen (2010), *Numerical Notation: A Comparative History*, Cambridge: Cambridge University Press.

• Porter, Theodore M. (1996), *Trust in Numbers*, Princeton, NJ: Princeton University Press.

• Serfati, Michel(2010), *La révolution symbolique: La constitution de l'écriture symbolique mathématique*, Paris: Editions PETRA.

第 3—4 章

• Christianidis, Jean (2004), "Did the Greeks have the notion of common fraction? Did they use it?," in Christianidis, J. (ed.), *Classics in the History of Greek Mathematics*, Dordrecht: Kluwer, pp. 331 – 336.

• Christianidis, Jean (2007), "The way of Diophantus: some clarifications on Diophantus' method of solution," *Historia Mathematica* 34, 289 – 305.

297

• Christianidis, Jean and Jeffrey Oaks (2013), "Practicing algebra in late antiquity: the problem-solving of Diophantus of Alexandria", *Historia Mathematica* 40, 127 – 163.

• Dijksterhuis, Eduard Jan (1987), *Archimedes* (translated by C. Dikshoorn; with a new bibliographic essay by Wilbur R. Knorr), Princeton, NJ: Princeton University Press.

• Fowler, David (1987), *The Mathematics of Plato's Academy.* A New Reconstruction, New York: Oxford University Press.

• Fried, Michael and Sabetai Unguru (2001), *Apollonius of Perga's Conica: Text, Context, Subtext*, Leiden: Brill.

• Heath, Thomas L. (1956), *The Thirteen Books of Euclid's Elements*, 2nd edn., New York: Dover.

• Klein, Jakob (1968), *Greek Mathematical Thought and the Origin of Algebra* (translated by Eva Brann), Cambridge, MA: MIT Press.

• Knorr, Wilbur R. (1975), *The Evolution of the Euclidean Elements*, Dordrecht: Reidel.

• Knorr, Wilbur R. (1985), *The Ancient Tradition of Geometrical Problems*, Boston: Birkhäuser.

• Mueller, Ian (1981), *Philosophy of Mathematics and Deductive Structure in Euclid's Elements*, Cambridge, MA: MIT Press.

• Netz, Reviel (1999), *The Shaping of Deduction in Greek Mathematics*, Cambridge: Cambridge University Press.

• Schappacher, Norbert (2005), "Diophantus of Alexandria: a Text and its History,"<http:// www-irma.u-strasbg.fr/~schappa/ NSch/ Publications_files/ Dioph.pdf>.

• Tannery, Paul (1893–95), *Diophanti Alexandrini Opera omnia cum graecis commentariis* (2 vols.), Leipzig: Teubner. (Reprint, Stuttgart: Teubner 1974.)

• Unguru, Sabetai (1975), "On the need to rewrite the history of Greek mathematics", *Archive for History of Exact Sciences* 15(1): 67–144.

• Van Brummelen, Glen(2009), *The Mathematics of the Heavens and the Earth: The Early History of Trigonometry*, Princeton, NJ: Princeton University Press.

• Ver Eecke, Paul(1959), *Diophante d'Alexandrie, les six livres arithmétiques et le livre des nombres polygones*, Paris: Blanchard.

第 5 章

• Berggren, Len (1986), *Episodes in the Mathematics of Medieval Islam*, Berlin: Springer (2nd edn., 2003).

• Brentjes, Sonja (2014), "Teaching the mathematical sciences in Islamic societies: eighth–seventeenth centuries," in Karp, Alexander and Gert Schubring (eds.), *Handbook on the History of Mathematics Education*, New York: Springer, pp. 85–107.

• Djebbar, Ahmed (2005), *L'algèbre arabe: genèse d'un art*, Paris: ADAPT.

• Freudenthal, Gad, (ed.) (1992), *Studies on Gersonides: A Fourteenth-Century Jewish Philosopher–Scientist*, Leiden: Brill.

• Gutas, Dimitry (1998), *Greek Thought, Arabic Culture: The Graeco-Arabic Translation Movement in Baghdad and Early' Abbāsid Society*, London: Routledge.

• Lange, Gerson (1909), *Sefer Maassei Chosheb. Die Praxis des Rechners. Ein hebräischarithmetisches Werk des Levi ben Gerschom aus dem Jahre 1321*, Frankfurt am Main: Louis Golde.

• Levy, Tony (1997), "The establishment of the mathematical bookshelf of the medieval Hebrew scholar: translations and translators," *Science in Context* 10: 431–451.

298

• Linden, Sebastian(2012), *Die Algebra des Omar Chayyam*, München: Edition Avicenna.

• Netz, Reviel (2004), *The Transformation of Mathematics in the Early Mediterranean World: From Problems to Equations*, Cambridge: Cambridge University Press.

• Oaks, Jeffrey (2011a), "Al-Khayyām's Scientific Revision of Algebra," *Suhayl: Journal for the History of the Exact and Natural Sciences in Islamic Civilisation* 10: 47–75.

• Oaks, Jeffrey (2011b), "Geometry and proof in Abū Kāmil's algebra," *Actes du 10 ème Colloque Maghrébim sur l'Histoire des Mathématiques Arabes*. Tunis: L'Association Tunisienne des Sciences Mathématiques, pp. 234–256.

• Oaks, Jeffrey and Haitham M. Alkhateeb (2007), "Simplifying equations in Arabic algebra," *Historia Mathematica* 34(1): 45–61.

• Rashed, Roshdi (1994), *The Development of Arabic Mathematics: between Arithmetic and Algebra* (translated by A. F. W. Armstrong), Dordrecht: Kluwer.

• Rashed, Roshdi (2009), *Al-Khwārizmī: The Beginnings of Algebra*, London: Saqi.

• Rashed, Roshdi and Bijan Vahabzadeh (1999), *Al-Khayyām Mathématicien*, Paris: Blanchard.

• Saidan, Ahmad Salim (1978), *The arithmetic of al-Uqlīdisī: The story of Hindu-Arabic arithmetic as told in Kitāb al-Fuṣūl fi al Ḥisāb al-Hindī, by Abū al-Ḥasan Aḥmad ibn Ibrāhīm alUqlīdisī, written in Damascus in the year 341 (A.D. 952/3)*, Dordrecht: Reidel.

第 6 章

• Corry, Leo (2013), "Geometry and arithmetic in the medieval traditions of Euclid's Elements: a view from Book II", *Archive for History of Exact Sciences* 67(6): 637 – 705.

• Folkerts, Menso (2006), *The Development of Mathematics in Medieval Europe. The Arabs, Euclid, Regiomontanus*, Aldershot: Ashgate.

• Franci, Raffaella (2010): "The history of algebra in Italy in the 14th and 15th centuries: some remarks on recent historiograpphy", *Actes d'Història dela Ciència i de la Tècnica*, N.E. 3(2): 175 – 194.

• Gavagna, Veronica (2012), "La soluzione per radicali delle equazioni di terzo e quarto grado e la nascita dei numeri complessi: Del Ferro, Tartaglia, Cardano, Ferrari, Bombelli," <http://web.math.unifi.it/archimede/note_storia/gavagna-complessi.pdf>.

• Gavagna, Veronica (2014), "Radices sophisticae, racines imaginaires: the Origin of complex numbers in the late Renaissance", in Rossella Lupacchini and Annarita Angelini (eds.), *The Art of Science. Perspectival Symmetries Between the Renaissance and Quantum Physics*, Cham: Springer, pp. 165 – 190.

• Heeffer, Albrecht (2008), "On the nature and origin of algebraic symbolism", in Bart Van Kerkhove (ed.), *New Perspectives on Mathematical Practices. Essays in Philosophy and History of Mathematics*, Singapore: World Scientific, pp.1 – 27.

• Heeffer, Albrecht and M. van Dyck (eds.) (2010), *Philosophical Aspects of Symbolic Reasoning in Early Modern Mathematics*, London: College Publications.

• Høyrup, Jens (2007), *Jacopo da Firenze's Tractatus Algorismi and Early Italian Abbacus Culture*, Basel: Birkhäuser.

• Rommevaux, Sabine et al. (eds.) (2012), *Pluralité de l'algèbre à la Renaissance*, Paris: Champion.

• Rose, Paul Lawrence (1975), *The Italian Renaissance of Mathematics. Studies on Humanists and Mathematicians from Petrarch to Galileo*, Genève: Librairie Droz.

299

• Sesiano, Jaques (1985), "The appearance of negative solutions in mediaeval mathematics," *Archive for History of Exact Sciences* 32 (2): 105–150.

• Stedall, Jackie (2011), *From Cardano's Great Art to Lagrange's Reflections: Filling A Gap in the History of Algebra*, Zürich: EMS Publishing House.

• Wagner, Roy (2010), "The natures of numbers in and around Bombelli's L'algebra," *Archive for History of Exact Sciences* 64 (5): 485–523.

第 7—8 章

• Bos, Henk (2001), *Redefining Geometrical Exactness*, New York: Springer.

• Descartes, René (1637), *The Geometry of René Descartes* (translated by David Eugene Smith and Marcia L. Lantham), New York: Dover (1954).

• Feingold, Mordechai (ed.) (1999), *Before Newton— The Life and Times of Isaac Barrow*, Cambridge: Cambridge University Press.

• Guicciardini, Niccolò (2003), *Reading the Principia: The Debate on Newton's Mathematical Methods for Natural Philosophy from 1687 to 1736*, Cambridge: Cambridge University Press.

• Guicciardini, Niccolò (2009), *Isaac Newton on Mathematical Certainty and Method*, Cambridge, MA: MIT Press.

• Hill, Katherine (1996–97), "Neither ancient nor modern: Wallis and Barrow on the composition of continua," *Notes and Records of the Royal Society* 50, 165–178; 51, 13–22.

• Mahoney, Michael Sean (1994), *The Mathematical Career of Pierre de Fermat, 1601–1665*, Princeton, NJ: Princeton University Press.

• Malet, Antoni (2006), "Renaissance notions of number and magnitude," *Historia Mathematica* 33 (1), 63–81.

• Mancosu, Paolo (1996), *Philosophy of Mathematics and Mathematical Practice in the Seventeenth Century*, New York: Oxford University Press.

• Neal, Katherine (2002), *From Discrete to Continuous: The Broadening of the Number Concepts in Early Modern England*, Dordrecht: Kluwer.

• Pierce, R.J. (1977), "A brief history of logarithms," *The Two-Year College*

Mathematics Journal 8(1), 22–26.
• Pycior, Helena (2006), *Symbols, Impossible Numbers, and Geometric Entanglement. British Algebra through the Commentaries On Newton's Universal Arithmetick*, Cambridge: Cambridge University Press.
• Whiteside, Derek Thomas (1970), "The mathematical principles underlying Newton's Principia Mathematica," *Journal for the History of Astronomy* 1, 116–138.

第 9—12 章

• Crowe, Michael J. (1994), *A History of Vector Analysis: The Evolution of the Idea of a Vectorial System*, New York: Dover.
• Corry, Leo (1996), *Modern Algebra and the Rise of Mathematical Structures*, Basel and Boston: Birkhäuser (2nd edn., 2004).
• Corry, Leo (2004), *Hilbert and the Axiomatization of Physics (1898–1918): From "Grundlagen der Geometrie" to "Grundlagen der Physik,"* Dordrecht: Kluwer.
• Dedekind, Richard (1963), *Essays on the Theory of Numbers*, New York: Dover.
300
• Ebbinghaus, Heinz-Dieterand VolkerPeckhaus (2007), *Ernst Zermelo. An Approach to His Life and Work*, New York: Springer.
• Euler, Leonhard (2006), *Elements of Algebra*, St. Albans, Hertfordshire: Tarquin Reprints.
• Ferreirós, José (1996), *Labyrinth of Thought. A History of Set Theory and Its Role in Modern Mathematics*, Basel: Birkhäuser (2nd edn., 2007).
• Goldstein, Catherine, Norbert Schappacher, and Joachim Schwermer (eds.) (2007), *The Shaping of Arithmetic after C. F. Gauss's Disquisitiones Arithmeticae*, New York: Springer.
• Grattan-Guinness, Ivor(2000),*The Search for Mathematical Roots, 1870–1940: Logics, Set Theories and the Foundations of Mathematics from Cantor through Russell to Gödel*, Princeton, NJ: Princeton University Press.
• Gray, Jeremy J. (2001), *The Hilbert Challenge*, Oxford: Oxford University Press.
• Gray, Jeremy J. (2008), *Plato's Ghost: The Modernist Transformation of*

Mathematics, Princeton, NJ: Princeton University Press.

• Hesseling, Dennis E. (2003), *Gnomes in the Fog: The reception of Brouwer's Intuitionism in the 1920s*, Basel: Birkhäuser.

• Lützen, Jesper (ed.) (2001), *Around Caspar Wessel and the Geometric Representation of Complex Numbers*, Copenhagen: The Royal Danish Academy of Sciences and Letters.

• Moore, Gregory H. (2013), *Zermelo's Axiom of Choice: Its Origins, Development, and Influence*, New York: Dover.

• Schubring, Gert (2005), *Conflicts Between Generalization, Rigor, and Intuition, Number Concepts Underlying the Development of Analysis in 17th – 19th Century France and Germany*, New York: Springer.

301

人名索引

索引中页码为书中页边标注的原书页码。

A

Abu Kamil ibn Aslam 阿布·卡米尔·伊本·阿斯拉姆 (约 850—约 930), 103, 105, 106, 118, 125, 129

Adelard of Bath 巴斯的阿德拉德 (约 1080—约 1150), 126

al-Ahdab, Yitzhak Ben Shlomo 伊扎克·本·什洛莫·阿尔–阿达卜 (约 1350—约 1429), 117

al-Kashi, Ghiyath al-Din 吉亚斯·阿尔–丁·阿尔–卡西 (1380—1429), 110

al-Karaji , Abu Bakr 阿布·贝克尔·阿尔–卡拉吉 (约 953—约 1029), 110, 118

al-Khayyam, 'Umar 乌马尔·阿尔–海亚姆 (1048—约 1131), 111–114, 116, 121–123, 129, 139, 201

al-Khwarizmi, Muhammad ibn Musa 穆罕默德·伊本·穆萨·阿尔–花拉子米 (约 780—约 850), 90–106, 108–112, 115–118, 121, 125, 128, 131, 140–143, 151, 201

al-Kindi, Abu Yusuf ibn 'Ishaq 阿布·尤素夫·伊本·依沙克·阿尔–金迪 (约 800—约 873 年), 90

al-Ma'mun, Abu Ja'far 阿布·贾法·阿尔–马蒙 (783—833, 813—833 年在位), 89

al-Mansur, Abu Ja'far 阿布·贾法·阿尔–曼苏尔 (714—775, 754—775 年在位), 89

al-Rashid, Harun 哈伦·阿尔–拉士德 (766—809), 89

al-Samaw'al, Ibn Yahya al-Maghribi 伊本·叶海亚·阿尔–马格里布·阿尔–萨玛瓦尔 (约 1125—1174), 109, 118

al-Tusi, Sharaf al-Din 沙拉夫·阿尔–丁·阿尔–图斯 (约 1135—1213), 110

al-Uqlidisi, Abu al-Hasan Ahmad ibn Ibrahim 阿布·阿尔–哈桑·艾哈迈德·伊本·伊布拉伊姆·阿尔–乌克利迪西 (约 920—约 980), 107, 109, 167

Alkhateeb, Haitham M. 阿尔哈提卜·海赛姆, 98

Apollonius of Perga 佩尔贾的阿波罗尼乌

斯 (公元前约 262—前约 190), 29, 32, 51, 90, 97, 121–123, 125, 183, 191
Archimedes of Syracuse 叙拉古的阿基米德 (公元前 287—前 212), 29, 32, 48–51, 70, 81, 90, 125, 158
Argand, Jean-Robert 让–罗伯特·阿尔冈 (1768—1822), 212, 213, 218
Aristarchus of Samos 萨摩斯的阿利斯塔克 (公元前约 310—前约 230), 29
Aristotle 亚里士多德 (公元前 384—前 322), 52, 54

B

Bar-Hiyya ha-Nasi, Abraham 亚伯拉罕·巴尔–希亚·哈–纳西 (1070—1136), 117, 125
Barrow, Isaac 艾萨克·巴罗 (1630—1677), 188—192, 198, 201, 203–205
Berggren, Len 伦恩·贝尔格伦, 50, 68, 163
Bolzano, Bernard 伯纳德·波尔查诺 (1781—1848), 266, 267
Boole, George 乔治·布尔 (1815—1864), 218
Bortolotti, Ettore (1866—1947) 埃托雷·博托洛蒂, 148
Bos, Henk 亨克·博斯, 180, 181
Briggs, Henry 亨利·布里格斯 (1561—1630), 167–171
Brouwer, Luitzen E. J. 鲁金·布劳威尔 (1881—1966), 286
Buée, Adrien-Quentin 亚德里安–昆廷·布伊 (1748—1826), 212, 213
Burali-Forti, Cesare 切萨雷·布拉利–福蒂 (1861—1931), 279–281

C

Campanus de Novara 诺瓦拉的坎帕努斯 (1220—1296), 126
Cantor, Georg 乔治·康托尔 (1845—1918), 16, 237, 242, 258, 265–281, 287, 291
Cardano, Girolamo 吉罗拉莫·卡尔达诺 (1501—1576), 138, 139, 141–148, 156–158, 162, 163, 180, 194
Cauchy, Augustin-Louis 奥古斯丁·路易斯·柯西 (1789—1857), 236, 266
Cavalieri, Bonaventura 波那文图拉·卡瓦列里 (1598—1647), 266
Cayley, Arthur 亚瑟·凯莱 (1821—1895), 221
Chuquet, Nicolas 尼古拉·许凯 (约 1445—约 1500), 134, 167
Clavius, Christopher 克里斯托弗·克拉维乌斯 (1538—1612), 59, 149, 150, 156, 163, 202
Clifford, William Kingdon 威廉·金顿·克利福德 (1845—1879), 221
Cohen, Paul 保罗·柯恩 (1934—2007), 275
Copernicus, Nicolaus 尼古拉·哥白尼 (1473—1543), 156
Corry, Leo 利奥·科里, 201, 214, 229, 284, 293

D

d'Alembert, Jean le Rond 让·勒朗·达朗贝尔 (1717—1783), 208, 209, 212
da Vinci, Leonardo 莱昂纳多·达·芬奇 (1452—1519), 137
Dardi, Maestro 马埃斯特罗·达迪 (14 世纪), 137, 145
De Morgan, Augustus 奥古斯都·德·摩根 (1806—1871), 218
Dedekind, Richard 理查德·戴德金 (1831—1916), 9, 43, 220, 223–225, 228–245, 249–255, 257–263, 265–269, 275, 276, 281, 291–293

del Ferro, Scipione 西皮奥尼 · 德 · 费罗 (1465—1526), 139
Descartes, René 勒内 · 笛卡儿 (1596—1650), 14, 50–52, 82, 142, 159, 161–163, 175–184, 187–193, 196, 198, 208, 211, 259
Diderot, Denis 德尼 · 狄德罗 (1713—1784), 208
Dijksterhuis, Eduard Jan 爱德华 · 扬 · 戴克斯特豪斯 (1892—1965), 50
Diophantus of Alexandria 亚历山大的丢番图 (约 201—约 285), 32, 71–80, 83–85, 98, 111, 127, 147, 156–159

E

Estienne de La Roche 埃斯蒂安 · 德 · 拉 · 罗赫 (1470—1530), 284
Euclid of Alexandria 亚历山大的欧几里得 (活跃于公元前 300), 32, 43–45, 50, 51, 55, 58, 59, 63–66, 70, 78, 90, 93, 103, 105, 117, 119–121, 125, 126, 136, 149, 150, 163–165, 188, 191, 214, 227, 242, 243, 267
Eudoxus of Cnidus 克尼得斯的欧多克索斯 (公元前 408—前 355), 42, 43, 209
Euler, Leonhard 莱昂哈德 · 欧拉 (1707—1783), 169, 210–213, 218

F

Fauvel, John 约翰 · 福维尔, 69, 123
Fermat, Pierre de 皮埃尔 · 德 · 费马 (1601—1665), 72, 73, 163, 176, 187, 300
Ferrari, Ludovico 卢多维克 · 费拉里 (1522—1565), 139
Ferreirós, José 何塞 · 费雷罗斯, 284, 286
Fibonacci, Leonardo Pisano 比萨的莱昂纳多 · 斐波那契 (约 1170—约 1240), 117, 128–130, 136, 150, 167
Fraenkel, Abraham Halevy 亚伯拉罕 · 哈勒维 · 弗兰克尔 (1891—1965), 285
Français, Jacques 亚克斯 · 弗朗切斯 (1775—1833), 212, 213
Frege, Gottlob 戈特洛布 · 弗雷格 (1848—1925), 259–263, 265, 274, 281, 291
Frobenius, Georg Ferdinand 乔治 · 斐迪南 · 弗罗贝尼乌斯 (1849—1917), 219, 220

G

Gauss, Carl Friedrich 卡尔 · 弗里德里希 · 高斯 (1777—1855), 14, 152, 210, 211, 214, 215, 217, 223–226, 230
Gavagna, Veronica 葛瓦格纳 · 维罗妮卡, 140
Gerard de Cremona 吉拉德 · 德 · 克雷莫纳 (约 1114—约 1187), 117
Gersonides: Levy Ben Gerson 热尔松尼德斯, 也称莱维 · 本 · 热尔松 (1288—1344), 117–120, 125, 251
Girard, Albert 阿尔伯特 · 吉拉德 (1595—1632), 180
Gödel, Kurt 库尔特 · 哥德尔 (1906—1978), 275, 292
Grassmann, Hermann Günther 赫尔曼 · 金特 · 格拉斯曼 (1809—1877), 221
Gray, Jeremy J. 杰里米 · 格雷, 69, 123, 284
Gregory, Duncan Farquharson 邓肯 · 法夸尔森 · 格里高利 (1813—1844), 218

H

Halley, Edmond 埃德蒙 · 哈雷 (1656—1742), 191
Hamilton, William Rowan 威廉 · 罗恩 · 哈密顿 (1805—1865), 216–224, 231–234, 249, 259
Harriot, Thomas 托马斯 · 哈里奥特 (1560—1621), 135, 182

Heath, Sir Thomas L. 托马斯 · L. 希思爵士 (1861—1940), 38, 44, 51–57, 198, 200, 201

Heeffer, Albrecht 阿尔布雷赫特 · 希福尔, 137

Hermite, Charles 查尔斯 · 埃尔米特 (1822—1901), 13

Heron of Alexandria 亚历山大的海伦 (约10—约 70), 80, 81

Hesseling, Dennis 丹尼斯 · 海塞林, 286

Hilbert, David 大卫 · 希尔伯特 (1862—1943), 230, 275, 279, 280, 284, 293

Hippasus of Metapontum 梅塔蓬图姆的希帕索斯 (活跃于公元前 5 世纪), 41

Hippocrates of Khios 希俄斯的希波克拉底 (公元前约 470—前约 410), 68, 70

Hobbes, Thomas 托马斯·霍布斯 (1588—1679), 188

Hypatia of Alexandria 亚历山大的希帕蒂亚 (约 370—415), 31

I

Iamblichus 杨布里科斯 (245—325), 41

Ibn al-Banna' al-Marrakushi 伊本 · 阿尔–班纳·阿尔–马拉库西 (1256—1321), 110, 117

ibn Qurra, Thabit 萨比特 · 伊本 · 库拉 (825—901), 90

Ibn-Ezra, Abraham 亚伯拉罕 · 伊本–埃兹拉 (1092—1167), 117

K

Kant, Immanuel 伊曼努尔·康德 (1724—1804), 219, 220, 259

Katz, Victor 维克托 · 卡兹, 101, 132

Klein, Jacob 雅各布 · 克莱茵 (1899—1978), 41, 42, 47, 76

Kleiner, Israel 伊斯雷尔 · 克雷纳, 147

Kronecker, Leopold 利奥波德 · 克罗内克 (1823—1891), 228, 280, 281, 286

Kummer, Eduard Ernst 爱德华 · 恩斯特 · 库默尔 (1810—1893), 227–229

L

Lange, Gershom 格森 · 朗格, 119

Lange, Gerson 热尔松 · 朗格, 118

Leibniz, Gottfried Wilhelm 戈特弗里德 · 威廉 · 莱布尼茨 (1646—1716), 149, 207, 208, 235, 236

Lejeune-Dirichlet, Peter 彼得·勒热纳–狄利克雷 (1805—1859), 225

Lindemann, Ferdinand von 斐迪南 · 冯 · 林德曼 (1852—1939), 12, 13

Lipschitz, Rudolf 鲁道夫 · 李普希茨 (1832—1903), 242, 243, 245

M

Mahoney, Michael S. 马克尔 · 马奥尼, 159

Martinez, Alberto 阿尔伯托 · 马丁内兹, 211

Menaechmus 梅内克莫斯 (公元前约 380—前约 320), 68, 69

Méray, Charles 查尔斯 · 梅雷 (1835—1911), 237

Moore, Gregory H. 格里高利 · 摩尔, 286

N

Napier, John 约翰·纳皮尔 (1550—1617), 167, 169–173

Neal, Katherine 凯瑟琳 · 尼尔, 202, 204

Newton, Isaac 艾萨克 · 牛顿 (1642—1727), 57, 155, 175, 188, 190–195, 207, 208, 211, 235, 236, 243, 291

Noether, Emmy Amalie 埃米 · 阿玛丽 · 诺特 (1882—1935), 230

O

Oaks, Jeffrey 杰弗里·欧克斯, 98, 105, 106

Oresme, Nicole 尼古拉・奥雷姆 (约 1323—1382), 131

Oughtred, William 威廉・奥特雷德 (1575—1660), 182, 190

P

Pacioli, Luca 卢卡・帕西奥利 (1445—1517), 137

Pappus of Alexandria 亚历山大的帕普斯 (约 290—约 350), 70, 71, 81, 83, 129, 159, 179

Parshall, Karen 凯伦・巴歇尔, 132

Peacock, George 乔治・皮科克 (1791—1858), 218

Peano, Giuseppe 朱塞佩・皮亚诺 (1858—1932), 251—259, 261–263, 278, 279, 291

Peckhaus, Volker 沃尔克・匹克豪斯, 284

Poincaré, Jules Henri 亨利・朱尔斯・庞加莱 (1854—1912), 280, 281

Ptolemy, Claudius 克劳迪亚斯・托勒密 (85—165), 30, 32, 111, 113, 125

Pythagoras of Samos 萨摩斯的毕达哥拉斯 (公元前约 570—前约 490), 32–41, 44, 52, 54, 64, 67, 78, 291

Q

Qusta ibn Luqa 库斯塔・伊本・卢卡 (820—912), 72, 75, 111

R

Rashed, Roshdi 拉希迪・拉希德, 92, 98, 114, 115

Recorde, Robert 罗伯特・雷科德 (1510—1558), 135

Riemann, Bernhard 伯恩哈德・黎曼 (1826—1866), 224

Robert of Chester 切斯特的罗伯特 (活跃于 1150 年左右), 126

Roche, Estienne de La 埃斯蒂安・德・拉・罗赫 (1470—1530), 135

Rolle, Michel 米歇尔・罗尔 (1652—1719), 238

Rudolff, Christoff 克里斯托弗・鲁道夫 (1499—1545), 131, 135

Russell, Bertrand 伯特兰・罗素 (1872—1970), 259, 262, 281–283, 292

S

Saccheri, Giovanni Gerolamo 乔瓦尼・吉罗拉莫・萨凯里 (1667—1733), 59

Saidan, Ahmad S. 艾哈迈德・塞登, 108, 109

Senruset I 森鲁塞特一世 (公元前 1956—前 1911), 25

Smith, David E. 大卫・史密斯 (1860—1944), 141

Stevin, Simon 西蒙・斯蒂文 (1548—1620), 28, 149, 163–167, 169–171, 184, 242

Stifel, Michael 迈克尔・斯蒂菲尔 (1487—1567), 135, 137, 138, 158, 167, 168

Sylvester, James Joseph 詹姆斯・约瑟夫・西尔维斯特 (1814—1897), 221

T

Tait, Peter Guthrie 彼得・格思里・泰特 (1831—1901), 221, 222

Tannery, Jules 朱尔斯・塔内里 (1848—1910), 73

Tartaglia, Niccolò Fontana 尼古拉・方坦纳・塔塔利亚 (1500—1557), 139

Thales of Miletus 米利都的泰勒斯 (公元前约 624—前约 546), 31

Theon of Smyrna 士麦那的席恩 (约 70—约 135), 28

Turing, Alan Mathison 阿兰・马蒂松・图灵 (1912—1954), 292

V

Vahabadzeh, Bijan 毕扬 · 瓦哈巴兹埃, 114, 115
ver Eecke, Paul 保罗 · 维尔 · 艾克, 73, 76
Vesalius, Andreas 安德烈亚斯 · 维萨留斯 (1514—1564), 156
Viète, François 弗朗西斯 · 韦达 (1540—1603), 77, 157–164, 166, 171, 176, 178, 182, 183, 188, 190, 192
Vlacq, Adriaan 亚德里安 · 弗拉克 (1600—1667), 170

W

Wallis, John 约翰 · 沃利斯 (1616—1703), 182–187, 189, 190, 192, 193, 201–204, 209, 212
Weierstrass, Karl 卡尔 · 魏尔斯特拉斯 (1815—1897), 237, 242
Weisz, Rachel 蕾切尔 · 薇姿, 31
Wessel, Caspar 卡斯帕 · 韦塞尔 (1745—1818), 212, 213
Whiston, William 威廉 · 惠斯顿 (1667—1752), 191

Z

Zermelo, Ernst 恩斯特 · 策梅洛 (1871—1953), 284, 285

主题索引

索引中页码为书中页边标注的原书页码。

A

Agora (film) 《城市广场》(电影), 31

abbacus tradition 明算传统, 129–131, 136–140, 142, 145–147, 156–158, 161, 164

AC, Axiom of Choice 选择公理, 283, 284, 286

Acadians 阿卡迪亚人, 28

al-jabr wa'l-muqabala 还原; 对消, 77, 91, 98–100, 111, 114, 115, 130

al-Khwarizmi's six kinds of equations 阿尔–花拉子米的 6 种方程, 91, 143

Al-kitab al-muhtasar fi hisab al-jabr w'al-muqabala. Treatise by al-Khwarizmi 《还原与对消计算概论》, 阿尔–花拉子米的著作, 90

algebra 代数

  Arabic algebra 阿拉伯代数, 91, 94, 127, 128

  British symbolic algebra 英国符号代数, 217, 218

  symbolic algebra 符号代数, 99, 111

  fundamental theorem of algebra 代数基本定理, 14, 180, 193, 194, 211, 214, 225

  algebraically closed 代数封闭, 14

Algorismus proportionum. Book by Oresme 《比例算法》, 奥雷斯姆的书, 131

Almagest. Book by Claudius Ptolemy 《至大论》, 托勒密的书, 30, 111

Arabic translations 阿拉伯语译著, 32, 72, 75, 88, 90

Archimedes, Principle 阿基米德原理, 59

Arithmetic 算术

  arithmetic, fundamental theorem of 算术基本定理, 5, 214, 225, 227, 230

  Arithmetica. Book by Diophantus 《算术》, 丢番图的书, 71–77, 83, 111

  Arithmetica Infinitorum. Book by Wallis 《无穷算术》, 沃利斯的书, 183

  Arithmetica Integra. Book by Stifel 《综合算术》, 斯蒂菲尔的书, 135

arithmos (Diophantus) 未知量 (丢番图),

75–78, 84, 85, 170
arithmoston (Diophantus) 未知量的倒数(丢番图), 75
Ars Magna, sive de Regulis Algebraicis. Book by Cardano 《大术: 论代数法则》, 卡尔达诺的书, 138, 143, 146, 147, 156
Artis Analyticae Praxis. Book by Harriot 《分析术的实践》, 哈里奥特的书, 182
astrology 占星术, 138
astronomy 天文学, 28–30, 32, 45, 47, 89, 90, 101, 111, 113, 126, 129, 138, 156, 166–168, 170–172, 191, 218

B

Babylonian mathematics 巴比伦数学, 19, 27, 28, 30
Baghdad 巴格达, 89, 90
Bayt al-Hikma 智慧宫, 89, 90
Biblical exegesis 圣经注释, 117
Bologna 博洛尼亚, 125
British currency 英国货币, 23
British Parliament 英国议会, 191
Brougham Bridge, Dublin 都柏林布鲁厄姆大桥, 221
Byzantine sources 拜占庭文献, 32, 128

C

calculus, fundamental theorem 微积分基本定理, 235–237, 245, 246
Cambridge 剑桥, 188, 190, 193
  Lucasian Chair 卢卡斯教授席位, 188, 191
  Trinity College 三一学院, 191
cardinal 基数, 15, 16, 251, 259–262, 267–279, 281, 287
cartography 地图学, 166, 167
CH, Cantor's Continuum Hypothesis 康托尔连续统假设, 275, 276, 284, 286
China 中国, 24, 87
Christians 基督徒, 87, 116
circle 圆, 38, 47, 48, 68, 101, 121–124, 177, 178, 185, 186, 197, 225, 226
circle squaring problem 化圆为方问题, 49, 68
Clavis Mathematicae. Book by Oughtred 《数学的钥匙》, 奥特雷德的书, 182
completion of the square 配方, 94, 96, 120
comprehension, principle of 概括原则, 281, 282, 285
conic sections 圆锥曲线, 68–70, 82, 112, 121, 129, 183
Constantinople 君士坦丁堡, 127
constructivism 构造主义, 281, 286
continuity 连续, 9, 237–239, 242, 243, 247, 250, 251, 265
continuous magnitudes 连续量, 42, 59, 80, 163, 189
cossic tradition 算学传统, 134–138, 142, 148, 150, 156, 158, 160, 161, 164
Crotona 克罗托纳, 32
cube 立方体, 67–69, 72, 74, 80, 110–112, 124, 129, 131, 139–143, 148, 160, 179, 184
cube duplication problem 倍立方体问题, 67
cuneiform texts 楔形文字文本, 27
cut (Dedekind) 戴德金分割, 236–245
cyclotomy 割圆术, 226

D

Damascus 大马士革, 107
De humani corporis fabrica. Book by Vesalius 《人体的结构》, 维萨里的书, 156
De Regula Aliza. Book by Cardano 《论困难的法则》, 卡尔达诺的书, 145, 147
decimal metric system 十进制公制, 23
decimal system 十进制, 17–20, 22, 23, 28,

93, 117, 129, 130, 166, 167
denominator 分母, 26, 35, 41, 52, 78, 85, 123
density 密度, 9, 239
Descartes' rules of signs 笛卡儿符号法则, 180
diagonal of a square 正方形的对角线, 40, 41, 52–54, 189
Die Coss. Book by Rudolff 《未知量》, 鲁道夫的书, 131
Discours de la methode. Book by Descartes 《方法论》, 笛卡儿的书, 175
discrete magnitudes 离散量, 80, 150, 162, 192
Disquisitiones Arithmeticae. Book by Gauss 《算术研究》, 高斯的书, 210, 214
double reductio ad absurdum 双归谬法, 58, 59
dynamis (Diophantus) 平方数 (丢番图), 74–78, 84
dynamoston (Diophantus) 平方数的倒数 (丢番图), 75, 78, 84

E

École Normale Superieur 巴黎高等师范学院, 236
École Polytechnique 巴黎综合理工学院, 236
Egyptian hieroglyphic writing 埃及象形文字, 24–26
Egyptian mathematics 埃及数学, 24–26, 36, 45, 128
electronic computers 电子计算机, 19, 20
ellipse 椭圆, 183
Encyclopédie, ou dictionnaire raisonné des sciences, des arts et des métiers 《百科全书: 科学、艺术与贸易的详细词典》, 208
English Civil War (1642—1651) 英国内战, 182
equation 方程
algebraic equation 代数方程, 5–7, 12, 66, 69, 71, 72, 77
cubic equation 三次方程, 112, 141–144
differential equation 微分方程, 4
Diophantine equation 丢番图方程, 71
fourth-degree equation 四次方程, 147
polynomial equation 多项式方程, 11–14, 177, 180, 181, 193, 194, 211, 229, 276, 287
quadratic equation 二次方程, 10, 12, 67, 91–94, 117, 120, 135, 142–144, 179, 182, 183, 186, 187, 196, 198
quartic equation 四次方程, 140
Euclid's *Elements* 欧几里得的《几何原本》, 38, 42–44, 50–52, 55, 57–59, 63, 64, 66, 78, 93, 97, 103, 117, 118, 121, 126, 127, 133, 136, 139, 142, 144, 149, 150, 156, 163, 164, 188, 191, 195, 197–203, 227, 242, 243
Eudoxus' theory of proportions 欧多克索斯的比例理论, 43, 45, 55–59, 64, 66, 68, 123, 149, 164, 208, 242–245
Euler formula 欧拉公式, 210
exhaustion, method of 穷竭法, 59

F

fluxions and fluents 流数与流量, 236
fractions 分数, 6, 7, 9, 12, 21, 25–27, 35, 36, 41, 45, 46, 52, 78, 79, 81, 84, 85, 93, 94, 101, 102, 128, 129, 135, 149, 156, 164–167, 169, 170, 179, 183, 184, 189, 193, 209, 231, 232, 234, 244, 268
common fractions 普通分数, 6, 26, 35, 45–47, 102, 134, 135, 150
decimal fractions 小数, 6, 9, 21, 27, 35, 107–110, 134, 164–167, 169–171, 184, 189, 270, 271
Egyptian fractions 埃及分数, 26

sexagesimal fractions 六十进制分数, 101
unit fractions 单位分数, 25 – 27, 45, 78
French Revolution 法国大革命, 23, 236

G

geography 地理学, 32, 87, 90, 125
geometric algebra 几何代数, 54, 66, 67, 198, 200
geometry 几何学
analytic geometry 解析几何, 68, 69, 82, 121, 163, 176, 179, 182, 187
non-Euclidean geometry 非欧几何, 215, 218
gigabyte 1024 兆, 23
Göttingen 哥廷根, 224, 225, 230, 231, 236, 266, 284, 293
golden ratio 黄金分割比, 37, 38, 66, 67
Great Pyramid 大金字塔, 37
Greece, ancient 古希腊, 5, 24, 31, 35, 50, 87, 127
Greek mathematics 希腊数学, 26, 28, 31, 32, 38, 42, 45, 54, 63, 78, 80, 81, 83, 84, 88

H

Hebrew numeration system 希伯来记数体系, 20
Hibbur ha-meshihah we-hatishboret. Treatise by Bar-Hiyya 《论度量和计算》, 巴尔 – 希亚的书, 117
higher reciprocity 高次互反律, 215
Hindu-Arabic numerals 印度 – 阿拉伯数字, 89, 90, 101, 107, 117, 128, 151
Hollywood 好莱坞, 31
humanism 人文主义, 127
hyperbola 双曲线, 68 – 70, 121 – 123, 183
hypotenuse 斜边, 33

I

ICM 1900, International Congress of Mathematicians, Paris 1900 年国际数学家大会, 巴黎, 284
incommensurability 不可公度性, 39 – 43, 52 – 54, 64, 126, 136, 149, 164, 192, 243, 291
India 印度, 24
induction, principle of 归纳原理, 118, 250 – 254, 258, 262, 263
infinitesimal calculus 无穷小微积分, 4, 60, 155, 157, 183, 191, 195, 207, 210, 211, 215, 218, 235 – 239, 247, 249, 258, 266
intuitionism 直觉主义, 286, 287
Islamicate mathematics 伊斯兰数学, 77, 83, 87, 88, 91, 94, 100, 110, 112, 116, 117, 121, 125
isosceles triangle 等腰三角形, 38

J

Japan 日本, 24
Jews 犹太人, 87, 116, 125

K

Karnak Temple, Egypt 卡尔纳克神庙, 埃及, 24
Kitab al-Fusul Hisab fi al-Hindi. Treatise by al-Uqlidisi 《论印度的算术》, 阿尔 – 乌克利迪西翻译, 107
Korea 朝鲜, 24
kybos (Diophantus) 立方数 (丢番图), 74, 75
kyboston (Diophantus) 立方数的倒数 (丢番图), 78

L

L'invention en algebra. Book by Girard 《代数发明》, 吉拉德的书, 180
La Disme(De Thiende) 论十进制, 斯蒂文的书, 164
La géométrie. Book by Descartes 《几何学》, 笛卡儿的书, 175, 178, 192, 196
L'arithmétique. Book by Stevin 《算术》, 斯蒂文的书, 164
Latin America 拉丁美洲, 24, 262
Liber Abbaci. Book by Fibonacci 《计算之书》, 斐波那契的书, 128, 129, 167
Liber Embadorum. Latin translation of a treatise by Abraham Bar-Hiyya 《论度量和计算》, 巴尔–希亚的书的拉丁语译本, 117
linear methods of solution (Pappus) 线性解法 (帕普斯), 71
locus 轨迹, 81, 82, 179
logarithm 对数, 13, 167 – 173, 210
logicism 逻辑主义, 32
logistics 逻辑, 32
Louvre Museum, Paris 巴黎卢浮宫, 24

M

Ma'aseh Hoshev. Treatise by Gersonides 《计算师的著作》, 热尔松尼德斯的书, 117, 118
Maghreb 马格里布, 87, 88, 110
marked ruler 标尺, 38
mathematical physics 数学物理, 284
Mathesis Universalis. Book by Wallis 《通用数学》, 沃利斯的书, 202
Mayan mathematics 玛雅数学, 19
mean 平均
arithmetic mean 算术平均, 9, 36
two geometric means 两个几何中项, 68
geometric mean 几何平均, 36, 68, 185, 186, 212
harmonic (or sub-contrary) mean 调和平均 (或次倒数平均), 36, 37
On the Measurement of the Circle, Treatise by Archimedes 《论圆的度量》, 阿基米德的书, 49, 68
Menon. Book by Plato 《美诺篇》, 柏拉图的书, 54
Meshed, Iran 马什哈德, 伊朗, 72
Mexico 墨西哥, 19
Milan 米兰, 138
monades (Diophantus) 单位 (丢番图), 74, 76, 84

N

Notre Dame 圣母, 37
numbers 数
algebraic number 代数数, 228 – 230, 250, 265, 276, 277, 287, 288, 291
algebraic integers 代数整数, 229, 230
amicable number 亲和数, 33
complex number 复数, 10 – 14, 22, 148, 164, 180, 186, 207, 209 – 222, 224 – 226, 228, 231, 232, 234
cubic number 立方数, 75, 78
cyclotomic integers 分圆整数, 226 – 228
even numberv 偶数, 16, 34, 52, 266, 267
figurate number 形数, 34, 54, 73, 74
Gaussian integers 高斯整数, 214, 225
hypercomplex number 超复数, 221
integers 整数, 5 – 8, 12, 14, 21, 41, 43, 44, 52, 56, 79, 101, 102, 128, 136, 138, 143, 152, 165, 166, 193, 210, 214 – 216, 219, 225 – 230, 232 – 234, 244, 258, 262, 268
irrational number 无理数, 4, 7 – 10, 12, 13, 41, 42, 79, 136 – 138, 168, 184, 189, 193, 235 – 237, 239 – 243, 249, 262, 266, 276, 287

natural number　自然数, 3 – 5, 7, 14 – 16, 26, 33, 41, 42, 63 – 65, 93, 94, 101, 118, 134, 184, 189, 212, 220, 230, 233 – 235, 243, 249 – 263, 265 – 269, 274, 277 – 279
negative number　负数, 5, 6, 79, 93, 112, 135 – 138, 143 – 147, 162, 168, 181 – 187, 189, 193, 208, 209, 212, 233, 234, 291
square roots of negative number　负数的平方根, 11, 144, 145, 147, 148, 164, 181, 184, 186, 193
oblong number　长方形数, 34
odd number　奇数, 34, 53, 275
ordinal number　序数, 260
perfect number　完全数, 33, 73
positive number　正数, 8, 112, 143, 145
prime number　素数, 4, 5, 64, 65, 73, 119, 214, 227, 228, 230
rational number　有理数, 7, 9, 14, 136, 138, 156, 168, 184, 189, 231 – 245, 249, 258, 262, 265, 287
real number　实数, 8, 9, 43, 186, 216, 217, 219, 220, 222, 224, 231 – 243, 245, 250, 258, 265 – 271, 275, 276, 287
square number　平方数, 121
transcendental number　超越数, 13, 68, 276, 277
triangular number　三角形数, 34
numerator　分子, 25, 35, 41, 45, 46, 78, 85, 123

O

On Polygonal Numbers. Treatise by Diophantus　《论多边形数》, 丢番图的著作, 74
ordinal　序数, 15, 16, 251, 252, 254, 255, 259, 262, 277 – 279
Oxford　牛津大学, 125, 169
Savilian Chair of Geometry　萨维利几何讲座教授, 182, 202

P

papyrus　纸草书, 24 – 26, 32, 46
parabola　抛物线, 68, 69, 176, 183
parallelogram　平行四边形, 48, 50, 51, 213
Paris　巴黎, 24, 125
Parthenon　帕台农神庙, 37
philosophy　哲学, 138
π　圆周率, 7, 10, 12, 13, 21, 47 – 49, 68, 158, 183, 210, 270, 276
plane methods of solution (Pappus)　平面解法 (帕普斯), 70, 129
positional system　位值制, 17 – 22, 24, 25, 27, 29, 89, 90, 93, 94, 101, 111, 117, 130, 151, 166
Principia Mathematica. Book by Newton　《自然哲学之数学原理》, 牛顿的书, 191, 195
Principles of Mathematics. Book by Russell　《数学原理》, 罗素的书, 281
Prior Analytics. Treatise by Aristotle　《前分析篇》, 亚里士多德的书, 52
prism　棱柱, 82
probability　概率, 138
proportion　比例, 35 – 37, 41 – 45, 55 – 59, 64, 66, 68, 69, 122 – 124, 126, 149, 161, 164, 170, 171, 177, 183, 189, 194, 208, 209, 212, 242 – 245
Provence　普罗旺斯, 117
Pythagorean pentagram　毕达哥拉斯五角星, 38, 39, 41, 67

Q

quaternions　四元数, 219 – 223
Quesiti et Inventioni Diverse. Book by Tartaglia　《各种问题与发明》, 塔塔利亚的书, 140

R

ratio 比率, 33, 35 – 37, 40 – 45, 47, 52 – 58, 64, 83, 138, 149, 156, 165, 170, 183, 184, 189, 192, 193, 208, 245, 276
composite ratio 复比, 83
rectangle 矩形, 51, 52, 66, 82, 83, 95, 121, 122, 144, 145, 162, 176, 177, 185, 246
Renaissance 文艺复兴, 31, 35, 70, 71, 76, 77, 83, 88, 127, 131, 138, 142, 148, 150, 151, 156, 160
representation 表示
  binary representation 二进制表示, 19 – 22, 270, 271
  hexadecimal representation 十六进制表示, 19
  hexadecimal system 十六进制, 20
  octal representation 八进制表示, 19
  sexagesimal representation 六十进制表示, 27, 129
  sexagesimal system 六十进制, 30, 102, 111, 129, 166
  right-angled triangle 直角三角形, 33, 40
Roman Empire 罗马帝国, 125
Roman numeration system 罗马数制, 21
Russell's paradox 罗素悖论, 281 – 283, 285, 286

S

Sand Reckoner. Treatise by Archimedes 《沙粒数目的计算》, 阿基米德的论文, 29
Sanskrit sources 梵语文献, 89
Sefer ha-Ehad. Treatise by Ibn-Ezra 《论一》, 伊本 – 埃兹拉的书, 117
Sefer ha-Mispar. Treatise by Ibn-Ezra 《论数》, 伊本 – 埃兹拉的书, 117
sign multiplication 符号乘法, 76, 136, 145, 147
solid methods of solution (Pappus) 立体解法 (帕普斯), 70, 129
Spain 西班牙, 87
Stetigkeit und irrationale Zahlen. Book by Dedekind 《连续性与无理数》, 戴德金的书, 9, 237
straight line 直线, 8, 9, 38, 48, 51, 59, 82, 83, 121, 122, 171, 172, 176, 184, 186, 209, 239
straightedge-and-compass constructions 尺规作图, 38, 67, 68, 70, 71, 121, 123
Sumerians 苏美尔人, 28
Summa de arithmetica geometria proportioni et proportionalita. Book by Pacioli 《算术、几何、比率与比例汇编》, 帕西奥利的书, 137
Synagogue (Collection). Book by Pappus 《数学汇编》, 帕普斯的书, 70, 81

T

Talkhis 'amal al-hisab. Treatise by Ibn al-Banna' al-Marrakushi 《算术运算概要》, 阿尔 – 马拉库西的书, 110, 117
tetragônoi (Diophantus) 平方数 (丢番图), 73
texts 文本
  astronomical texts 天文学文本, 29, 30, 32, 45, 47, 89, 101, 111, 172
  commercial texts 商业文书, 45 – 47, 90, 144
The Whetstone of Witte. Book by Recorde 《智力磨石》, 雷科德的书, 135
theology 神学, 126, 138, 182
Toledo, Spain 托莱多, 西班牙, 125
Treatise on Algebra. Book by Wallis 《代数学》, 沃利斯的书, 184
triangle 三角形, 38, 48, 81, 196, 197
trigonometry 三角学, 129, 170, 172, 173

U

Universal Arithmetick. Book by Newton 《广义算术》, 牛顿的书, 191, 195, 208

W

Was sind und was sollen die Zahlen?. Book by Dedekind 《数是什么? 数应该是什么?》, 戴德金的书, 224

WO, Well-Ordering Principle 良序原理, 283, 284, 286

Z

zero 零, 20, 25, 27, 30, 93, 94, 101, 112, 128, 143, 180, 186, 209, 232, 260

ZF, Zermelo-Fraenkel axioms for sets 策梅罗–弗兰克尔公理系统, 285

Zoroastrians 索罗亚斯德教徒, 87

译后记

很高兴能有机会与建新合作翻译著名数学史家 Leo Corry 先生的大作 *A Brief History of Numbers*。从 2020 年 8 月到现在, 一晃已经过去了两年又八个月。翻译的主体工作是在新冠疫情期间完成的, 我们也希望用这本译作纪念那段艰苦的岁月。

这本译作的完成, 首先我们要感谢曲安京老师和季理真老师的推荐, 他们全程对我们的工作给予了热情的支持和鼓励。其次我们要感谢作者本人, 为了保证翻译的质量, 我们就很多具体的数学史话题进行了详细而有趣的讨论。然后, 我们要感谢西北大学王梦琪、张红星、李睿、张洋洋等同学在文本、编辑和校稿等方面的认真付出。最后, 我们要感谢高等教育出版社的编辑和静女士, 她的一丝不苟使得本书的文字增色不少。

这本译作的序言、第 1 章、第 9 章和第 10 章由刘建新翻译, 其余章节及统稿工作由我完成。欢迎读者对翻译中的错误提出指正, 并希望大家能够享受在数的思想发展长河中的这次旅行。

赵继伟

2023 年 4 月 11 日

《数学概览》(Panorama of Mathematics)

（主编: 严加安　季理真）

9787040351675
1. Klein 数学讲座 (2013)
(F. 克莱因　著 / 陈光还、徐佩　译)

9787040351828
2. Littlewood 数学随笔集 (2014)
(J. E. 李特尔伍德　著 , B. 博罗巴斯　编 / 李培廉　译)

9787040339956
3. 直观几何 (上册)(2013)
(D. 希尔伯特 , S. 康福森　著 / 王联芳　译 , 江泽涵　校)

9787040339949
4. 直观几何 (下册)　附亚历山德罗夫的《拓扑学基本概念》(2013)
(D. 希尔伯特 , S. 康福森　著 / 王联芳、齐民友　译)

9787040367591
5. 惠更斯与巴罗 , 牛顿与胡克 :
数学分析与突变理论的起步 , 从渐伸线到准晶体 (2013)
(B . И. 阿诺尔德　著 / 李培廉　译)

9787040351750
6. 生命・艺术・几何 (2014)
(M. 吉卡　著 / 盛立人　译 , 张小萍、刘建元　校)

9787040378207
7. 关于概率的哲学随笔 (2013)
(P.–S. 拉普拉斯　著 / 龚光鲁、钱敏平　译)

9787040393606
8. 代数基本概念 (2014)
(I. R. 沙法列维奇　著 / 李福安　译)

9787040416756
9. 圆与球 (2015)
(W. 布拉施克　著 / 苏步青　译)

9787040432374
10.1. 数学的世界 I (2015)
(J. R. 纽曼　编 / 王善平、李璐　译)

9787040446401
10.2. 数学的世界 II (2016)
(J. R. 纽曼　编 / 李文林　等译)

9787040436990
10.3. 数学的世界 III (2015)
(J. R. 纽曼　编 / 王耀东、李文林、袁向东、冯绪宁　译)

9787040498011
10.4. 数学的世界 IV (2018)
(J. R. 纽曼　编 / 王作勤、陈光还　译)

9787040493641
10.5. 数学的世界 V (2018)
(J. R. 纽曼　编 / 李培廉　译)

9787040499698
10.6 数学的世界 VI (2018)
(J. R. 纽曼　编 / 涂泓　译 ; 冯承天　译校)

9787040450705
11. 对称的观念在 19 世纪的演变 : Klein 和 Lie (2016)
(I. M. 亚格洛姆　著 / 赵振江　译)

9787040454949
12. 泛函分析史 (2016)
(J. 迪厄多内　著 / 曲安京、李亚亚　等译)

9787040467468
13.Milnor 眼中的数学和数学家 (2017)
(J. 米尔诺　著 / 赵学志、熊金城　译)

9787040502367
14. 数学简史 (2018)
(D. J. 斯特洛伊克　著 / 胡滨　译)

9787040477764
15. 数学欣赏 : 论数与形 (2017)
(H. 拉德马赫 , O. 特普利茨　著 / 左平　译)

9 787040 488074 >
16. 数学杂谈 (2018)
(高木贞治　著 / 高明芝　译)

9 787040 499292 >
17. Langlands 纲领和他的数学世界 (2018)
(R. 朗兰兹　著 / 季理真　选文 / 黎景辉　等译)

9 787040 516067 >
18. 数学与逻辑 (2020)
(M. 卡茨 , S. M. 乌拉姆　著 / 王涛、阎晨光　译)

9 787040 534023 >
19.1. Gromov 的数学世界 (上册) (2020)
(M. 格罗莫夫　著 / 季理真　选文 / 梅加强、赵恩涛、马辉　译)

9 787040 538854 >
19.2. Gromov 的数学世界 (下册) (2020)
(M. 格罗莫夫　著 / 季理真　选文 / 梅加强、赵恩涛、马辉　译)

9 787040 541601 >
20. 近世数学史谈 (2020)
(高木贞治　著 / 高明芝　译)

9 787040 549126 >
21. KAM 的故事：经典 Kolmogorov-Arnold-Moser 理论的历史之旅 (2020)
(H. S. 杜马斯　著 / 程健　译)

9 787040 557732 >
人生的地图 (2021)
(志村五郎　著 / 邵一陆、王弈阳　译)

9 787040 584035 >
22. 空间的思想：欧氏几何、非欧几何与相对论 (第二版) (2022)
(Jeremy Gray 著 / 刘建新、郭婵婵　译)

9 787040 600247 >
23. 数之简史：跨越 4000 年的旅程 (2023)
(Leo Corry 著 / 赵继伟、刘建新　译)

郑重声明